VOLL VORAUS!

DIE RETTUNGSFLOTTE DER DGzRS

**Motorrettungsboote,
Seenotrettungskreuzer und Tochterboote,
Seenotrettungsboote und Trainingsfahrzeuge
der Deutschen Gesellschaft zur Rettung Schiffbrüchiger**

pietsch

Ich sehe hier und da Schiffe durch das blaue Meer ziehen,
und dann hält es mich nicht mehr am Ort.

Paul Klee, deutscher Maler und Grafiker,
in einem Brief an seine Ehefrau Lily, 1927

Bildnachweis:

Sollte trotz intensiver Bemühungen einer korrekten Zuordnung ein Bildgeber nicht oder nicht korrekt genannt sein, bitten wir um Nachricht.

Archiv DGzRS: 26o, 29
Archiv Fr. Lürssen Werft: 15
Sven Arnold: 120l
Hans Brockmöller / Kulturhaus Walle Brodelpott: 20, 76, 81, 82l, 83, 86
Sven Claußen: 102r, 109l, 131l, 151r
Wilhelm Esmann: 93, 95r
Heidrun Goßlau: 187l
Christian Hammer: 123l
Hellenic Rescue Team: 203r
Ulf Kaack: 100r, 114l, 117, 125r, 133l, 137l, 173l, 250
Felix Kersten: 184r
Alexander Krüger: 189l, 195r, 197r
Michael Kruft: 94r, 99r, 103, 106r, 107r, 116, 118l, 148r, 157r, 158l, 160l
Manuel Miserok: U1, 5, 8, 10, 11, 13, 14r, 16l, 17, 19r, 34l, 97r, 98r, 104l, 109r, 110, 113, 114r, 115r, 119r, 120r, 121, 122r, 123r, 125l, 126l, 127-130, 131r, 132, 133r, 134r, 135l, 136, 137r, 138, 140-142, 144-147, 149-151l, 152r-155, 159r, 160r-172, 173r-184l, 185l, 186, 187r-188, 189r, 190l, 191-195l, 196, 197l, 198-203l, 204-211l, 212, 237, 249, 251, 253, U4or, U4u
Medienzentrum Landkreis Aurich: 65l, 101r
Lutz Nellner: 111r
Staatsarchiv Bremen: 26u, 28, 46, 54l
Dirk Wiggers: 211r
Wolfgang Wohlers: 105
Slg. Karl Friedrich Brückner: 12, 96r, 97l, 134l
Slg. Martin Brütt: 38r
Slg. Ulf Kaack: 14l, 16r, 19l, 24o/m, 25l, 31l, 33r, 35, 36l, 37r, 38l, 39l, 40l, 41r, 42l, 43, 44r, 45l, 48, 49r, 50l, 51l, 52r, 53, 54r, 55l, 56, 57l, 58l, 59, 60r, 64, 65r, 66-72l, 73l, 75l, 77-80, 82r, 85, 87-91l, 92, 94l, 95l, 96l, 98l, 99l, 100l, 101l, 107l, 115l, 122l, 143, 156r, 157l, 158r, 185r, 190r, 255l, U4ol, U4oM
Slg. Karl-Bernd Kollmann: 42r
Slg. Manuel Miserok: 21, 22, 23, 24u, 25r, 27, 30, 31r, 33l, 34r, 36r, 37l, 39r, 40r, 41l, 44l, 45r, 47, 49l, 50r, 51r, 52l, 55r, 57r, 58r, 60l, 61-63, 72r, 73r, 74, 75r, 84, 91r, 102l, 104r, 106l, 108, 111l, 112, 118r, 119l, 124, 126r, 135r, 139, 148l, 152l, 156l, 159l

Dieses Buch wurde nach den geltenden Vorschriften der General Product Safety Regulation (GPSR) entwickelt.
Bei Fragen oder Problemen wenden Sie sich bitte an den Verlag unter folgender E-Mail-Adresse: gpsr@paul-pietsch-verlage.de

ISBN: 978-3-613-50998-6

1. Auflage 2025

Gestaltung der Einlage: Horst Pawlikowski, Akzidenzen Mediengestaltung, Weyhe
Lektorat: Manuel Miserok
Druck und Bindung: Druck und Bindung: Graspo CZ, 76302 Zlin. Printed in Czech Republic

Sie finden uns im Internet unter www.pietsch-verlag.de

Das Titelbild zeigt den Seenotkreuzer ALFRIED KRUPP (siehe S. 134) bei 20 Knoten Fahrt und mäßig hoher See im Revier der Außenems vor Borkum am 6. September 2017.

URUNO

Liebe Leserinnen, liebe Leser,

wir benötigen keine hellseherischen Fähigkeiten, um mit einiger Treffsicherheit vorhersagen zu können, dass Sie bald in Ihrem Bücherregal einen Platz gleich rechts neben dem Werk „Die Rettungsboote der DGzRS von 1865–2009“ des Autors Wilhelm Esmann freiräumen werden, um „Voll voraus!“ dort einzusortieren. Tatsächlich möchten wir unseren Titel gerne an ebendieser Stelle platziert wissen, zumal Sie unübersehbare inhaltliche Ähnlichkeiten – ebenso wie deutliche Unterschiede – zwischen dem von uns zusammengestellten und Wilhelm Esmanns Nachschlagewerk erkennen werden.

In den vielen persönlichen Gesprächen, die wir mit Wilhelm Esmann führen durften, äußerte er über einen längeren Zeitraum hinweg immer wieder das Verlangen, der bereits aktualisierten und erweiterten Fassung seines zuerst 2004 erschienenen Werkes eine noch umfangreichere 3. Auflage hinzufügen zu wollen.[01] Gewisse altersbedingte – somit vollkommen verständliche – Berührungsängste mit neueren Recherche- und Produktionstechniken sowie die letztlich unbegründete Befürchtung, die Herstellung der Neuauflage aus eigenen Mitteln finanzieren zu müssen, verhinderten schlussendlich die Umsetzung des Projekts. Als Wilhelm Esmann am 15. Juni 2021 im Alter von 85 Jahren verstarb, blieb sein Wunsch nach einer gedruckten Fortsetzung seines Werkes bedauerlicherweise unerfüllt.

Sein schriftstellerisches Lebenswerk – die Zusammenstellung aller motorisierten Rettungsboote der Deutschen Gesellschaft zur Rettung Schiffbrüchiger – fortschreiben zu wollen, war angetrieben durch die gleiche Begeisterung, mit der wir uns dem Thema nun angenähert haben: Es ist diese starke Anziehungskraft hin zur technischen Entwicklung, zu der einzigartigen Kombination aus Form, Farbe und Funktion der schwimmenden DGzRS-Rettungseinheiten. Vor vielen Jahren brachte ein Werft-Chef mit seiner Bemerkung zum Bau eines Seenotkreuzers diese Technik-Faszination auf den Punkt: „Nur fliegen wollen die mit dem Ding noch nicht, alles andere wird verlangt.“ Oder eben in ganz ähnlicher Weise, wie Paul Klee es in seinem Brief an Lily vor annähernd 100 Jahren zum Ausdruck brachte: Wenn wir die Schiffe der DGzRS durch das blaue Meer ziehen sehen, dann hält es uns nicht mehr am Ort ... dann wird die Fotoausrüstung hervorgeholt, ein vielversprechender Standort gesucht, es werden fortwährend die Lichtverhältnisse und das voraussichtliche Bewegungsmuster des „Zielobjekts“ beobachtet. Mit Glück und gutem Timing springt dabei ein Fotomotiv heraus, das Freude bereitet, vielleicht eine besondere Situation eingefangen hat und am Ende sogar für eine Buchveröffentlichung geeignet erscheint.

Was Sie in Ihren Händen halten, ist das Produkt aus einer präzisen Auseinandersetzung mit der motorisierten DGzRS-Flotte und dem daraus hervorgehenden Anspruch, diesen Forschungsgegenstand strukturiert aufzubereiten, zu aktualisieren und wiederum zwischen zwei Buchdeckeln einer Leserschaft verfügbar zu machen, die unseren großen Enthusiasmus für dieses Thema versteht und teilt.

Dabei ist uns sehr wohl bewusst, dass diesem Werk die gleiche unvermeidbare Schwachstelle implementiert ist wie seinen inhaltlichen Vorgängern: Sobald das Papier bedruckt ist, sind die nächste Aktualisierung, die unumgängliche Erweiterung der Schiffsliste und somit notwendige Korrekturen bereits vorprogrammiert. Einen Denkansatz, wie mit diesem Dilemma möglicherweise zu verfahren ist, liefern wir in dem folgenden Kapitel, das wir mit „Werkstatt“ betitelt haben und Ihnen hiermit ans Herz beziehungsweise unter die Lesebrille legen möchten.

Bei allem gebotenen Respekt vor Wilhelm Esmanns anerkennenswerter Pionierleistung in diesem Fachgebiet sollte jedoch nicht übersehen oder verschwiegen werden, dass „Die Rettungsboote der DGzRS“ eine nicht unerhebliche Anzahl von Unstimmigkeiten und sachlichen Unkorrektheiten beinhaltet, so wie es jedem Sachbuchautor bei der Aufbereitung einer großen Datenmenge unterlaufen kann. Nach bestem Wissen und mit gründlicher Recherche haben wir uns bemüht, diese Ungenauigkeiten zu beseitigen und – wo immer ein Nachweis angemessen und sinnvoll erscheint – die vorgenommenen Anpassungen anhand historischer Quellen zu belegen. Unsere Zielsetzung bei diesem Projekt bestand von Anfang an darin, nicht weniger als das neue, verlässliche Standardwerk zu diesem Themenbereich zu erschaffen.

Sie, liebe Leserinnen und Leser, verehrte Fachwelt, bitten wir darum, sich auf die von uns gewählte Herangehensweise einzulassen: Für Sie gilt es nun in so manchen Fällen, sich von liebgewonnenen, längst auswendig gelernten und verinnerlichten Jahreszahlen und technischen Daten zu verabschieden, Ihre gut gepflegte Sammlung alternativer Fakten auf Basis unserer Ergebnisse zu aktualisieren und die neueren Recherche-Erkenntnisse in Ihren Wissensschatz zu adaptieren. Eine falsch dargestellte Tatsache wird schließlich auch dadurch nicht richtiger, dass sie immer wieder abgeschrieben oder kopiert wird. Eine Art Anleitung zum „Überschreiben der eigenen Festplatte“ ist ebenfalls im Folgekapitel zu finden. Dort verraten wir Ihnen außerdem, warum dieses Buch noch besser als im Bücherregal vielleicht sogar im Kofferraum Ihres Fahrzeugs aufgehoben ist.

Viel Freude beim individuellen „Datenabgleich“ und bei der Lektüre wünschen Ihnen

Manuel Miserok und Ulf Kaack
Dorsten und Bassum
im August 2025

Paradigmenwechsel

oder: Wer einen Fehler gemacht hat und nicht korrigiert, begeht einen zweiten

Millimetergenauigkeit beim Positionieren eines Schwergewichts: Auch bei der Recherchetätigkeit gelingt Präzision am besten durch direkte Nähe zum Forschungsgegenstand.

Aus der weitreichenden Akzeptanz wissenschaftlicher Errungenschaften erwuchs einst die Vorstellung, Erkenntnisfortschritt sei eine stetige Anhäufung von immer mehr Wahrheiten. Erst der US-amerikanische Wissenschaftshistoriker Thomas Samuel Kuhn (1922–1996) wies darauf hin, dass Wissenschaftler im Laufe der Menschheitsgeschichte auch eine erhebliche Menge Unsinn erforscht und ihre Irrtümer als vermeintliche Ergebnisse verbreitet hatten. Als klassisches Beispiel hierfür wird häufig das sogenannte Phlogiston angeführt, eine tatsächlich nicht existierende Substanz, von der man im späten 17. und im 18. Jahrhundert annahm, sie entweiche allen brennbaren Körpern bei der Verbrennung und dringe bei Erwärmung in sie ein. In seiner Auseinandersetzung mit der Problematik stellte Thomas S. Kuhn fest, dass wissenschaftlicher Fortschritt sich anders vollzog als bislang angenommen: nicht als linearer Prozess, sondern in Phasen, unterbrochen von wissenschaftlichen Revolutionen. Ein zentrales Element dieses Konzepts bildet hierbei das Paradigma, das aus dem Griechischen übersetzt etwa Muster, Erklärungsmodell oder Weltanschauung bedeutet, also eine grundsätzliche Denkweise. In jeder wissenschaftlichen Disziplin gibt es demnach eine vorherrschende, auf bestimmten Grundannahmen und Leitbegriffen beruhende Lehrmeinung. Die meisten Gelehrten, so beschreibt es der deutsche Literaturwissenschaftler und Buchautor Dietrich Schwanitz, sind damit beschäftigt, mit ihren Forschungen das herrschende Paradigma zu bestätigen. Allenfalls eine Minderheit von Nonkonformisten lässt sich von denjenigen Fragestellungen faszinieren, die sich innerhalb des herrschenden Paradigmas nicht erklären lassen. Diese Forscher sammeln Fakten zusammen, bis sie das bestehende Paradigma angreifen, umstürzen und schließlich ihre eigene Lehre als neuen wissenschaftlichen Standard etablieren. Betrachtet man diese Vorgänge im zeitlichen Zusammenhang, so lassen sich oben erwähnte wissenschaftliche Revolutionen darstellen und erfassen – man spricht vom sogenannten Paradigmenwechsel. Dieser Prozess ist für die Anhänger der „alten" Lehre durchaus schmerzhaft, weil damit ihre wissenschaftliche Lebensleistung entwertet wird, um fortan in der Abstellkammer ihres eigenen Labors einzustauben. Deshalb verteidigen sie ihr persönliches Paradigma bis zum letzten Atemzug, was zwar einerseits von der Unbelehrbarkeit der etablierten Wissenshüter zeugt, andererseits aber für die Weiterentwicklung der Wissenschaft produktiv ist, weil die „Revolutionäre" gezwungen sind, ihre Forschung möglichst wasserdicht und unangreifbar zu betreiben. Dann wiederholt sich der gleiche Prozess: Nach einem solchen Paradigmenwechsel hat die neue Lehrmeinung nur so lange Bestand, bis Kontroversen und Debatten um noch aktuellere Erkenntnisse, die mit ihr nicht kompatibel sind, sie zum Wackeln bringen und schließlich einstürzen lassen.

Inwieweit lassen sich diese Überlegungen nun auf unser zugegebenermaßen relativ unbedeutendes Segment innerhalb der Forschungsdisziplin Geschichte der Seefahrt übertragen? – Erstens: Bei der Annäherung an dieses Thema haben wir viele bestehende Erkenntnisse als nicht gesichert eingeschätzt, Überlieferungen angezweifelt, vorhandenes

Fehlersuche – spannend und mitunter rätselhaft: Warum ist am Seenotkreuzer GEORG BREUSING während dieser Vorbeifahrt an der Insel Norderney die schwarz-rot-goldene Nationale falsch herum gesetzt? In der internationalen Seefahrt bedeutet die umgedrehte Flagge: Notfallsituation! Hier bleibt die Ursache unklar.

Datenmaterial von allen Seiten geröntgt und mikroskopiert. Dabei haben wir uns indirekt von einer auf den chinesischen Philosophen Konfuzius zurückgehenden, fernöstlichen Weisheit leiten lassen: „Wer einen Fehler gemacht hat und nicht korrigiert, begeht einen zweiten." Auf den von uns selbstgewählten Qualitätsanspruch angewendet, lässt sich dieses Zitat ausweiten: Wer einen Fehler, den ein anderer gemacht hat, erkennt und trotzdem nicht korrigiert, begeht einen zweiten. Wenn wir also an einigen Stellen unseren Erkenntnisgewinn herleiten und der bislang geltenden Sichtweise gegenüberstellen, so geschieht dies nicht von einem Elfenbeinturm herab, sondern um die Dynamik dieser Forschungstätigkeit transparent aufzubereiten. Zweitens, und dieser Punkt ist ungleich bedeutsamer: Wir befürchten nicht, sondern wir erwarten und erhoffen geradezu den nächsten Paradigmenwechsel. Denn das bedeutet, dass in der Zukunft irgendjemand den Forscherdrang verspüren wird, unsere hier vorgelegte Datensammlung unter die Lupe zu nehmen und bestenfalls zu noch präziseren Ergebnissen zu gelangen. Nur auf diese Weise wäre sichergestellt, dass die faszinierende Technikgeschichte der DGzRS als Bestandteil unseres maritimen Erbes auch weiterhin ernsthaft erforscht und somit fortgeschrieben wird. In diesem Sinne fordern wir dazu auf: Greifen Sie sich eines der Werkzeuge, die wir hier vorstellen! Decken Sie Fehler und Ungereimtheiten auf! Wirken Sie daran mit, sie zu beseitigen und gemeinsam den nächsthöheren Standard zu entwickeln!

Erfassung des Ist-Zustandes

Für die Veröffentlichung dieses Buches lässt sich ein optimaler Zeitpunkt kaum bestimmen, denn sobald das Druckerzeugnis fertiggestellt ist, wäre eigentlich alsbald eine aktualisierte Neuauflage fällig oder zumindest wünschenswert. Während der Arbeiten an diesem Werk skizzierte die DGzRS je eine neue Seenotkreuzer- und Seenotrettungsboot-Klasse. Diese spannende Fortsetzung der Technikgeschichte hätten wir selbstverständlich ebenso gern abgewartet und berücksichtigt wie alle hieraus resultierenden Indienststellungen und Umstationierungen sowie eventuelle Namensänderungen oder Neuigkeiten aus dem Bereich des außer Dienst gestellten Schiffsmaterials. Doch auch wenn es schwerfiel, zu einem bestimmten Termin den Schlussstrich unter die Recherchearbeit zu ziehen, so scheint der Zeitpunkt doch immerhin vergleichsweise günstig gewählt zu sein. Denn die mit dem Zeitstempel 2025 versehene DGzRS-Rettungsflotte ist so weit genormt, dass die beiden im 21. Jahrhundert bisher in Dienst gestellten Seenotkreuzer-Bauserien – die 19,9-Meter-Klasse und die 27,9-Meter-Klasse – offenbar zum Abschluss gebracht worden sind. Mit der vollzogenen Außerdienststellung der in den frühen 1990er-Jahren gebauten 7,4- und 8,5-Meter-Klassen einerseits und der Vervollständigung der wenige Einheiten umfassenden 8,4-Meter-Klasse andererseits ist gleichermaßen im Bereich der Seenotrettungsboote jetzt eine Zäsur erkennbar.

38 Zentimeter in der Länge, 20 Knoten Geschwindigkeitsdifferenz und ein Vierteljahrhundert technischer Weiterentwicklung liegen zwischen diesen beiden Bootsklassen.

Im ersten Viertel dieses Jahrhunderts werden zwei Seenotkreuzer-Typen entworfen und in Serie gefertigt: die 19,9-Meter-Klasse (im Vordergrund) und die 27,9-Meter-Klasse (dahinter). Zum Vergleich: Im letzten Viertel des vorigen Jahrhunderts hatte die DGzRS vier serienmäßig gebaute Seenotkreuzer-Klassen in Dienst gestellt.

Substanz statt Redundanz – Hinweise zur Themenauswahl

Zwei Fahrstände, zwei Radarantennen, mehrere Suchscheinwerfer und Lenzpumpen: An Bord von Seenotrettungskreuzern ist Redundanz – das Vorhandensein zusätzlicher technischer Ressourcen als Reserve – durchaus sinnvoll, um Systemausfälle kompensieren zu können. In Sachtexten hingegen steigert Redundanz – die mehrfache Nennung derselben Information – nicht unbedingt den Erkenntnisgewinn. Weil die Technikgeschichte „vom Ruderrettungsboot zum Seenotkreuzer" von vielen Autoren in der nahezu immer gleichen Weise schon hinreichend oft ausgebreitet worden ist, haben wir die Schwerpunkte unserer Themenauswahl eher an den Rändern des weithin bekannten Zeitstrahls der DGzRS-Historie aufgespürt. Die frühe Entwicklung von Raketenapparaten, Segel- und Ruderrettungsbooten ausklammernd, beschäftigt sich „Voll voraus!" ausschließlich mit den motorisierten Fahrzeugen. Ergänzend hierzu ist ein nach aktuellem Kenntnisstand vollständiges Verzeichnis aller namentlich bekannten Boote ohne Motorantrieb der existierenden Fachliteratur zu entnehmen.[01]

Drei farblich voneinander abgesetzte Hauptabschnitte beleuchten jeweils – mal mehr, mal weniger als – 40 Jahre aus der Seenotretter-Geschichte, die sich niemals isoliert im eigenen Vakuum, sondern stets parallel und in unmittelbarer Abhängigkeit zu den Meilensteinen der politischen Ereignisse in Deutschland und Europa entwickelt. Flankiert werden die einzelnen Schiffsporträts zusätzlich von Schlaglichtern auf DGzRS-Jubiläumsjahre in Abständen von jeweils 25 Jahren sowie von weiteren historisch bedeutsamen Wegpunkten.

Zunächst widmen wir den Motorrettungsbooten ein umfassendes Kapitel, das in etwa den Zeitraum vor dem Beginn des Ersten und dem Ende des Zweiten Weltkriegs umspannt. Darin sind die experimentellen Anfänge der Motorisierung ebenso berücksichtigt wie der früh einsetzende Serienbau verschiedener Rettungsboot-Klassen und die verlustreiche Verwendung der DGzRS-Flotte zu militärischen Zwecken während des Zweiten Weltkriegs. Zur leichteren Auffindbarkeit ist dieser Absatz mit dem Farbcode Smaragdgrün versehen – entsprechend der typischen Rumpffarbe einiger Rettungsboote aus jener Epoche.

Dieses Kapitel wird abgelöst durch im nostalgischen Gelborange eingefärbte Buchseiten, auf denen die Entwicklung der Rettungskreuzer-Prototypen der 1950er-Jahre über die Einführung der ersten Generation von Strandrettungsbooten bis hin zur „gigantischen" 44,2-Meter-Klasse in der zweiten Hälfte der 1970er-Jahre dargestellt ist. Eingeleitet wird dieses zweite Kapitel mit der bislang nicht dokumentierten Vorgeschichte zur Finanzierung und zum Bau des Versuchskreuzers BREMEN, zusammengestellt auf der Basis einer im Staatsarchiv Bremen ausgewerteten Materialsammlung. Es endet Anfang

Vorstufe zum Seenotkreuzer: Die Motorrettungsboote der 13,0-Meter-Klasse werden Mitte der 1950er-Jahre mit einem Turmaufbau nachgerüstet und besitzen ein auf dem Vordeck gelagertes Beiboot, das mittels Lastkran ins Wasser gebracht wird.

der 1990er-Jahre mit dem Abschluss der Bauserien von Seenotkreuzern, bei denen sich der Innenfahrstand noch auf dem Hauptdeck befindet – bei den nachfolgenden Klassen wird der geschlossene Fahrstand ein Deck höher gelegt, ergänzt um einen offenen Außenfahrstand auf dem Peildeck.

Aus der Herstellung der Einheit Deutschlands resultierte für die DGzRS die umfangreichste Umstrukturierung und Vergrößerung ihrer Rettungsflotte in der Nachkriegszeit. Infolge der rasch aufeinanderfolgenden Indienststellung 19 neuer Seenotrettungsboote hatten die DGzRS-Rettungseinheiten im Jahr 1993 ein durchschnittliches Alter von nur 9,3 Jahren – der bis heute niedrigste Wert seit der Erfindung des Seenotkreuzers. Maßgeblichen Anteil an dieser Verjüngung hatte die seinerzeit gebaute 8,5-Meter-Klasse, deren drei zuvor erprobte Prototypen zugunsten einer kompakteren evolutionsgeschichtli-

Nach der vollendeten Inbetriebnahme dieser beiden Bootsklassen weist die DGzRS-Flotte 1993 ein Durchschnittsalter von unter 10 Jahren auf – hier OTTO BEHR (links) und HECHT bei einer Übung im Usedomer Achterwasser im Sommer 2019.

Mit einem umfangreichen und kostenintensiven Neubauprogramm, aus dem beispielsweise die Seenotkreuzer ARKONA (im Vordergrund dessen Tochterboot CASPAR) und THEO FISCHER hervorgehen, leistet die DGzRS ihren erfolgreichen Beitrag zur deutschen Wiedervereinigung.

chen Darstellung als Einstieg in das Kapitel 3 – farblich abgetrennt durch die Markierung in Leuchtrot, der charakteristischen Kolorierung sämtlicher Seenotrettungseinheiten der Gegenwart – vorgestellt werden. In diesem Abschnitt sind ferner diejenigen Schiffe des Seenotrettungsdienstes der DDR berücksichtigt, die nach der Wiedervereinigung Deutschlands vorübergehend von der DGzRS unter deren Flagge genutzt wurden. Auf die Auflistung derjenigen DDR-Rettungsboote, die bereits vor 1990 außer Dienst gestellt waren, verzichten wir bewusst, zumal zu dem vorhandenen Datenmaterial keine nennenswerten Ergänzungen beizutragen wären. An dieser Stelle empfehlen wir wiederum den Zugriff auf bestehende Literatur, insbesondere das im Vorwort erwähnte Werk von Wilhelm Esmann. Die in diesem Kapitel enthaltene Darstellung der Ausbildungsfahrzeuge ist auf diejenigen Einheiten der Trainingsflotte reduziert, die von der DGzRS selbst in Auftrag gegeben und eigens zu Schulungszwecken beschafft wurden. Fahrzeuge aus dem DGzRS-Bestand, die nach ihrer Verwendung im eigentlichen Rettungsdienst zu Trainingsbooten umfunktioniert wurden und somit an anderer Stelle ohnehin erwähnt sind, bleiben hier ebenso unberücksichtigt wie die von anderen Organisationen oder Privatpersonen übernommenen Boote. Für diese letztere Gattung gilt ebenfalls: Vorhandene aktuelle Literatur liefert einen lückenlosen Überblick, der eine identische Darstellung in diesem Werk entbehrlich macht.[02]

Nach DGzRS-Muster gebaute Fahrzeuge werden mehrfach ins Ausland exportiert, so wie die vom finnischen Seenotrettungsdienst bestellte und von der Fr. Schweers Werft gelieferte OSSI BARCK mit Tochterboot HULDA, hier bei der Erprobung 1983.

Vielseitig und interessant ist der Themenbereich rund um die Schiffsbauten, die nach DGzRS-Plänen an in- und ausländische Organisationen geliefert wurden. Als bedeutende Beispiele sind hier das in den USA eingesetzte Lotsenboot PEACOCK, der Seenotkreuzer-Nachbau BRUNO GREGORETTI der italienischen Küstenwache oder eine Kleinserie von Seenotrettungsbooten der 9,0-Meter-Klasse für die portugiesische Schifffahrtsbehörde zu nennen. Bei aller inhaltlichen Nähe zu dem vorliegenden Werk ist dieser Gegenstand doch zu umfangreich, um hier in angemessener Ausführlichkeit dargestellt werden zu können.[03]

Taxonomie und Systematik

Als Identifikationsmerkmal werden den Schiffs- und Bootsnamen häufig verschiedene Buchstaben- und Ziffern-Codes zugeordnet, die zunächst differenziert betrachtet werden müssen. Zu der mit den Kürzeln KRA bis KRD beginnenden, ab 1939 eingeführten Registrierung werden die einzelnen Kategorien im folgenden Kapitel eingehend erläutert.[04] Zu beachten ist hier, dass die fortlaufenden Registernummern mehrheitlich erst nachträglich – bis zu 40 Jahre nach der Motorisierung des betreffenden Fahrzeugs – vergeben wurden. Alle Motorrettungsboote in aufsteigender Reihenfolge vorzustellen, etwa fortlaufend von KRD 401 bis KRD 446, würde zwar für eine gewisse Übersichtlichkeit sorgen – wir haben uns demgegenüber jedoch für die Systematik entschieden, die Boote in nahezu chronologischer Abfolge ihrer jeweiligen Baujahre darzustellen, weil nach diesem Kriterium die technische Evolution der Rettungsflotte und ihre ganz eigene kulturgeschichtliche Identität eindrucksvoller erkennbar sind. Seenotkreuzer und Seenotrettungsboote werden demnach nicht voneinander isoliert in separaten Kapiteln, sondern in der zeitlichen Reihenfolge ihres Entstehens vorgestellt. Aus diesem Verfahren erwächst gewissermaßen der Familienstammbaum aller motorisierten DGzRS-Fahrzeuge, anhand dessen Struktur sich bauliche Entwicklungen, Ähnlichkeiten, Querverbindungen und Artverwandtschaften verständlich nachvollziehen lassen.

Baugleiche Einheiten sind dabei jeweils in Klassen zusammengefasst, woraus sich einige zeitliche Überschneidungen in der Aufeinanderfolge ergeben. Vor allem in den Anfangsjahren entstehen durch dieses Klassifikationsschema kleinere Sprünge in der Abfolge der Registrierungsnummern, doch spätestens ab den 1930er-Jahren wird es übersichtlicher, wenn die Vergabe der internen Kennung nahezu synchron zur Reihenfolge der Entstehung verläuft. Ferner ist die strenge Einhaltung einer Chronologie an jenen Stellen aufgeweicht, wo stattdessen eine inhaltliche Zuordnung wesentlich sinnvoller erscheint: So sind beispielsweise dem Seenotkreuzer FRITZ BEHRENS alle drei seiner – über einen Zeitraum von 14 Jahren entstandenen – Tochterboote unmittelbar angefügt anstatt sie auf der Zeitschiene voneinander getrennt darzustellen.

Mit der nach dem Zweiten Weltkrieg verwendeten DGzRS-internen Kennung gilt es sich zunächst einmal vertraut zu machen, zumal sie einige logische Brüche enthält, die es nicht gerade erleichtern, den Überblick zu behalten. Auf die Seenotkreuzer-Neubauten KRS 1 bis KRS 8 respektive auf die Tochterboote KRT 1 bis KRT 8 folgt eine Serie, die mit den fortlaufenden zweistelligen Nummern KRS 01 bis KRS 05 sowie KRT 01 bis KRT 05 bezeichnet ist. Daran anschließend wird mit KRS 9 und KRT 9 die alte einstellige Zählweise zunächst wieder aufgegriffen. Ähnlich unglücklich ist die Nummerierung der Seenotrettungsboote gelungen, denn nach KRST 1 und KRST 2 sind die Ziffern 3 bis 10 nicht vergeben, bevor die Reihe mit KRST 11 fortgesetzt wird. Ab 1992 werden mit dem Seenotkreuzer ARKONA, dessen Tochterboot CASPAR sowie dem Seenotrettungsboot GÜNTHER SCHÖPS die seitdem wesentlich zur leichteren Orientierung beitragenden und bis heute gültigen Kurzbezeichnungen SK, TB und SRB eingeführt. Eine Ausnahme von dieser Regel stellen die vier 1993 in Dienst gestellten, anfangs als Boddenboote bezeichneten Fahrzeuge dar, deren um den Buchstaben T erweiterte Kennung SRB-T darauf hinweist, dass es sich um Seenotrettungsboote auf Trailern handelt. Bei der 2023 eingeleiteten Einführung der Nachfolge-Generation dieser vier Spezialfahrzeuge wurde die SRB-T Systematik allerdings nicht fortgeführt, obwohl auch diese neueren Boote wiederum auf einem Anhänger gelagert und transportiert werden.

Bei mehr als 30 baugleichen Exemplaren dieser Bootsklasse kann der Überblick leicht abhandenkommen, doch die interne Kennzahl ermöglicht eine eindeutige Identifizierung. Welches ungetaufte Boot mit der Bezeichnung SRB 75 hier 2019 seiner Namensgebung entgegenfährt … die Auflösung auf Seite 181.

So mancher Schiffsname wurde innerhalb der DGzRS-Flotte im Laufe der Jahrzehnte – direkt nacheinander oder in größeren zeitlichen Abständen – mehrfach vergeben. In diesen Fällen haben wir bewusst darauf verzichtet, römische Ordnungszahlen anzufügen, um den Eindruck zu vermeiden, diese seien Teil des Schiffsnamens gewesen.[05] Denn wir sind davon überzeugt, dass alle Leser des vorliegenden Werkes in der Lage sind, auch ohne hinzugefügte Hilfszahlen beispielsweise die 1925 und 1943 gebauten Motorrettungsboote mit dem Namen HAMBURG von den gleichnamigen Seenotkreuzern der Baujahre 1960 respektive 2020 zweifelsfrei zu unterscheiden. Gleiches gilt umso mehr für ein Tochterboot und ein Seenotrettungsboot HELENE oder auch für ein 18 Knoten schnelles Seenotrettungsboot HELLMUT MANTHEY und seinen mehr als zweimal so schnellen Namensdoppelgänger. Ein wenig anspruchsvoller wird es allenfalls bei den fünf Motorrettungsbooten mit dem Namen HINDENBURG, die sich jedoch anhand ihrer technischen Daten trennscharf auseinanderhalten lassen, sowie beim innerhalb ein- und derselben Bootsklasse über eine Zeitspanne von fünf Jahren gleich vierfach vergebenen Namen MÖVENORT.

1925 – mithin im gleichen Jahr, in dem Paul von Hindenburg zum Reichspräsidenten der Weimarer Republik gewählt wurde – wird erstmals ein DGzRS-Rettungsboot gebaut, das den Namen HINDENBURG erhält. Mit einer zweimaligen Unterbrechung von insgesamt etwa sieben Jahren wird diese Benennung auf vier weitere Boote übertragen und bis 1979 in der Rettungsflotte beibehalten. Auf derselben Werft gebaut und im gleichen Jahr in Dienst gestellt wie jene erste HINDENBURG werden die Motorrettungsboote BREMEN und HAMBURG, deren Namen seit mittlerweile 100 Jahren – desgleichen mit Unterbrechungen – weitergereicht worden sind. Auf dem Foto ist die fünfte als HINDENBURG benannte Einheit – Registernummer KRA 101 – dargestellt.

Haben einzelne Rettungseinheiten während ihres Daseins bei der DGzRS mehrere Funktionen innegehabt, so erscheinen sie diesem Umstand zum Trotz in der Auflistung nur ein einziges Mal. Als Vorzeigebeispiel ist hier das erste Tochterboot des Seenotkreuzers HERMANN MARWEDE zu nennen, das – einhergehend mit einer Namensänderung – als eigenständiges Seenotrettungsboot und später als Ausbildungsboot eingesetzt war.[06] Den einzigen Ausreißer aus diesem Ordnungsprinzip bildet das Motorrettungsboot KONSUL KLEYENSTÜBER von 1931, aus dessen Rumpf Anfang der 1950er-Jahre der erste Versuchs-Seenotkreuzer BREMEN entstand. Obwohl es sich hierbei um keinen lupenreinen Neubau-Auftrag handelt, findet diese Dublette aufgrund ihrer bedeutsamen Stellung innerhalb der Historie ihre berechtigte – nämlich zweifache – Berücksichtigung.

Standards, Datenmaterial und Bildauswahl

Wie leichtfertig mit Datenmaterial mitunter umgegangen wird und wie schwierig sich demzufolge dessen gewissenhafte Auswertung gestalten kann, illustriert die folgende kleine Episode: In den von der DGzRS herausgegebenen Mittheilungen für das Deutsche Rettungswesen für 1866 ist die Zahl der im ersten Berichtsjahr aus Seenot geretteten Personen mit 141 angegeben. Dieser Betrag wird in die Statistiken der Folgejahre übertragen und zu den jeweils hinzukommenden Werten addiert ... bis in den Mittheilungen für das Jahr 1870/71 die ursprünglich genannte Zahl unvermittelt und auf mysteriöse Weise von 141 auf 144 anwächst. Hat da etwa jemand – trotz aller preußischen Gewissenhaftigkeit und Gründlichkeit – im Funzellicht einer Petroleumlampe die oben spitz zulaufende und auf einem senkrechten Balken stehende Ziffer 1 mit der ganz ähnlich gestalteten 4 verwechselt? – Die wahre Ursache für diese vermutlich unbeabsichtigt durchgeführte Manipulation der Gesamtbilanz um den Wert +3 (die sich übrigens bis in die Gegenwart hinein gehalten hat) liegt für immer im Nebel der Geschichte.

In ganz ähnlicher Weise sind über das hier präsentierte Boots- und Schiffsmaterial umfangreiche Detail-Informationen und technische Daten im Umlauf, die bei kritischer Überprüfung oftmals widersprüchlich oder diffus und somit hochgradig unübersichtlich sind. Um aus dem vorhandenen Material verlässliche Daten herauszufiltern, sind Dokumente der Bauwerften als bevorzugt genutzte Informationsquellen zu betrachten, ebenso – wenngleich nicht uneingeschränkt zuverlässig – die direkt von der DGzRS he-

Weiß lackierter Seenotkreuzer FRITZ BEHRENS, Heimathafen Southampton, hier im Mai 2014 auf der Elbe in Höhe Hamburg St. Pauli, und das 2018 für die Ausfuhr nach Ghana bestimmte Seenotrettungsboot HELLMUT MANTHEY mit ungewohntem Blau-Streifen – zwei Beispiele für die Weiterverwendung ehemaliger DGzRS-Einheiten. Eine lückenlose Bilddokumentation dieser und ähnlicher äußerer Veränderungen ist unter den Aspekten der Übersichtlichkeit und des Umfangs nicht realisierbar.

rausgegebenen Publikationen. Zu erwähnen sind hier die bei den Verfassern lückenlos vorliegenden und unter wechselnden Titelbezeichnungen herausgegebenen DGzRS-Jahresberichte, das Periodikum „Von den Küsten und aus See", das Mitarbeiter-Magazin „DGzRS intern" oder auch die seit den 1980er-Jahren verfügbaren Datenblätter zu den einzelnen Boots- und Schiffsklassen.[07] Darüber hinaus darf beispielsweise auch das Fachmagazin Hansa – einst offizielles DGzRS-Organ – als weitgehend seriöse Wissensressource herangezogen werden.

Auf der Basis dieses Materials und ergänzt um vielfältige weitere Quellen und Hinweise sind die technischen Daten der Boote und Schiffe sowie deren Stationierungszeiträume verifiziert, kalibriert oder teilweise neu ermittelt worden. Als Referenzwert für die Angaben zu den technischen Daten gilt dabei der Zustand des jeweiligen Fahrzeugs bei seiner Indienststellung – nennenswerte nachträglich eingetretene Abweichungen und besondere technische Modifikationen sind dem Textblock unterhalb der Stationierungsdaten respektive den Anmerkungen zu entnehmen, ebenso Wissenswertes, Historisches oder bisweilen Kurioses zu den einzelnen Rettungseinheiten.

Um den technischen Fortschritt der Motorisierung anschaulicher nachzuzeichnen, wird die historische Maßeinheit PS – anstelle der heute international gebräuchlichen Einheit kW – bis zu den jüngsten SAR-Einheiten durchgängig beibehalten. Aus Platzgründen wird für die Angabe zur Höchstgeschwindigkeit die verkürzte Bezeichnung Geschwindigkeit verwendet. Insbesondere für den Zeitabschnitt der 1940er-Jahre lassen sich Indienststellungen, Umstationierungen und Umbenennungen von Rettungsbooten nur unvollständig rekonstruieren – hier gilt es, anhand der vorliegenden Quellen höchst aufmerksam zwischen visionär angekündigten und tatsächlich vollzogenen Maßnahmen zu differenzieren, zumal in jenem Jahrzehnt so manche Neubaumaßnahme und Stationsverlegung zwar „auf dem Papier" strategisch zurechtgelegt, jedoch nie oder nur mit zeitlicher Verzögerung realisiert worden ist. Zweifelhafte und unbestätigte Stationierungsdaten sind mit einem Fragezeichen gekennzeichnet oder werden in den Anmerkungen diskutiert.

Bei den außer Dienst gestellten Fahrzeugen wird unterhalb der Angaben zu deren DGzRS-Dienstzeit ihr Verbleib dokumentiert und dort sind entsprechende Hinweise auf Museums- und Ausstellungs-Standorte verankert, um das Auffinden dieser Oldies und Klassiker im dreidimensionalen Raum zu erleichtern.[08] Neben dem Funkrufzeichen ist – soweit ermittelbar – deren aktuelle MMSI (Maritime Mobile Service Identity) vermerkt, die Rufnummer des mobilen Seefunkdienstes zur Kennzeichnung einer Seefunkstelle im Global Maritime Distress and Safety System (GMDSS). Oftmals wird diese Nummer nach einem Eigentümerwechsel beibehalten und vermag somit Shipspottern möglicherweise dabei zu helfen, bereits ausgemusterte DGzRS-Einheiten leichter aufzuspüren. Hinsichtlich der Bildauswahl, dies gilt besonders für den Themenbereich der Motorrettungsboote, sind Überschneidungen mit bereits vorliegenden Publikationen in einigen Fällen unvermeidbar, weil das zur Verfügung stehende Material teils stark limitiert ist. Um eine für die einschlägige Fachszene hinreichende Diversifikation zu gewährleisten, fällt die Entscheidung mitunter zugunsten eines zwar qualitativ schlechteren, dafür aber selten veröffentlichten Motivs. Aus Platzgründen ist es schlichtweg unmöglich, dem Anspruch gerecht werden zu wollen, jede der neuzeitlichen SAR-Einheiten in allen ihren unterschiedlichen Farbgebungen, Bauzuständen und Namensgebungen – während und gegebenenfalls nach ihrer DGzRS-Dienstzeit – darzustellen. Die notwendige Reduzierung auf ein einziges Foto bedingt eine subjektive Auswahl, welche wiederum von der Maßgabe geleitet ist, die Fahrzeuge nicht ausschließlich in Aktion und „von ihrer schönsten Seite" – also von schräg vorne – zu zeigen, sondern das Spektrum ihres Aufgaben- und Einsatzbereiches abzubilden: Kontroll-, Einsatz- und Übungsfahrten, für das jeweilige Revier typische Situationen, besonders hervorzuhebende Ereignisse, zur Vervollständigung auch mal ein Werftaufenthalt, ein statisches Liegeplatz-Foto oder der Zustand als Ausstellungsstück im Museum.

Ortsnamen sind hinsichtlich ihrer Schreibweise und Erläuterung dem jeweiligen historischen Kontext angepasst, als Beispiel hierfür ist die unterschiedliche Buchstabierung des Städtenamens Saßnitz (gültig bis zum 2. Februar 1993) / Sassnitz zu nennen.

Mehr als nur ein Anhängsel: der Anhang

Mit einer gewissen Genugtuung verwies Wilhelm Esmann gerne darauf, ein Exemplar des von ihm verfassten Buches liege stets griffbereit im Kofferraum des DGzRS-Rettungsdienstleiters, damit dieser auf Dienstreisen bei Bedarf schnell und zielsicher nachschlagen könne, „nach wem etwa das Rettungsboot EMIL ZIMMERMANN eigentlich benannt wurde", so der Autor im persönlichen Gespräch. Auch wenn das vorliegende Werk seinen festen Platz im Bücherregal einnimmt, so ist es im Kofferraum ihres Fahrzeugs ebenso gut aufgehoben, denn es darf und soll in der oben beschriebenen Weise der praktischen Benutzung dienen. Inspiriert von eigenen Beobachtungen bei zahlreichen Open-Ship-Veranstaltungen erachten wir deshalb die für Bordstempel freigelassenen Buchseiten als eine praxistaugliche und bedarfsgerechte Bereicherung für Sammler.

Nach internen Registernummern und Bootsnamen sortierte Verzeichnisse sorgen für eine bessere Auffindbarkeit und beschleunigen den zielgenauen Zugriff auf den jeweiligen Datensatz. Ein umfangreiches Literatur- und Quellenverzeichnis dient nicht dem Selbstzweck, sondern will zum Weiterlesen auffordern. Schließlich sollten die Anmerkungen nicht achtlos überblättert werden – darin gibt es allerhand Interessantes und Aufschlussreiches zu entdecken.

Innerhalb der DGzRS-Rettungsflotte existiert – zugunsten eines hohen Informationswertes – ein vielfältiges Spektrum an Stationierungsverläufen, schicksalhaften Zwischenfällen und einzigartigen Nutzungszwecken nach der Außerdienststellung der jeweiligen Schiffe und Boote, kaum ein Werdegang gleicht dem anderen. So werden etwa am Motorrettungsboot RICHD. C. KROGMANN (oben, links im Bild) bei einer Einsatzfahrt im Dezember 1938 durch Eisdrift beide Schrauben beschädigt. Auf der Rückkehr von einem anderen Einsatz kollidiert das Boot 1939 mit einem gesunkenen Wrack und schlägt leck, kann aber mit eigener Kraft und nur einem der beiden Motoren seine Station Cuxhaven erreichen. Als größtes und schnellstes DGzRS-Fahrzeug der 1930er-Jahre kann es bauartbedingt wesentlich weiträumiger und unabhängiger agieren als andere DGzRS-Boote, wie etwa die an seiner Backbordseite fahrende ADALBERT KORFF. Sie wird von Juli 1935 bis 1936 bei der Schiffswerft August Pahl vom halb- zum vollgedeckten Motorrettungsboot mit durchlaufendem Deck umgebaut. Nach ihrer Außerdienststellung 1954 wird sie als Schlepper in den Iran verkauft, der Transport dorthin geschieht als Decksladung auf dem Frachter FRAUENFELS der Deutschen Dampfschifffahrts-Gesellschaft (DDG) „Hansa“. Geleitet wird die Bremer Reederei zu jener Zeit von Hermann Helms, der 1943 den DGzRS-Vorsitz von Adalbert Korff – dem Namensgeber ebenjenes Bootes – übernommen hatte und dieses Ehrenamt bis 1980 innehält. Nach Hermann Helms wiederum wird 1985 ein Seenotkreuzer benannt, der – ebenso wie die RICHD. C. KROGMANN – in Cuxhaven stationiert wird. Das Beispiel zeigt anschaulich, wie sich durch ein einzelnes Bilddokument interessante historische Zusammenhänge erschließen und erzählerisch aufbereiten lassen. Im gewählten Format des vorliegenden Werkes erscheint hingegen eine deutlich kompaktere Fakten-Darstellung vorteilhaft … und aus Platzgründen erforderlich.

Zwei Ausnahmeerscheinungen: Als Seenotkreuzer-Urtyp BREMEN – oben im restaurierten und denkmalgeschützten Zustand von 2015 – wird das frühere Motorrettungsboot KONSUL KLEYENSTÜBER in der hier vorgelegten Schiffsliste ein zweites Mal erfasst. Diese Umbaumaßnahme ist als wichtiger Entwicklungsschritt in der Geschichte des deutschen Seenotrettungswesens einzustufen. Vom 8. bis zum 25. April 1960 ist die BREMEN zur Erprobung in Büsum, anschließend in Hörnum / Sylt und auf Amrum stationiert. Ihre Vorgängerin auf diesen beiden Inselstationen ist die RICKMER BOCK, die am 18. November 1943 mit dem Namen HINDENBURG auf der Station Dorumertief mit Position Leuchtturm Hohe Weg in Dienst gestellt wird – gewissermaßen in der Einflugschneise der britischen Luftwaffe bei ihren Angriffen gegen Bremen und Wilhelmshaven. Vor Helgoland geht das Boot 1952 nach einer Kollision mit einem Wrackteil einmal auf Tiefe, wird gehoben und erneut in Dienst gestellt, 1962 erhält es eine neue Motorenanlage. Als die RICKMER BOCK 1981 als letztes der im Zweiten Weltkrieg produzierten Boote aus der DGzRS-Flotte genommen wird, ist sie unter allen von Anfang an motorisierten Fahrzeugen dasjenige mit der längsten ununterbrochenen Dienstzeit im Rettungsdienst: Über einen Zeitraum von 37 Jahren retten ihre Besatzungen insgesamt 1233 Menschenleben aus Seenot – dieser Wert ist für ein einzelnes Fahrzeug überdurchschnittlich und er entspricht nahezu der gegenwärtigen Einwohnerzahl von Helgoland, wo die RICKMER BOCK rund sechs Jahre stationiert war. Zunächst ist sie nach ihrer Ausmusterung als Ausstellungsobjekt auf dem Seenotretter-Betriebsgelände in Bremen aufgestellt. Nach 22 Jahren wird sie erneut ins Wasser gehoben und trifft am 17. Juni 2003 im Hafen ihrer ehemaligen Station Büsum ein, wo der Museumshafen-Verein sie reaktiviert. Seitdem ist sie das älteste fahrbereite Museums-Motorrettungsboot im Nahezu-Originalzustand.

BORKUM
RICKMER BOCK

Kaltstart

Innovationen und Impulse

Mit teils wagemutigen Meisterleistungen zelebrieren kühne Pioniere der Technikgeschichte den Beginn des 20. Jahrhunderts: Wilhelm Maybach konstruiert 1900 einen Rennwagen, der mit einem 35 PS-Vierzylindermotor das Auto der Zukunft darstellt und die der Ideengeber Emil Jellinek nach seiner Tochter Mercédès benennt. Im Jahr 1903 heben die Brüder Wilbur und Orville Wright zum ersten gesteuerten Motorflug ab und ein russisches Wissenschaftsmagazin veröffentlicht die theoretischen Effekte eines Raketenantriebes – die Grundlage der heutigen Raumfahrttechnik. 1905 läuft in der Kieler Friedrich Krupp Germaniawerft das erste U-Boot für die Kaiserliche Marine vom Stapel, 1907 gelingt der weltweit erste bemannte Hubschrauberflug in einer Höhe von 30 Zentimetern über dem Boden und 20 Sekunden Flugdauer und 1909 überquert der Franzose Louis Blériot als erster Mensch in einem Flugzeug den Ärmelkanal. Derartige technologische Innovationen beschleunigen in den darauffolgenden 1910er-Jahren die Modernisierung der Gesellschaft, etwa durch den Aufstieg der Automobilindustrie und Fortschritte in der Kommunikation.

Auf dem Gebiet der Rettung von Menschenleben aus Seenot haben Erfindungsreichtum und Experimentierfreude bis zu diesem Zeitpunkt überwiegend Hilfsmittel wie Raketen- und Schießgeräte, Leinenwurfgewehre und andere mitunter abenteuerlich anmutende, kaum praxistaugliche Apparaturen hervorgebracht. In der Realität des Seenotrettungswesens an den deutschen Küsten werden Boote per Pferdegespann oder – in den Flussmündungen – per Dampfschlepper zur Einsatzstelle transportiert, bevor Muskelkraft und Wind für den Vortrieb auf dem Weg zur eigentlichen Rettungstat sorgen. Ein solches Ruder- oder Segelrettungsboot bei schwerem Wetter gegen See, Strömung und stürmischen Wind zu manövrieren, stellt eine beschwerliche Mission für dessen Besatzung dar: „Menschenkräfte können nach großen Anstrengungen erlahmen und mittels der Segel ist bei Gegenwind nur durch großen Zeitverlust vorwärts zu kommen", stellt die DGzRS in ihrem Mitteilungsblatt „Von den Küsten und aus See" fest. Rettungseinsätze geschehen überwiegend in Sichtweite vor der Küste, in Einzelfällen steigen Rettungsmänner für eine Hilfeleistung bis zur eigenen Brust in die Brandung oder die Pferde gehen bei Gewitter mitsamt dem Bootsgespann durch, bevor sie kilometerweit vom Einsatzort entfernt zum Stillstand kommen.

Eher durch einen Roman des Schriftstellers Jules Verne inspiriert als tatsächlich für die Praxis auf See geeignet dürfte Captain Moody's neues Rettungsboot sein, eine vierstrahlige schwimmende Insel, die bei jedem Wetter eine sichere Station darstellen soll. Zum Wohle wagemutiger potenzieller Anwender gelangt es ebenso wenig zur Serienreife wie das dem Erfinder Albert Sigg zugerechnete Rettungsboot „Sturmvogel", in der Illustration rechts auf einer Welle tanzend.

Mit der Inbetriebnahme des 15,24 Meter langen Dampfmotorrettungsbootes DUKE OF NORTHUMBERLAND hatte sich die britische Royal National Lifeboat Institution (RNLI) im Jahr 1890 an die Motorisierung ihrer Flotte herangetastet: Eine neuartige Dampfturbine wirkt darin über ein Pumpensystem auf einen Wasserstrahlantrieb, der eine maximale Geschwindigkeit von 9 Knoten ermöglicht, jedoch insgesamt die in ihn gesetzten Erwartungen nicht erfüllt. Ab 1897 setzen die maritimen Rettungsdienste in England und der Provinz Süd-Holland – in geringer Stückzahl – dampfbetriebene Boote mit Propellerantrieb ein. In der DGzRS-Hauptverwaltung in Bremen verfolgt man aufmerksam die technische Entwicklung im europäischen Ausland. Kapitän Georg Pfeifer, seit 1886 als Inspektor für die Technik, Stationen und Ausrüstung verantwortlich, reist ab 1895 mehrfach nach England und in die Niederlande und lässt sich die dort verwendeten Dampfrettungsboote in der praktischen Anwendung eingehend demonstrieren. Basierend auf den Berichten ihres Inspektors, kommt man bei der DGzRS entgegen anfänglich geäußerter Zuversicht nach abwartender Haltung über einen Zeitraum von mehreren Jahren zu der Erkenntnis, dass dampfbetriebene Fahrzeuge für den Einsatz in deutschen Seegebieten nicht geeignet sind: Ihr Nutzen steht nicht im Verhältnis zu den Anschaffungs-, Reparatur-, Wartungs- und Personalkosten.

1904 erprobt die RNLI nach einer mehrmonatigen Testphase mit Verbrennungsmotoren aus dem Automobilbau das erste – von einem 12 PS leistenden Zweitaktmotor angetriebene – Motorrettungsboot und drei Jahre später existieren in England vier nachträglich motorisierte Rettungsboote. Bei der Versammlung des DGzRS-Gesellschaftsausschusses in Lübeck am 31. Mai 1907 wird der Vorstand nach teils kontroversen Diskussionen ermächtigt, ein größeres, ständig auf dem Wasser liegendes Motorrettungsboot zu beschaffen, „sobald die in England schwebenden Versuche mit solchen Booten ihre Verwendbarkeit im Rettungsdienste begründet erscheinen lassen". Doch einhergehend mit diesem Beschluss, „versuchsweise die Motorkraft als Fortbewegungsmittel für ihre Boote dienstbar zu machen", überwiegen bei der DGzRS die Bedenken, ob sich ein solches Boot angesichts der flachen und sandigen Küstenverhältnisse in Deutschland überhaupt bewähren würde. Denn unbedingt notwendig für die eigenen Rettungsboote ist ein möglichst geringer Tiefgang – aus diesem Grund hat man teilweise schon auf die Selbstentleerungsvorrichtung verzichten müssen und bevorzugt man eine flache Kielsohle anstelle eines Bootskiels. Durch das zusätzliche Gewicht eines Motors würde der Tiefgang vergrößert und selbst bei einem einwandfreien, zu jeder Zeit gebrauchsfertigen und sicher arbeitenden Motor muss der Schutz der Schraube gegen treibende Wrackstücke und Grundstöße bei stürmischem Wetter in Betracht gezogen werden.

Die witterungsabhängige – und wie hier zu erkennen ist: personalintensive – Fortbewegung im Segelrettungsboot verläuft wenig zufriedenstellend: Wo die Boote in engen Gewässern stationiert sind, etwa in den Prielen der westholsteinischen Küste und den nordschleswigschen Watten, gelingt die Ausfahrt nur bei ausreichend hohem Wasserstand und unter günstigen Windverhältnissen.

Schon in der Frühphase der Entwicklung motorisierter Rettungsboote ist der Schraubentunnel ein wichtiges Konstruktionsmerkmal, er soll in der Brandung oder auf flachem Strand den Propeller gegen Beschädigung schützen.

In der Lübecker Versammlung äußert Kapitän zur See a. D. Karl Adolf Alexander Mensing aus Berlin den Wunsch, der deutschen Industrie Gelegenheit zu geben, ihre Leistungsfähigkeit beim Bau des ersten anzuschaffenden Motorbootes für Rettungszwecke zu zeigen – der Vorstand solle dahingehende Verhandlungen aufnehmen. Er beruft sich auf die guten Erfahrungen der Kaiserlichen Marine mit deren Beibooten sowie auf die eigene Kompetenz aus seiner Berufstätigkeit als Lehrer an der Marineakademie in Kiel, Militär- und Marinebeauftragter, Mitarbeiter im Hydrographischen Amt des Reichs-Marine-Amtes und Leiter des Dezernats für Küstenvermessung, Kartographie und Leuchtfeuerwesen. So werden noch 1907 Beratungsgespräche mit der in Hannover und Kiel ansässigen Motorengesellschaft Gebr. Körting geführt, die für veranschlagte Kosten von 11.100 Mark den Bau eines Bootes von der an deutschen Küsten gebräuchlichen Größe in Aussicht stellt.

Erprobung verläuft befriedigend

In der am 29. Mai des darauffolgenden Jahres in Duisburg-Ruhrort abgehaltenen Versammlung des Gesellschaftsausschusses behält man die zuvor gezeigte Zurückhaltung bei: Nach eigenem Ermessen soll der Vorstand seine Verhandlungen mit Körting und an-

Rauchen streng verboten! steht auf dem Hinweisschild im Rettungsschuppen, denn dessen Inhalt ist kostbar: In voller Besatzungsstärke präsentiert die Mannschaft in Laboe ihr hölzernes Motorrettungsboot. Geöffnet sind hier die landseitigen Tore des noch heute existierenden Gebäudes. Auf dem linken Foto in der Bildmitte die Winde zum Aufholen des Bootes, das über die wasserseitige Slipbahn achteraus in den Hafen gleitet. Der Vormann kontrolliert die Pinnensteuerung, die anderen acht Männer halten sich bereit zum Rudern und Retten.

deren deutschen Motorwerken fortsetzen, sodann ein kleines, an Land aufzustellendes und im Bedarfsfall zu Wasser zu bringendes Boot beschaffen, um damit Versuche anzustellen, und daraufhin – wiederum unter der Voraussetzung zufriedenstellender Erfolge in England – ein größeres, ständig auf dem Wasser zu stationierendes Motorboot entwickeln lassen. Schließlich überträgt die DGzRS die Ausarbeitung des Projekts der Gebr. Körting AG Marinetechnische Abteilung Kiel unter folgenden Bedingungen: offenes Boot von 10 Metern Länge mit Ruder- und Segeleinrichtung, vollkommener Schutz des Motors gegen überkommende See, Bedienung des Motors durch nur einen Mann, Schutz des Propellers gegen Wrackstücke, möglichst geringes Gewicht und kleiner Tiefgang. Anfang 1909 sind die Unterlagen so weit ausgearbeitet, dass bei der Werft von Hermann Havighorst in Blumenthal mit dem Bau begonnen werden kann.

Mitte des Jahres 1910 – das deutsche Seenotrettungswerk hat von Borkum im Westen bis Nimmersatt im Osten eine Ausdehnung über 129 Stationen – ist der Neubau fertiggestellt, der in seinem ganzen Aufbau einem gewöhnlichen, 9,5 Meter langen Ruder- und Segelrettungsboot entspricht. Angetrieben wird er durch einen zweizylindrigen Motor von der Gebr. Körting AG in Körtingsdorf bei Hannover, dessen Speisung durch Petroleum und das Anlassen durch Benzin erfolgt.

Von anderen Motoren unterscheidet er sich vorteilhaft durch seine sehr niedrige Bauweise und ein geringes Gewicht. Für den Fall eines Maschinenschadens ist das Boot segel- und ruderbar: Zwei Rahsegel und eine Stagfock geben ihm gute Segeleigenschaften und an vier Ruderduchten haben acht Ruderer Platz, insgesamt besteht die Regelbesatzung aus zehn Mann. Damit Mannschaft und Motor in dem ungedeckten Fahrzeug weitgehend trocken bleiben, kann übergenommenes Seewasser mittels einer Selbstlenzanlage – Ventilrohre im doppelten Boden – sogleich außenbords befördert werden.[01] Im Jahresverlauf 1910 durchgeführte Probe- und Dauerfahrten liefern hinsichtlich des Motors dem ersten Eindruck nach „recht befriedigende" Ergebnisse. Auf dem Wasserweg und mit eigener Maschinenkraft geschieht die Überführung des Bootes nach Laboe am Ostufer der Kieler Förde. Dort ist es in einem eigens dafür nach Kostenvoranschlag von 15.000 Mark gebauten Schuppen mit Ablaufbahn untergebracht, der zugleich mit Einrichtungen versehen ist, den Motor hin und wieder anzulassen, um Betriebsstörungen infolge eines zu langen Maschinenstillstandes zu vermeiden. Mit der am 6. Januar 1911 vollzogenen offiziellen Indienststellung der OBERINSPECTOR PFEIFER beginnt die Epoche der motorisierten Seenotrettungsfahrzeuge in Deutschland.[02]

Raum für Verbesserungen

Bei Windstärke 8 bis 9, in Böen 10, und entsprechendem Seegang werden am 18. und 19. Februar 1911 wiederum Übungsfahrten unternommen, die nach Einschätzung des Oberinspektors C. Neuhaus „sehr gut" verlaufen: Trotz hochlaufender See bewährt sich das Boot „vorzüglich", es nimmt kaum mehr Spritzwasser über und der Motor läuft während einer vierstündigen Fahrt ohne jede Störung. Auch der Vormann Heinrich Schnoor attestiert seinem Boot ein gutes Seegangsverhalten bei Schlechtwetter und lobt die Zuverlässigkeit des Motors. Bei der am 7. Juni 1911 in Kiel stattfindenden 45. Jahresversammlung des Gesellschaftsausschusses wird die OBERINSPECTOR PFEIFER dem anwesenden Ehrenpräsidenten der Gesellschaft, Seiner Königlichen Hoheit Prinz Heinrich von Preußen, beim Bootshafen des Kaiserlichen Jacht-Clubs vorgeführt und am Abend desselben Tages schleppt das Boot eine gestrandete Lustjacht, deren Besatzung sich bereits an Land gerettet hatte, nach Laboe ein. Auf dieser Versammlung gehen aus den Bezirksvereinen mehrere Anträge zur Ausrüstung weiterer Boote mit Motoren ein, die nach gründlicher Erörterung sämtlich bewilligt werden.

Allerdings relativieren die weiteren Praxiserfahrungen den anfangs noch so positiven Eindruck, denn die Eigenschaften der OBERINSPECTOR PFEIFER als Ruder- und Segelrettungsboot werden aufgrund des Gewichts der Motorenanlage bedeutend ungünstig beeinflusst. „Alles in allem durchaus befriedigend" kommt das erste so bezeichnete Versuchs-Motorboot in der Gesamtbeurteilung davon, zugleich aber ist es „keineswegs schon so vollkommen, dass es für Verbesserungen keinen Raum mehr lässt". Richtunggebend für die nachfolgende Entwicklung ist jedenfalls die Erkenntnis, dass der Motor als Fortbewegungsmittel für Rettungsboote „durchaus brauchbar ist und ohne Bedenken im Rettungswesen zur Verwendung gelangen kann".

Bevor eine neue Bootsklasse in Serie gebaut werden kann, ist eine Weiterentwicklung daher dringend geboten. So bleibt die OBERINSPECTOR PFEIFER als untermotorisiertes, in der Fachpresse so bezeichnetes „Sommerboot" ein bauliches Einzelexemplar – letztlich immerhin mit beachtlicher 25-jähriger Verwendungsdauer.

Besonders bei schwerem Seegang, wenn das Boot hart in den Wellen arbeitet, kann Seewasser mit der Ansaugluft in die Maschine eindringen und diese zum Stillstand bringen. Erforderlich ist daher ein Motormann in der aus freiwilligen Rettungsleuten bestehenden Besatzung, doch entsprechende Fachkenntnisse sind in dieser Epoche noch nicht weit verbreitet. Aufgrund der noch gegebenen hohen Störanfälligkeit der Antriebstechnik kann die OBERINSPECTOR PFEIFER wahlweise auch im Ruder- oder Segelbetrieb eingesetzt werden.

Der Fortschrittsmotor läuft nicht rund

Für Boote, die auf einem Wagen zum Wasser transportiert werden müssen, ist zum jetzigen Zeitpunkt der Einbau eines Motors wegen des damit verbundenen größeren Gewichts ausgeschlossen, denn der ohnehin mühevolle Transport durch die Dünen und über sandigen Untergrund würde dadurch zusätzlich erschwert, wenn nicht gar unmöglich gemacht. Auch die an flachen Küsten in Aktion tretenden Rettungsboote sollen im Hinblick auf die daraus resultierende Vergrößerung ihres Tiefgangs nicht motorisiert werden. Auf den Inseln mit steilen Küsten hingegen, etwa Rügen und Helgoland, wo das Boot direkt in tiefes Wasser gelangt, hat es einen Wirkungskreis, der einen durch Motoreinbau bedingten größeren Tiefgang gestattet – folgerichtig ist der zweite Neubau eines motorisierten Rettungsbootes für die Station Saßnitz bestimmt.

Ständig zu Wasser liegende gedeckte Segelrettungsboote erscheinen immerhin geeignet für eine Nachrüstung mit Motorantrieb. Denn sie werden bereits dort verwendet, wo auf dem Weg zur Unglücksstelle häufig größere Distanzen zu überwinden sind, so dass die Besatzung unter Umständen auch über Nacht an Bord bleiben muss. Aus diesen Erwägungen heraus wird beschlossen, zunächst zwei vorhandene – BÜSUM in Büsum und PICKER für Wittdün auf Amrum – und sodann zwei ebenfalls für die Westküste Schleswig-Holsteins bestimmte neue Segelrettungsboote – THEODOR GRUNER und HERMANN FRESE – mit Motoren auszurüsten. Langfristig sollen nach DGzRS-Beschluss „reine Motorboote" gebaut werden, deren Segeleinrichtung lediglich als Aushilfsantrieb für den Fall des Motorversagens zu verwenden ist. Mit zunehmender Verlässlichkeit der Motoren werden die Segel kleiner, bis sie letztendlich nur als Schlinger- oder Stützsegel in starkem Seegang dienen.

Übergangstechnologie zwischen Ruder- und Motorboot: Entgegen der von DGzRS-Oberinspektor C. Neuhaus im Jahr 1912 geäußerten Feststellung, der Einbau eines Motors in ein vorhandenes Rettungsboot sei, abgesehen von gedeckten Segelrettungsbooten, nicht angängig, wird genau dies schließlich doch in zwei Fällen – FRAUENLOB und META HARTMANN, hier im Bild – praktiziert. Mit beiden derartig umgerüsteten Fahrzeugen werden keine nennenswerten Rettungserfolge erzielt.

In der Rettungsstation Horumersiel zieht dasselbe Boot im Jahr 1931 das Interesse des späteren Reichskanzlers und – ab 1935 – DGzRS-Schirmherrn Adolf Hitler sowie dessen Privatsekretärs Rudolf Heß (rechts im Bild, verdeckt) auf sich, Vormann Heinrich Tiarks leitet die Besichtigung. Nach dem Standardentwurf des Deutschen Normalrettungsbootes gebaut, ist die META HARTMANN für zehn Rettungsmänner sowie Steuer- und Vormann ausgelegt.

Detailreiche Herausforderungen sind – damals wie heute – beim Bau von Rettungsbooten zu bewältigen und im Zusammenspiel ihrer einzelnen Komponenten wird nichts dem Zufall überlassen: Die Positionierung des Motors ist mit den Masten und der Segeleinrichtung in einer Weise abzustimmen, die optimalen Trimm und gute Steuerfähigkeit gewährleistet.[03]

Verglichen mit anderen europäischen Organisationen vollzieht sich der Prozess der Maschinisierung bei der DGzRS recht langwierig und wenig linear. Wesentliche Hinderungsgründe für eine sich rasch entfaltende Entwicklung sind der Verlauf des Ersten Weltkriegs und die sich anschließende wirtschaftliche Depression, verbunden mit einer Hyperinflation und hoher Arbeitslosigkeit. In dieser Phase steht die DGzRS in der internationalen Gemeinschaft der Seenotrettungsgesellschaften isoliert da und ihr finanzieller Handlungsspielraum ist stark limitiert, Auftragsvergaben für Neubauten und sogar notwendige Reparaturen müssen über mehrere Jahre hinweg unterbleiben.

Obendrein ist die Technik der Verbrenner – etwa die eingangs von der DGzRS verwendeten Petroleum- und Benzinmotoren – im frühen 20. Jahrhundert keinesfalls ausgereift und sie funktioniert nur mit eingeschränkter Zuverlässigkeit. Vor allem die große Baudimension der Maschinen macht sie für die Montage in relativ kleinen Bootsrümpfen unbrauchbar. Experimentiert wird mit verschiedenen Arbeits-, Brenn- und Zündverfahren, ebenso mit Kraftstoffen sowie den prinzipiellen Konstruktionsweisen der Motoren und deren Anforderungen. „Es sind (...) Komplikationen zu überwinden, die von den allgemeinen Konstruktionsschwierigkeiten bei Schiffsmotoren weitab liegen", merkt dazu das Fachjournal Hansa im Januar 1924 an. „Die Hauptbedingung eines brauchbaren Rettungsbootes ist schnellste Betriebsbereitschaft unter gleichzeitiger Anwendung weitgehender Sicherheitsvorrichtungen gegen Brand- und Explosionsgefahr der flüssigen Betriebsstoffe."

Dieselmotoren als Hauptantrieb

Nachdem der anfängliche Elan durch die Kriegsauswirkungen stark abgebremst worden war, ist noch zehn Jahre nach Kriegsende der technologische Durchbruch nicht so recht gelungen, wie dieser im DGzRS-Bericht über das Rechnungsjahr 1927/1928 veröffentlichte, in seiner Wortwahl eher zurückhaltende Zwischenstand zur unterschiedlichen Zweckbestimmung des Motors zeigt: An den vielfach flachen Strandstrecken der deutschen Küsten seien Motorrettungsboote bei ihrem großen Tiefgang und der Gefährdung der Schraube durch Grundberührung „nicht zu verwenden", doch das deutsche Rettungswerk würde rückständig bleiben, „wenn es nicht wenigstens allmählich mit den Fortschritten der Technik Schritt hielte". Von den insgesamt 102 Booten sind jetzt

Einblicke in Motorrettungsboote der frühen 1930er-Jahre zeigen Konstruktionsmerkmale, die in ähnlicher Ausprägung bis in die Gegenwart hinein erhalten geblieben sind: Ein geringer Spantenabstand von 35 Zentimetern gewährleistet die Festigkeit des Rumpfes und das Doppelschrauben-Motorrettungsboot mit doppelter Außenhaut besitzt ein solides Motorfundament auf Höhe des Hauptspantes.

In Deutschland gefertigte Rettungsboote laufen auch für den Export vom Stapel, wie etwa 1926 die für Portugal bestimmte, halbgedeckte ALMIRANTE ALFREIXO bei der Werft von Hermann Havighorst. Er wird für seine handwerklichen Verdienste am 29. Dezember 1931 mit der Silbernen Medaille der portugiesischen Rettungsgesellschaft Instituto de Soccorros a Naufragos ausgezeichnet.

19 mit Motoren ausgerüstet: Kleine, starke, kompressionslose Dieselmotoren führt der deutsche Seenotrettungsdienst 1926 vor allen anderen Ländern ein, als Hauptantriebskraft kommen sie zuerst bei den drei gedeckten Motorrettungsbooten HINDENBURG, HAMBURG und BREMEN zur Anwendung – aufgrund ihres hohen Gewichts könnten die-

Was haben wir nötig? – Neuzeitliche Motorrettungsboote ... bis zum Horizont. Zum Beginn der Weltwirtschaftskrise gelingt der DGzRS ein bedeutender Fortschritt in der Ausrüstung ihrer Rettungsstationen mit technisch hochwertigen Motorrettungsbooten, deren Gesamtzahl durch die Indienststellung von Neubauten innerhalb des Berichtsjahres 1929/1930 von 21 auf 27 gesteigert werden kann.

se Fahrzeuge durch Segel ohnehin nur notdürftig fortbewegt werden. Neun offene Motorrettungsboote besitzen zusätzlich gute Segeleigenschaften, wohingegen das Rudern hier nur im Notfall vorgesehen wäre. Praktisch gleichwertig mit dem Segel ist der Motor bei den fünf in Buchten und Flussmündungen der Nordsee stationierten, gedeckten Segelrettungsbooten, hier dient er insbesondere zur Beschleunigung der Ausfahrt gegen die Gezeitenströmung. Zu dem gleichen Zweck sind Hilfsmotore in zwei offene Ruderrettungsboote eingebaut.

Ab 1929 schleudert die Weltwirtschaftskrise eine weitere Portion Sand ins Getriebe der dringend erforderlichen Modernisierung der Rettungsflotte. „Es ist festzustellen, dass die großen Rettungsgesellschaften des Auslandes uns in der Verwendung von Motorrettungsbooten erheblich voraus sind", bilanziert das Magazin Hansa in seiner Juli-Ausgabe 1929. Doch einige Jahre später deutet sich diesbezüglich eine Trendumkehr an, denn ausländischen Rettungsgesellschaften ist es bis Mitte der 1930er-Jahre nicht gelungen, einen Rohölmotor – i. e. Dieselmotor – für Rettungsboote zu schaffen, der innerhalb von fünf Sekunden zum Laufen gebracht wird, wie es auf den deutschen Booten funktioniert. Mit Ablauf des Jahres 1933 ist fast ein Drittel aller DGzRS-Rettungsboote mit Motoren ausgerüstet, darunter 27 von 30 Motorrettungsbooten mit Rohöl- und nur noch drei mit Benzinmotoren. In vielen Bereichen der industrialisierten Arbeitswelt sind Dieselmotoren und -aggregate nachgefragt, beispielsweise zur Verwendung in Lokomotiven, Lastkraftwagen, Baumaschinen oder als Stationärmotoren. Mit entsprechendem Nachdruck wird ihre Optimierung weiterhin vorangetrieben. Dank der Fortschritte der deutschen Motorenindustrie können die neueren Motorrettungsboote mittlerweile „als vorbildlich bezeichnet werden", lobt Hansa im Jahr 1935. Dass ausländische Rettungsorganisationen 1937 bei deutschen Werften vier Boote in Auftrag geben, ist ein weiteres Indiz für den sich schrittweise abzeichnenden technischen Vorsprung.

Heraus mit dem Seenot-Taler!

Im November 1936 veröffentlicht die Hansa-Redaktion einen unmissverständlichen Aufruf: „Noch fehlen auf vielen Stationen an der deutschen Küste Motorrettungsboote. Diese zu beschaffen, ist eine Ehrenpflicht der Nation. Darum: Heraus mit dem Seenot-Taler!" Doch neben der Finanzierungsfrage bleibt nach wie vor die Küstengeologie mit einer unvollständig ausgebauten maritimen Infrastruktur problematisch hinsichtlich der Flottenmodernisierung: Eine geringe Wassertiefe limitiert die Verwendung von Motorrettungsbooten, deren Einsatz sich allenfalls an zentralen Stellen mit größerem Schifffahrtsverkehr gestattet – noch 1936 verfügen sechs Stationen neben einem Motor- zusätzlich über ein Ruderrettungsboot. Bei mit fortschreitender Entwicklung zunehmendem Gewicht der Boote wird deren Transport mittels Pferdevorspann umso unpraktikabler, auch später angestellte Versuche mit Raupenschleppern verlaufen weitgehend unbefriedigend.

Weite Distanzen zwischen Bauwerft und Station legen Bootsneubauten auf Grundlage eines Transportabkommens zwischen der DGzRS und der Deutschen Reichsbahn über die Schiene zurück. Nach Stolpmünde bestimmt ist im Mai 1931 das Motorrettungsboot KONSUL KOEPKE (rechts), auf dem Waggon daneben das 8,5 Meter lange, offene Rettungsboot DAHEIM für die benachbarte Station Leba.

Offene Motorrettungsboote sind deshalb in Bootsschuppen mit Ablaufbahn untergebracht, halbgedeckte und gedeckte Boote werden im Hafen fahrbereit gehalten – aufgrund ihres dauernden Kontakts mit dem Wasser müssen die eisernen Einsatzfahrzeuge alle drei Monate einer Bodenreinigung unterzogen und unterhalb der Wasserlinie frisch gestrichen werden. Pflege-, Wartungs- und kleinere Instandsetzungsarbeiten an den Booten werden vor Ort in den jeweiligen Stationsgebäuden durchgeführt, Umbauten und umfangreichere Reparaturen erledigen Werftbetriebe. Bis 1923 hatte die DGzRS einen 400 Quadratmeter großen Schuppen in der Bremer Allerstraße zur Lagerung von Reservebooten, Ersatzteilen und inaktiven Rettungsmitteln unterhalten. Mit fortschreitender Technisierung steigt der Kapazitätsbedarf, dem man nun mit Provisorien in Blumenthal und Lemwerder nachkommt. Weitere Herausforderungen bringen die Elektrifizierung sowie das bald zunehmend bedeutsame Aufkommen von Telegrafie, Sprechfunk und Radar mit sich: Für die sichere und anspruchsvoller werdende Bedienung dieser Apparaturen sind abermals besondere Kenntnisse der Inspektoren und Qualifikationen der Besatzungen gefordert.

Küstenrettungsdienst im Kriegszustand

Mit dem Aufbau einer Seefliegertruppe ergibt sich die Notwendigkeit, eine Rettungs-Infrastruktur für die auf See wegen Motorschadens oder anderer Ursachen niedergegangenen Besatzungen der Luftstreitkräfte bereitzustellen. Noch zu Friedenszeiten lässt der Reichsminister der Luftfahrt und Oberbefehlshaber der Luftwaffe Hermann Göring am 4. August 1939 die Verfügung über die „Organisation der Flugsicherung über See und des Seenotdienstes" herausgeben und vom Luftkreiskommando VI (See) die am 30. August 1939 befohlene „vorläufige Organisation des Seenotdienstes im Kriege" ausarbeiten. Demnach wird die Nordsee in zwei und die Ostsee in drei Seenotbezirke eingeteilt, über das zuständige Stationskommando in Wilhelmshaven oder Kiel können Fahrzeuge der Kriegsmarine und der DGzRS – deren Flotte umfasst jetzt 39 Motorrettungsboote sowie nach wie vor 55 Ruderrettungsboote – für Hilfeleistungen angefordert werden.

Aus Verhandlungen über die Fortführung des Küstenrettungsdienstes im Kriegszustand geht hervor, dass die Verantwortung und Selbständigkeit der DGzRS unberührt fortbestehen – unterdessen bleibt die Gesellschaft jedoch nicht unbeeinflusst von militärpolitischen Interessen: Gleich zu Beginn des Zweiten Weltkriegs im September 1939 wird DGzRS-Inspektor John Schumacher auf Wunsch von Hermann Göring sowie mit Einverständnis des Oberkommandos der Kriegsmarine und des DGzRS-Vorstandes in das Reichsluftfahrtministerium berufen. Im Referat C der Inspektion des Seenotdienstes macht Schumacher als Zivilreferent für den Seenotdienst und gleichzeitig als Verbindungsmann zur Seekriegsleitung der Marine seine Kenntnisse für Fragen des Einsatzes der Rettungsboote und für den im Aufbau befindlichen Seenotdienst für Luftfahrzeuge nutzbar. Er war 1911 in Hamburg-Finkenwärder als Sohn eines Schiffers geboren und hatte im Alter von 15 Jahren seine seemännische Laufbahn bei der Hamburger Reederei F. Laeisz als Schiffsjunge auf der 1902 gebauten und 100 Meter langen Viermastbark PARMA, einem der legendären Flying-P-Liner, begonnen. Auf dem ebenfalls 1902 gebauten, in der Salpeterfahrt zwischen Deutschland und Chile eingesetzten Vollschiff PINNAS war er im April 1929 auf der Ausreise in der Le-Maire-Straße – nordöstlich von Kap Hoorn – in einen Orkan geraten, der das Schiff entmastete. Über Funk war der chilenische Passagierdampfer ALFONSO zur Hilfe gerufen worden – so konnten die 25 Besatzungsmitglieder der PINNAS nach neun Tagen gerettet werden, bevor das stählerne Schiff sank. An der Schiffbauschule des Technikums der Freien Hansestadt Bremen hatte Schumacher sein Studium absolviert und er war am 1. März 1934 in den Dienst der DGzRS getreten.[04]

Neben der Koordinierung von Alarmierungswegen, Zuständigkeiten und rettungsdienstlichen Maßnahmen besteht seine erste Aufgabe in der Anmeldung der Motorrettungsboote als Lazarettfahrzeuge: Über die Schweizer Regierung werden sie an die Feindmacht gemeldet und somit unter den Schutz der auf den Seekrieg angewendeten Genfer Konvention gestellt. Von der britischen Regierung werden sie mit einer Note vom 30. Juli 1940 als Lazarettschiffe namentlich anerkannt, eine englische Küstenfunkstelle überwacht ihren unverschlüsselten Funkverkehr. Um eine zeitraubende Neuanmeldung bei den Feindmächten zu umgehen, wird der für den betreffenden Einsatzort gemeldete Bootsname bei Umstationierungen, beim Austausch oder an Neubauten oftmals weitergegeben – dies erklärt die in jener Zeit häufig vorkommenden Namenswechsel bei gleichzeitiger Beibehaltung der Registernummer zur Identifizierung des jeweiligen Fahrzeugs.

Eine von Görings Ministerium in Berlin herausgegebene, zum 1. Juli 1940 wirksam werdende Kriegsanweisung für die Führer der DGzRS-Motorrettungsboote regelt weitere Einzelheiten: Die Boote dienen im Krieg ausschließlich dazu, Schiffbrüchigen, Verwundeten und Kranken – ohne Unterschied ihrer Nationalität – Hilfe und Beistand zu gewähren. Werden feindliche Gerettete aufgenommen, sind sie auf schnellstem Weg der nächstgelegenen Wehrmachtsdienststelle zu übergeben. Namen und Erkennungsmerkmale der Boote sind den Kriegsgegnern mitgeteilt, sie dürfen zu keinerlei militärischen

Sondereinsatz: Bis Juni 1940 erhalten die unter dem Schutz der Genfer Konvention stehenden Boote einen einheitlichen weißen Anstrich mit einem waagerecht laufenden roten Streifen und zwei große auf Deck gemalte rote Kreuze im weißen Feld, am Heck führen sie die Nationalflagge und im Mast die Rote Kreuz Flagge – diese Kennzeichnung soll sie vor Angriffen feindlicher Flieger bewahren.

Zwecken genutzt und vom Feind nicht weggenommen werden. Sie sind mit Zivilpersonal zu besetzen, auf Veranlassung der Seekriegsleitung der Marine werden die Rettungsmänner für diesen Sondereinsatz notdienst-verpflichtet und als „unabkömmlich" vom Wehrdienst befreit. Jedes Besatzungsmitglied muss einen Waffenschein besitzen, der vom Reichsminister der Luftfahrt und Oberbefehlshaber der Luftwaffe ausgestellt wird, zur Aufrechterhaltung der Ordnung wird die Besatzung mit Pistolen bewaffnet. Über den Dienst an Bord wird verfügt: „Der jeweilige Wachhabende hat den ganzen Horizont und das Funkgerät dauernd zu beobachten. (...) Das Boot muss in peinlicher Sauberkeit und Ordnung gehalten werden. Besonderer Wert ist auf die Wartung der Motorenanlagen zu legen."

Erhöhte Einsatzbereitschaft auf Seepositionen

Auf Vorschlag von John Schumacher wird ab 1. Juli 1940 „zunächst versuchsweise" eine erhöhte Einsatzbereitschaft von Motorrettungsbooten im Bereich der Nordseeküste eingerichtet, um insbesondere für in Seenot geratende Flugzeugbesatzungen Hilfe leisten zu können. Vorweg gibt die DGzRS Ende Juni 1940 in ihrem Mitteilungsblatt eine

Einschrauben-Motorrettungsboot im schematischen Längsschnitt, im vorderen Bereich ist der Mannschaftsraum angeordnet. „Die auf größeren Schiffen selbstverständlichen Bequemlichkeiten müssen aus Gründen der Raumersparnis in Fortfall kommen", beschreibt die DGzRS den Zustand an Bord, „der Wachdienst aber muss doppelt scharf und zuverlässig durchgeführt werden".

vertrauliche, für jede Veröffentlichung gesperrte Information heraus: Die Tätigkeit der Luftwaffe, Kriegsmarine und Handelsschifffahrt im Küstengebiet der Nordsee lässt eine wesentlich erhöhte ständige Einsatzbereitschaft der Rettungsstationen wünschenswert erscheinen. Entsprechend den augenblicklichen Erfordernissen wird die motorisierte Rettungsbootsflotte neu verteilt und stationiert. Um die Anfahrt zum Einsatzort zu verkürzen, liegen 15 Einheiten bald im Dauerdienst auf vorgeschobener Seeposition an Mooringbojen.

Nach den Bestimmungen des Seenot-Dienstplans sind Motorrettungsboote ohne Funktelegrafie in der Regel bis zur Verbindungslinie der Feuerschiffe, also etwa 15 bis 20 Seemeilen von der Küste entfernt, einzusetzen. Für Such- und Rettungsfahrten etwa 40 bis 50 Seemeilen vor der Küste sind die Rettungsstationen Borkum, Norderney, Helgoland und Cuxhaven verfügbar, deren Boote mit drahtloser Telegrafie und teilweise drahtloser Telefonie ausgerüstet sind. Eine 1940 ausgegebene, ergänzende Kriegsanweisung regelt, dass die DGzRS-Boote „innerhalb der Nordseeinseln ohne und außerhalb der Nordseeinseln nur mit Genehmigung der Kriegsmarine" eingesetzt werden dürfen. Laut Einsatzplan soll ihre Aktionsfähigkeit bei Stufe 6 bis 7 – sehr grober bis hoher Seegang – auf der Seegang-Skala begrenzt sein, das entspricht Windstärke 8 bis 9 auf der Beaufort-Skala.

Ihre Bereitschaftsdienststellungen sollen die Boote nur verlassen, wenn es zum Besatzungswechsel, zur Ergänzung von Betriebsstoffen und der Ausrüstung, zur Verproviantierung, wegen Sturmgefahr oder aus anderen zwingenden Gründen unbedingt erforderlich ist oder vom Befehlshaber der Sicherung Nordsee über die Seenotzentrale (Luft) Nord angeordnet wird. Auf diesen vorgeschobenen Posten versehen die Rettungsmänner ihren Dienst bei Tag und Nacht, die Mannschaften lösen sich „in größeren Zeitabständen" ab. Auf den mit sehr beschränktem Wohnraum ausgestatteten Doppelschrauben-Motorrettungsbooten besteht die Besatzung aus dem Vormann, dem Maschinisten und in der Regel drei Bootsmännern.[05]

Kriegsverluste im In- und Ausland

Mit der Ausweitung der Kampfhandlungen des Zweiten Weltkriegs ändert sich das Einsatzspektrum der in der Deutschen Bucht ausgelegten DGzRS-Einheiten: Stärker beansprucht als in Friedenszeiten sind sie durch die Rettung von Besatzungen abgestürzter Flugzeuge – ab 1941/1942 meistens nach Nachtangriffen deutscher Verbände in Richtung England und ab 1943 infolge der Großeinflüge der Engländer und Amerikaner nach Deutschland.[06] Während des militärischen Sondereinsatzes wird die DGzRS-Flotte überwiegend für Rettungsaufgaben der Kriegsmarine und den Flugsicherungsdienst der

Im Jahr des 75. DGzRS-Jubiläums geht das Groß-Motorrettungsboot HINDENBURG vor Borkum verloren. Für den Bau dieses Bootes hatte Reichskanzler Adolf Hitler am 14. November 1935 den Betrag von 42.000 RM gestiftet – entgegen anderer Darstellungen einen vergleichsweise überschaubaren Anteil, nicht aber den gesamten Neubau. Angesichts der zu beklagenden sechs Todesopfer verbietet sich allerdings jegliche Häme darüber, dass ausgerechnet die von jener Stelle mitfinanzierte HINDENBURG mit nur 1330 Tagen zwischen Erststationierung und Totalverlust unter allen Motorrettungsbooten dasjenige mit der kürzesten Laufzeit ist.

Seeminen bergen ein zusätzliches Gefährdungspotenzial für die Schifffahrt und Fischerei. Als einziges DGzRS-Boot, das im Bereich der deutschen Küste während des Zweiten Weltkriegs nachweislich durch Kriegseinwirkung fahruntüchtig wird, muss die AUGUST NEBELTHAU abgebrochen werden. Schwere Beschädigungen ihres Rumpfs infolge eines Minentreffers verhindern die beabsichtigte Instandsetzung.

Luftwaffe an der deutschen Küste eingesetzt, wobei das Oberkommando der Kriegsmarine und die Seenotzentrale der Luftwaffe als Aufsichtsbehörde zusammenarbeiten.[07] Nachdem 1941 mehrfache Umgruppierungen der Motorrettungsboote vorgenommen werden müssen, weil die in der Nordsee vorhandenen Einheiten den gestellten Aufgaben besonders im Einsatz bei Flugzeugunfällen nicht genügen, werden Boote aus der Ostsee in das Kriegsgebiet Nordsee verlegt.

Darüber hinaus werden mehrere DGzRS-Fahrzeuge zum Einsatz an ausländischen Küsten herangezogen. Zur Aufrechterhaltung des Seenotdienstes im Ärmelkanal fordert die Luftwaffe – mit Verweis auf die großen DGzRS-Küstenmotorrettungsboote – sechs besonders seefähige Fahrzeuge an, doch aus Mangel an geeignetem eigenem Material kann die Kriegsmarine den Bedarf nicht decken. Deshalb erbittet das Reichsluftfahrtministerium beim Oberkommando der Kriegsmarine (Seekriegsleitung, Amtsgruppe Nautik) die Herausziehung der sechs besten im Sondereinsatz in der Deutschen Bucht befindlichen DGzRS-Rettungsboote für die Verlegung in den Bereich der Straße von Dover. Das Oberkommando wiederum veranlasst die Herrichtung der drei leistungsfähigsten im Sondereinsatz stehenden Boote mit doppelten Besatzungen und unterstellt sie dem Marinebefehlshaber Kanalküste, wohingegen die Herausziehung dreier weiterer Boote aus dem Bereich der Deutschen Bucht mit Rücksicht auf die Aufrechterhaltung des Flugsicherungs- und Rettungsdienstes als nicht tragbar zurückgewiesen wird. Ende Juli 1941 treffen drei Boote aus DGzRS-Bestand im Ärmelkanal ein und werden gemäß der Forderung des Seenotdienstführers West auf verschiedene Häfen verteilt: BREMEN nach Boulogne-sur-Mer / Frankreich, RICHD. C. KROGMANN nach Calais / Frankreich und WESER nach Ostende / Belgien. Sechs DGzRS-Boote chartert die Wehrmacht ab April 1942 für den Rettungsdienst im Ausland, wo sie nach Ermessen des Seenotdienstes der Luftwaffe disponiert werden, ein weiteres Boot wird direkt aus dem Neubauprogramm entnommen. Von den an ausländische Kriegsschauplätze entsandten Booten kehren nur die BREMEN und die WESER in die Verfügungsgewalt der DGzRS zurück, alle anderen gelten als Kriegsverlust.[08]

Auch im Bereich der Deutschen Bucht sind Verluste in der Rettungsflotte zu verzeichnen: Von einer Einsatzfahrt für das deutsche Frachtschiff ERIKA FRITZEN am 28. November 1940 kehrt die auf Borkum stationierte HINDENBURG mit ihrer aus sechs Personen bestehenden Besatzung nicht zurück und gilt seitdem als verschollen. Da sich die Unfallursache nicht eindeutig rekonstruieren lässt, darf eine Kriegseinwirkung in diesem Fall nur vermutet werden. Am 23. Mai 1942 erhält das Motorrettungsboot AUGUST NEBELTHAU beim beabsichtigten Auflaufen auf eine feste Sandbank in der Außenelbe zwecks Reinigung des Unterwasserschiffs kurz vor dem Aufgrundlaufen einen Minentreffer und wird schwer beschädigt. Vormann Hans Hartmann kommt ums Leben, ein Rettungsmann wird schwer, ein weiterer leicht verletzt. Mit unbrauchbar gewordenem Motor treibt das Boot lange Zeit auf den wasserdichten Abteilungen, sinkt, wird durch ein Bergungsschiff sogleich gehoben und in einem Leichter von Cuxhaven zur August Pahl Werft nach Finkenwerder überführt.

Ambitioniertes Kriegsbauprogramm

Unbeeinflusst von den genannten – zu diesem Zeitpunkt noch nicht eingetretenen – materiellen Verlusten leitet John Schumacher ab 1941 ein von ihm so bezeichnetes „Kriegsbauprogramm erheblichen Ausmaßes" in die Wege, das mit finanzieller Unterstützung der Wehrmacht und des Reichskommissars für die Seeschiffahrt im Reichsverkehrsministerium sichergestellt ist und „nach Maßgabe der im Kriege vorhandenen Baumöglichkeiten auf in- und ausländischen [sic!] Werften zur Durchführung" gelangen soll.[09] Hinsichtlich neuer Bootsformen soll die Formstabilität „bis zur höchsten Stufe" entwickelt werden, verspricht der DGzRS Jahresbericht 1941. In der Praxis hat sich ein breiter Kiel als geeignet erwiesen, der beim Auf- oder Durchsetzen auf Untiefen das Eingraben des Rumpfes in den Sand verhindert. Durch den Einbau weiterer wasserdichter, in Längs- und Querschotten zerlegter Unterteilungen können im Fall schwerer Beschädigungen nur die betroffenen Abteilungen volllaufen, wodurch die Schwimmfähigkeit und Manövrierbarkeit erhalten bleiben. Die große Festigkeit des Bootskörpers und dessen „Unverletzlichkeit bei Grundberührung", wie es im Jahresbericht weiter heißt, machen „diese Boote praktisch fast unsinkbar".

Die neu geplanten Bootstypen ab 13 Metern Länge sind mit zwei geschützten Fahrständen ausgestattet, von denen der untere sich im geschlossenen Ruderhaus befindet, als Kommandostelle beim Anmarsch zur Unfallstelle dient und in dem drahtlose Telefonie und Telegrafie mit den neuesten Empfangs- und Sendeeinrichtungen, der Funkpeiler und ein Signalscheinwerfer untergebracht sind, während der zweite erhöhte Ruderstand benutzt wird, sobald das Manövrieren an der Unfallstelle ein besseres Blickfeld erfordert.

Vorgesehen und in der Auftragsvergabe sind in dem ab Januar 1942 in Angriff genommenen Projekt:
16 Groß-Motorrettungsboote von 17 m Länge,
16 Einschrauben-Motorrettungsboote von 11 bis 15 m Länge,
14 Strandmotorrettungsboote von 6 to mit Ablaufwagen,
1 Motorrettungsboot „Sonderkonstruktion" und
11 Raupenraketenwagen.[10]

In der Version von 1943 wird dasselbe Programm folgendermaßen zusammengefasst:

16 Groß-Küstenrettungsboote, Länge 17,50 m	– Klasse A –
11 schwere Küstenrettungsboote, Länge 13,00 m	– Klasse B –
14 leichte Küstenrettungsboote, Länge 10,00 m	– Klasse C –
4 Küstenrettungsboote verschiedener Muster	– Klasse D – [11]

Auf der Grundlage dieser Zusammenstellung wird 1943 die Klassifizierung der DGzRS-Einheiten nach vier Kategorien noch einmal spezifiziert:
KRA 1_ _: Das Groß-Küstenrettungsboot oder Doppelschrauben-Motorrettungsboot ist allen Anforderungen des Sicherungs- und Seenotdienstes unmittelbar vor der Küste und im Küstenvorfeld gewachsen. Es besitzt zahlreiche wasserdichte Abteilungen und zwei Motoren in je einem besonderen wasserdichten Motorenraum.
KRB 2_ _: Schweres Küstenrettungsboot ab 13 Metern Länge, ein Serientyp, der sich unter schwierigsten Bedingungen ausgezeichnet bewährt hat.
KRC 3_ _: Das leichte Küstenrettungsboot (Strandmotorrettungsboot der 10-Meter-Baureihe) wird vor allem in sehr flachen Gewässern, in ausgedehnten Wattgebieten und vom offenen Seestrand aus eingesetzt, also überall dort, wo der Einsatz der Klassen A und B auf Schwierigkeiten stößt oder wo keine Häfen vorhanden sind.
KRD 4_ _: Küstenrettungsboote verschiedener Muster, alle von 1904 bis 1944 gefertigten Boote außerhalb des Küsten-Bauprogramms. Boote dieser Klasse sind Sonderkonstruktionen, sie sind für besondere örtliche Verhältnisse gebaut.

Aus der Zielsetzung des vom Magazin Hansa so bezeichneten „größten Bauprogramms, das seit Bestehen der Gesellschaft aufgestellt wurde", werden aufgrund des kriegsbedingt äußerst strapazierten Umfelds nur 16 von 45 Einheiten realisiert – in Zahlen: 196 von geplanten 613 Bootslängenmetern, das entspricht einer Quote von 32 Prozent.

Während die Flotte wächst und technisch komplexer wird und weil aufgrund gestiegener Einsatzhäufigkeit nun Reparaturarbeiten in verstärktem Maße anfallen, richtet die DGzRS 1943 eine hinsichtlich Personal, Werkzeug und Maschinenpark gut ausgestattete Werftdienststelle in Kirchhammelwarden bei Brake ein.

Trotz deutlich ausgeweiteter Einsatzradien und Verweildauern auf See, permanent verbesserter Motorentechnik sowie steigender PS-Zahlen erzielt man hinsichtlich der maximalen Geschwindigkeit kaum Fortschritte. Zum Vergleich: 1910 realisiert die OBER-INSPECTOR PFEIFER 6 Knoten mit 15 PS, das Doppelschraubenboot BREMEN knapp zwei Jahrzehnte später 10,5 Knoten mit 2 x 80 PS und in den 1940er-Jahren das Groß-Motorrettungsboot HINDENBURG dieselbe Geschwindigkeit mit 2 x 200 PS. Bedingt ist dies durch die als Verdränger konstruierten Rümpfe der Boote und damit ihre jeweilige Rumpfgeschwindigkeit. Hierbei handelt es sich um eine physikalische Größe, die sich auch durch Steigerung der Motorleistung nicht maximieren lässt.

Im Mai 1945 verschwinden 70 Stationen für Jahrzehnte hinter dem Eisernen Vorhang zur Sowjetischen Besatzungszone. Zuvor gelingt es jedoch, mehrere Boote mit Mannschaft und Material in den Westen zu überführen.

Fortan ist das bislang auf die Rettung und Hilfe in Seenot beschränkte Einsatzspektrum der Motorrettungsboote erweitert um Krankentransporte, die Beobachtung der Küstengewässer sowie Meldung ungewöhnlicher Vorkommnisse. In den folgenden kalten Wintern bewähren sie sich hervorragend – obgleich sie nicht als Eisbrecher konstruiert sind – bei der Versorgung der vom Eis eingeschlossenen Inseln und Halligen.

Während der Seenoteinsätze für „Freund und Feind" gilt es häufig, im Wasser treibende Piloten oder Seeleute aufzufinden, was die Techniker der Gesellschaft dazu veranlasst, für die größeren Boote einen turmartigen Aufbau mit einem zweiten Steuerstand zu konzipieren, von dem aus man das Einsatzgebiet weit überblicken kann. In mehreren Fällen attackieren feindliche Kampfflugzeuge – wohl versehentlich aufgrund eben jener Decksaufbauten – auf Seeposition liegende Rettungsboote und richten dabei teils erheblichen Schaden an.

Über mehrere Jahrzehnte bilden die Motorrettungsboote das Gerüst der Rettungsflotte, doch mit abnehmender Bedeutung wird auch ihre Stückzahl reduziert. Als letzte Einheit aus der Entstehungszeit der Küstenrettungsboote wird die RICKMER BOCK – links im Bild – im Februar 1981 aus dem Seenotrettungsdienst genommen.

OBERARZT MEYER – GLÜCKSTADT

Nach dem Vorbild gaffelgetakelter Kurenkähne ostpreußischer Fischer gebaut, ist die GEHEIMRAT HEINRICH GERLACH heute das älteste motorisierte Rettungsboot im Museum.

Am 17. Februar 1900 präsentiert die Mannschaft ihr zu diesem Zeitpunkt noch nicht motorisiertes Rettungsboot aus Anlass eines historischen Festumzugs in Marne.

In dieser experimentellen Phase tastet sich die DGzRS vorsichtig heran an die Antriebstechnik mit Verbrennungsmotoren, der man ohne jegliche Erfahrung gegenübersteht. Zunächst verläuft die Entwicklung zweigleisig: Nach mehrjähriger Vorbereitungs- und Konstruktionsphase entstehen vier individuell konstruierte Motorrettungsboote zwischen 10,00 und 12,50 Metern Länge sowie variierender Bestückung mit Benzin- oder Petroleummotoren verschiedener Hersteller, außerdem werden sechs vorhandene Segel- und Ruderrettungsboote mit Motorantrieb nachgerüstet. Diese zehn Einzelbauten unterscheiden sich hinsichtlich Größe und Ausrüstung und entstehen bei der Werft von Hermann Havighorst – erst in Rönnebeck, im Jahr 1908 nach Blumenthal eingemeindet – an der Unterweser. Sechs dieser zehn Einheiten zeigen ein bemerkenswertes Durchhaltevermögen und bleiben länger als 30 Jahre lang im Dienst.[12] Zwischenzeitlich werden sie teilweise hinsichtlich Motorisierung, Decksaufbauten und rettungsdienstlicher Ausrüstung modifiziert, abgestimmt auf individuelle Revierverhältnisse und spezielle Gefahrenschwerpunkte einzelner Stationen – langfristig will die DGzRS anhand der praktischen Erfahrungen weitere Erkenntnisse für spätere Serientypen gewinnen. Ein weiteres von der DGzRS bestelltes, nicht näher spezifiziertes und in Unterlagen der Gesellschaft unerwähntes Boot entsteht im Winter 1912 bei der Fr. Lürssen Werft mit der Bau-Nr. 4920. Mutmaßlich handelt es sich hierbei um das Motorrettungsboot der Station Elbleuchtschiff II, welches erstmals am 11. Januar 1913 in der Einsatzstatistik erscheint.

Baujahr 1895 H. Havighorst, Rönnebeck
Länge: 8,80 m Breite: 2,50 m Tiefgang: 0,50 m [13]
Motorisierung 1925: Daimler Benzinmotor, 4 Zylinder Leistung: 22 PS
Geschwindigkeit: 6,5 kn Rumpfmaterial: kanneliertes Stahlblech [14]

Name: Dr. Meyer, Mediziner aus Glückstadt, Vater des Stifters Adolf Alexander Emil Meyer

Stationierung:
Mai 1895 – 1937 Neufeld (Nachfolge: MRB META HARTMANN)

Herr Dr. med. Meyer und dessen Frau hatten unter der Bedingung, ein in der Elbmündung zu stationierendes Rettungsboot nach dem Vater des Stifters zu benennen, ihr Vermächtnis der Gesellschaft überlassen. Auf Grundlage eines Kostenvoranschlags über 3000 Mark entsteht der Neubau. Bei einem im Dezember 1923 geschehenen Bootsunfall reicht die Mannschaft nicht aus, um das Ruderrettungsboot zu besetzen. Deshalb erhält es den Motor und den Schraubentunnel der vom Segel- zum Motorrettungsboot umgerüsteten und inzwischen ausgemusterten CARL VON LINGEN. Nach 42 Jahren mit insgesamt vier Alarmierungen wird dieses mit Blick auf sein Baujahr älteste motorisierte DGzRS-Rettungsboot als den Ansprüchen nicht mehr genügend außer Dienst gestellt.

1907 erhält das Boot bei der Havighorst Werft größere Pumpen, neue Segel und eiserne Scheuerleisten – letzteres Merkmal deutet auf eine frühere Datierung dieses Fotos hin.

Baujahr 1903 H. Havighorst, Rönnebeck
Länge: 10,63 m Breite: 3,30 m Tiefgang: 1,70 m
Motorisierung 1911: Daimler Benzinmotor, 4 Zylinder Leistung: 22 PS
Geschwindigkeit: 6,2 kn Rumpfmaterial: Eiche mit Kupferplatten

Name 1: Büsum, in Dithmarschen gelegener Hafenort an der Nordseeküste
Name 2: Carl August von Lingen (1845–1913), stellv. Vors. des DGzRS-Bezirksvereins Bremen

Stationierung und Namensänderung:

Juli 1903 - 1912	Büsum (Nachfolge: MRB THEODOR GRUNER)
1912 - 1925	Friedrichskoog (Nachfolge: MRB HAMBURG)[15]
1913 [?]	Umbenennung in CARL VON LINGEN

Auf Basis eines Kostenvoranschlags von 7000 Mark als gedecktes Segelrettungsboot erbaut, erhält es als dritte motorisierte Einheit der Flotte für weitere 10.000 Mark einen Daimler Motor. Bei der PICKER war zuvor ein Körting Motor eingebaut worden, um Vergleiche zwischen diesen beiden Systemen anzustellen. Umbenannt wird das mehrfach als BÜSUM bezeichnete Boot wohl erst nach dem Tod seines späteren Namensgebers. Infolge einer Leckage wird es 1925 als nicht reparabel eingestuft und verschrottet.

Ursprünglich als gedecktes Segelrettungsboot gebaut, ist die PICKER das erste mit einem Motor nachgerüstete – das insgesamt zweite motorisierte – Boot der DGzRS-Flotte.

Baujahr 1904 H. Havighorst, Rönnebeck
Länge: 10,63 m Breite: 3,30 m Tiefgang: 1,00 m[17] Verdrängung: ca. 16 t
Motorisierung 1911: Körting-Sleipner Zweitakt-Benzinmotor, 2 Zylinder Leistung: 20 PS[18]
Geschwindigkeit: 6,2 kn Rumpfmaterial: Eiche mit Kupferplatten Rufzeichen: DVHA

Name: A. Picker († 1904), Vorsitzender des DGzRS-Bezirksvereins Husum

Stationierung:

Oktober 1904 - Oktober 1912	Amrum-Süd (Nachfolge: MRB HERMANN FRESE)
Oktober 1912 - 1929	Amrum-Odde (Nachfolge: MRB CARL LAEISZ)
1931 - 1932	List / Munkmarsch (Nachf.: MRB ADALBERT KORFF)[19]
1933 - 1943	Ruden

Für diesen Neubau liegt der Kostenvoranschlag bei 9000 Mark. Nach einem vier Wochen beanspruchenden Umbau kehrt die jetzt motorisierte PICKER im August 1911 zurück nach Wittdün. Weil das Kriegsbauprogramm den tatsächlichen Bedarf nicht deckt, wird sie als derzeit ältestes motorisiertes Boot der DGzRS-Flotte im Dezember 1942 in den Sondereinsatz Kdo. SuB abgestellt und am 21. Oktober 1943 zur Luftwaffen-Seefahrtschule II in Lobbe auf Rügen überführt.[20] 1944 Streichung aus der Flottenliste als Kriegsverlust.

KRD 402
CARL LAEISZ

Häufiger als jedes andere Motorrettungsboot wird dieses Fahrzeug für Stationierungen und Stationsvertretungen verlegt, hier eine nach 1927 entstandene Aufnahme.

Baujahr 1907	H. Havighorst, Rönnebeck		
Länge: 10,10 m	Breite: 3,50 m	Tiefgang: 0,95 m	Verdrängung: ca. 20 t
Motorisierung 1913: Daimler Zweitakt-Benzinmotor, 4 Zylinder			Leistung: 28 PS [21]
Geschwindigkeit: 6,5 kn	Rumpfmaterial: Eiche mit Kupferplatten		Rufzeichen: DUAL

Name 1: Carl Laeisz (1828–1901), Reeder, Gründer der Laeisz-Stiftung der DGzRS
Name 2: Heinrich Tiarks (1870–1936), Vormann der Station Horumersiel von 1904 bis 1935

Stationierung und Namensänderung:

Dezember 1907 - 1913	Cuxhaven (Nachfolge: MRB FERDINAND LAEISZ)
November 1913 - 1929	List / Munkmarsch (keine Nachfolge, Station unbesetzt) [22]
1929 - 1931	Amrum-Odde (keine Nachfolge, Station aufgelöst)
April 1932 - 1933	Greetsiel (keine Nachfolge, Station aufgelöst)
1934 [?] - 1938	ohne feste Station / Reserve / Wremertief [23]
1938 - 1942	Büsum (Nachfolge: MRB CARL LAEISZ)
November 1942	Umbenennung in HEINRICH TIARKS
November [?] 1942 - 1943 [?]	Neuharlingersiel / Spiekeroog (Nf.: MRB U. STEFFENS) [24]

1. Juni 1940 Kdo. SuB Büsum unterstellt. 1945 vereinbarte Rückgabe, Verbleib ungewiss.[25]

KRD 403
META HARTMANN

Zur Ausstattung gehören aufstellbare Masten, Luftkästen und ein umlaufender Korkgürtel zur Erhöhung des Auftriebs, Selbstlenzventile sowie ein versenkbares Kielschwert.

Baujahr 1910	H. Havighorst, Blumenthal		
Länge: 8,50 m	Breite: 2,50 m	Tiefgang: 0,75 m [26]	
Motorisierung 1928: Deutz Zweitakt-Dieselmotor, 2 Zylinder			Leistung: 15 PS
Geschwindigkeit: 6,5 kn	Rumpfmaterial: Stahlblech		

Name: Meta Henriette Hartmann (* 1850), Schwester des Stifters Wilhelm Hartmann [27]

Stationierung:

9. Juni 1910 - 1936	Horumersiel (Nachfolge: MRB HORUMERSIEL)
1936	Reserve
1937 - 1945 [?]	Neufeld (keine Nachfolge, Station aufgelöst) [25]

Als Reaktion auf den am 3. Dezember 1909 in der „Schreckensnacht von Schillighörn" erlittenen Totalverlust des Rettungsbootes VEGESACK erhält die Werft am 8. Januar 1910 den Neubau-Auftrag für dessen Nachfolge-Einheit. Diese beiden Rettungsboote – sowie ein drittes – finanziert ein aus Vegesack stammender und in England lebender Kaufmann. Nach dem mit 11.000 Mark veranschlagten Einbau des Dieselmotors sowie der infolgedessen notwendig gewordenen Verstärkung von Slipanlage und Bootswagen im Rettungsschuppen ist keine erfolgreiche Einsatzfahrt der META HARTMANN dokumentiert.

OBERINSPECTOR PFEIFER

Erfolgsbilanz des ersten von Anfang an motorisierten DGzRS-Rettungsbootes: Sieben Einsätze mit insgesamt 27 geretteten Personen fährt die OBERINSPECTOR PFEIFER.

Baujahr 1910 H. Havighorst, Blumenthal
Länge: 10,00 m Breite: 2,94 m Tiefgang: 0,65 m Verdrängung: ca. 7 t
Motorisierung: Körting Petroleummotor, 2 Zylinder Leistung: 15 PS [28]
Geschwindigkeit: 6,6 kn Rumpfmaterial: Mahagoni

Name: Kapitän Georg Pfeifer (1848–1910), Inspektor bei der DGzRS von 1886 bis 1910

Stationierung:
6. Januar 1911 - 1934 Laboe (Nachfolge: MRB ULLA)
1934 - 1936 Maasholm (Nachfolge: MRB MAASHOLM)

Neben anderen Modernisierungsmaßnahmen wird 1913 eine elektrische Lichtanlage samt Scheinwerfer installiert. 1936 ist das Boot aber in den Verbänden und Spanten zunehmend weich geworden, es zieht nach längerer Liegezeit im Bootsschuppen sowie bei schweren Sturmfahrten sehr viel Wasser, sodass die wasserdichten Abteilungen unter dem Doppelboden dauernd gelenzt werden müssen. Daraufhin wird es – zunächst zwecks gründlicher Überholung, dann endgültig – außer Dienst gestellt. Bei der Deutschen Dampfschifffahrts-Gesellschaft „Hansa", deren Chef Hermann Helms 1943 den DGzRS-Vorsitz übernimmt, bleibt das Boot bis 1951 als HANSA TAUCHER 3 im Einsatz.

THEODOR GRUNER

Gegenüber der OBERINSPECTOR PFEIFER ist die Leistung dieses zweiten Motorrettungsboot-Neubaus – hier ein nach 1926 entstandenes Foto – um 20 PS gesteigert.

Baujahr 1912 H. Havighorst, Blumenthal
Länge: 11,50 m Breite: 3,80 m Tiefgang: 0,95 m
Motorisierung: Daimler Zweitakt-Benzinmotor, 4 Zylinder Leistung: 35 PS [29]
Geschwindigkeit: 7,5 kn Rumpfmaterial: Eiche mit Kupferplatten

Name: Theodor Peter Friedrich Gruner (1850–1908), DGzRS-Vorsitzer von 1898 bis 1908

Stationierung:
Mai 1912 - Dezember 1938 Büsum (Nachfolge: MRB CARL LAEISZ)

Bei diesem ursprünglich für die Station Friedrichskoog vorgesehenen Neubau wird nach dem Kostenvoranschlag von 11.700 Mark beschlossen, es als gedecktes Segelrettungsboot mit Motor und Beiboot auszurüsten. 1930 erhält es einen Scheinwerfer mit Stromversorgung von der Maschine und 900 Metern Leuchtweite. An dem dauernd im Hafen zu Wasser liegenden Boot wird 1935 Bohrwurmbefall festgestellt, woraufhin schadhafte Planken erneuert werden und das Unterwasserschiff eine Beschichtung mit Kohlenteer erhält. Weil im Herbst 1938 erneut erhebliche Anfressung durch Bohrwurm am Stevenrohr erkennbar ist, wird das Boot auf der Station abgelöst und aus dem Dienst genommen. Es soll 1942 verkauft und im Weserraum fortan als Kutter genutzt worden sein.

KRD 405
HERMANN FRESE

Das mit 22.000 Mark veranschlagte motorisierte Segelrettungsboot in der Endausrüstung, hier noch ohne das für 700 Mark bestellte Beiboot – an Bord DGzRS-Inspektor Albert Weger.

Baujahr 1912	H. Havighorst, Blumenthal [30]		
Länge: 12,50 m	Breite: 3,80 m	Tiefgang: 0,95 m	Verdrängung: ca. 16 t
Motorisierung: Daimler Benzinmotor, 4 Zylinder			Leistung: 35 PS [31]
Geschwindigkeit: 7,4 kn	Rumpfmaterial: Eiche		Rufzeichen: DVHD / DUAM

Name 1: Hermann Frese (1843–1909), Senator, DGzRS-Vorsitzer von 1908 bis 1909
Name 2: August Anton Heinrich Sartori (1837–1903), Vors. des DGzRS-Bezirksvereins Kiel
Name 3: Brake, Hafenstadt an der Unterweser, 1943 Standort der DGzRS-Werftdienststelle

Stationierung und Namensänderung: [32]

Oktober 1912 – September 1942	Amrum-Süd (Nachfolge: MRB HERMANN FRESE)
September [?] 1942	Umbenennung in GEH.RAT SARTORI
1942 – 1943 [?]	Hörnum (Nachfolge: MRB GEH.RAT SARTORI)
1943 [?] – Oktober [?] 1944	List (Nachfolge: MRB ADALBERT KORFF)
1944 [?]	Umbenennung in BRAKE
Oktober 1944 – Oktober 1948	ohne feste Station / Reserve

1. Juni 1940 Kdo. SuB Amrum, ab 9. April 1945 als Verkehrsboot der Kriegsmarine in Bremen registriert, Mai 1945 formelle Rückgabe. Verkauf zur Verwendung als Fischereifahrzeug.

KRD 409
GEHEIMRAT HEINRICH GERLACH [33]

Für das Jahr 1921 ist ein an Bord mitgeführtes Beiboot dokumentiert – es fehlt auf diesem um 1941 entstandenen Bild, das den Zustand und die Farbgebung im Sondereinsatz zeigt.

Baujahr 1913	H. Havighorst, Blumenthal		
Länge: 10,00 m	Breite: 3,40 m	Tiefgang: 0,95 m	Verdrängung: 20 t
Motorisierung: Daimler Benzinmotor, 4 Zylinder			Leistung: 28 PS [34]
Geschwindigkeit: 6,7 kn	Rumpfmaterial: Eiche mit Kupferplatten		Rufzeichen: DUAK

Name 1: Heinrich August Gerlach (1840–1912), Vorsitzender d. DGzRS-Bezirksvereins Memel
Name 2: Theodor Peter Friedrich Gruner (1850–1908), DGzRS-Vorsitzer von 1898 bis 1908

Stationierung und Namensänderung: [35]

Juni 1913 – 1918 / 1919 [?]	Atmathmündung (keine Nachfolge, Station aufgelöst)
1918 / 1919 [?] – 1920 / 1921 [?]	Pillau
Juni 1921 – 1942	Dorumertief (Nachfolge: MRB GEH.RAT GERLACH)
Dezember 1942 [?]	temporäre Umbenennung in THEODOR GRUNER
1942 – Juni 1943	Reserve / Verlegung nach Blumenthal
1944 – 1. Mai 1946	Dorumertief (keine Nachfolge, Station aufgelöst)

1948 Verkauf mit anschließender Nutzung für Krabbenfang und Seehundjagd. 1970 Überholung und weitgehender Rückbau bei der Lloyd Werft Bremerhaven, seither im Bestand des Deutschen Schifffahrtsmuseums: Hans-Scharoun-Platz 1, 27568 Bremerhaven.

Wegen heftiger Erschütterungen des Bootskörpers zieht die DGzRS aus diesem Umbau die Lehre, „dass der Einbau von Motoren in offene Rettungsboote sich nicht weiter empfiehlt".

Baujahr 1920 H. Havighorst, Blumenthal
Länge: 8,50 m Breite: 2,50 m Tiefgang: 0,75 m
Motorisierung 1927: Deutz Dieselmotor, 2 Zylinder Leistung: 15 PS
Geschwindigkeit: 6,5 kn Rumpfmaterial: Stahlblech

Name: Frauenlob, Künstlername des Dichters Heinrich von Meißen (etwa 1250–1318) [36]

Stationierung:
1920 – 1930 Neuharlingersiel (Nf.: MRB LOTSENKDR. LAARMANN)
April 1930 – Dezember 1931 Greetsiel (Nachfolge: MRB CARL LAEISZ)

Aufgrund der deutlichen Gewichtszunahme infolge der nachträglichen Umstellung des Ruderrettungsbootes auf Motorantrieb müssen Slip und Slipwagen im Neuharlingersieler Rettungsschuppen verstärkt werden. Nach einem Aufenthalt in Fedderwardersiel vom 25. Februar bis 11. März 1930 werden bei einer Werft an der Weser an beiden Seiten vor dem Motor bis zum vorderen Endluftkasten eiserne Spanten eingebaut, doch diese Versteifung verhindert nicht, dass der Motorbetrieb Erschütterungen der Bootswände, erhebliche Schäden und Leckagen am Rumpf bewirkt, woraufhin das Boot nur vier Jahre nach seiner Umrüstung aus der Flotte genommen und anschließend abgebrochen wird.

Insgesamt acht – teils im Detail geringfügig voneinander abweichende – Motorrettungsboote dieses Typs entstehen bei den Werften Abeking & Rasmussen und Fr. Lürssen.

Nachdem die Gesellschaft mit ihrem ersten Motorrettungsboot nicht zufrieden ist, wendet sich Vorsitzer August Nebelthau an den ihm freundschaftlich verbundenen Werftbesitzer und Bootsbauer Henry Rasmussen, um dessen Sachverstand bei einer Neukonstruktion mit einzubeziehen. Indem er sich dieses speziellen Konstruktionsproblems annimmt, beginnt die Zusammenarbeit zwischen der DGzRS und der 1907 in Lemwerder gegründeten Werft Abeking & Rasmussen. Für den Entwurf des ersten, für Saßnitz bestimmten Bootes sind in der Hauptsache von der RNLI in England zur Verfügung gestellte Vorlagen maßgebend. Konstruiert wird daraus ein offenes Holzboot, das im Unterschied zu den englischen Booten erheblich leichter – daher mit weniger Tiefgang – ausgeführt ist. Verglichen mit der OBERINSPECTOR PFEIFER, liefern die wasserdicht verbauten Benzinmotoren jetzt die annähernd doppelte Leistung, zusätzlich sind zwei Pfahlmasten für die Hilfsbesegelung vorhanden. Im Versuch entleert sich das bis oben hin mit Wasser angefüllte Boot innerhalb von 40 Sekunden durch die aus zehn Röhren bestehende Selbstlenzvorrichtung. Als Selbstaufrichter konstruiert, besitzt es Luftkästen unter den Seitenduchten, Doppelboden und wasserdichte Schotten zu den Endräumen an Bug und Heck sowie eine elektrische Anlage mit Scheinwerfer. Wegen der kriegsbedingten Verknappung der für den Bootsbau benötigten Tropenhölzer sieht man sich gezwungen, auf andere Materialien zurückzugreifen, darum wird für die ULLA als letztes Boot dieser Baureihe der bisherige hölzerne Typ in Ganzstahlbauweise neu entwickelt.

KRD 404
GEHEIMRAT SCHRÖTER [37]

Im Kriegseinsatz wird das Boot zur Versorgung der Zivilbevölkerung mit Lebensmitteln und für die Vermittlung zum Austausch von Gefangenen verwendet (undatierte Aufnahme).

Baujahr 1912	Abeking & Rasmussen, Lemwerder		Bau-Nr. 347
Länge: 11,00 m	Breite: 3,15 m	Tiefgang: 0,65 m	Verdrängung: 15 t
Motorisierung: Daimler	Benzinmotor, 4 Zylinder		Leistung: 28 PS [38] [39]
Geschwindigkeit: 7,4 kn	Rumpfmaterial: Mahagoni		

Name 1: Franz Schröter, Vorsitzender des DGzRS-Bezirksvereins Königsberg
Name 2: Heinrich Stalling (1865–1941), Vorsitzender d. DGzRS-Bezirksvereins Oldenburg

Stationierung und Namensänderung:

Dezember 1912 - 1931	Pillau (Nachfolge: MRB KONSUL KLEYENSTÜBER)
1931 - 1932	Swinemünde-West (Nachfolge: MRB KONSUL JOHN)
Juni [?] 1934	Umbenennung in HEINRICH STALLING
12. September 1934 - 1943 [?]	Fedderwardersiel (Nachfolge: MRB WILHELMINE WIESE)

Am 13. Juli 1943 in Cuxhaven als Hilfsschiff des Seenotrettungsdienstes der Luftwaffe übergeben, von dort aus in die Ägäis überführt. Beim Flottillenkommando der Panzergrenadierbrigade Rhodos / Kommandant Ost-Ägäis sind für Januar 1945 Einsätze im Vorpostendienst bei Triánda sowie als Verkehrsboot dokumentiert. Am 20. März 1945 ist das Boot bei der 15. Landungsflottille / 6. Gruppe gemeldet, seither gilt es als Kriegsverlust.

KRD 406
GEHEIMER RAT MAX FREY [33]

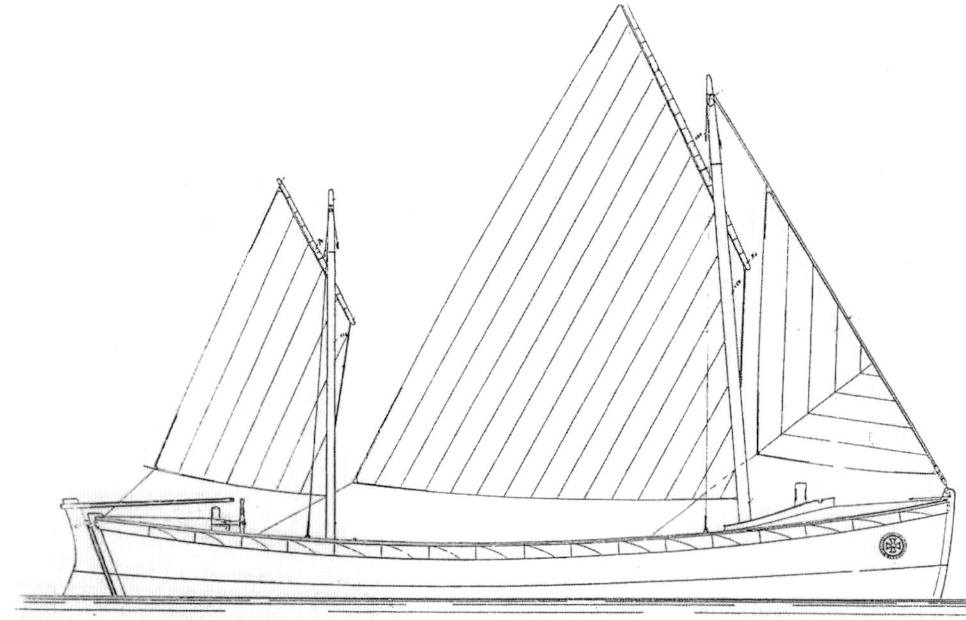

Ein Fotodokument dieses Bootes bleibt ein Desiderat – die in der vorhandenen Fachliteratur diesem Fahrzeug zugeordneten Bilder zeigen realiter die artverwandte DR. FEHRMANN.

Baujahr 1913 [40]	Fr. Lürssen Werft, Bremen-Vegesack		Bau-Nr. 4930
Länge: 11,00 m	Breite: 3,15 m	Tiefgang: 0,75 m	Verdrängung: 15 t
Motorisierung: Daimler	Benzinmotor, 4 Zylinder		Leistung: 28 PS [41]
Geschwindigkeit: 7,6 kn	Rumpfmaterial: Mahagoni		

Name: Max Frey († 1912), Abgeordneter des DGzRS-Bezirksvereins Mülhausen im Elsaß

Stationierung:

April 1913 - 1924	Wittower Posthaus (keine Nachfolge, Station aufgelöst)
1924 - 1945 [?]	Barhöft (keine Nachfolge, Station aufgelöst)

Mit 20.000 Mark ist der Bootsneubau veranschlagt, nahezu doppelt so hoch – 39.100 Mark – sind die Ausgaben für Bootsschuppen, Slipbahn und Slipwagen. Weitere Kosten entstehen durch die Verlegung nach Barhöft, wo das Schuppentor verbreitert und eine 40 Meter lange Ablaufbahn gebaut wird, um das Boot einsatzfähig zu machen. Von hier aus unterstützt es – gemeldet bei der SbL. Bug auf Rügen, Smb. Warnemünde, Stralsund und Swinemünde – ab 1940 die Bootsgruppe der Stabskompanie beim See- und Landfliegerhorst Parow und endet nach der Besetzung und der Zerstörung der dort vorhandenen technischen Anlagen durch die Rote Armee vermutlich als Kriegsverlust.

KRD 407
DR. ALFRED VON DER LEYEN

Fertiggestellt ist das zweite von Anfang an motorisierte Rettungsboot im Mai 1912, zur Station überführt wird es erst nach Fertigstellung des Schuppens mit Aufschleppvorrichtung.

Baujahr 1912 — Abeking & Rasmussen, Lemwerder — Bau-Nr. 279
Länge: 11,00 m — Breite: 3,15 m — Tiefgang: 0,62 m — Verdrängung: 15 t
Motorisierung: Daimler Benzinmotor, 4 Zylinder — Leistung: 28 PS [39] [42]
Geschwindigkeit: 7,7 kn — Rumpfmaterial: Mahagoni

Name: Dr. Alfred Friedrich v. d. Leyen (1844–1934), Vors. des DGzRS-Bezirksvereins Berlin

Stationierung:
29. September 1912 - 1945 — Saßnitz (keine Nachfolge, Station unbesetzt)

Auf den bei der Gesellschaftsausschuss-Versammlung am 7. Juni 1911 in Kiel gefassten Beschluss hin wird das Boot für 20.000 Mark - nebst Slipwagen für 2300 Mark und Bootsschuppen für 16.000 Mark - bestellt. Auf eigenem Kiel und bei stürmischem Wetter wird es nach Rügen überführt. Aufgrund einer starken Leckage ist 1929 eine durchgreifende Reparatur bei einer Werft an der Weser notwendig, 1934 geschieht der Umbau zum halbgedeckten Boot mit Stahlhaube über dem Motor und Segeltuchspritzkappe am Fahrstand. 1945 nimmt das Boot, vermutlich vor dem Vordringen der Roten Armee flüchtend, Kurs auf Schleswig-Holstein und sinkt im Gebiet der Schleimündung. Am 9. Oktober 1945 wird es gehoben, nach Cuxhaven geschleppt und 1945 oder 1946 abgewrackt.

KRD 408
DR. FEHRMANN

1938 ist die DR. FEHRMANN das letzte aktive Boot in der DGzRS-Flotte mit Benzinmotor, alle anderen laufen bereits mit Dieselantrieb – im Jahr darauf geschieht die Umrüstung.

Baujahr 1912 — Abeking & Rasmussen, Lemwerder — Bau-Nr. 244
Länge: 11,00 m — Breite: 3,15 m — Tiefgang: 0,65 m — Verdrängung: 15 t
Motorisierung: Daimler Benzinmotor, 4 Zylinder — Leistung: 28 PS [43]
Geschwindigkeit: 7,5 kn — Rumpfmaterial: Mahagoni

Name: Dr. Paul Fehrmann, Stadtverordneter, Mitglied der DGzRS-Bezirksverwaltung Danzig

Stationierung:
Januar 1913 - 1944 / 1945 [?] — Neufahrwasser (keine Nachfolge, Station aufgelöst) [44]

Neben dem Motorrettungsboot wird in Neufahrwasser, das mit Inkrafttreten des Versailler Vertrages von Deutschland abgetrennt wird, für strandnahe Einsätze zusätzlich ein Raketenapparat vorgehalten. Nachdem das Boot stark leckt, wird es 1930 bei einer Werft in Danzig gründlich überholt. Besatzungsmitglieder und deren Familienangehörige nutzen es im März 1945 zur Flucht vor der Roten Armee, in der Wismarbucht erleidet es einen Motorschaden. Nach der Reparatur dient es den Hafenbehörden beim Rat des Bezirks Rostock zunächst als Lotsenboot in Timmendorf / Poel. Als Rettungsboot wird es wiederum von 1948 bis 1953 in Warnemünde und von 1953 bis 1957 auf dem Ruden genutzt, ab 1957 abermals als Lotsenversetzboot. Um 1960 wird es außer Dienst gestellt.

KRD 410
FERDINAND LAEISZ

Anhand der Aufschrift KRD 410 auf dem Rettungsring lässt sich dieses mit Zwillings-Maschinengewehr zur Flugabwehr bewaffnete Boot als FERDINAND LAEISZ identifizieren.

Baujahr 1913	Abeking & Rasmussen, Lemwerder		Bau-Nr. 297
Länge: 11,00 m	Breite: 3,15 m	Tiefgang: 0,65 m [45]	Verdrängung: 15 t
Motorisierung: Daimler Benzinmotor, 4 Zylinder			Leistung: 28 PS [46]
Geschwindigkeit: 7,6 kn	Rumpfmaterial: Mahagoni		

Name: Ferdinand Laeisz (1801–1887), Reeder, Gründer des Hamburger Rettungsvereins [47]

Stationierung:

Februar 1914 - Februar 1918	Cuxhaven
20. Februar 1918 - 1. Mai [?] 1923	Borkum [48]
2. Mai 1923 - 1942	Cuxhaven (Nachfolge: MRB HINDENBURG)

Im Oktober 1913 liefert die Werft das nach Kostenvoranschlag über 24.000 Mark gebaute Boot ab, das in Cuxhaven mit dem dort vorhandenen Ruder- und Segelrettungsboot eine Doppelstation bildet. Am 7. April 1942 wird die FERDINAND LAEISZ an die Luftwaffe / Luftzeug-Gruppe Schwarzes Meer abgegeben. Nach der Überführung durch die Dardanellen als Decksladung an Bord des bulgarischen Frachters BALKAN sinkt sie am 23. Dezember 1943 bei der Insel Limnos infolge eines Angriffs des britischen U-Bootes SPORTSMAN (P 229). Im Mai 1945 Totalverlust durch Selbstversenkung im Hafen von Souda / Kreta.[49]

KRD 411
IRENE

Nach einer Havarie im Helgoländer Hafen 1915 und infolge einer Beschädigung durch schweren Sturm 1920 wird die IRENE jeweils bei der Fr. Lürssen Werft instandgesetzt.

Baujahr 1913	Fr. Lürssen Werft, Bremen-Vegesack		Bau-Nr. 5090
Länge: 11,00 m	Breite: 3,15 m	Tiefgang: 0,70 m	Verdrängung: 15 t
Motorisierung: Daimler Benzinmotor, 4 Zylinder			Leistung: 28 PS [50]
Geschwindigkeit: 7,6 kn	Rumpfmaterial: Mahagoni		

Name: Prinzessin Irene von Hessen-Darmstadt (1866–1953) [51]

Stationierung:

Dezember 1913 - 1936	Helgoland (Nachfolge: MRB DANIEL DENKER)
1936 - 1943	Travemünde (Nachfolge: MRB DR. JOHANNES RÖSING)

1934 wird beim Umbau zum halbgedeckten Fahrzeug hinter der Motorhaube eine Segeltuchschutzkappe angebracht. Auf Helgoland wird das Boot vom Schuppen aus auf dem Bootswagen über Schienen unter einen Kran gefahren und mit demselben zu Wasser gebracht. In Travemünde ist es in einem mit Ablaufwagen und Aufholwinde ausgestatteten Schuppen untergebracht. Nach der Übergabe an die Luftwaffe am 13. Juli 1943 in Cuxhaven leistet es Kriegseinsatz in der Ägäis innerhalb der Seenotgruppe 70. Ab 23. Juni 1944 ist das Boot beim Kriegsmarine-Kommando in Tivat / Jugoslawien gemeldet und dort stationiert, im Verlauf desselben Jahres endet es als Kriegsverlust im Adriatischen Meer.

KRD 412
OTTO LUDEWIG

Rechtzeitig am Unfallort: Während der Stationierungszeit in Warnemünde-West sind 14 Einsatzfahrten der OTTO LUDEWIG mit insgesamt 61 geretteten Personen dokumentiert.

Baujahr 1913	Fr. Lürssen Werft, Bremen-Vegesack		Bau-Nr. 5095
Länge: 11,00 m	Breite: 3,15 m	Tiefgang: 0,70 m	Verdrängung: 15 t
Motorisierung: Daimler Benzinmotor, 4 Zylinder			Leistung: 28 PS [52]
Geschwindigkeit: 7,6 kn	Rumpfmaterial: Mahagoni		

Name: Otto Julius Ludewig (1858–1912), Vorsitzender des DGzRS-Bezirksvereins Rostock

Stationierung:

15. Dezember 1913 - 1945 [?]	Warnemünde-West (keine Nachfolge, Station unbesetzt)

Beim Anwerfen des Motors verursacht eine starke Explosion 1939 erheblichen Schaden am Motor und am Boot, das daraufhin repariert werden muss. Trotz derartiger Zwischenfälle ist die auf den Booten dieser Klasse vorhandene, aus Großsegel (17,4 m²), Besan (5,6 m²) und Klüver (4,1 m²) bestehende Hilfsbesegelung mittlerweile nahezu bedeutungslos. Am 1. Mai 1945 wird Rostock durch die Rote Armee kampflos besetzt, diese Lage bedingt die Aufgabe der DGzRS-Station Warnemünde - der Verbleib der bis dahin bei der SbL. Bug auf Rügen, Smb. Warnemünde, Stralsund und Swinemünde, gemeldeten OTTO LUDEWIG ist ungeklärt. Unzutreffend ist übrigens die weit verbreitete Darstellung, das Boot sei erst drei Jahre nach seiner Stationierung getauft worden.

KRD 413
ULLA

Im Tausch mit der OBERINSPECTOR PFEIFER wird die ULLA von Maasholm nach Laboe verlegt – dort entsteht dieses Foto, auf dem ihr Stahlrumpf gut zu erkennen ist.

Baujahr 1918	Abeking & Rasmussen, Lemwerder		Bau-Nr. 686
Länge: 11,00 m	Breite: 3,15 m	Tiefgang: 0,65 m	Verdrängung: 15 t
Motorisierung: Daimler Benzinmotor, 4 Zylinder			Leistung: 28 PS [39] [53]
Geschwindigkeit: 7,5 kn	Rumpfmaterial: Stahl		

Name: Wunsch des Stifters Leo Meyer aus Hamburg

Stationierung:

August 1918 - 1934	Maasholm (Nf.: MRB OBERINSPECTOR PFEIFER)
1934 - 1944	Laboe (Nachfolge: MRB KRC 305)
1945	Maasholm (Nachfolge: MRB SCHLEI) [54]
2. September 1948 - 1958	Travemünde (Nachfolge: MRB KRC 302)

Durch den kriegsbedingten Mangel an ausländischen Bauhölzern erhält die mit mehrjähriger Verzögerung fertiggestellte ULLA abweichend vom bisher verwendeten Werkstoff Mahagoni einen Rumpf aus Stahl. Als Resultat dieser Ersatzlösung ist sie unter allen von Anfang an mechanisierten Motorrettungsbooten dasjenige mit der längsten Dienstzeit. Am 3. Mai 1959 wird das Boot an die Wasserbaufirma G. Rogge GmbH in Lübeck verkauft, am 13. März 1973 außer Dienst gestellt und anschließend abgebrochen.

1926
ERSTE NEUBAUTEN MIT DIESELANTRIEB

Für den Bau der beiden Einschraubenboote HAMBURG und BREMEN sind Kosten von 35.000 Mark pro Stück veranschlagt, für die größere HINDENBURG (links) 56.000 Mark.

Materialmangel und bis 1921 auf das 24-Fache gegenüber der Vorkriegszeit gestiegene Kosten stoppen nach dem Ersten Weltkrieg den Neubau von Motorrettungsbooten. Als Litauen 1923 das Memelland besetzt, erwächst daraus für den 1919 gegründeten Betrieb des Schiffbauers Paul Lindenau in Memel ein Standortvorteil: Während im Deutschen Reich die Inflation das Wirtschaftsleben weitgehend ruiniert, gewährleistet die stabile litauische Währung eine sichere Preiskalkulation. Mit Hilfe eines vom Reichswirtschaftsministerium bewilligten und 70 Prozent der Baukosten deckenden Darlehens aus dem Seeschiffserneuerungsfonds lässt die DGzRS nach Maßgabe der bereitgestellten Mittel und nach vorangegangenen Tests in der Schiffbau-Versuchsanstalt Hamburg ihre ersten drei dieselmotorisch angetriebenen Fahrzeuge bei der im Rettungsbootsbau gänzlich unerfahrenen Lindenau Werft fertigen. Bisher waren durchweg Benzinmotoren in die Rettungsboote eingebaut worden, doch hinsichtlich Zuverlässigkeit, Gewicht und Gefahrenpotenzial beginnt sich der Dieselmotor allmählich durchzusetzen. Über die erfolgreiche Erprobung berichtet die lokale Tageszeitung Memeler Dampfboot in ihrer Ausgabe vom 27. November 1926: „Jeder der Motoren lief in einer sechsstündigen Dauerfahrt auf [dem Kurischen] Haff und See zur größten Zufriedenheit der Werft und der bestellenden Gesellschaft. Das Anlassen der MAN-Motoren geht nur durch Betätigen eines Druckknopfes am Steuerstand vor sich." Doch die darauffolgende Überführung zu den Stationen gestaltet sich hindernisreich und die Boote bleiben darüber hinaus reparaturanfällig.[55]

HINDENBURG

Als praktikable Lösung für die störende Rauchentwicklung wird 1930 ein neuer eiserner Mast mit innenliegendem Auspuff installiert, außerdem erhält der Fahrstand eine Schutzhaube.

Baujahr 1926	Schiffswerft Memel – Lindenau & Cie		Bau-Nr. 43
Länge: 14,00 m	Breite: 3,80 m	Tiefgang: 0,90 m	Verdrängung: 20 t [?]
Motorisierung: 2 x MAN Dieselmotor, je 4 Zylinder			Leistung: 2 x 45 PS
Geschwindigkeit: 9,5 kn	Rumpfmaterial: Siemens-Martin-Stahl		Rufzeichen: DVHH

Name: Paul von Hindenburg (1847–1934), 2. Reichspräsident der Weimarer Republik

Stationierung:
30. Juni 1927 – 9. Oktober 1932 Borkum (Nachfolge: MRB AUGUST NEBELTHAU)

Als erster Nachkriegs-Neubau ist die HINDENBURG das bislang größte Boot in der DGzRS-Geschichte und das erste mit zwei Motoren und Doppelschraubenantrieb. 1928 ergänzt ein mit der Baunummer 1908 bei der H. Havighorst Werft gefertigtes, 5 Meter langes und ständig im Wasser liegendes Beiboot die Ausrüstung. Durch Materialermüdung an den mit hoher Drehzahl laufenden Motoren und mehrere Wellenbrüche hat nach DGzRS-Angaben „die Rettungsmannschaft hiernach das Vertrauen zu ihrem Boot verloren". Im Jahr der Wiederwahl ihres Namensgebers zum Reichspräsidenten wird die HINDENBURG nach nur fünfjähriger Laufzeit zunächst als Reserve-Motorboot deklariert und sodann verschrottet.

Bei einem Werftaufenthalt 1930 – bevor dieses Foto entsteht – erhält das Boot eine Schutzhaube über dem Cockpit, einen Mast aus Eisen und eine kräftige Lichtmaschine.[56]

Baujahr 1926	Schiffswerft Memel – Lindenau & Cie	Bau-Nr. 44
Länge: 11,85 m	Breite: 3,20 m Tiefgang: 1,00 m	Verdrängung: 16 t
Motorisierung: Deutz Dieselmotor, 2 Zylinder		Leistung: 50 PS
Geschwindigkeit: 8,25 kn	Rumpfmaterial: Siemens-Martin-Stahl	Rufzeichen: DUAH

Name 1: Hansestadt u. Sitz des 1861 gegr. Hamburger Vereins zur Rettung Schiffbrüchiger
Name 2: August Nebelthau (1871–1924), Kaufmann, DGzRS-Vorsitzer von 1909 bis 1924

Stationierung und Namensänderung:

24. Juni 1927 – 1937	Friedrichskoog (Nachfolge: MRB AUGUST NEBELTHAU)
1937 – 1941	Hörnum (Nachfolge: MRB GEHEIMRAT SARTORI)
März [?] 1941 – 6. Februar [?] 1943	Langeoog (Nachfolge: MRB HAMBURG)
Februar 1943 [?]	Umbenennung in AUGUST NEBELTHAU
6. Februar [?] 1943 – 1944 [?]	Juist (Nachfolge: MRB HEINRICH TIARKS)

Weil das Kriegsbauprogramm nicht den Bedarf deckt, wird dieses ältere Boot in den Sondereinsatz abgestellt und am 28. März 1941 beim Kdo. SuB Langeoog gemeldet. Am 21. Februar 1945 soll es in Emden bei der Marine-Nebelabteilung / 16. Kompagnie [?] registriert gewesen, im Mai 1945 außer Dienst gestellt und 1953 abgewrackt worden sein.[57]

Frost und Schneesturm schränken die erste Überführungsfahrt der BREMEN ein, dieses Wintermotiv des Bootes soll allerdings im Hafen von Norderney entstanden sein.

Baujahr 1926	Schiffswerft Memel – Lindenau & Cie	Bau-Nr. 45
Länge: 11,85 m	Breite: 3,20 m Tiefgang: 0,90 m [58]	Verdrängung: 16 t
Motorisierung: MAN Dieselmotor, 4 Zylinder		Leistung: 45 PS [59]
Geschwindigkeit: 8 kn	Rumpfmaterial: Siemens-Martin-Stahl	Rufzeichen: DVHG

Name 1: Bremen, Hansestadt an der Weser und satzungsgemäß Sitz der DGzRS
Name 2: Lübeck, Hansestadt an der Trave mit Ostsee-Hafen

Stationierung und Namensänderung:

28. Juni 1927 – 4. [?] Februar 1930	Norderney (Nachfolge: MRB BREMEN)
1930	Umbenennung in LÜBECK
April 1930 – 1936	Travemünde (Nachfolge: MRB IRENE)
1936 – 1940	Timmendorf / Poel (keine Nachfolge, Station unbesetzt)
August 1940 – August 1942	Wangerooge (Nachfolge: MRB LÜBECK) [60]
1942 – 1943	Timmendorf / Poel (keine Nachfolge, Station unbesetzt)

1940 Kdo. SuB Wangerooge, 19. Oktober 1943 Schulboot der Luftwaffen-Seefahrtschule II Lobbe auf Rügen. Ab 3. Februar 1944 Flak-Regiment Schießplatz Brüsterort zugewiesen, nach der Einnahme des Ortes durch die Rote Armee ist der Verbleib des Bootes ungeklärt.[61]

Noch fehlt der Mast … auf eine Hilfsbesegelung aus Gaffelsegel und Fock glaubt die DGzRS auch beim gedeckten Doppelschrauben-Motorrettungsboot nicht verzichten zu können.

Schon vor der Taufe und dem Stapellauf am 25. Januar 1930 ist der Bootsname bekannt, der 1944 innerhalb dieser Bootsklasse von der einen auf die andere Einheit übergeht.

Nach den günstigen Erfahrungen mit Rohölmotoren werden in den folgenden Neubauten leistungsfähigere und vor allem standfestere kompressionslose Dieselmotoren verbaut und mit einer Stahlhaube gegen überkommende See besser geschützt. Ab Mitte der 1920er-Jahre werden auch die schon vorhandenen Motorboote durch Einbau von Dieselmotoren umgerüstet. Die beiden Groß-Motorrettungsboote dieser Klasse basieren auf den mit dem ersten Doppelschraubenboot HINDENBURG gesammelten Erfahrungen. Mit der vergleichsweise schlanken Linienführung des Rumpfes streben die Konstrukteure eine Steigerung der Geschwindigkeit an. Kurzzeitig können die beiden Zweitaktdiesel auf eine Leistung von jeweils 80 PS hochgefahren werden und sorgen für eine maximale Geschwindigkeit von 10,5 Knoten – ein bis dahin unerreichter Wert in der DGzRS-Flotte. Zudem gewährleistet die Ausführung als Doppelschrauber eine bessere Manövrierfähigkeit sowie eine Reserve für den Fall eines Maschinenausfalls: Der Maschinenraum ist durch ein Längsschott geteilt, so dass beim Volllaufen des einen Raums der Motor im zweiten Raum betriebsfähig bleibt. Zum Schutz gegen Wrackteile und Eis sowie zur Verhinderung des Blindschlagens laufen beide Schrauben in Tunneln. Beide Boote dieser Bauart besitzen durchgehend ein zu den Seiten gewölbtes Deck, von dem das Wasser frei ablaufen kann. Die erste Einheit dieser Klasse wird 1954 in der DGzRS-Werfthalle ausgeschlachtet und verschrottet, wohingegen das zweite, in den Jahren zuvor umgebaute Exemplar bis in die Gegenwart als denkmalgeschützter Versuchskreuzer BREMEN erhalten geblieben ist.

Baujahr 1929 Fr. Lürssen Werft, Bremen-Vegesack Bau-Nr. 12000
Länge: 16,17 m Breite: 4,20 m Tiefgang: 1,27 m Verdrängung: 37 t
Motorisierung: 2 x MWM Dieselmotor, je 4 Zylinder Leistung: 2 x 72 PS
Geschwindigkeit: 10,5 kn [62] Rumpfm.: Siemens-Martin-Stahl Rufzeichen: DUAB / DUAA

Name 1: Bremen, Hansestadt an der Weser und satzungsgemäß Sitz der DGzRS
Name 2: August Nebelthau (1871–1924), Kaufmann, DGzRS-Vorsitzer von 1909 bis 1924
Taufe: 25. Januar 1930 in Bremen-Vegesack Taufpate: Dr. Richard Duckwitz

Stationierung und Namensänderung:

12. Februar 1930 – 1941 [?]	Norderney (Nachfolge: MRB KONSUL JOHN)
August [?] 1944	Umbenennung in AUGUST NEBELTHAU
1944 – März [?] 1954	Burgstaaken (Nachfolge: MRB WESER) [63]

1940 ist das Boot für eine Verlegung nach Memel vorgesehen, sobald der Neubau NORDERNEY fertiggestellt ist – im Juni 1940 weiterhin beim Kdo. SuB Wilhelmshaven registriert. Am 7. Juni 1941 Kennung HS 09, Hafenschutzflottille Holland Süd / Kanalküste. Am 19. Juni 1942 Kennung FBo 01, am 1. September 1943 Kennung FBo 08 bei der Hafenschutzflottille in Boulogne-sur-Mer / Frankreich, ebendort im Juni 1944 beim Sbk. A.[64]

105.000 RM sind als Baukosten veranschlagt, nach der Werft-Ablieferung am 14. April 1931 wird das Boot in die Ostsee überführt – hier eine undatierte Hafenszene aus Pillau.

Baujahr 1931	Fr. Lürssen Werft, Bremen-Vegesack		Bau-Nr. 12290
Länge: 16,17 m	Breite: 4,20 m	Tiefgang: 1,25 m	Verdrängung: 37 t
Motorisierung: 2 x MWM Dieselmotor, je 4 Zylinder			Leistung: 2 x 72 PS
Geschwindigkeit: 10,5 kn [62]	Rumpfmaterial: Stahl		Rufzeichen: DUAC / DUAB [65]

Name 1: Robert Kleyenstüber († 1924), Vors. der DGzRS-Bezirksverwaltung Königsberg
Name 2: Bremen, Hansestadt an der Weser und satzungsgemäß Sitz der DGzRS

Stationierung und Namensänderung:

Mai 1931 – 1941 [?]	Pillau (Nachfolge: MRB NETTELBECK)
13. März 1941 – 1944 [?]	Borkum (Nachfolge: MRB BORKUM)
Dezember 1944 [?]	Umbenennung in BREMEN [66]
1946 – 11. Oktober 1949	Amrum (Nachfolge: MRB HERMANN FRESE)

Bei der Hafenschutzflottille Pillau am 30. August 1939 als Bojenboot mit der Kennung H 503 gemeldet, am 11. Juli 1940 Lotsenversetzboot bei Sperrkommandant Pillau. Nach der Verlegung nach Borkum gemeldet bei der SbL. Norderney mit Bereitschaftsstellung südöstlich der Insel Borkum. Im April 1944 formelle Rückgabe an die DGzRS, von 1951 bis 1953 Umbau zum ersten Versuchs-Seenotkreuzer BREMEN (Fortsetzung hierzu auf Seite 76).

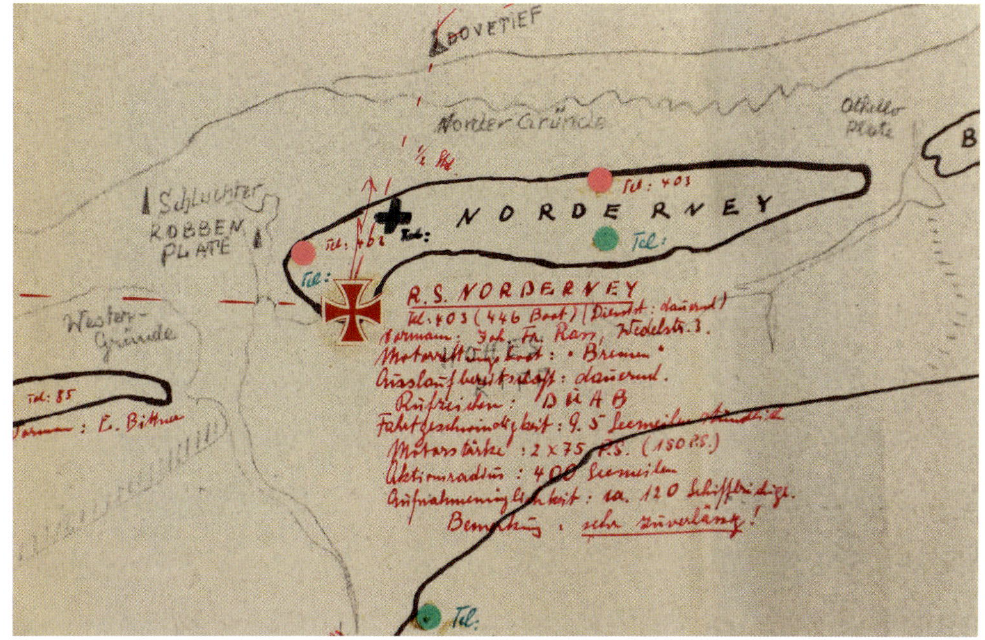

„Bemerkung: sehr zuverlässig!" – Ausschnitt aus einem von der DGzRS-Inspektion in den 1930er-Jahren skizzierten Karten-Entwurf für den Seenotmeldebezirk Ems.

Mit dem Aufkommen der Funktelegrafie und dem Aufbau eines Telefonnetzes wird die Kommunikation – und die Alarmierung der DGzRS-Besatzungen – effizienter. 1927 erhält die HINDENBURG als erstes Motorrettungsboot eine Funkanlage, zwei Jahre später arbeiten die DGzRS und das Reichsverkehrsministerium eine Anweisung für den Seenotmeldedienst an der Nordseeküste aus. Darin festgelegt sind fünf Seenotmeldebezirke – Ems, Jade, Weser, Elbe und Sylt, 1940 nach der Besatzung zusätzlich Terschelling und Esbjerg – mit jeweils einer von seemännisch vorgebildetem Personal jederzeit besetzten Leitstelle. Neben festen Seenotbeobachtern, Bergungsschleppern und Dienstfahrzeugen sind von besonderem Wert die modernen, in der Anweisung folgendermaßen spezifizierten Motorrettungsboote: 1. das dauernd zu Wasser liegende Groß-Motorrettungsboot, 2. das meist in Bootshäusern untergebrachte Motorrettungsboot mittlerer Größe, das über eine Ablaufbahn unmittelbar zu Wasser gelassen wird, 3. das leichte Strandmotorrettungsboot, das mit Hilfe eines Bootswagens vom Bootshaus zum Strand gefahren und dort zu Wasser gelassen wird. Während die unter 1. und 2. genannten „unter allen Umständen eingesetzt werden können, ist der Einsatz der Strandmotorrettungsboote bei schwerem Sturmwetter nicht immer möglich", so die Vorschrift. „Ruderrettungsboote sind naturgemäß nur dann einzusetzen, wenn die Unfallstelle nicht allzuweit von der Station entfernt liegt. Wo aber das Motorrettungsboot seines größeren Tiefgangs wegen auf Schwierigkeiten stößt, wird das Ruderrettungsboot ihm gegenüber von Vorteil sein."

KRD 420
LOTSENKOMMANDEUR V. KROHN [67]

Alle drei Einheiten dieses Typs werden bei der Werft H. Havighorst in Blumenthal gebaut – LOTSENKOMMANDEUR V. KROHN (links) und HEINRICH STALLING vor ihrer Ablieferung 1930.

Bei den Einheiten dieser Baureihe handelt es sich um zunächst offene Motorrettungsboote, die in der zweiten Hälfte der 1930er-Jahre zu halbgedeckten Einheiten mit mittschiffs platziertem Aufbau und offenem Steuerstand an dessen achterem Ende umgebaut werden. Ihr Tiefgang und das vergleichsweise geringe Gewicht machen sie für die strandnahe Verwendung ebenso geeignet wie für die Unterbringung im Rettungsschuppen mit Slipbahn und Aufholwinde, gleichermaßen für den Transport mittels Pferdegespann und Ablaufwagen oder für das Zuwasserbringen und Aufhieven per Kran. Konstruiert sind die Boote als Selbstentleerer, eingedrungenes Wasser gelangt innerhalb von 43 Sekunden außenbords. Zur Ausrüstung gehören eine Sander-Raketenpistole zum Herstellen einer Leinenverbindung auf kurze Distanz, elektrische Beleuchtung und eine Schiffsapotheke. Für den Betrieb im Einsatz ist eine Besatzung von sechs Mann erforderlich. Form und Größe der Stahlrümpfe ähneln denen der älteren Ruderrettungsboote, wegen der auftretenden Vibrationen der Motoren besitzen sie zusätzliche Verstärkungen durch Spanten und Verbände. Alternativ oder ergänzend zum Maschinenbetrieb kann unter Segeln gefahren werden. Von Beginn an erweisen sich die zweizylindrigen MWM Dieselaggregate mit einer kurzzeitigen Höchstleistung von 20 PS als zu schwach, die maximale Geschwindigkeit von 7 Knoten ist unbefriedigend. Aus diesem Grund entstehen keine weiteren Exemplare dieses Typs, wovon mit dem stark abgenutzten Rumpf der LOTSENKOMMANDEUR V. KROHN zumindest ein Relikt bis in die Gegenwart hinein erhalten geblieben ist.

Probefahrt und Werftabnahme, Mitte März 1930. Bei Abeking & Rasmussen erfolgt 1937 der Umbau zum halbgedeckten Boot mit Motorhaube und Vergrößerung des Motorraums.

Baujahr 1930	H. Havighorst, Blumenthal		Bau-Nr. 1970
Länge: 8,75 m	Breite: 2,70 m	Tiefgang: 0,60 m	
Motorisierung: MWM Dieselmotor, 2 Zylinder			Leistung: 16 PS [68]
Geschwindigkeit: 7 kn	Rumpfmaterial: Stahlblech		

Name: Julius von Krohn (1828–1904), Vorsitzender des DGzRS-Lokalvereins Heppens

Stationierung:

März 1930 - 1942	Wilhelmshaven (keine Nachfolge, Station unbesetzt)
1942 - 1949	Horumersiel (Nachfolge: MRB HORUMERSIEL)
1949 - 1953	Reserve
1953 - 1955	List (Nachfolge: MRB HINDENBURG)

In Wilhelmshaven ist für das Zuwasserlassen des Bootes ein Kran an der Kaimauer aufgestellt. Nach der Außerdienststellung wird es 1956 in List verkauft und mit dem Namen PALUCCA als Arbeitsboot für die Seehundjagd verwendet. Um 1960 Umbau zum Segelkutter EMMA, daraufhin mehrfacher Besitzübergang und wechselnde Heimathäfen: Wilhelmshaven, Emden, Bremerhaven, Oldenburg. Im Juli 2007 übernimmt der Verein Historische Seenotrettung Horumersiel das noch erhaltene Fragment des Bootskörpers.

KRD 421
HEINRICH STALLING

23 Jahre im Dienst – am 15. August 1929 in Auftrag gegeben, 1936 bei der Havighorst Werft zum halbgedeckten Boot umgebaut, 1953 wegen Überalterung aus der Flotte genommen.

Baujahr 1930	H. Havighorst, Blumenthal		Bau-Nr. 1969
Länge: 8,75 m	Breite: 2,70 m	Tiefgang: 0,60 m	Verdrängung: 5 t
Motorisierung: MWM Dieselmotor, 2 Zylinder			Leistung: 16 PS
Geschwindigkeit: 7 kn	Rumpfmaterial: Stahl		

Name 1: Heinrich Stalling (1865–1941), Vorsitzender des DGzRS-Bezirksvereins Oldenburg
Name 2: Dr. Johannes Rösing (1833–1909), Vorsitzender des DGzRS-Bezirksvereins Berlin

Stationierung und Namensänderung:

11. März 1930 - 23. Juni 1934	Fedderwardersiel (Nachfolge: MRB HEINRICH STALLING)
1934	Umbenennung in DR. JOHANNES RÖSING
1934 - 1943	Bremerhaven (Nachfolge: MRB WESER)
1943 - 1948	Travemünde (Nachfolge: MRB ULLA)
1948 - 1953	Reserve

Beim Umbau 1936 wird der Motorraum erheblich vergrößert, bis zu sechs Personen finden darin Platz. Eine hohe Motorhaube aus Stahlblech mit Eingangstür vom Steuerstand aus erlaubt die Bedienung des Motors bei jeder Wetterlage. Zum Schutz des Bootsführers wird an der Rückwand der Motorenhaube eine Spritzkappe aus Segeltuch angebracht.

KRD 423
KONSUL KOEPKE

Für das Boot und den Transportwagen sind Baukosten von 25.000 RM veranschlagt, am 16. Oktober 1930 erhält die Werft den Auftrag und am 19. Mai 1931 liefert sie das Boot ab.

Baujahr 1931	H. Havighorst, Blumenthal		Bau-Nr. 2086
Länge: 8,75 m	Breite: 2,70 m	Tiefgang: 0,60 m	
Motorisierung: MWM Dieselmotor, 2 Zylinder			Leistung: 20 PS
Geschwindigkeit: 7 kn	Rumpfmaterial: Stahl		

Name: Arnold Koepke, Konsul, Reeder, Vorsitzender des DGzRS-Lokalvereins Stolpmünde

Stationierung:

1931 – März [?] 1945	Stolpmünde-West (keine Nachfolge, Station aufgelöst)

Am 26. Mai 1931 trifft die KONSUL KOEPKE per Bahntransport in Stolpmünde ein und wird dort von der Weststation aus eingesetzt. Nach dem Einsatz bei der SbL. Nest / Hinterpommern, Smb. Kolberg und Stolpmünde, ist für 1945 die Rettung von 45 Flüchtlingen und 5 Besatzungsmitgliedern von einem Spülschiff dokumentiert. Mit ihrem Rettungsboot flüchten Teile der Besatzung und ihre Familienangehörigen vor der Roten Armee zunächst nach Stralsund und laufen am 8. März 1945 bei Nordoststurm und ohne Geleit die dänische Küste bei Gedser an. Das Boot wird via Kiel und Cuxhaven nach Bremen geschleppt, dort steht es längere Zeit zur Disposition, wird meistbietend verkauft und später als Gartenlaube in einem Schrebergarten auf dem Stadtwerder in Bremen genutzt.

DANIEL DENKER ist der letzte DGzRS-Auftrag an Abeking & Rasmussen vor dem Zweiten Weltkrieg und die erste Einheit, die neben einer Funkanlage auch Radio-Telephonie erhält.

Aufgrund einer sich stetig verbessernden wirtschaftlichen Situation verstärkt die DGzRS Ende der 1920er-Jahre ihre schiffbaulichen Aktivitäten. Auf vier verschiedenen Werften entstehen neun Unikate, die als Entwicklungsplattform und langfristige Erprobungsträger zu betrachten sind. So soll eine Serie kleinerer Einheiten nach Bauart der MAASHOLM die noch vorhandenen Ruderrettungsboote ersetzen, allerdings erweist sich der Prototyp als zu schwer für den Transport auf Ablaufbahn und -wagen. Weiterentwickelt zur 8,5-Meter-Baureihe, erfüllt das Modell schließlich die angestrebten Kriterien. Die Einheiten AUGUST NEBELTHAU, RICHD. C. KROGMANN und HINDENBURG bilden die Evolutionsvorstufe zu den späteren Groß-Motorrettungsbooten, während die Erfahrungen mit der KONSUL JOHN und der DANIEL DENKER in den Bau der künftigen mittelgroßen Einschrauben-Motorrettungsboote einfließen. In dieser Phase neu entstehende Boote erhalten eine elektrische Lichtanlage, Nebelhorn und Scheinwerfer, einige ältere werden damit nachgerüstet. Als Resümee über diese Gruppe von Einzelbauten wird im DGzRS Jahresbericht 1937 die derzeitige Sachlage analysiert: „Die Entwicklung des Motorbaus für die besonderen Anforderungen des Rettungsdienstes, größtmögliche Leistungsfähigkeit und Zuverlässigkeit bei geringem Gewicht auf kleinem Raum, ist noch nicht abgeschlossen, und auch für die Formung des Bootskörpers werden mit jedem Neubau von unseren Inspektoren und den auf diesem Sondergebiete erprobten Werften neue Erfahrungen gemacht, die vorläufig noch wie bisher ein schrittweises Vorgehen gebieten."

Hinsichtlich Größe und Ausführung ist dieses gedeckte Boot eine Modifikation der 11,85-m-Bauten von der Lindenau Werft, sein Drehkreis bei hartgelegtem Ruder beträgt 18 Meter.

Baujahr 1928	H. Havighorst, Blumenthal		Bau-Nr. 1903
Länge: 11,85 m	Breite: 3,40 m	Tiefgang: 0,97 m	Verdrängung: 18 t
Motorisierung: Deutz Dieselmotor, 2 Zylinder			Leistung: 50 PS [69]
Geschwindigkeit: 8 kn	Rumpfmaterial: Siemens-Martin-Stahl		Rufzeichen: DUAN

Name: August Anton Heinrich Sartori (1837–1903), Vors. des DGzRS-Bezirksvereins Kiel

Stationierung:

Dezember 1928 - 1939	Heiligenhafen (Nachfolge: MRB JOHANNES MESS)
1939 - 1940	Wremertief (nur Wintermonate) / Reserve (Sommer)
1940 - 1942	Hörnum (Nachfolge: MRB GEH.RAT SARTORI)

In diesem Fahrzeug geschieht die Wasserkühlung des Motors über die Zufuhr durch eine besondere Pumpe, bei Fahrten durch Schlammeis kann das Kühlwasser einem eingebauten Frischwassertank entnommen werden. Gebaut wird das Boot nach einem Kostenvoranschlag von 45.000 RM, abgeliefert am 3. Dezember 1928 und auf dem Wasserweg nach Heiligenhafen überführt. 1939 wird es der Kommandantur Truppenübungsplatz Putlos überstellt, ab Juni 1940 beim Kdo. SuB Hörnum, ab November 1943 bei der Luftwaffen-Seefahrtschule II in Lobbe auf Rügen – ein Kriegsverlust 1945 gilt als wahrscheinlich.

KRD 417
AUGUST NEBELTHAU

Bei 600/min erzeugt der Motor 72 PS Dauerleistung, die kurzzeitige Höchstleistung liegt bei 80 PS, das gedeckte Einschrauben-Motorrettungsboot hat eine Gesamtsegelfläche von 56 m².

Baujahr 1929	Fr. Lürssen Werft, Bremen-Vegesack		Bau-Nr. 11980
Länge: 15,00 m	Breite: 3,80 m	Tiefgang: 1,08 m	Verdrängung: 25 t [?]
Motorisierung: MWM Dieselmotor, 4 Zylinder			Leistung: 72 PS
Geschwindigkeit: 8,75 kn	Rumpfmaterial: Siemens-Martin-Stahl		Rufzeichen: DVHI / DUAA [70]

Name: August Nebelthau (1871–1924), Kaufmann, DGzRS-Vorsitzer von 1909 bis 1924

Stationierung:

September 1929 - 1930	List (Nachfolge: MRB PICKER)
Oktober 1930 - Oktober [?] 1932	Cuxhaven (Nachfolge: MRB RICHD. C. KROGMANN)
12. Okt. 1932 - 21. März [?] 1937	Borkum (Nachfolge: MRB HINDENBURG)
1937 - 23. Mai 1942	Friedrichskoog / Adolf-Hitler-Koog (keine Nf., Stat. unb.) [71]

Nach der am 25. September 1929 erfolgten Übergabe durch die Bauwerft erhält die AUGUST NEBELTHAU als Beiboot das kleine eiserne Eisboot der im selben Jahr aufgelösten Eisbootstation Munkmarsch. 1934 Einbau eines kleinen Motors mit Dynamo zum Aufladen der Batterien. Im Juni 1940 dem Kdo. SuB unterstellt. Am 23. Mai 1942 wird das Boot durch einen Minentreffer schwer beschädigt und am selben Tag gehoben, das Wrack wird an die Werft August Pahl in Finkenwerder verkauft beziehungsweise zur Verrechnung gegeben.

KRD 419
LOTSENKOMMANDEUR LAARMANN

Im Anschluss an die Probefahrten wird das Boot nach Neuharlingersiel überführt – im Hintergrund der Rettungsschuppen an der Friedrichsschleuse der zweiten Station Carolinensiel.

Baujahr 1930	H. Havighorst, Blumenthal		Bau-Nr. 1971
Länge: 10,00 m	Breite: 2,94 m	Tiefgang: 0,60 m	
Motorisierung: Deutz Dieselmotor, 3 Zylinder			Leistung: 20 PS [72]
Geschwindigkeit: 7 kn	Rumpfmaterial: Stahlblech		Rufzeichen: DVHI

Name: Hermann Wilhelm Laarmann (1849–1917), Vors. d. DGzRS-Bezirksvereins in Emden

Stationierung:

März 1930 - 1933	Neuharlingersiel (Nachfolge: MRB ULRICH STEFFENS)
1933 - 1945	Carolinensiel (keine Nachfolge, Station aufgelöst) [25]

Am 15. August 1929 gibt die DGzRS das Boot in Auftrag, am 5. März 1930 wird es geliefert. Gut dokumentiert sind die Umbaumaßnahmen der 1930er-Jahre: Anstelle des hölzernen Schutzkastens über der Motoranlage erhält das Boot 1933 bei der H. Havighorst Werft eine stählerne Haube, die gleichzeitig als Schutz für den Steuerstand dient. 1935 werden die Wasser- und Luftleitungen neu verpackt. Bei einer Rettungsfahrt wird das Boot 1938 an der Steuerbordseite unterhalb der Scheuerleiste beschädigt und wiederum bei Havighorst repariert, 1939 wird eine elektrische Lichtanlage für die Kompassbeleuchtung eingebaut und die nicht einwandfrei arbeitenden Pumpen des Motors werden überholt.

KRD 422
KONSUL JOHN

Datiert ist diese Aufnahme auf den Zeitraum um 1942 bis 1944, als das gedeckte Einschrauben-Motorrettungsboot bei der Seenotbezirksstelle (Luftwaffe) Norderney gemeldet ist.

Baujahr 1930	Abeking & Rasmussen, Lemwerder		Bau-Nr. 2583
Länge: 13,08 m	Breite: 3,60 m	Tiefgang: 1,18 m	Verdrängung: 18 t
Motorisierung: Deutz Dieselmotor, 2 Zylinder			Leistung: 50 PS
Geschwindigkeit: 8 kn	Rumpfmaterial: Siemens-Martin-Stahl		Rufzeichen: DUAG

Name: Paul John († 1927), Königl. dän. Vizekonsul, Leiter d. DGzRS-Lokalvereins Rügenwalde

Stationierung:

1. Juli 1930 -1934	Rügenwaldermünde (Nachfolge: Ruderrettungsboot)
1934 - 1940 [?]	Swinemünde-West (keine Nachfolge, Station unbesetzt)
1940 - 1942	Langeoog (Nachfolge: MRB HAMBURG)
1942 - 1944	Norderney (Nachfolge: MRB NORDERNEY)

1944 wird das Boot wegen größerer Umbauten nach Svendborg / Dänemark überführt, die rückwirkend zum 15. Januar 1945 verhandelte Rückgabe von der Kriegsmarine-Dienststelle an die DGzRS verläuft nur formell. 1952 wird es nach Schweden verkauft, in ÅBORD umbenannt und zum Schlepper umgebaut. 1954 Weiterverkauf nach Husum / Schweden, Umbenennung in AXEL. 1969 und 1987 Eignerwechsel in Schweden, 1996 Verkauf nach Norwegen, dort 2020 noch in Betrieb, Motorisierung: Volvo Penta TMD96 mit 195 PS.[73]

KRD 425
RICHD. C. KROGMANN[74]

Das durchgehende, glatte Deck des Zweischraubenbootes und der damit verbundene Fortfall schwerer, kupferner Selbstentleerungsrohre bewirken eine vorteilhafte Gewichtsreduzierung.

Baujahr 1932	Schiffswerft August Pahl, Finkenwärder		Bau-Nr. 158
Länge: 17,10 m	Breite: 4,20 m	Tiefgang: 1,25 m	Verdrängung: 47 t
Motorisierung: 2 x MWM Dieselmotor, je 6 Zylinder			Leistung: 2 x 125 PS
Geschwindigkeit: 10,5 kn	Rumpfmaterial: Stahl		Rufzeichen: DUAD

Name: Richard Carl Krogmann (1859–1932), Mitglied des DGzRS-Bezirksvereins Hamburg

Stationierung:

18. September 1932 - 1941	Cuxhaven

Mit dem am 8. Januar 1932 erteilten Auftrag beginnt die Zusammenarbeit der DGzRS mit der in Hamburg ansässigen Pahl Werft, bei der Hamburgischen Schiffbau-Versuchsanstalt finden die Schleppversuche statt. Im Zuge der Indienststellung der RICHD. C. KROGMANN – zu diesem Zeitpunkt ist sie die PS-stärkste Einheit der DGzRS-Flotte und gilt als größtes Seenotrettungsboot in Europa – werden zwei Ruderrettungsboote in Cuxhaven und Duhnen entbehrlich. Am 1. Juni 1940 wird das Boot dem Kdo. SuB unterstellt und am 7. Juni 1941 in Marsch gesetzt zur Hafenschutzflottille in Boulogne-sur-Mer / Frankreich, Kennung FBo 22.[64] Im daran anschließenden Einsatz bei der Hafenschutzflottille in Calais / Frankreich endet es dort 1944 infolge seiner Selbstversenkung als Kriegsverlust.

KRD 428
MAASHOLM

Nicht nur schiffbaulich ist das halbgedeckte Strandmotorrettungsboot ein Unikat – im Eigentum der DGzRS dient es von Mai 1959 bis April 1964 zu Ausbildungszwecken am Bodensee.

Baujahr 1935	Fr. Lürssen Werft, Bremen-Vegesack		Bau-Nr. 12530
Länge: 10,20 m [75]	Breite: 2,80 m	Tiefgang: 0,70 m	Verdrängung: 5 t
Motorisierung: MWM Dieselmotor, 3 Zylinder			Leistung: 50 PS
Geschwindigkeit: 8,5 kn	Rumpfmaterial: Mahagoni		

Name: Maasholm, Hafenort an der Schleimündung

Stationierung:

1936 - November 1942	Maasholm (keine Nachfolge, Station unbesetzt) [76]
Dezember 1942 - 1944	Westerland (Nachfolge: MRB CARL BEHNK)
1949 - 1951 / 1952 [?]	Burgtiefe (Nachfolge: MRB CARL BEHNK)
1952 [?] - 1959	Maasholm (Nachf.: MRB LOTSENKOMMANDEUR LEPPERT)

Nach der am 29. August 1944 vollzogenen formellen Rückgabe an die DGzRS liegt das Boot wegen eines Motorschadens 1945 in Cuxhaven auf. Von Bremen per Bahntransport nach Friedrichshafen, am 26. Mai 1959 Übergabe an die Internatsschule Schloss Salem / Bodensee als SALEM (Kennung: BÜb 867). Am 6. Oktober 1977 Verkauf an den Deutschen Hochseesportverband Hansa, Name JUMBO. 1980 privater Eigner in Romanshorn / Schweiz, Name MAASHOLM. 1984 Besitzerwechsel (Kennung: TG 1340), kein Existenzbeweis seit 1988.

KRD 429
HORUMERSIEL

Vor ihrer Erststationierung wird die HORUMERSIEL in Berlin bei der Wassersport-Ausstellung – März 1936 – und in Hamburg bei der Ausstellung „Die schaffende Nordmark" präsentiert.

Baujahr 1936	Schiffswerft August Pahl, Finkenwärder		Bau-Nr. 182
Länge: 10,00 m	Breite: 2,85 m	Tiefgang: 0,60 m	Verdrängung: 13 t
Motorisierung: MWM Dieselmotor, 3 Zylinder			Leistung: 56 PS [77]
Geschwindigkeit: 8,5 kn	Rumpfmaterial: Stahl		

Name 1: Horumersiel, Küstenort im Amt Friesland (ab 1939 Landkreis Friesland)
Name 2: Heinrich Tiarks (1870–1936), Vormann der Station Horumersiel von 1904 bis 1935

Stationierung und Namensänderung:

April 1936 - 1940	Horumersiel (Nf.: MRB LOTSENKOMMANDEUR V. KROHN)
Januar / Februar [?] 1937	Umbenennung in HEINRICH TIARKS [78]
Juni 1940 - 1941	Juist (Nachfolge: MRB AUGUST NEBELTHAU)

1940 bei der SbL. Juist gemeldet, am 8. Mai 1941 Rückgabe an die DGzRS. 1941 oder 1942 [?] Einbau eines Steuerhauses. Am 7. April 1942 erfasst bei der Kriegsmarinedienststelle Bremen für Rettungsaufgaben im Schwarzen Meer / Luftzeug-Gruppe See. Zusammen mit FERDINAND LAEISZ von Cuxhaven aus abtransportiert, beide Boote werden am 23. Dezember 1943 an Bord des Frachters BALKAN versenkt. Kriegsverlust der HEINRICH TIARKS nach endgültiger Versenkung am 6. Oktober 1944 in der Bucht von Phaleron.[49]

KRD 430
DANIEL DENKER

Steuerbordseitig hängt das 1936 von Abeking & Rasmussen mit der Bau-Nr. 2996 gelieferte, 3,35 Meter lange Beiboot mit 6 PS starkem Bub 2 A Motor in den Davits der DANIEL DENKER.

Baujahr 1936	Abeking & Rasmussen, Lemwerder		Bau-Nr. 2975
Länge: 15,22 m	Breite: 4,34 m	Tiefgang: 1,04 m [79]	Verdrängung: 25 t
Motorisierung: MWM Dieselmotor RSK 20 S, 6 Zylinder			Leistung: 125 PS
Geschwindigkeit: 9,5 kn	Rumpfmaterial: Teakholz mit Kupferplatten		Rufzeichen: DUAE

Name: Tönnies Daniel Denker (1867–1929), Vormann der Station Helgoland von 1905 bis 1929

Stationierung:

1936 - 1945	Helgoland (keine Nachfolge, Station unbesetzt) [80]
1945 - 1950	Inspektionsbereisungsboot / Reserve

Vom 7. bis 9. Juli 1936 wird die DANIEL DENKER bei der IV. International Lifeboat Conference in Göteborg / Schweden präsentiert. Schon während der Stationierung auf Helgoland nutzen die DGzRS-Inspektoren das mit einer Ketschtakelung und zwei Seitenschwertern ausgestattete Fahrzeug in den Sommermonaten als Bereisungsboot. Im Sommer 1950 ist es letztmalig als Inspektions- und Reserveboot deklariert, wird 1951 an eine Privatperson verkauft und zum Motorsegler PASSAT umgebaut (Motorisierung in den 1960er-Jahren: Mercedes Benz, Leistung: 165 PS, Längenangabe: 14,88 m). Nach mehrfachem Eignerwechsel im Raum Köln und Düsseldorf ist nach 2017 kein Existenzbeweis vorhanden.

KRD 432
HINDENBURG

Am 24. März 1937 übernimmt die DGzRS auf der Unterweser das Boot von der Werft. Ein geschlossener Decksaufbau schützt den selbstlenzenden Steuerstand und die Besatzung.

Baujahr 1937	Fr. Lürssen Werft, Bremen-Vegesack		Bau-Nr. 12685
Länge: 16,00 m	Breite: 4,53 m	Tiefgang: 1,12 m	Verdrängung: 29 t
Motorisierung: MWM / Benz RH 326 S Dieselmotor, 6 Zylinder			Leistung: 200 PS
Geschwindigkeit: 10 kn	Rumpfmaterial: Teakholz und Mahagoni		Rufzeichen: DUAF

Name: Paul von Hindenburg (1847–1934), 2. Reichspräsident der Weimarer Republik

Stationierung:

8. April 1937 - 28. November 1940	Borkum (Nachfolge: MRB KONSUL KLEYENSTÜBER)

Erstmalig ist bei diesem Neubau der Ruderstand in einem geschlossenen Deckshaus untergebracht. Das Boot ist mit drahtloser Telegrafie und Telefonie, Warmwasserheizung und Kücheneinrichtung ausgerüstet. Sein Drehkreisdurchmesser bei voller Fahrt beträgt 24 Meter, aus voller Fahrt kann es in 20 Sekunden aufgestoppt werden. Im Frühjahr 1938 reißt es sich bei starkem Sturm im Hafen los und kollidiert mit der Mole des Liegeplatzes, dabei wird die hölzerne Scheuerleiste stark beschädigt. Im Rahmen der anschließenden Reparatur erhält die HINDENBURG am 30. März 1938 bei der Fr. Lürssen Werft ein mit der Bau-Nummer 12725 gefertigtes, 3 Meter langes, motorisiertes Beiboot. Eine am 28. November 1940 durchgeführte Einsatzfahrt endet mit einem Totalverlust der HINDENBURG.

KRD 426
ULRICH STEFFENS

In zwei Schiffbaubetrieben entstehen fünf vom Germanischen Lloyd zertifizierte Einheiten dieser Klasse – das Bild soll den Bau der ADALBERT KORFF bei der Pahl Werft zeigen.

Geschützt vor der Witterung steuert der Rudergänger das Boot im Fahrstand des achterlichen Decksaufbaus, in der Vorderkajüte befindet sich Platz für etwa zwölf Schiffbrüchige.

In Zusammenarbeit mit den DGzRS-Inspektoren entwickelt die Fr. Lürssen Werft den Grundentwurf für das halbgedeckte Motorrettungsboot der 11,0-Meter-Klasse, die der DGzRS-Schriftführer und Generalsekretär Johannes Rösing in der November-Ausgabe 1933 des Magazins Hansa als „Normaltyp des deutschen Seenotrettungsbootes" bezeichnet. Der aus hochwertigem Schiffbaustahl geformte Rumpf besitzt oberhalb der Wasserlinie einen durchlaufenden Doppelboden sowie 21 wasserdichte Abteilungen, die im Fall eines massiven Wassereinbruchs stabilisierenden Auftrieb bewirken. Zudem kann jede Abteilung mittels Lenzpumpe und Verteilersystem entleert werden. Überkommende Seen laufen über das konvex geformte Walrückendeck und durch Wasserpforten sogleich wieder ab. Gestartet wird der Vierzylinder des Einschrauben-Motorrettungsbootes mit Druckluft aus zwei selbstbefüllenden Flaschen. Für den Fall eines Maschinendefekts befinden sich eine Hilfsbesegelung sowie Notriemen an Bord. 1940 werden zwei weitere Einheiten dieser Baureihe für die auf ehemaligem polnischen Gebiet neu hinzugekommenen Stationen Hela und Großendorf in Auftrag gegeben. Sie sollen nach den Vorstellungen der DGzRS „nach Maßgabe der auf den stark beschäftigten Werften verfügbaren Unterbringungsmöglichkeiten" entstehen, „wobei zu berücksichtigen ist, dass der Bau von Motorrettungsbooten Spezial-Kenntnisse und besondere Fachkräfte erfordert". Aufgrund des in dieser Aussage angedeuteten kriegsbedingten Material- und Arbeitskräftemangels werden die beiden letzten projektieren Boote dieser Serie nie gebaut.

Baujahr 1933	Fr. Lürssen Werft, Bremen-Vegesack		Bau-Nr. 12345
Länge: 11,10 m	Breite: 2,90 m	Tiefgang: 0,75 m [81]	Verdrängung: 12 t
Motorisierung: MWM Dieselmotor B R 118 V, 4 Zylinder			Leistung: 40 PS
Geschwindigkeit: 8,5 kn	Rumpfmaterial: Siemens-Martin-Stahl		Rufzeichen: DUAI / DBAU

Name 1: Ulrich Steffens († 1928), Vormann der Station Neuharlingersiel von 1902 bis 1926
Name 2: Pellworm, Insel im nordfriesischen Wattenmeer

Stationierung und Namensänderung:

April / Mai [?] 1933 – Okt. 1944	Neuharlingersiel / Spiekeroog (Nf.: MRB U. STEFFENS)
November 1944	Umbenennung in PELLWORM
1949 – 1954	Friedrichskoog [82]

Bei der Fr. Lürssen Werft wird im Februar 1936 ein durchlaufendes Deck eingebaut. Weil sie sich nicht bewährt, wird 1937 die versuchsweise angebrachte Pinnensteuerung durch eine Radsteuerung ersetzt. Im Juni 1940 bei der SbL. Spiekeroog gemeldet, mit Bereitschaftsstellung P1 zwischen den Inseln Langeoog und Spiekeroog. Rückgabe an die DGzRS im November 1944. Nach der Außerdienststellung 1954 wird das Boot in den Iran zur Verwendung als Schlepper verkauft, sein weiterer Verbleib ist ungewiss.

KRD 427
ADALBERT KORFF

Nach dem schweren Seeunfall am 12. Oktober 1950 wird das Boot bis Mai 1951 instandgesetzt, erhält den hier gezeigten erhöhten Decksaufbau und bleibt zunächst Reserve-Einheit.

Baujahr 1933	Schiffswerft August Pahl, Finkenwärder		Bau-Nr. 159
Länge: 11,00 m	Breite: 2,90 m	Tiefgang: 0,75 m [81]	Verdrängung: 12 t
Motorisierung: MWM Dieselmotor, 4 Zylinder			Leistung: 40 PS
Geschwindigkeit: 8,5 kn	Rumpfmaterial: Siemens-Martin-Stahl		Rufzeichen: DUAO / DBAV

Name 1: Adalbert Oskar Ernst Korff (1860–1943), DGzRS-Vorsitzer von 1924 bis 1943
Name 2: Greetsiel, Hafen- und Sielort an der Leybucht / Ostfriesland

Stationierung und Namensänderung:

1933 - 1942	List (Nachfolge: MRB HERMANN FRESE)
nach April 1945	Umbenennung in GREETSIEL
1945 - 1950	Inspektionsbereisungsboot / Reserve [83]
Mai 1951	Umbenennung in ADALBERT KORFF
1952 - 1954	Borkum

Im Juni 1940 SbL. List, dort liegt das Boot bei der Fliegerhorstkommandantur. Ab 1942 in Barhöft bei der Bootsgruppe der Stabskompanie beim See- und Landfliegerhorst Parow, Rückgabe an die DGzRS im Dezember 1944. 1954 Verkauf an das Unternehmen Haji Maji in Kazemi / Iran zur Verwendung als Schleppfahrzeug, keine Hinweise zum Verbleib.

KRD 433
MATTHÄUS MÖLLER

Mit kleiner Hilfsbesegelung ist das Spitzgattboot ausgestattet, eine stählerne Haube schützt dessen Motor gegen überkommende Seen und bietet gleichfalls Raum für gerettete Personen.

Baujahr 1937	Fr. Lürssen Werft, Bremen-Vegesack		Bau-Nr. 12754
Länge: 11,10 m	Breite: 3,12 m	Tiefgang: 0,85 m [81]	Verdrängung: 12 t
Motorisierung: Daimler Dieselmotor, 4 Zylinder			Leistung: 80 PS
Geschwindigkeit: 8,5 kn	Rumpfmaterial: Stahl		Rufzeichen: DBAT

Name: Matthäus Möller (1872 [?] –1937), Vormann der DGzRS-Station in Puttgarden

Stationierung:

Oktober [?] 1938 - Oktober 1949	Burgstaaken / Burgtiefe (Nachfolge: MRB MAASHOLM) [84]
8. Februar 1950 - 9. August 1950	Friedrichskoog (Nachfolge: MRB ADALBERT KORFF)
3. Januar 1951 - 23. Januar 1952	Pellworm (keine Nachfolge, Station aufgelöst)
10. Nov. [?] 1952 - 18. Dez. 1954	Helgoland
Dezember 1954 - Oktober 1957	Reserve / Bremen

Ursprünglich soll das Boot bis zum Herbst 1936 fertiggestellt sein, dieser Termin wird mit der Ablieferung am 10. März 1938 und der Stationierung im Herbst 1938 deutlich verpasst. Umbaumaßnahmen erfolgen 1952 in der soeben in Betrieb genommenen DGzRS-Werfthalle. Nach der Ausmusterung Verkauf an das Kieler Tief- und Wasserbauunternehmen Steffen Sohst, das 1966 Konkurs anmeldet – der Verbleib des Bootes ist ungeklärt.

KRD 437
POMMERN

Eine in den 1930er-Jahren ansteigende Zahl von Fischereifahrzeugen – im Hintergrund zu sehen – macht in Leba die Stationierung des halbgedeckten Motorrettungsbootes erforderlich.

Baujahr 1938 Schiffswerft August Pahl, Finkenwerder Bau-Nr. 200
Länge: 11,0 m Breite: 3,30 m Tiefgang: 0,83 m [81] Verdrängung: 15 t
Motorisierung: MWM Dieselmotor RSK 220 V, 4 Zylinder Leistung: 80 PS
Geschwindigkeit: 8,5 kn Rumpfmaterial: Stahl

Name: Pommern, preußische Provinz, zu der die Stadtgemeinde Leba gehört

Stationierung:
1938 - 1944 Leba (keine Nachfolge, Station aufgelöst)

Ebenso wie bei der zeitgleich auf der Fr. Lürssen Werft entstehenden MATTHÄUS MÖLLER ist die Fertigstellung dieses Bootes für Herbst 1936 geplant, in Dienst gestellt werden soll es schließlich im Sommer 1938. In Leba, wo die Einfahrt zum Hafen bei stürmischen Winden wegen vorgelagerter Sände mit Gefahr verbunden ist, soll es im vorhandenen Stationsgebäude untergebracht werden. Ungeklärt ist der Verbleib: 1944 mit Wehrmachtssoldaten an Bord auf der Ostsee verschollen, ist es als Kriegsverlust klassifiziert. Der pommersche Fischer Heinz Wegner will laut eigener Aussage von 1997 in dem Rettungsboot, das seinem vor Darłówko / Polen in Seenot geratenen Kutter am 27. Februar 1953 hilft, die POMMERN – jetzt unter anderer Bezeichnung – wiedererkannt haben.

KRD 439
NETTELBECK

Anlässlich der Indienststellung mit Kranzschmuck auf der Elbe – in einer DGzRS-Mitteilung wird das Boot als „unsinkbar und vermöge seiner Formgebung unkenterbar" bezeichnet.

Baujahr 1939 Schiffswerft August Pahl, Finkenwerder Bau-Nr. 212
Länge: 11,00 m Breite: 3,10 m Tiefgang: 0,75 m Verdrängung: 15 t
Motorisierung: Daimler Dieselmotor, 4 Zylinder Leistung: 80 PS
Geschwindigkeit: 8,5 kn Rumpfmaterial: Stahl

Name: Joachim Christian Nettelbeck (1738–1824), Seemann aus der Hafenstadt Kolberg

Stationierung:
Okt. / Nov. [?] 1939 - 1940 Kolberg (keine Nachfolge, Station aufgelöst)

Angesichts der Vergrößerung der Kolberger Fischerflotte und der bei stürmischem Wetter schwierigen Hafenzufahrt erscheint es der DGzRS „dringend nötig, ein gutes Rettungsgerät für eintretende Unglücksfälle bereitzuhalten". Vorläufig liegt das Boot im freien Wasser, aber noch vor der für 1941 geplanten Unterbringung in einem Stationsgebäude wird es mit Wirkung vom 21. Dezember 1940 an die Wehrmacht abgegeben und bei der Küsten-Überwachungsstelle Pillau eingesetzt. Während der Verwundeten- und Flüchtlingstransporte über die Ostsee ist es an Zubringerfahrten zu größeren Schiffen sowie Abbergungen von eingeschlossenen Flüchtlingen am Königsberger Seekanal und auf der Frischen Nehrung beteiligt. Bei der Räumung Pillaus am 25. April 1945 endet es als Totalverlust.

KRD 431
VEGESACK

Der als Spitzgatter ausgeführte Rumpf besitzt eine doppelte Außenhaut aus Mahagoni und Eiche, ein enges System aus Längs- und Querspanten gewährleistet die notwendige Festigkeit.

Eine Vorankündigung in der Hansa August-Ausgabe 1934 zu dieser auf der Einzelkonstruktion MAASHOLM basierenden Bootsserie offenbart: „Die Gesellschaft will angesichts der großen Vorteile des Motorantriebs für die Beschleunigung des Rettungswerkes flache Ruder[!]rettungsboote mit leichten Dieselmotoren, die vom Bootswagen ablaufen können, bauen, sobald die deutsche Motorenindustrie ein geeignetes Modell liefert." Aufbauten, Motorraum, Schanzkleid und Decksbeschläge bestehen aus verzinktem Eisen. Beide Räume an Bug und Heck können – für den Fall einer Leckage – wasserdicht verschlossen werden. Aus weicher Douglasie und Eiche geschichtet ist die umlaufende Wallschiene zum Schutz des Bootskörpers bei Kollisionen. Der eingebaute Zweitaktdiesel wird mittels Handanlassvorrichtung gestartet. Obwohl die angestrebte Geschwindigkeit von 9,5 kn verfehlt wird, resümiert die DGzRS aus frühen Erfahrungen mit der zuerst gebauten VEGESACK, „dass diese Bootsart die noch auf zahlreichen Rettungsstationen befindlichen Ruderrettungsboote fast überall ersetzen kann. Schwierigkeiten bestehen zur Zeit nur noch bei der Beförderung durch hohe Dünengelände ohne Wege bei großen Steigungen." Zunächst wird also das bisher angewendete Prinzip, ein im Schuppen gelagertes Boot auf mühsame Weise per Pferdegespann zum Einsatzort zu transportieren, aufrechterhalten. Obendrein ist man – so zeigt es der DGzRS Rückblick auf das Jahr 1936 – weiterhin überzeugt: „Ruderrettungsboote werden (...) künftig da beizubehalten sein, wo die steinige Beschaffenheit des Vorstrandes der Schraube eines Motorbootes gefährlich ist."

Auf einer 30 cm breiten Kielsohle gleitet das Boot vom Beförderungswagen, ferner bewährt sich der breite Kiel beim Manövrieren in flachem Wasser und bei Grundberührungen.

Baujahr 1936	Fr. Lürssen Werft, Bremen-Vegesack		Bau-Nr. 12655
Länge: 8,50 m	Breite: 2,30 m	Tiefgang: 0,55 m	Verdrängung: 2,8 t
Motorisierung: MWM Dieselmotor, 4 Zylinder			Leistung: 35 PS
Geschwindigkeit: 8,5 kn	Rumpfmaterial: Eiche und Mahagoni		

Name: Vegesack, Stadtteil im Norden Bremens (Stiftung des Bootes von Bremer Firmen)

Stationierung:
1936 – 1943 Ording (Nachfolge: MRB HAMBURG)

Am 6. Oktober 1936 übernimmt die DGzRS das so bezeichnete Strandmotorrettungsboot von der Werft. Ein bisher genutzter Ablaufwagen erhält Vollgummireifen anstelle der schweren Radplatten, damit soll das Boot von acht Pferden bewegt werden. Weil die Gummiräder sich nicht bewähren – der Motor wiegt rund 700 kg – werden 1938 ein Spezialbootswagen mit breiten eisernen Tonnenrädern von großem Durchmesser und 1939 ein Raupenschlepper der Fahrzeug- und Motoren-Werke Breslau ausprobiert. Nach Übergabe an die Luftwaffe am 13. Juli 1943 in Cuxhaven wird das Boot per Bahn ins Kriegsgebiet Ägäis transportiert, im Folgemonat dem Kdo. SuB / Kreta unterstellt. Durch Fliegerbomben gerät es am 16. September 1944 in Brand und geht vor der griechischen Insel Milos verloren.

KRD 434
LOTSENKOMMANDEUR LEPPERT

Am 8. Juli 1937 wird das Boot in Auftrag gegeben und am 8. Februar 1938 von der Bauwerft abgeliefert. Die Dauerleistung des Dieselmotors beträgt 35 PS bei 1250/min.

Baujahr 1937	Fr. Lürssen Werft, Bremen-Vegesack		Bau-Nr. 12753
Länge: 8,50 m	Breite: 2,40 m	Tiefgang: 0,55 m	Verdrängung: 2,8 t
Motorisierung: MWM Dieselmotor, 4 Zylinder			Leistung: 35 PS [85]
Geschwindigkeit: 8,5 kn	Rumpfmaterial: Mahagoni		Rufzeichen: DUAS

Name: Emil Julius Gotthilf Leppert (1862–1938), Vors. d. DGzRS-Bezirksv. Neuvorpommern

Stationierung:

Februar 1938 – 1942 [?]	Prerow
1. Mai 1943 – 1945	Munkmarsch (keine Nachfolge, Station aufgelöst) [86]
30. Dezember 1949 – Aug. 1960	Bremerhaven (Nachfolge: SRB KRT 1)
19. Oktober 1960 – 1962	Maasholm (Nachfolge: MRB HORUMERSIEL)
1962 – 1963	Reserve / Horumersiel (Nachfolge: MRB CARL BEHNK)
1963 – 1969	Maasholm (Nachfolge: SRB KURT GRUNDMANN)

In Prerow wird das Boot ab 1939 mit einem wasserdicht konstruierten, 60 PS starken Raupenschlepper der Famo-Werke mit verbreiterten Raupenbändern, in Bremerhaven per Kran und in Maasholm über die Slipanlage zu Wasser gebracht. Nach der Außerdienststellung Verkauf an einen privaten Eigner in Bremerhaven und Umbau zum Motorsegler.

KRD 435
JOHN KÖSTER

Für den Ablauf vom Transportwagen ist das Spitzgattboot im achteren Bereich mit breitem Mittelkiel und zwei Seitenkielen versehen – über den Strand geht's ab auf die „schiefe Bahn".

Baujahr 1938	Fr. Lürssen Werft, Bremen-Vegesack		Bau-Nr. 12779
Länge: 8,50 m	Breite: 2,41 m	Tiefgang: 0,55 m	Verdrängung: 3 t
Motorisierung: Daimler-Benz Dieselmotor, 4 Zylinder			Leistung: 35 PS [85]
Geschwindigkeit: 8,5 kn	Rumpfmaterial: Mahagoni		Rufzeichen: DUAT

Name: John Köster, Bremer Kaufmann und Stifter des Bootes

Stationierung:

27. Januar 1939 – 1942	Wangerooge [87]
August 1942 [?] – 1945	Rantum (keine Nachfolge, Station aufgelöst)
2. Sept. 1949 – 13. Okt. 1960	Grömitz (Nachfolge: MRB H. H. BUNJE)
13. Mai 1961– 27. Juni 1962	Weissenhaus

Am 24. Januar 1939 wird das zum Preis von 25.000 RM gefertigte Boot von der Werft an die DGzRS übergeben. Im Juli 1943 ist es dem Kdo. SuB in Rantum unterstellt, 1945 Rückgabe an die DGzRS. Von seinem Ankerplatz in der Hohwachter Bucht vertreibt das Boot am 25. Juni 1962 auf eine Sandbank und schlägt leck, wird aufgrund starker Beschädigung außer Dienst gestellt und soll im September 1962 an den Vormann Cornelius Haiungs nach Büsum verkauft worden sein – über den weiteren Verbleib ist nichts bekannt.

KRD 436
JOHANNES MESS

Am 1. März 1939 liefert die Bauwerft das Boot an die DGzRS ab, am 1. Juni 1940 ist es dem Kdo. SuB Westerland unterstellt – auch dort am Strand ist das Zuwasserbringen mühevoll.

Baujahr 1938	Fr. Lürssen Werft, Bremen-Vegesack		Bau-Nr. 12805
Länge: 8,50 m	Breite: 2,40 m	Tiefgang: 0,55 m	Verdrängung: 3 t
Motorisierung: MWM Dieselmotor, 4 Zylinder			Leistung: 35 PS
Geschwindigkeit: 8,5 kn	Rumpfmaterial: Mahagoni und Eiche		Rufzeichen: DUAQ

Name: Johannes Meß († 1937), Vormann der Station Heiligenhafen von 1922 bis 1935 [?]

Stationierung:

März 1939 – 1940	Heiligenhafen (keine Nachfolge, Station unbesetzt)
1940 – 1943	Westerland (Nachfolge: MRB MAASHOLM)

In Westerland wird das Boot am 3. Februar 1943 auf einen Waggon verladen und für die Seenotsicherung des Seegebietes um die deutsch besetzte Insel Kreta an die Luftwaffe abgegeben. Im August 1943 ist es an der Südküste von Kreta im Einsatz – weil es sich dort gut bewährt, fordert die Luftwaffe drei weitere leichte Küstenrettungsboote an: IRENE, HEINRICH STALLING und VEGESACK. Am 6. Oktober 1944 wird es in der Bucht von Phaleron / Griechenland versenkt, im November 1944 gehoben. Dokumentiert ist seine Existenz am 20. März 1945 bei der 15. Landungsflottille / 6. Gruppe der Kriegsmarine in Rhodos. Als Kriegsverlust streicht die DGzRS das Fahrzeug aus ihrer Schiffsliste.

KRD 438
GEHEIMRAT LADISCH

Erstmalig wird ein luft- und wassergekühlter Motor verbaut, um auch mit verstopftem Kühlwasserkreislauf – etwa bei Fahrten durch Schlammeis – betriebssicher zu bleiben.

Baujahr 1938	Fr. Lürssen Werft, Bremen-Vegesack		Bau-Nr. 12806
Länge: 8,50 m	Breite: 2,40 m	Tiefgang: 0,55 m	Verdrängung: 3 t
Motorisierung: MWM Dieselmotor, 4 Zylinder			Leistung: 35 PS [85]
Geschwindigkeit: 8,5 kn	Rumpfmaterial: Mahagoni		Rufzeichen: DUAP / DBAI

Name: Ladisch († 1932), Geh. Baurat, Vorsitzender des DGzRS-Bezirksvereins Königsberg

Stationierung:

Juni 1940 – 1948	Westerland [88]
1950 – 1951	Reserve / List
1952 – 19. Mai 1961	Weissenhaus (Nachfolge: MRB JOHN KÖSTER)

Mit seiner Indienststellung wird das Boot dem Kdo. SuB Westerland unterstellt und 1945 an die DGzRS zurückgegeben. Wegen eines defekten Motors liegt es von 1948 bis 1950 auf. Nach der Außerdienststellung wird es etwa 1988 in einem Lagerraum durch einen Brand leicht beschädigt. Ein Restaurierungsvorhaben in Ditzum und die geplante Aufstellung im Heimatmuseum Borkum scheitern 2012 an den Kosten. Seit Oktober 2013 ist der ausgeschlachtete und mit einem Fantasieaufbau versehene Rumpf auf dem Gelände des Ferien- und Freizeitparks Weissenhäuser Strand aufgestellt: Seestraße 1, 23758 Wangels.

WEGPUNKT
RAUPENSCHLEPPER, LKW, HALBKETTENFAHRZEUGE

Ein Halbkettenfahrzeug von Borgward überwindet alle Schwierigkeiten des Sand- und Dünengeländes. Beide Exemplare dieses Typs sind museal erhalten oder in Privatbesitz.

Ab 1937 befasst sich die DGzRS mit der Motorisierung ihrer Raketenapparate. Ein bedingt geländetauglicher Kraftwagen mit 2,5-Tonnen-Fahrgestell des von 1936 bis 1938 bei Borgward gebauten Modells Hansa-Lloyd Bremen kommt im Juli 1938 als Zugfahrzeug für den Raketenapparat und zum Transport der Mannschaft zur Station Heiligenhafen. Zur selben Zeit reift die Erkenntnis, dass für die neuen Strandmotorrettungsboote der 8,5-Meter-Klasse – mit rund drei Tonnen sind sie etwa doppelt so schwer wie die von ihnen abzulösenden Ruderrettungsboote – der Pferdezug nicht ausreicht und durch einen mechanischen Zug ersetzt werden muss. So wird der Raketen-Kraftwagen in Heiligenhafen als Zugfahrzeug für den Ablaufwagen der JOHANNES MESS zweckentfremdet. Erste lokal arrangierte Versuche mit landwirtschaftlichen Traktoren liefern zufriedenstellende Ergebnisse, woraufhin 1939 eine Hanomag Zugmaschine für die Station Wangerooge sowie zwei geländegängige Famo-Kettenschlepper vom Typ Rübezahl für Prerow und Ording beschafft werden. 1941 stellt die DGzRS zwei Halbkettenfahrzeuge in Dienst, die in Westerland respektive Grömitz und Weissenhaus zum Einsatz kommen. Diese als Leichter Zugkraftwagen 3 t oder Sonderkraftfahrzeug 11 bezeichneten Spezialanfertigungen stammen aus Borgwards Rüstungsproduktion für die Wehrmacht und werden von einem 100 PS leistenden Maybach-Sechszylinder angetrieben. In und auf dem Sonderaufbau des Bremer Karosseriebauers Wilhelm Thiele sind Raketenapparat, Hosenboje, Leinenmaterial, Scheinwerfer, ein Rettungsfloß sowie medizinische Ausrüstung verstaut.

WEGPUNKT
75 JAHRE DGzRS

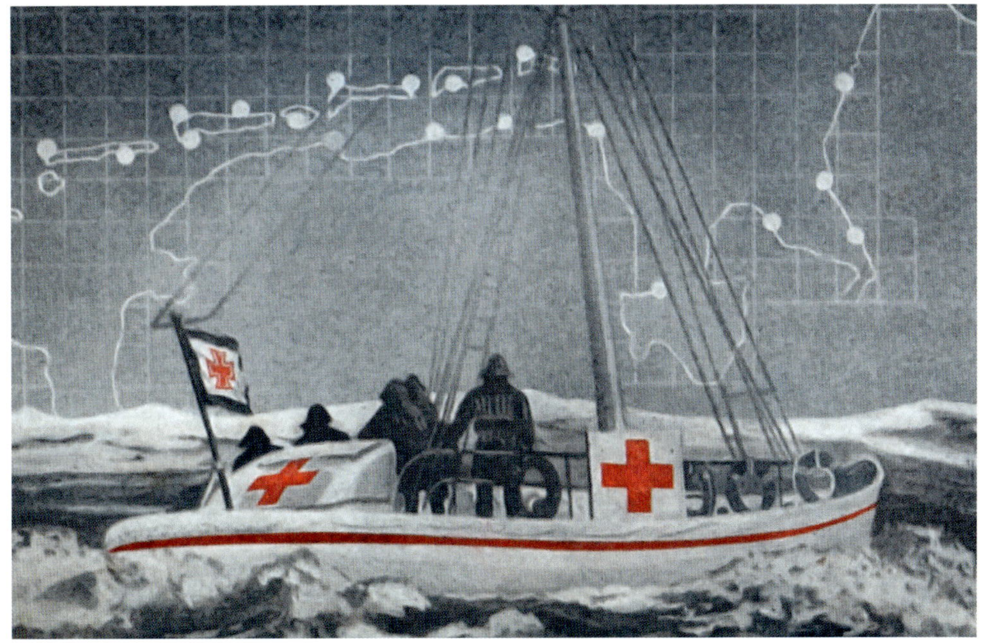

Detail aus dem Titelbild des DGzRS Berichts Kriegsjahr 1940: Auf 101 Stationen verfügt die Gesellschaft jetzt über Raketenapparate, Ruderrettungsboote und 39 Motorrettungsboote.

Wie bereits bei ihrem 50-jährigen Jubiläum begeht die DGzRS ihren 75. Gründungstag im Kriegszustand. „Wir hätten diesen Tag gerne (...) festlich begangen", informiert der Vorstand in einem Rundschreiben. „Angesichts aber des ungeheuren Entscheidungskampfes, in dem unsere Truppen (...) stehen, verbietet sich jede Feier. (...) Wir haben deshalb beschlossen, von jeder besonderen Veranstaltung an unserem Gedenktage Abstand zu nehmen (...). Wir behalten uns vor, sobald unsere siegreiche Wehrmacht ihr Werk vollendet haben wird, eine Versammlung des Ausschusses einzuberufen. Zurzeit aber gehören alle Gedanken unserem Führer und unseren tapferen Truppen." Im Rahmen des Jubiläumsjahres 1940 soll in Bremen die jeweils im Abstand von vier Jahren einberufene International Lifeboat Conference (ILC) zum ersten Mal auf deutschem Boden stattfinden, doch „durch den inzwischen ausgebrochenen Krieg sahen wir uns leider gezwungen, die Einladung auf unbestimmte Zeit zurückzustellen", gibt die DGzRS bekannt. Reichskanzler Adolf Hitler spendet aus Anlass des 75. Jahrestages der seit März 1935 unter seiner Schirmherrschaft stehenden Gesellschaft 250.000 RM, dieser Betrag entspricht nach heutiger Kaufkraft – ein gewisser Unsicherheitsfaktor einberechnet – etwa 1.225.000 Euro ... in der Retrospektive eine geringfügige Wiedergutmachung dafür, dass der von ihm herbeigeführte Krieg die technische Entwicklung der DGzRS-Flotte über Jahre hinaus ausbremst. Zur Hilfeleistung für die Familien der im November 1940 mit dem Motorrettungsboot HINDENBURG verunglückten Rettungsmänner stellt er 5000 RM zur Verfügung.

1941 - 1944
MOTORRETTUNGSBOOTE FÜR RUMÄNIEN

1937 kauft der rumänische Rettungsdienst bei der Pahl Werft die ALBATROS, ihre zwei Motoren erzeugen je 90 PS und bringen das 15 Meter lange Boot auf 10 Knoten Geschwindigkeit.

Bald nach ihrer am 14. Juni 1933 vollzogenen Gründung etablierte die Societatea de Salvare a Naufragiaților în Apele Teritoriale Române (deutsch: Gesellschaft zur Rettung Schiffbrüchiger in rumänischen Hoheitsgewässern) Beziehungen nach Deutschland. Ihr erstes motorisiertes Rettungsboot ist im Oktober 1936 die bei der Fr. Lürssen Werft gebaute, 10,2 Meter lange PESCĂRUȘ, diesem hölzernen Fahrzeug folgt im Jahr darauf von der Pahl Werft die ALBATROS mit Stahlrumpf. Eine Delegation der kurz als Salvamar bezeichneten Organisation besucht 1938 die DGzRS, um sich über deren Rettungsgeräte zu informieren und mit dem Motorrettungsboot BREMEN der Station Norderney mehrere Fahrten zu unternehmen. DGzRS-Oberinspektor Benno Mentz reist zum Gegenbesuch an die Küste des Schwarzen Meeres und gibt Ratschläge für die Einrichtung des Rettungswesens. In der zweiten Jahreshälfte 1939 ordert Salvamar bei der Pahl Werft in Finkenwerder drei Einschrauben-Rettungsboote in zwei unterschiedlichen Längen. Als das erste Boot fertiggestellt ist, bleibt ihm kriegsbedingt der Weg ins geplante Einsatzgebiet an Rumäniens Schwarzmeerküste versperrt. Stattdessen wird es sofort der Kriegsmarine zur Verfügung gestellt und nach der Abnahme im Juni 1941 mit dem Namen WESER eingesetzt. Nach dem Zusammenbruch der deutschen Position auf dem Balkan und dem Rückzug Rumäniens aus dem Bündnis mit Deutschland im Sommer 1944 bietet die Pahl Werft der DGzRS mit Schreiben vom 5. September 1944 die beiden anderen von Salvamar bestellten Boote „fahrfertig“ zum Kauf an. Im Februar 1945 übernimmt die DGzRS auch die WESER.

KRD 440[89]
WESER

Endausrüstung bei der Pahl Werft: Mit dem Namen WESER und zugleich unter DGzRS-Flagge ist das Boot nur während der Erprobung und bei der Abnahmefahrt unterwegs.

Baujahr 1941	Schiffswerft August Pahl, Finkenwerder		Bau-Nr. 228
Länge:15,00 m	Breite: 3,80 m	Tiefgang: 1,25 m	Verdrängung: 43 t
Motorisierung: MWM Dieselmotor, 4 Zylinder			Leistung: 150 PS
Geschwindigkeit: 9 kn [90]	Rumpfmaterial: Siemens-Martin-Stahl		Rufzeichen: DUAT

Name 1: Weser, Bremen durchfließender, bei Bremerhaven in die Nordsee mündender Fluss
Name 2: Schlei, Meeresarm der Ostsee in Schleswig-Holstein

Stationierung und Namensänderung:

Februar / März [?] 1945	Umbenennung in SCHLEI
Febr. / März [?] 1945 – 13. Juni 1958	Maasholm (Nachfolge: MRB LÜBECK)

Bei der Werft-Ablieferung bleibt die Zuteilung des Bootes zu einer bestimmten DGzRS-Station vorläufig offen, stattdessen ist es 1941 mit der Kennung HS 114 gemeldet, am 6. Mai 1941 mit neuer Kennung FO 10.[64] Im Juni 1944 ist es dem Sbk. A in Boulogne-sur-Mer / Frankreich, von Juni bis September 1944 mit der Kennung DC 38 der Hafenschutzflottille Cuxhaven zugeordnet, im Oktober 1944 wird es zunächst formell an die DGzRS zurückgegeben. Nach der Außerdienststellung wird die SCHLEI an das Wasserbauunternehmen von Essen KG in Rastede verkauft und dort weiterhin unter diesem Namen verwendet.

KRD 445
HEINRICH TIARKS

Neuartig bei diesem Bootstyp sind die beiden Steueranlagen, von denen eine im geschützten Steuerhaus, die zweite dahinter auf einem freien, erhöhten Steuerstand angebracht ist.

Baujahr 1944	Schiffswerft August Pahl, Finkenwerder		Bau-Nr. 229
Länge: 15,00 m	Breite: 3,80 m	Tiefgang: 1,20 m [90]	Verdrängung: 43 t
Motorisierung: MWM RH 326 S Dieselmotor			Leistung: 150 PS
Geschwindigkeit: 9 kn	Rumpfmaterial: Stahl		Rufzeichen: DUAU / DBAS

Name 1: Heinrich Tiarks (1870–1936), Vormann der Station Horumersiel von 1904 bis 1935
Name 2: Juist, Ostfriesische Insel

Stationierung und Namensänderung:

Dezember 1944 - 1. Sept. 1952	Juist (Nachfolge: MRB HANS HARTMANN)
1. Februar 1947	Umbenennung in JUIST
1. Sept. 1952 - 25. Sept. 1956	Friedrichskoog / Elbe-Mündung (Nf.: GEH.RAT SARTORI)
25. Sept. 1956 - 16. Juni 1958	Reserve

Nach dem Abbruch der diplomatischen Beziehungen zwischen Rumänien und Deutschland wird das Boot der DGzRS von der Pahl Werft zum Preis von 112.964 RM „fahrfertig, Übergabe im Freihafen Hamburg" angeboten, am 15. Dezember 1944 in Dienst gestellt und sogleich dem Kdo. SuB auf Juist unterstellt. Auch diese nahezu zeitgleich mit der SCHLEI außer Dienst gestellte Einheit erwirbt die Wasserbaufirma von Essen KG.

KRD 446
ADALBERT KORFF

Zum Kaufpreis von 76.265 RM bietet die Pahl Werft der DGzRS auch dieses Boot zur „Übergabe im Freihafen Hamburg" an. Mit der ADALBERT KORFF wird Laboe 1946 zur Doppelstation.

Baujahr 1944	Schiffswerft August Pahl, Finkenwerder		Bau-Nr. 227
Länge: 12,50 m	Breite: 3,60 m	Tiefgang: 1,10 m	Verdrängung: 30 t
Motorisierung: MWM RH 326 V Dieselmotor, 6 Zylinder			Leistung: 100 PS
Geschwindigkeit: 8,5 kn	Rumpfmaterial: Stahl		Rufzeichen: DUAC / DUAO

Name 1: Adalbert Oskar Ernst Korff (1860–1943), DGzRS-Vorsitzer von 1924 bis 1943
Name 2: Vormann Hans Hartmann (1901–1942), mit MRB AUGUST NEBELTHAU verunglückt

Stationierung und Namensänderung:

13. Dez. 1944 [?] - Mai 1946	List (Nachfolge: MRB HERMANN FRESE) [91]
1. Juni 1946 - 5. Januar 1949	Laboe (Nachfolge: MRB SPIEKEROOG)
Februar 1949 - 9. Oktober 1949	Ording (keine Nachfolge, Station aufgelöst)
9. Oktober 1949 - 27. Juli 1950	List (Nachfolge: MRB HERMANN FRESE)
11. Sept. 1950 - 1. Sept. 1952	Friedrichskoog (Nachfolge: MRB JUIST)
25. November 1950	Umbenennung in HANS HARTMANN [92]
1. Sept. 1952 - 20. Oktober 1957	Juist (keine Nachfolge, Station unbesetzt)

Nach der Außerdienststellung wird das Boot 1958 an die Westfälische Transport-Actien-Gesellschaft (WTAG) verkauft und am Standort Emden eingesetzt, der Verbleib ist ungeklärt.

1961 wird neben anderen Umbauten in der HINDENBURG UKW-Funk eingerüstet und der hier noch vorhandene „Topfturm" durch einen deutlich geräumigeren Decksaufbau ersetzt.

In ihrem Jahresbericht 1937 zieht die DGzRS vorläufig einen Schlussstrich unter den Neubau von Zweischraubenbooten, „weil sich gerade auch bei größeren Booten die Einschrauben-Maschine als vorteilhafter für die Wendigkeit (...) in der Brandung erwiesen hat und der früher betonte Vorzug der Zweischraubenboote, beim Aussetzen einer Schraube betriebsfähig zu bleiben, durch die Fortschritte in der Herstellung zuverlässiger kleiner Dieselmotore mehr und mehr an Bedeutung verloren hat. Die Leistungsfähigkeit eines einzelnen Motors ist durch die deutsche Motorindustrie erheblich gesteigert, ohne den Umfang und das Gewicht zu vermehren." Ungeachtet dieser Abwägung erteilt die DGzRS der Lürssen-Werft am 29. August 1939 den ersten Bauauftrag für ein Groß-Motorrettungsboot mit auf insgesamt 300 PS leistungsgesteigertem Zweischraubenantrieb sowie der Pahl Werft am 14. Oktober 1940 einen zweiten.[93] Beide Unikate entstehen konstruktiv auf einer gemeinsamen Basis, weichen jedoch in Teilen voneinander ab: Die HINDENBURG hat von Beginn an einen im Mittschiffsbereich montierten Aufbau mit einem unteren geschlossenen und oben einem offenen Steuerstand, wohingegen bei der 20 Zentimeter kürzeren NORDERNEY beide Fahrstände in ein achterlich platziertes, deutlich niedriger ausgeführtes Deckshaus integriert sind. Bis zur Fertigstellung des Versuchs-Seenotkreuzers BREMEN bleiben die beiden Küstenrettungsboote der Kategorie KRA die größten Einheiten der Rettungsflotte, mehr als 80 Jahre nach ihrer Indienststellung existieren sie noch als Museumsobjekt respektive privat genutzte Motoryacht.

Gegenüber Motorrettungsbooten mittlerer Größe bietet diese Bootsklasse mehr Raum an Bord - sowohl zur Aufnahme geretteter Personen als auch für die diensthabende Besatzung.

Baujahr 1944 [?]	Schiffswerft August Pahl, Finkenwerder		Bau-Nr. 240
Länge: 17,50 m	Breite: 5,00 m	Tiefgang: 1,45 m	Verdrängung: 55 t
Motorisierung: MWM RHS 326 S / MWM RHS 422 A, 6 Zylinder			Leistung: 2 x 150 PS [94]
Geschwindigkeit: 10,5 kn	Rumpfmaterial: Stahl		Rufzeichen: DUAF / DBAL

Name: Paul von Hindenburg (1847–1934), 2. Reichspräsident der Weimarer Republik

Stationierung:

1944 - 13. Juni 1958	Cuxhaven (Nachfolge: SK RUHR-STAHL)
13. Juni 1958 - 10. April 1960	Dithmarschen (Nachfolge: MRB RICKMER BOCK) [95]
22. Juni 1960 - 15. Juli 1969	List (Nachfolge: SK H.-J. KRATSCHKE)
15. Juli 1969 - Januar 1979	Nordstrand (Nachfolge: SK H.-J. KRATSCHKE)

In Cuxhaven beginnt am 19. April 1950 eine Werbereise rheinaufwärts bis Mannheim, wo bei den dort ansässigen Motoren-Werken eine kostenlose Überholung des Antriebs durchgeführt wird - am 25. August 1950 endet die Tour in Vegesack. 1961 werden zwei neue Motoren mit einer Leistung von wiederum jeweils 150 PS eingebaut. Der Förderkreis Kieler Schiffahrtsmuseum übernimmt das Boot am 30. März 1979, nach Restaurierungsarbeiten liegt es seit Juni 1981 an der Museumsbrücke Seegarten: Wall 65, 24103 Kiel.

1953 erhält das Boot bei der DGzRS-Werft einen neuen, größeren Turmaufbau. Mehrfach leistet es in den Wintermonaten Versorgungsdienste zwischen dem Festland und den Inseln.

Baujahr 1940 [?]	Fr. Lürssen Werft, Bremen-Vegesack		Bau-Nr. 12867
Länge: 17,30 m	Breite: 4,90 m	Tiefgang: 1,40 m	Verdrängung: 55 t
Motorisierung: MWM RHS 326 S / MWM RHS 422 A, 6 Zylinder			Leistung: 2 x 150 PS [94]
Geschwindigkeit: 10,5 kn	Rumpfmaterial: Stahl		Rufzeichen: DUAC / DBAO

Name: Norderney, Ostfriesische Insel

Stationierung:
Januar 1945 – 13. März 1969 Norderney (Nachfolge: MRB WESER)

Beteiligung an der erstmalig in Deutschland durchgeführten Seenotübung mit einem Hubschrauber im April 1956 vor Norderney. Nach der Außerdienststellung Verkauf an das Unternehmen Seus Kältetechnik in Wilhelmshaven und anschließend ebendort Verwendung als Arbeitsboot beim Jade-Dienst. Ab 1986 in den Niederlanden, zuerst als Fähre zwischen Muiden und der künstlichen Insel Forteiland Pampus im IJmeer eingesetzt. 1994 Verkauf an einen privaten Eigner und Umbau zur Motoryacht NOORDERLING, Heimathafen Harlingen. 2003 Weiterverkauf, ab 2004 wieder als NORDERNEY in Oude Wetering, später Scheveningen. 2017 in Loosdrecht zum Kauf angeboten, mit Motorisierung 2 x DAF 825 (2 x 168 PS). 2024 als schwimmende Ferienunterkunft in der Marina Monnickendam.

Angesichts einer Dienstzeit von durchschnittlich 17 Jahren repräsentiert die 13,0-Meter-Klasse eher das vorletzte Kapitel des Motorrettungsbootbaus als eine Vorstufe zum Seenotkreuzer.

Schon nach den ersten Erfahrungen mit den 11,85 Meter langen Lindenau-Bauten HAMBURG und BREMEN hatte die DGzRS festgestellt: „Auch wenn sich der Dieselantrieb bewährt hat, ist mit den gedeckten Stahlbooten (...) das Optimum noch nicht erreicht. Um eine wirkliche Hochseefähigkeit zu erreichen, müssen die Boote noch größer werden. Eine Mindestlänge von 13 Metern für Einschraubenboote ist nunmehr vorgesehen." Mit der Beauftragung von zwei Einheiten durch die DGzRS beginnt bei der Pahl Werft die Serienproduktion von Booten dieser Länge, fünf weitere Exemplare – KRB 203 bis KRB 207 – bestellt die Luftwaffe. Im August 1943 befinden sich vier jener fünf Boote unter dem Schutz des Roten Kreuzes in der Deutschen Bucht und eines mit Bewaffnung aufgerüstet an der Atlantikküste – ihr Ankauf durch die DGzRS ist eingeleitet und wird später vollzogen. In einem auf dem geschlossenen Deck achterlich platzierten Deckshaus befindet sich der Hauptfahrstand mit den Bedienelementen für Navigation und Motorensteuerung, Funk und Peilgerät. Ein offener Fahrstand ist dahinter in der Plicht angeordnet. Die Fahrstufen sowie das Umsteuern des Wechselgetriebes lassen sich direkt regeln, der ständige Aufenthalt eines Motormanns im Raum mit dem Sechszylinder-Viertaktdiesel ist daher nicht erforderlich. Bis auf die Weiterentwicklung zum 13,9-Meter-Typ und die bei vier Exemplaren in der Mitte der 1950er-Jahre vorgenommene Erhöhung des Turmaufbaus erzielt diese Klasse nur einen geringen Effekt hinsichtlich der technischen Evolution der Flotte. Keines dieser 13,0-Meter-Boote ist als Museumsobjekt konserviert worden.

KRB 201
HINDENBURG

Den Namen HINDENBURG behält das Boot bis zur formellen Rückgabe vom Kdo. SuB an die DGzRS im Oktober 1944. Zehn Jahre später wird ein erhöhter Turmaufbau verschweißt.

Baujahr 1942	Schiffswerft August Pahl, Finkenwerder		Bau-Nr. 233
Länge: 13,00 m	Breite: 3,80 m	Tiefgang: 1,40 m [96]	Verdrängung: 30 t
Motorisierung: MWM RHS 326 S, 6 Zylinder			Leistung: 150 PS
Geschwindigkeit: 8,5 kn	Rumpfmaterial: Stahl		Rufz.: DVFN / DUAF / DUAI / DBAQ

Name 1: Paul von Hindenburg (1847–1934), 2. Reichspräsident der Weimarer Republik
Name 2: Ulrich Steffens († 1928), Vormann der Station Neuharlingersiel von 1902 bis 1926
Name 3: Spiekeroog, Ostfriesische Insel

Stationierung und Namensänderung:

1942 - Oktober 1944	Cuxhaven
Oktober 1944	Umbenennung in ULRICH STEFFENS
Oktober 1944 - 5. Januar 1949	Neuharlingersiel (Nf.: MRB U. STEFFENS) / Spiekeroog
1. Februar [?] 1947	Umbenennung in SPIEKEROOG
5. Januar 1949 - 7. Mai 1960	Laboe (Nachfolge: MRB WESER)

Bis zur Auflösung der Station Spiekeroog befindet sich das Boot im Wechsel dort, auf Seeposition oder in Neuharlingersiel. Nach der Außerdienststellung am 10. Mai 1960 wird es als Reserve gelistet, dann mit dem Namen SUHR an die Firma von Essen KG verkauft.

KRB 202
HERMANN FRESE

Wie ihre gleichnamige Vorgängerin bleibt auch die zweite HERMANN FRESE während der DGzRS-Dienstzeit ausschließlich auf den Nordfriesischen Inseln Amrum und Sylt stationiert.

Baujahr 1942	Schiffswerft August Pahl, Finkenwerder		Bau-Nr. 239
Länge: 13,00 m	Breite: 3,80 m	Tiefgang: 1,40 m	Verdrängung: 30 t
Motorisierung: MWM RHS 326 S, 6 Zylinder			Leistung: 150 PS
Geschwindigkeit: 8,5 kn	Rumpfmaterial: Stahl		Rufzeichen: DVTJ / DUAM / DBAK

Name: Hermann Frese (1843–1909), Senator, DGzRS-Vorsitzer von 1908 bis 1909

Stationierung:

September 1942 - 18. Januar 1946	Amrum (Nachfolge: MRB BREMEN)
18. Januar 1946 - 9. Oktober 1949	List (Nachfolge: MRB ADALBERT KORFF)
9. Oktober 1949 - 28. Juli 1950	Amrum (Nachfolge: MRB RICKMER BOCK)
28. Juli 1950 - 16. Juni 1960	List (Nachfolge: MRB HINDENBURG)

Ab September 1942 ist der Neubau beim Kdo. SuB Deutsche Bucht / Amrum gemeldet, mit normaler Bereitschaftsstellung P1: westlich Schweinerücken. Das in der Baunummernliste der Werft notierte Indienststellungsdatum 7. Dezember 1942 erscheint zweifelhaft. Im Mai 1945 findet formell die Rückübertragung an die DGzRS statt. 1955 wird bei der DGzRS-Werft ein Turmaufbau nachgerüstet. Kurzzeitig als Reserve gelistet, wird das Boot am 12. August 1960 nach Libyen verkauft und dort als Schlepper FAIRPLAY I betrieben.

KRB 203
LÜBECK

Auch an diesem ersten von den fünf für die Luftwaffe bei der Pahl Werft gefertigten Booten wird von Januar bis April 1955 bei der DGzRS-Zentrale ein erhöhter Turmaufbau installiert.

Baujahr 1942	Schiffswerft August Pahl, Finkenwerder		Bau-Nr. 241
Länge: 13,00 m	Breite: 3,80 m	Tiefgang: 1,40 m	Verdrängung: 30 t
Motorisierung: MWM RHS 326 S, 6 Zylinder			Leistung: 150 PS
Geschwindigkeit: 9 kn	Rumpfmaterial: Stahl		Rufzeichen: DVTI / DUAJ / DBAN

Name: Lübeck, Hansestadt an der Trave mit Ostsee-Hafen

Stationierung:

August 1942 – 1957	Wangerooge (Nachfolge: MRB BORKUM)
1957 – Juni 1958	Friedrichskoog (Nachfolge: MRB HINDENBURG) [95]
Juni 1958 – Juli 1967	Maasholm (Nachfolge: SK PAUL DENKER)

Zum 18. November 1943 dem Kdo. SuB, Sbk. V / Wangerooge zugeordnet, im Mai 1945 an die DGzRS zurückübertragen. Nach Außerdienststellung für 50.000 DM an die Schlepper-Reederei Hans Schramm in Brunsbüttel verkauft und als MÖWE sechs Wochen lang im Nord-Ostsee-Kanal eingesetzt. Mehrfacher Eignerwechsel, Liegeplätze auf Borkum, in Emden, als ROLF in Norddeich, ab 2003 als Angelboot MARTINA in Leer, später dort namenlos als Werftauflieger. Im April 2024 für den Preis von 1 Euro zum Verkauf angeboten, im September 2024 bei Ferus Smit GmbH in Leer verschrottet, der Motor bleibt erhalten.

KRB 204
CARL LAEISZ

An den Dreharbeiten zum Dokumentarfilm „Seenot ··· --- ··· SOS" ist die CARL LAEISZ im Jahr 1952 beteiligt, den hier erkennbaren Turmaufbau erhält sie 1955 bei der DGzRS-Werft.

Baujahr 1942	Schiffswerft August Pahl, Finkenwerder		Bau-Nr. 242
Länge: 13,00 m	Breite: 3,80 m	Tiefgang: 1,40 m	Verdrängung: 30 t
Motorisierung: MWM RHS 326 S, 6 Zylinder			Leistung: 150 PS
Geschwindigkeit: 9 kn	Rumpfmaterial: Stahl		Rufzeichen: DUAL / DBAF

Name: Carl Laeisz (1828–1901), Reeder, Gründer der Laeisz-Stiftung der DGzRS

Stationierung:

November 1942 – 16. Juni 1958 Büsum (Nachfolge: MRB HINDENBURG) [95]

27. September 1958 – März 1959 Wilhelmshaven (Nachfolge: MRB BORKUM)

Bereits im November 1939 kündigt die DGzRS in den Mitteilungen aus unserer Arbeit an, ein für die Station Büsum bestimmtes 13-Meter-Boot sei „im Bau". Ab dem 18. November 1943 ist dieses zweite der fünf von der Luftwaffe bestellten Boote dem Kdo. SuB, Sbk. V / Büsum zugeteilt, normale Bereitschaftsstellung P1: nördlich der Insel Trischen. Im Mai 1945 geht es in den DGzRS-Bestand über, eine gründliche Überholung wird 1949 durchgeführt. Nach der Außerdienststellung übernimmt die vom DGzRS-Vorsitzer Hermann Helms geführte Bremer Reederei DDG „Hansa" am 3. April 1959 das Fahrzeug, um es im Iran als Schlepper einzusetzen – sein weiterer Verbleib ist nicht dokumentiert.

GEH.RAT GERLACH[33]

Wenige Monate vor ihrer Außerdienststellung unternimmt die GEH.RAT SARTORI – auf diesem Boot wird kein Turmaufbau installiert – im Juni 1958 eine Werbefahrt weseraufwärts.

Baujahr 1942	Schiffswerft August Pahl, Finkenwerder		Bau-Nr. 243
Länge: 13,00 m	Breite: 3,80 m	Tiefgang: 1,40 m	Verdrängung: 30 t
Motorisierung: MWM RHS 326 S, 6 Zylinder			Leistung: 150 PS
Geschwindigkeit: 9 kn	Rumpfmaterial: Stahl		Rufzeichen: DVTK / DUAN / DBAJ

Name 1: Heinrich August Gerlach (1840–1912), Vorsitzender d. DGzRS-Bezirksvereins Memel
Name 2: August Anton Heinrich Sartori (1837–1903), Vors. des DGzRS-Bezirksvereins Kiel

Stationierung und Namensänderung:

Dezember 1942 - 1943 [?]	Dorumertief (Nf.: MRB GEHEIMRAT H. GERLACH) [97]
1943 [?]	Umbenennung in GEH.RAT SARTORI
1943 [?] - 24. Oktober 1955	Hörnum (Nachfolge: MRB RICKMER BOCK)
1955 - 1956	Reserve
29. Sept. 1956 - 17. Sept. 1957	Friedrichskoog (Nachfolge: MRB LÜBECK)
1957 - 1958	Reserve
1. April 1958 - 25. Sept. 1958	Wilhelmshaven / Seepos. Jade (Nachf.: MRB CARL LAEISZ)

1958 Verkauf an das Hamburger Bauunternehmen Rogge, Name: ESTE. 1992 bis 1997 bei Erste Deutsche u. Hamburgische Reederei für Seebestattungen GmbH, Name: LACS IV. [98]

HAMBURG

113 Menschen leisten die HAMBURG-Besatzungen Hilfe in Notsituationen, so wie in dieser nachgestellten Szene. Zudem bewährt sich das Boot im Eisnotdienst an der Nordseeküste.

Baujahr 1942	Schiffswerft August Pahl, Finkenwerder		Bau-Nr. 244
Länge: 13,00 m	Breite: 3,80 m	Tiefgang: 1,40 m	Verdrängung: 30 t
Motorisierung: MWM RHS 326, 6 Zylinder			Leistung: 150 PS
Geschwindigkeit: 9 kn	Rumpfmaterial: Stahl		Rufzeichen: DVTL / DUAH / DUAN

Name: Hansestadt und Sitz des 1861 gegr. Hamburger Vereins zur Rettung Schiffbrüchiger

Stationierung:

Dez. 1942 - Febr. [?] 1945	Langeoog (Nachfolge: MRB LANGEOOG)
2. März 1945 - 20. Nov. 1947	Ording (Nachfolge: MRB ADALBERT KORFF)

Im Dezember 1942 liefert die Pahl Werft das vierte der für die Luftwaffe gebauten Boote ab. Es wird dem Kdo. SuB, Sbk. V / Langeoog ab dem 18. November 1943 zugeteilt und im Mai 1945 formell an die DGzRS übertragen. Während einer Fahrt von seiner Einsatzposition vor Ording zum Stützpunkt Büsum geht das Boot im Fahrwasser Süderhever durch Kontakt mit einer Treibmine am 20. November 1947 verloren. Vormann Heinrich Jasper, Motormann Alfred Laske und dessen Sohn, Rettungsmann Ernst Laske, kommen ums Leben. Vom Boot werden lediglich ein Rettungsring sowie Trümmer vom Mast, der als Dreibein-Konstruktion mit einem Ausguckkorb für Suchfahrten ausgeführt ist, gefunden.

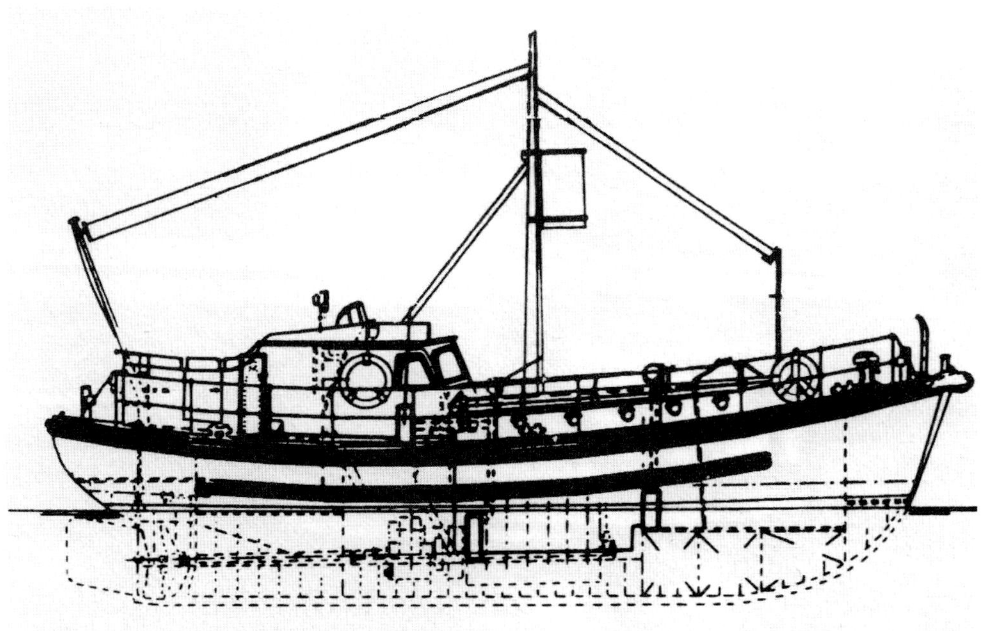

Aufgrund seines Kriegseinsatzes in Frankreich hat dieses Boot, von dem kein Foto existiert, in einem Buch über die DGzRS-Rettungsflotte eine nur eingeschränkte Daseinsberechtigung.

Baujahr 1942 [?]	Schiffswerft August Pahl, Finkenwerder		Bau-Nr. 245
Länge: 13,00 m	Breite: 3,80 m	Tiefgang: 1,35 m	Verdrängung: 30 t
Motorisierung: MWM RHS 326, 6 Zylinder [?]			Leistung: 150 PS
Geschwindigkeit: 8,5 kn	Rumpfmaterial: Stahl		Rufzeichen: DVTM

Name: Fl. R. 105, Flugbetriebsboot im Seenotdienst der Luftwaffe, Gruppe Fl. R.

Den Auftrag zum Bau des letzten Bootes dieser Klasse erteilt die Luftwaffe im Januar 1941, nach der Auslieferung 1943 wird es unmittelbar in den Kriegseinsatz beim Kdo. SuB Kanalküste übernommen. Protokolliert sind folgende Bewegungen in der Bretagne: 13. Juli 1943 einlaufend Ouessant / 23. Juli 1943 auslaufend nach Brest / 29. Juli 1943 einlaufend Camaret-sur-Mer / 23. August 1943 auslaufend Brest nach Camaret-sur-Mer / 28. August 1943 einlaufend Camaret-sur-Mer, auslaufend nach Ouessant / 4. Oktober und 7. November 1943 jeweils auslaufend Brest nach Ouessant und zurück nach Brest.

Am 10. Juni 1944 meldet Seenotdienstführer 3 – SNDF 3 / Frankreich – den Totalverlust: Bei einer Hilfeleistung für einen abgeschossenen feindlichen Jagdflieger wird das Boot durch Feindeinwirkung nördlich der Île d'Ouessant versenkt. Vier Minensuchboote suchen vergeblich nach Überlebenden, die sechs Soldaten der Besatzung bleiben vermisst.

Ein breiter Kiel erhöht die Formstabilität, verhindert beim Auf- und Durchsetzen auf Sandbänken das Eingraben in den Grund ... und ermöglicht Wartungsarbeiten am Weserstrand.

Bei den vier Küstenrettungsbooten der 13,9-Meter-Klasse handelt es sich um die ersten serienmäßig mit einem Turmaufbau im Mittschiffsbereich des durchgehenden Decks ausgestatteten DGzRS-Einheiten.[99] Diese Bauform bietet den Rettungsmännern den Vorteil, das Boot auf längeren Anfahrtswegen zum Einsatzort vom unteren geschlossenen und beheizbaren Steuerstand aus navigieren zu können – alle Bedienelemente für die Kommunikation und die Maschinensteuerung sind hier vorhanden. Bei Manövern am Havaristen oder im Hafen steuert der Bootsführer von oben – aufgrund der Höhe mit besserer Sicht und Wahrnehmung, gleichzeitig geschützt vor Spritzwasser und überkommenden Seen. Auch im offenen Fahrstand sind alle Bedienelemente für den Sechszylinder-Viertaktdiesel und das Wendegetriebe vorhanden. Nach anfänglicher Zurückhaltung bewährt sich das Prinzip der zwei übereinander angeordneten Fahrstände in der Praxis so gut, dass es bei vielen folgenden Entwürfen beibehalten wird. Für das Ab- und Freischleppen von Havaristen ist erstmals im achterlichen Decksbereich ein massiver Doppelkreuzpoller zum Belegen der Schleppleine installiert. Ergänzend zur umlaufenden Wallschiene ist nun beidseitig oberhalb der Wasserlinie eine solide Scheuerleiste zum Schutz gegen ungewollten Kontakt angebracht. Zwei der vier Einheiten dieser Bootsklasse sind mittlerweile über einen längeren Zeitraum museal erhalten als sie im Dienst gewesen sind: die LANGEOOG als begehbares Ausstellungsobjekt sowie die RICKMER BOCK als aktiv in Fahrt gehaltenes Museumsfahrzeug aus der Epoche der Motorrettungsboote.

KRB 208
HINDENBURG

Ende der 1940er-Jahre ist das Boot als GEH.RAT H. GERLACH gekennzeichnet auf der Nordsee unterwegs, 1950 wird es erneut umbenannt und 1952 für 39.000 DM generalüberholt.

Baujahr 1943 [?]	Schiffswerft August Pahl, Finkenwerder		Bau-Nr. 253
Länge: 13,90 m	Breite: 4,92 m	Tiefgang: 1,42 m	Verdrängung: 35 t
Motorisierung: MWM RH 426S			Leistung: 150 PS
Geschwindigkeit: 8,5 kn	Rumpfmaterial: Stahl		Rufzeichen: DUAK / DBAH

Name 1: Paul v. Hindenburg (siehe KRB 201) / Name 2: Heinrich Aug. Gerlach (siehe KRB 205)
Name 3: Rickmer Bock (1892–1950), Vormann der Station Helgoland von 1930 bis 1950

Stationierung und Namensänderung: [100]

1943 [?] - März / April [?] 1945	Dorumertief
Dezember 1944 [?]	Umbenennung in GEH.RAT H. GERLACH [33]
September 1945 - 4. Januar 1951	Cuxhaven
Oktober 1950	Umbenennung in RICKMER BOCK
4. Januar 1951 - März 1952	Amrum (keine Nachfolge, Station unbesetzt)
20. März 1952 - 28. August 1955	Helgoland (Nachfolge: SK HERMANN APELT)
26. Oktober 1955 - 1959	Hörnum / Amrum (Nachfolge: SK BREMEN)
Juni [?] 1960 - 15. Februar 1981	Dithmarschen / Büsum (Nachf.: SK FRITZ BEHRENS) [95]

Verbleib seit 17. Juni 2003: Museumshafen, Werftstr. 8, 25761 Büsum. Rufzeichen: DK6200.

KRB 209
WESER

In den Nachkriegsjahren teilen die Seefahrtbehörden der Besatzungsmächte den Motorrettungsbooten individuelle Kontrollnummern zu, so etwa L1557 für die WESER.

Baujahr 1944	Schiffswerft August Pahl, Finkenwerder		Bau-Nr. 254
Länge: 13,90 m	Breite: 4,55 m	Tiefgang: 1,38 m	Verdrängung: 35 t
Motorisierung: MWM RH 426S			Leistung: 150 PS
Geschwindigkeit: 8,5 kn	Rumpfmaterial: Stahl		Rufzeichen: DUAD / DBAR

Name: Weser, Bremen durchfließender, bei Bremerhaven in die Nordsee mündender Fluss

Stationierung: [101]

1944 - 27. November 1953	Bremerhaven / Weser-Mündung (Nachf.: SK BREMEN)
26. März 1954 - 14. März 1960	Burgstaaken (Nachfolge: SK HAMBURG)
3. Juli 1960 - Juni 1963	Laboe (Nachfolge: SK THEODOR HEUSS)
2. Juli 1963 - März 1969	Wilhelmshaven (Nachfolge: SK HANS LÜKEN)
März 1969 - Mai 1969	Norderney (Nachfolge: SK OTTO SCHÜLKE)

Am 19. Dezember 1957 Beteiligung an der ersten gemeinsamen Seenotübung mit dem DDR-Motorrettungsboot POEL in der Lübecker Bucht. 6. Juni 1969 Ankunft in Kapstadt / Südafrika, beim National Sea Rescue Institute (NSRI) bis 1971 als WESER / NSRI 46-01 in Table Bay Harbour, Verlegung nach Durban, bis 1981 als JOHN ROBERTS. Weiterverkäufe und nach 1983 Umbau zum Fischereifahrzeug DENZIL S, Existenznachweis 2015 in Durban.

KRB 210 **BORKUM**

Keine Schwierigkeiten bereitet dieser leichtgewichtige Schleppanhang – der Dieselmotor der BORKUM leistet 150 PS bei 600/min, als kurzzeitige Höchstleistung liefert er 200 PS.

Baujahr 1944	Schiffswerft August Pahl, Finkenwerder		Bau-Nr. 255
Länge: 13,90 m	Breite: 4,55 m	Tiefgang: 1,38 m	Verdrängung: 35 t
Motorisierung: MWM RH 426S			Leistung: 150 PS
Geschwindigkeit: 8,5 kn	Rumpfmaterial: Stahl		Rufzeichen: DUAR / DBAC

Name: Borkum, Ostfriesische Insel

Stationierung:

Mai 1945 – 26. Juni 1957	Borkum (Nachfolge: SK THEODOR HEUSS)
7. Sept. 1957 – 28. Febr. 1959	Wangerooge (keine Nachfolge, Station unbesetzt)
April 1959 – Juni 1963	Wilhelmshaven (Nachfolge: MRB WESER)

1945 wird das Fahrzeug dem Kommando Luftwaffen-Versorgung (See), Sbk. V / Borkum zugeordnet, noch im Mai 1945 formell an die DGzRS zurückgegeben. Von 1948 bis 1957 übernimmt die BORKUM zahlreiche Hilfsdienste im Interesse des Wasser- und Schifffahrtsamtes Emden, etwa die Bergung vertriebener Seezeichen, Suche nach Treibminen, Meldung von Wracks oder Zubringerfahrten für Lotsen. 1948 entstehen bei diesen Leistungen Betriebskosten von 9,65 DM „stündlich bei voller Fahrt". Nach dem Verkauf 1963 Einsatz als Schlepper WARNS in Hamburg, seitdem kein Hinweis zum Verbleib.

KRB 211 **LANGEOOG**

Mehrfach bewähren sich die Boote dieses Typs im Eisnotdienst – das technische Problem der unterbrochenen Kühlwasserzuführung infolge von Schlammeis ist mittlerweile behoben.

Baujahr 1944	Schiffswerft August Pahl, Finkenwerder		Bau-Nr. 256
Länge: 13,90 m	Breite: 4,55 m	Tiefgang: 1,38 m	Verdrängung: 35 t
Motorisierung: MWM RH 426S			Leistung: 150 PS
Geschwindigkeit: 8,5 kn	Rumpfmaterial: Stahl		Rufzeichen: DUAS / DBAM

Name: Langeoog, Ostfriesische Insel

Stationierung:

Februar 1945 – 22. Juli 1980	Langeoog (Nachfolge: SK HANS LÜKEN)

Die erste von Langeoog ausgehende Einsatzfahrt des Bootes ist für den 24. Februar 1945 dokumentiert, am 1. März 1945 ist es dem Kommando Luftwaffen-Versorgung (See), Sbk. V / Langeoog zugeteilt, im Mai 1945 geschieht die formelle Rückgabe an die DGzRS. Im Jahr ihrer Außerdienststellung übertrifft die LANGEOOG den Altersdurchschnitt aller anderen an der niedersächsischen Küste stationierten Rettungseinheiten um das nahezu 3,5-Fache. Sie verbleibt auf der gleichnamigen Insel und wird am 25. Juli 1980 rechtzeitig zu den Feierlichkeiten „150 Jahre Nordseebad Langeoog" in der Ortsmitte aufgestellt. Vor dem Haus der Insel ist das Museumsschiff frei zugänglich, eine Besichtigung des Innenbereichs ist aus Sicherheitsgründen nicht mehr möglich: Kurstraße 1, 26465 Langeoog.

1944 - 1948
10,0- / 10,5-METER-MOTORRETTUNGSBOOT

KRC 301
CARL BEHNK

In den 1940er-Jahren lässt die DGzRS letztmalig Fahrzeuge mit Rümpfen aus Hartholz herstellen – aus Gründen der Gewichtseinsparung ist dieser Bootstyp halbgedeckt ausgeführt.

Im Kriegsbauprogramm ist die Fertigung von 14 leichten Küstenrettungsbooten der Klassifizierung KRC festgeschrieben, von denen nur die Hälfte tatsächlich gebaut wird. Zwei Einheiten mit den Kennungen KRC 307 und KRC 308 sind bereits fertiggestellt, als sie 1945 durch einen Brandschaden in der Bootshalle auf dem Werftgelände vernichtet werden. Der Auftrag für ein Baulos von weiteren fünf nach den Spezifikationen der WILHELMINE WIESE konzipierten Booten – KRC 310 bis KRC 314 – kommt nicht mehr zur Ausführung.[102] Gewöhnlich wird dieser Typ ohne vorangestellte Längenangabe als 6-to-Strandmotorrettungsboot bezeichnet – die Kombination aus der Bauweise und den vergleichsweise leichten MWM Dieselmotoren führt zu einem ausgewogenen Gewichts-Leistungs-Verhältnis. Konzipiert sind die Fahrzeuge zur Aufbewahrung im Rettungsschuppen mit Slipbahn und für den küstennahen Einsatz, etwa in den Flachwasserbereichen der Nordsee. Durch ihren flachen und breiten Kiel vertragen die Boote unbeabsichtigte Grundberührungen und liegen im Watt gut auf, Eisschutzplatten erlauben den Einsatz auch in harten Wintern. Zur Ausstattung gehören zwei Anker, zwei Schleppleinen, ein Lenzsack mit Leinen, Wellenberuhigungsöl, Bordapotheke, Fluid-Kompass, Bleilot, ein drei Meter langer Peilstock sowie eine komplette Segelausrüstung. Ab 1961 wird UKW-Sprechfunk installiert. Die beiden jüngsten, bei Abeking & Rasmussen gebauten Exemplare WILHELMINE WIESE und ULRICH STEFFENS können gegenwärtig an ihren ehemaligen Stationierungsorten in den zugehörigen historischen Gebäuden besichtigt werden.

Am 29. August 1939 wird der Werft der Bauauftrag erteilt, erst ab dem 15. März 1944 ist das Boot beim Kdo. SuB, Sbk. V gemeldet und einsatzbereit am Strand von Westerland auf Sylt.

Baujahr 1944	Fr. Lürssen Werft, Bremen-Vegesack		Bau-Nr. 12872
Länge: 10,00 m	Breite: 2,80 m	Tiefgang: 0,70 m [103]	Verdrängung: 6,5 t
Motorisierung: MWM GS 415 S [geplant]			Leistung: 60 PS
Geschwindigkeit: 8 kn	Rumpfmaterial: Mahagoni		Rufzeichen: DUAQ / DBAE

Name: Carl Behnk († 1917 [?]), Gründer der Carl-Behnk-Stiftung, Hamburg-Groß Flottbek

Stationierung:

15. März [?] 1944 – 27. März 1951	Westerland (Nachfolge: MRB KRC 302)
29. Juni 1951 – 1963	Burgtiefe (Nachfolge: MRB H.H. BUNJE)
1963 – 1969	Horumersiel (Nachfolge: MRB HORUMERSIEL)

Nach der Außerdienststellung im März 1969 wird das Boot an eine Privatperson in Emden und 1976 weiter nach Cuxhaven verkauft, dort drei Jahre lang zur Motoryacht mit Decksaufbau umgestaltet und mit dem Namen SIRIUS betrieben – aus jener Zeit sind zwei Strandungen im Hafen Spieka und am Sahlenburger Strand dokumentiert. Verkaufsangebot im Dezember 1995 als SIRIUS, Liegeplatz Stralsund, Motorisierung mit 115 PS leistendem MWM Schiffsdiesel, Längenangabe 10,20 m. 2013 [?] namenlos als Dekoration vor einem Fischimbiss in Graal-Müritz aufgestellt, dort ab März 2022 zum Verkauf angeboten.

KRC 302

Während der 28-jährigen Dienstzeit bei der DGzRS bleibt KRC 302 namenlos – ob und unter welchem Namen das Boot gegenwärtig genutzt wird, ist derzeit unerforscht.

Baujahr 1944 Fr. Lürssen Werft, Bremen-Vegesack Bau-Nr. 12908
Länge: 10,00 m Breite: 2,80 m Tiefgang: 0,70 m [103] Verdrängung: 6,5 t
Motorisierung: MWM Dieselmotor, 6 Zylinder Leistung: 60 PS
Geschwindigkeit: 8 kn Rumpfmaterial: Mahagoni

Stationierung:

1944 – 1945	Travemünde (Nachfolge: MRB ULLA)
1945 – 1949	Heiligenhafen (keine Nachfolge, Station unbesetzt)
23. April 1949 – 17. Okt. 1952	Maasholm (Nachfolge: MRB MAASHOLM)
Okt. 1952 [?] – 30. Aug. 1958	Westerland
17. März 1959 – 12. Sept. [?] 1970	Travemünde (Nachfolge: MRB H. H. BUNJE)

Als Bestandteil des Lürssen-Großauftrags vom 14. April 1942 wird das Boot 1944 mit seiner Kennung KRC 302 dem Kdo. SuB, Sbk. V / Travemünde unterstellt und im Mai 1945 der DGzRS formell zurückgegeben. Die in Niendorf an der Lübecker Bucht ansässige Evers-Werft erwirbt das Boot 1970 und verkauft den Rumpf, der zum Motorsegler ausgebaut wird und fortan mit dem Namen TRIREME, Heimathafen Lübeck, in Fahrt ist. Dort verbleibt das mittlerweile mit einem MAN Motor ausgestattete Fahrzeug auch nach der Umbenennung in SCHMATTING und wird ab 2013 zum Verkauf angeboten.

WESTERACCUMERSIEL

Angaben zur Erststationierung in Westeraccumersiel variieren zwischen 1944 und 1949 – diese Momentaufnahme einer Rundfahrt mit der Dorfjugend ist auf die 1950er-Jahre datiert.

Baujahr 1944 Fr. Lürssen Werft, Bremen-Vegesack Bau-Nr. 12925
Länge: 10,00 m Breite: 2,80 m Tiefgang: 0,70 m Verdrängung: 6,5 t
Motorisierung: MWM Dieselmotor, 6 Zylinder Leistung: 60 PS
Geschwindigkeit: 8 kn Rumpfmaterial: Mahagoni

Name 1: Westeraccumersiel, Sielort an der Nordseeküste in Ostfriesland
Name 2: H. H. Bunje, Reeder und Kapitän in der Nordamerikafahrt [104]

Stationierung und Namensänderung:

5. Nov. 1949 – Dez. 1960	Westeraccumersiel (keine Nachf., Station aufgelöst) [105]
12. Juni 1961	Umbenennung in H. H. BUNJE
1961 – 1969	Grömitz (Nachfolge: SK PAUL DENKER)
1964 – 1966 (nur Wintermonate)	Burgtiefe
14. Mai [?] 1970 – August [?] 1972	Travemünde (Nachfolge: SRB EDUARD NEBELTHAU)

Im Zuge der Verlegung von der Nord- an die Ostsee erhält das Boot einen neuen Motor, vor der Umbenennung ist es im DGzRS Jahrbuch 1961 mit der Bezeichnung KRC 303 – nicht WESTERACCUMERSIEL – gelistet. Nach der Außerdienststellung 1972 und dem Verkauf an eine Privatperson bleibt es als Motoryacht STARLET in Fahrt. Verbleib unbekannt.

KRC 304
HORUMERSIEL

Wegen Hafenbauarbeiten wird die Station Horumersiel 1963 vorübergehend stillgelegt, im darauffolgenden Jahr wird mit der HORUMERSIEL die Station Nordstrand neu eingerichtet.

Baujahr 1944	Fr. Lürssen Werft, Bremen-Vegesack		Bau-Nr. 12926
Länge: 10,00 m	Breite: 2,80 m	Tiefgang: 0,70 m [103]	Verdrängung: 6,5 t
Motorisierung: MWM Dieselmotor SS 415, 6 Zylinder [106]			Leistung: 55 PS
Geschwindigkeit: 8 kn	Rumpfmaterial: Mahagoni		

Name: Horumersiel, Küstenort im Landkreis Friesland
Taufe: 6. August 1950 in Horumersiel

Stationierung:

2. Februar 1949 – November 1962	Horumersiel (Nachf.: MRB LOTSENKDR. LEPPERT) [105]
1963 – Mai 1964	Maasholm (Nf.: MRB LOTSENKOMMANDEUR LEPPERT)
10. Mai 1964 – 7. Januar [?] 1969	Nordstrand (Nachfolge: MRB HINDENBURG)
23. März 1969 – November 1971	Horumersiel (Nachfolge: MRB WILHELMINE WIESE)

Offiziell am 20. November 1971 außer Dienst gestellt, gelangt das Boot in Privatbesitz und wird als Motoryacht ALBATROS (Rufzeichen: DA8367) zunächst in Hooksiel (Kennung: HOO 74), etwa 1978 bis 1998 in Lemwerder verwendet. Ab 2000 ist der Bootskörper beim Sielhafenmuseum Carolinensiel gelagert – eine bis etwa 2008 andauernde Restaurierung scheitert: 2022 wird der Rumpf zersägt und verschrottet, um Parkflächen zu schaffen.

KRC 305
HEINRICH WIESE

Der Holzkaufmann Heinrich Wiese ist 1894 einer der Gründer der DGzRS-Station Laboe, seine älteste Enkeltochter übernimmt die Rolle der Taufpatin des nach ihm benannten Bootes.

Baujahr 1944	Fr. Lürssen Werft, Bremen-Vegesack		Bau-Nr. 12927
Länge: 10,00 m	Breite: 2,80 m	Tiefgang: 0,70 m [103]	Verdrängung: 6,5 t
Motorisierung: MWM Dieselmotor, 6 Zylinder			Leistung: 60 PS
Geschwindigkeit: 8 kn	Rumpfmaterial: Mahagoni		

Name: Heinrich Wilhelm Wiese (1852–1923), Mitglied des DGzRS-Ortsausschusses Laboe
Taufe: 18. Mai 1962 in Laboe [?]

Stationierung:

17. Dezember 1944 – 1971	Laboe (Nachfolge: SRB SWANTJE) [105]

Ab dem 17. Dezember 1944 ist KRC 305 dem Kdo. SuB, Sbk. V / Laboe zugeordnet, im Mai 1945 geschieht die formelle Rückgabe an die DGzRS. Der letzte Einsatz ist am 18. Juli 1971 dokumentiert, noch im gleichen Jahr geht das Boot in den Besitz der Familie Karl-Heinz Arp, Nachkommen des Namensgebers, über. Beim Laboer Regatta Verein von 1910 ist es als Motorrettungskutter RK 365 für Jugendveranstaltungen und als Begleitfahrzeug für Regatten im Einsatz – ab 1977 zunächst leihweise, 1978 erhält der Verein das Boot durch Schenkung. Im Mai 1982 ereignet sich in der Eckernförder Bucht ein Motorraum-Brand, infolgedessen wird das beschädigte Boot 1983 zum Abwracken verkauft.

KRC 306
WILHELMINE WIESE

Am 14. April 1942 vergibt die DGzRS den Bauauftrag für KRC 306 an die Fr. Lürssen Werft (Bau-Nr. 12928), die ihn zur tatsächlichen Ausführung an Abeking & Rasmussen überträgt.

Baujahr 1945	Abeking & Rasmussen, Lemwerder	Bau-Nr. 3971
Länge: 10,50 m	Breite: 2,90 m Tiefgang: 0,67 m [103]	Verdrängung: 6,5 t
Motorisierung: MWM GS 415 S, 6 Zylinder [107]		Leistung: 68 PS
Geschwindigkeit: 8 kn	Rumpfmaterial: Mahagoni	Rufzeichen: DBAP

Name: Wilhelmine Wiese (1852–1923), Lehrerin und DGzRS-Förderin aus Rostock

Stationierung:

1946 [?] - 1972 [?]	Fedderwardersiel
8. Mai [?] 1972 - 1975	Horumersiel / Fedderwardersiel
1975 / 1976 [?] - 1977	Fedderwardersiel (Nf.: SRB CARL A. WUPPESAHL)

Nach der am 16. Februar 1977 vollzogenen Außerdienststellung wird die WILHELMINE WIESE an die Bauwerft als Verkehrsboot ausgeliehen. 1979 geht sie formell an den Förderkreis Kieler Schiffahrtsmuseum über, auf einem Lagerplatz der Howaldtswerke-Deutsche Werft werden Teile der Innenausstattung entfernt und der Rumpf beschädigt. Der Förderkreis Museum Butjadingen übernimmt das Boot und lässt es am 26. Mai 1994 zurück nach Fedderwardersiel transportieren. Seit dem 3. Mai 1997 ist es im dortigen Rettungsschuppen im restaurierten Zustand ausgestellt: Am Hafen 5, 26969 Butjadingen.

KRC 309
ULRICH STEFFENS

Noch vier Jahre nach der Stationierung eines Seenotrettungsbootes in Neuharlingersiel bleibt die ULRICH STEFFENS dort als Reserve-Einheit, anschließend als Museumsboot.

Baujahr 1948	Abeking & Rasmussen, Lemwerder	Bau-Nr. 3974
Länge: 10,50 m	Breite: 2,90 m Tiefgang: 0,67 m [103]	Verdrängung: 6,5 t
Motorisierung: MWM Dieselmotor GS. 415 S, 6 Zylinder		Leistung: 68 PS
Geschwindigkeit: 8 kn	Rumpfmaterial: Mahagoni	Rufzeichen: DBAQ

Name: Ulrich Steffens († 1928), Vormann der Station Neuharlingersiel von 1902 bis 1926

Stationierung:

August 1948 - September 1961	Neuharlingersiel
September 1961 - März 1962	Fedderwardersiel
März 1962 - 1975 / 1976 [?]	Neuharlingersiel (Nachfolge: SRB SIEGFRIED BOYSEN)
1975 / 1976 [?] - 1977	Horumersiel (Nachfolge: SRB GESINA)
1977	Neuharlingersiel

Auch der Bauauftrag für dieses Fahrzeug wird ursprünglich am 14. April 1942 an die Fr. Lürssen Werft (Bau-Nr. 12931) vergeben, jedoch bei Abeking & Rasmussen ausgeführt. Seit ihrer Außerdienststellung am 29. August 1977 ist diese dritte mit dem Namen ULRICH STEFFENS versehene DGzRS-Einheit als Großexponat im zwischenzeitlich zum Museum umgestalteten Stationsgebäude ausgestellt: Am Hafen West, 26427 Neuharlingersiel.

Versuchskreuzer

Erfindung eines revolutionären Rettungsschiffs

Unmittelbar nach dem Ende des Zweiten Weltkriegs nimmt die DGzRS-Inspektion Verhandlungen über die Weiterführung des Küstenrettungsdienstes an der Nordsee auf. Mit einem auf den 14. Juni 1945 datierten Schreiben an die in Wilhelmshaven residierenden British Naval Authorities bitten die Inspektoren Benno Mentz und John Schumacher um eine Genehmigung zur Fortsetzung des Betriebs sowie um eine Entscheidung, ob der DGzRS-Rettungsdienst „wie im Frieden" wieder auf rein freiwilliger Basis durchgeführt werden soll. Infolge der von den alliierten Siegermächten auf der Grundlage des Besatzungsrechts vorgenommenen Aufteilung zählen weite Teile der Nordseeküste sowie die schleswig-holsteinische Ostseeküste zu dem auch als Nordwestzone bezeichneten, unter britischer Besatzungshoheit stehenden Bereich, wohingegen die Freie Hansestadt Bremen sowie das Gebiet um die Rettungsstationen Bremerhaven, Dorumertief, Fedderwardersiel und Wremertief zu diesem Zeitpunkt als „Enklave Bremen" der US-amerikanischen Besatzungszone zugeschlagen sind. Deshalb verfasst John Schumacher am 10. Juli 1945 einen ergänzenden Vermerk an Dr. Hermann Apelt, der im 34 Tage zuvor gebildeten ersten Bremer Nachkriegs-Senat in die Ressorts Wirtschaft, Häfen und Verkehr berufen worden war: Angesichts des allgemeinen Fahrverbots ersucht Schumacher den Senator um Vermittlung zur US-amerikanischen Dienststelle Bremen Port Command zwecks Genehmigung der Wiederaufnahme und Weiterführung des Seenotrettungsdienstes auch im Bereich der Wesermündung bis zum Leuchtturm Hohe Weg. Dabei darf Schumacher davon ausgehen, dass Apelt derartige Anfragen kompetent und gleichsam wohlwollend behandelt, denn dieser war zum 1. April 1938 zum Rechtsbeirat des DGzRS-Vorstandes unter Vorsitzer Adalbert Korff berufen worden. Das positive Resultat dieser Verhandlungen ist im DGzRS Rückblick auf das Jahr 1947 zusammengefasst, wo es heißt, der Küstenrettungsdienst werde „auch nach der Kapitulation auf Wunsch der Besatzungsmacht ohne Unterbrechung in der bisherigen Form" fortgesetzt.

Unter englischer Oberaufsicht und im Einvernehmen mit den Amerikanern wird der Rettungsdienst aus der Seenotzentralüberwachung Cuxhaven geleitet. 11 von 14 Rettungsfunkstellen sind im November 1945 wieder einsatzbereit.

Fortsetzung des Küstenrettungsdienstes

Im Besitz der DGzRS sind noch 39 Motorrettungsboote, wovon 20 im Sondereinsatz stehen, der nach Beendigung der Kampfhandlungen im nun besetzten Deutschland mit Unterstützung der Militärregierung der britischen Besatzungszone weiterhin betrieben wird. Begründet wird die Fortführung dieser bereits während des Krieges praktizierten Maßnahme unter anderem mit der Zunahme des (zivilen) Flugverkehrs – allerdings darf diese strategische Entscheidung wohl eher als gedankliches Relikt aus einer militärisch geprägten Zeit betrachtet werden, als die DGzRS-Boote mehrfach abgestürzten Kampfflugzeugen Hilfe leisteten, denn in der rettungsdienstlichen Bilanz stellen Einsätze für über See verunglückte Luftfahrzeuge fortan keinen bedeutenden Faktor dar: In den ersten zehn Nachkriegsjahren ist keine einzige gerettete Person aus einem Seeunfall mit einem Luftfahrzeug in der Einsatzstatistik aufgeführt.[01] Wenige Boote bleiben auf Seepositionen ausgelegt, während die übrigen einsatzbereit im Hafen liegen und nur fall- und bedarfsweise auf Bereitschaftsstellungen in See beordert werden.

Flaggenwechsel: In den Nachkriegsjahren behalten die DGzRS-Rettungsboote übergangsweise die Sonderlackierung mit Rotem Kreuz sowie die von den Besatzungsmächten zugeteilte Kontrollnummer. Am Heck führen sie nun wieder die Gesellschafts- anstelle der Partei-Flagge der NSDAP.

Verlust und Wiederaufbau

Rettungseinrichtungen und Bootsmaterial haben durch den Krieg stark gelitten und die Beschaffung von Ausrüstungs- und Ersatzteilen zur Instandhaltung der Rettungsflotte ist nun erheblich erschwert. Große Reparaturen lässt die DGzRS durch Werftbetriebe erledigen, ergänzend dazu hat sie bei der Werft Strenge & Sohn in Brake-Kirchhammelwarden für kleinere Reparatur- und Überholungsarbeiten eine Werkstätte und ein Lager eingerichtet.[02] Diese mit eigenem Personal betriebene, sogenannte Werftdienststelle wird bald nach Kriegsende auf ein Gelände der Yacht- und Bootswerft Fr. Lürssen in Lemwerder verlegt. Ein Schadenfeuer auf einem Betriebsteil ebendieser Werft in Bremen-Vegesack hatte unlängst zwei neu gebaute und bereits abgenommene Strandrettungsboote sowie ein älteres, wieder instandgesetztes Boot vernichtet – als „ein schwerer Verlust, der jetzt garnicht zu ersetzen ist" bezeichnet die DGzRS diesen Vorfall in ihrem Bericht „Aus unserer Arbeit 1945–46". Als erstes Neubauprojekt der Nachkriegsjahre wird 1947 der bereits am 14. April 1942 an die Fr. Lürssen Werft vergebene – jedoch bislang nicht ausgeführte – Auftrag zum Bau des 10,5-Meter-Strandrettungsbootes mit der Registernummer KRC 309 erneuert und jetzt zur Werft Abeking & Rasmussen übertragen.[03] Nach der im August 1948 erfolgten Auslieferung dieser bis in die Gegenwart erhalten gebliebenen ULRICH STEFFENS ruht das Neubauprogramm zunächst über fünf Jahre bis August 1953, als wiederum die Lürssen Werft mit dem Projekt KRS 1 – Seenotkreuzer HERMANN APELT – beauftragt wird. Einen längeren Zeitraum ganz ohne den Neubau eines motorisierten Rettungsbootes hatte die DGzRS zuvor nur in den Nachkriegs- und Inflationsjahren ab 1918 zu überstehen.

Beim ersten Nachkriegs-Neubau ULRICH STEFFENS wird die zum Zeitpunkt der Auftragsvergabe übliche und vor einem militärischen Hintergrund entstandene Reihe der KRC-Registernummern auch in Friedenszeiten beibehalten.

Es fehlt an Geld ... und Kohle

Mit der am 21. Juni 1948 in Kraft tretenden Währungsreform vollzieht sich eine Neuordnung des Geldwesens in den Westlichen Besatzungszonen – in den Jahren vor und in noch größerem Umfang nach diesem Wendepunkt der wirtschaftspolitischen Entwicklung Deutschlands ist die finanzielle Absicherung der DGzRS ungewiss: Von einem Tag auf den anderen verliert sie nahezu ihre gesamten Barmittel und Rücklagen. Insgesamt 67 festangestellte Rettungsmänner werden zum 31. Juli 1948 beziehungsweise 30. September 1948 aus dem Dienst entlassen. Gegenüber dem Bremer Seemannsamt begründet die DGzRS-Geschäftsführung diese Maßnahme damit, die Finanzlage der Gesellschaft sei in Auswirkung der Währungsreform besonders betroffen, da der Rettungsdienst nur durch freiwillige Mitgliedsbeiträge und Spenden aufrechterhalten werde. Außerdem habe man die von der Kündigung betroffenen Seeleute wiederholt darauf hingewiesen, dass sie mit ihrer sofortigen Entlassung zu rechnen hätten für den Fall, dass die Gesellschaft die Heuerkosten – so wie jetzt eingetreten – von staatlicher Seite nicht mehr erstattet bekäme.[04] Weitere Entlassungen, teilweise auf eigenen Wunsch der Rettungsmänner, werden im darauffolgenden Jahr vorgenommen.

Im Haushaltsjahr 1948 zahlt die Finanzbehörde der Hansestadt Bremen einen Beitrag von 500 DM an die DGzRS, im Haushaltsvoranschlag für 1949 ist die 16-fache Summe vorgesehen, um dazu beizutragen, „den wertvollen Bestand der Stationen zu erhalten".[05] Durch die Währungsreform sei die Weiterführung der gemeinnützigen Tätigkeit der DGzRS in Frage gestellt, heißt es zur weiteren Begründung in einem Aktenvermerk. Im

März 1949 geht auch in der Behörde für Wirtschaft und Verkehr der Hansestadt Hamburg ein vom örtlichen DGzRS-Bezirksverein verfasster Antrag auf Bewilligung eines Staatszuschusses ein.

Doch die Finanzlage bleibt auch in den Folgejahren weiterhin angespannt: Im Juli 1949 setzt die Verwaltung für Verkehr die Seenotleitung davon in Kenntnis, dass zur Abgeltung von Dienstleistungen für die Seewasserstraßenverwaltung – also Fahrten der Rettungsboote im Rahmen der Amtshilfe – anstelle der in den vergangenen Jahren üblicherweise ausbezahlten Pauschbeträge nunmehr seitens der DGzRS die erbrachten Leistungen einzeln aufzulisten sind, weil für eine großzügig angelegte Schätzung jetzt keine ausreichenden Mittel mehr zur Verfügung stehen. Für den Bau einer Slipanlage vor ihrer neu errichteten Bootshalle am Oberländer Hafen erhält die DGzRS vom Bremer Hafenbauamt alte Eisenbahnschienen zum Preis von rund 1300 DM – „eine erhebliche finanzielle Belastung", so Vorsitzer Hermann Helms in einem an Senator Hermann Apelt gerichteten und auf den 22. August 1951 datierten Schreiben, in dem höflichst um eine Prüfung gebeten wird, ob der Gesellschaft der in Rechnung gestellte Betrag erlassen werden könne. Am 13. Oktober desselben Jahres ersucht Senator Apelt das Hochbauamt Bremen, Abteilung Brennstoffbeschaffung, die DGzRS mit 300 Zentnern Koks für das Verwaltungsgebäude und 500 Zentnern für die Rettungsbootflotte kostenfrei beliefern zu wollen. Obwohl Apelt sowohl die segensreiche und gemeinnützige Tätigkeit der DGzRS als auch das Interesse Bremens als Schifffahrts- und Hafenstadt hervorhebt, muss der zuständige Oberbaurat die gewünschte Kokslieferung ablehnen, weil die Gesellschaft vom Hochbauamt noch nie mit Kohle beliefert worden und somit für diesen Bedarf kein Kontingent zugeteilt worden sei. Um aber die augenblickliche Notlage zu beseitigen, werden einmalig 200 Zentner Koks vorgeschossen, „auf deren Rückgabe wir aber spätestens bis Januar bestehen müssen", wie aus dem Antwortschreiben hervorgeht.

Die Vision vom Versuchs-Seenotkreuzer

Allen Einschränkungen zum Trotz und wohl auch unter dem Einfluss der im Juli 1947 in Oslo stattfindenden International Lifeboat Conference entspringt diesen herausfordernden Nachkriegsjahren die Idee, einen neuartigen Schiffstyp zu entwickeln, der mit einem starken und schnelllaufenden Hauptmotor und zwei Seitenmotoren sowie mit den neuesten nautischen und technischen Einrichtungen ausgestattet werden soll. Als Vorläufer dieser Entwicklung soll das Doppelschrauben-Motorrettungsboot BREMEN, Baujahr 1931, zum ersten deutschen Versuchs-Seenotkreuzer umgerüstet werden – freilich kein echter Bootsneubau, aber in diesem Umfeld finanzieller Schwierigkeiten zumindest ein durchaus ambitioniertes, nahezu tollkühnes Umbauprojekt. Während des harten Winters 1947 hatte die auf Amrum stationierte BREMEN im Eisnotdienst schwere Beschädigungen erlitten, als sie zusammen mit anderen größeren DGzRS-Booten zur Versorgung der Bevölkerung und Kinderheime auf den Nordseeinseln sowie für den Transport schwer erkrankter und verletzter Personen eingesetzt worden war. Seither ist das im Rettungsdienst weiterhin benötigte Boot nicht einsatzfähig – umfangreiche Reparaturen sind erforderlich, aber aufgrund nicht ausreichend vorhandener Geldmittel undurchführbar. Nachdem die Schäden an der Außenhaut behoben und die Aufbauten erneuert sind, der Bootskörper mit Kreuzerbug und -heck völlig neugestaltet und eine neuzeitliche, stärkere Motorenanlage eingebaut ist, soll das derart instandgesetzte Fahrzeug zwischen den Leuchttürmen Mellum, Roter Sand und Hohe Weg ständig mit fester Besatzung auf Außenposition liegen und damit den Rettungsdienst in den ausgedehnten Mündungsgebieten der Außenweser und Außenjade übernehmen. Mit den praktischen Erfahrungen aus diesem Pionierprojekt – insbesondere aus dem Experiment einer durch höhere Motorleistung erzeugten Steigerung der Fahrtgeschwindigkeit – erwartet man nicht weniger als eine völlige Neugestaltung des Seenotrettungswesens.

Am 9. Oktober 1949 wird die BREMEN offiziell außer Dienst gestellt, zwei Tage später überführen Inspektor John Schumacher und Vormann Willy Marckmann sie von Amrum nach Cuxhaven. Kapitän Schumacher gilt als Visionär und geistiger Schöpfer dieses Umbaukonzepts und der auf der Station Amrum tätige Vormann Willy Marckmann, Jahrgang 1891, ist einer derjenigen Mitarbeiter, die 1948 von der massenhaften Entlassung betroffen waren. Auf den Tag genau ein Jahr nach der Überführungsfahrt der BREMEN, am 11. Oktober 1950, läuft er mit dem Motorrettungsboot GREETSIEL von Amrum aus, um dieselbe Strecke nach Cuxhaven zurückzulegen. Mit ihm an Bord ist der Funkmechaniker Heinz Reich. Unterwegs geraten die beiden in stürmisches Wetter, eine von achtern auflaufende Brandung überrollt das Boot, so dass eine große Menge Seewasser in den Innenraum eindringt und den Motor unbrauchbar macht. Der Mast bricht ab und die Schott-Türen fallen heraus – sichere Anzeichen dafür, dass die GREETSIEL über Kopf gerollt ist, sich also nach einer 180-Grad-Kenterung wieder aufgerichtet haben muss. Beide Männer kommen ums Leben, Willy Marckmann stirbt im Alter von 58 Jahren, die Leichen der beiden Verunglückten werden später angetrieben.

In Cuxhaven bleibt das Motorrettungsboot BREMEN vom 12. bis zum 15. Oktober 1949 bei der Mützelfeldtwerft, wo es zwecks Ausarbeitung eines Kostenvoranschlages aufgeslipt wird. In Begleitung des in Cuxhaven stationierten Rettungsbootes GEH.RAT H. GERLACH setzt die BREMEN ihre Fahrt am 16. Oktober nach Lemwerder fort, wo sie am nächsten Tag bei der Lürssen Werft erneut aus dem Wasser geholt wird. 1875 hatte der 24-jährige Friedrich Lürssen in der zu Vegesack gehörenden Gemeinde Aumund eine Bootsbauwerkstatt gegründet und zunächst Renn-Ruderboote gefertigt. Seit dem Bau des nach Firmenangaben „ersten Motorbootes der Welt" im Jahr 1886 hatte der Betrieb sich international einen ausgezeichneten Namen im Bau von Yachten, Renn- und

Eine 1934 durch Umbauten geschaffene, 60 Zentimeter breite Kielsohle hatte dem Fahrzeug schon während der Stationierung in Pillau ermöglicht, im Einsatzrevier Frisches Haff leichter über flache Stellen hinwegzufahren. Weil sich der Kiel bei heftigen Grundberührungen in der Brandung nicht in den Grund eingräbt, ist das Boot gleichermaßen für eine Verlegung von der Ost- an die Nordsee geeignet. Bei der Fr. Lürssen Werft war es als KONSUL KLEYENSTÜBER gebaut worden, dort beginnt auch der Umbau zum Versuchskreuzer BREMEN.

Gebrauchsmotorbooten geschaffen und 1949 läuft bei Lürssen der erste Frachtschiffneubau vom Stapel. Auch das Motorrettungsboot BREMEN war 1931 auf dieser Werft entstanden und anschließend unter seinem ursprünglichen Namen KONSUL KLEYENSTÜBER in Betrieb genommen worden. Mit Gert Lürssen, der zusammen mit seinem vier Jahre jüngeren Bruder Otto den Familienbetrieb in dritter Generation führt, bespricht Schumacher am 18. Oktober 1949 eingehend die Instandsetzung und den Umbau des Bootes. In der darauffolgenden Woche wollen auch Vertreter der Werften Abeking & Rasmussen und Pahl das Boot besichtigen und entsprechende Kostenvoranschläge ausarbeiten.

Umrüstung für fast 100.000 DM

Ein detailliertes Angebot legt Lürssen am 20. April 1950 vor, doch der Projektbeginn verzögert sich zunächst, weil ab jetzt vor allem die Kostenrechnung die zu treffenden Entscheidungen beeinflusst. Währenddessen bleibt die BREMEN als Reserve-Einheit gelistet. Nach einer weiteren Besprechung mit Inspektor Schumacher am 8. Februar 1951 lässt die Werft der DGzRS ein überarbeitetes Angebot zukommen, welches den Hinweis enthält, „die seit unserem Angebot vom 20.4.1950 eingetretenen Lohn- und Materialkosten-Erhöhungen sind hierbei berücksichtigt“. Anhand dieses 23 Punkte umfassenden Angebots lässt sich anschaulich rekonstruieren, welche Arbeitsschritte notwendig sind, um den ersten deutschen Seenotkreuzer entstehen zu lassen ... und zu welchem Preis:

1. Beplattung des Vorschiffes im Bereich der Verbeulungen losnehmen und durch neue Platten von 6 mm Stärke ersetzen. In demselben Bereich zwischen Kollisionsschott und Steven neue Zwischenspanten als Eisverstärkung einschweißen: DM 1960.
2. Beplattung der Wellentunnel erneuern durch 6 mm starke Bleche: DM 2290.
3. Hölzerne Kielsohle losnehmen, ausbessern und wieder befestigen; ca. 2½ m fehlende Kielsohle erneuern, aus Eichenholz: DM 973.
4. Bodenplatten durch 7 mm starke Bleche erneuern, die alten Platten losnehmen: DM 7150.
5. 2 Motoren ausbauen und in der Halle der DGzRS abstellen: DM 140.
6. 2 neue 100 PS MWM Dieselmotoren einbauen, Type RHS 418 V; Motoren und Getriebe liefert die DGzRS; dazu Änderung des Fundaments und Einbau der Getriebebedienung durch Segmenthebeleinrichtung im Steuerhaus und auf der Brücke: DM 2780.

Beim unter 6. genannten Kostenpunkt sind allerdings lediglich die Montagearbeiten berücksichtigt; über die Anschaffungskosten der zunächst vorgesehenen Antriebsanlage informiert ein am 8. Februar 1951 ausgefertigtes Angebot der Motoren-Werke Mannheim:
1 Doppelmotoren-Anlage bestehend aus 2 Motoren in gleicher Ausführung, jedoch 1 Motor Rechtslauf und 1 Motor Linkslauf, je Motor wie folgt: neuer, stehender, kompressorloser MWM Patent Benz Viertakt-Vierzylinder-Bootsdieselmotor Type RHS 418 V. Leistung 120 PS bei 1500/min, eingestellt auf 100 PS bei 1200/min (vorübergehend 10 % überlastbar), zum Einbau im Motorrettungsboot BREMEN. Als Preis für die betriebsfertig zusammengebaute Doppelanlage ist die Summe von 35.060 DM angegeben, die sich aus 17.494 DM für den rechtslaufenden Motor und 17.566 DM für die zweite Maschine mit entgegengesetztem Drehsinn zusammensetzt. Ergänzt um die indirekte Kühlung inklusive einer Flügelwasserpumpe für den Süßwasserkreislauf und Kühlwasser-Temperaturregler in seewasserbeständiger Ausführung stehen unterm Strich 39.935 DM. Nicht unerwähnt bleiben soll das für Motor und Getriebe angegebene Gewicht, dessen Wert mit 1865 Kilogramm zufälligerweise der Jahreszahl der DGzRS-Gründung entspricht. Letztlich entscheidet man sich allerdings gegen diese Fabrikate, zugunsten von luftgekühlten 8-Zylinder-V-Dieselmotoren des Herstellers Klöckner-Humboldt-Deutz mit einer Leistung von je 124 PS bei 1800/min, die auf hydraulisch gesteuerte, von der Hamelner Firma Eisenwerke Reintjes gelieferte Verstellpropeller wirken.

Noch weitere Punkte in der Angebotsliste der Lürssen Werft machen Einzelheiten dieses einzigartigen Arbeitsprozesses Schritt für Schritt nachvollziehbar:

7. 2 neue Propeller liefern und einbauen, für die 100 PS Maschine passend: DM 1900.
8. Neue Kühlwasserleitung für Süßwasserrückkühlung, Abgasleitungen seitlich austreten lassen, neue Treiböl-, Schmieröl- und Luftleitungen verlegen: DM 820.
9. 2 neue Wellenanlagen mit Stopfbuchsen, Stevenrohr, Laufbuchsen, Stahlwellen, einschließlich 2 automatische Schmierungen: DM 2950.
10. Ruderblatt erneuern: DM 210.
11. An jeder Schiffsseite eine neue Spezialscheuerleiste einbauen: DM 6500.
12. Malerarbeiten innen und außen: DM 3500.
13. Holzdeck ganz entfernen: DM 438.
14. Deckssprung vergrößern und neues Deck aus 4 mm Warzenblech einlegen: DM 4750.
15. Halbhohes Schanzkleid (Kamm) am Bug mit Lippklampen anbringen, Holzpoller wieder einbauen: DM 815.
16. Steven verlängern, runde Form ausführen, stark ausfallend oben, dazu einige Spanten neu anfertigen wegen der geänderten Schiffskontur: DM 1850.
17. Wasserdichter Niedergang im Vorschiff für vorderen Wohnraum einbauen: DM 407.
18. Motorenraumaufbau ändern: DM 705.
19. Kockpit eindecken und als Wohnraum herrichten. Steuerrad als gedecktes Ruderhaus ausführen mit guter Stehhöhe und freiem Rundblick. Klarsichtscheibe im Steuerstand. Dazu ein <u>zweiter</u> Steuerstand auf der Brücke: DM 15.500.
20. Einfacher Signalmast auf dem Ruderhaus: DM 250.
21. Boot auf- und abslippen und nach dem Abslippen zur Halle in Lemwerder verholen (ohne Aufslippen): DM 270.
22. WC vorne einrichten mit Waschbecken und Pumpklosett: DM 650.
23. Eine Klappkoje hinten einbauen: DM 142.

Der Gesamtpreis der vorgenannten Arbeiten beläuft sich auf 56.950 DM. Zusammen mit dem Voranschlag für die beiden Motoren ergibt sich bis hierhin eine Summe von 96.885 DM ... und darin sind die Ausformung einer Heckwanne, die Konstruktion der Heckklappe, der Bau des Tochterbootes sowie dessen Motorisierung noch gänzlich unberücksichtigt.[06] Formgebung, Material, technische Spezifikationen und Ausrüstung des Seenotkreuzer-Prototypen sind hiermit festgelegt. Nun gilt es, die vor ihrer Vollendung stehende Vision vom Versuchskreuzer zielstrebig zu refinanzieren.

Bei der Fr. Lürssen Werft wird der Rohbau ausgeführt, weitere Arbeitsschritte erledigt die DGzRS aus Kostengründen selbst. So werden etwa das Klappheck, die Slipanlage und die Aufholvorrichtung für das Tochterboot in Eigenleistung entwickelt, fertiggestellt und eingebaut. Diese auf den 1. Juni 1952 datierte Aufnahme zeigt an der Unterkante der Heckklappe die außenliegende Aufnahme für das Gelenk, später wird der Klappmechanismus durch Pressluftzylinder vervollständigt.

Formung und Forschung: Weil der Versuchskreuzer gewissermaßen auf seiner eigenen Welle reitet, soll ein Teil der Bugwelle durch geeignete Formgebung unter den Boden geleitet werden, um dort den Zustrom zu den Propellern zu verbessern.

Mit ungewöhnlich rundgeformtem Bug und wenig ausgeprägtem Vorsteven entsteht das erste Tochterboot eines Seenotkreuzers als Einzelstück und Eigenbau in der DGzRS-Halle.

Bremen, Hamburg und Niedersachsen kooperieren

Sobald als die veranschlagte Gesamtsumme in der DGzRS-Zentrale bekannt ist, stellt der Vorstand am 9. Februar 1951 einen wiederum an den Bremer Senator Hermann Apelt sowie an den niedersächsischen Minister für Wirtschaft und Arbeit in Hannover adressierten Antrag auf Bereitstellung von Mitteln für die Wiederherrichtung des „bewährten und überaus erfolgreichen" Rettungsbootes. Unter Verweis auf die Finanzlage der Gesellschaft, die eine Verwirklichung des Vorhabens aus eigenen Mitteln in absehbarer Zeit verhindere, bittet die DGzRS darum, der oben genannte Betrag von knapp 97.000 DM möge je zur Hälfte von den Ländern Bremen und Niedersachsen bereitgestellt werden. Alternativ solle ein entsprechendes zinsloses, in etwa zehn Jahren zurückzuzahlendes Darlehen gewährt werden, eine baldige Genehmigung sei jedenfalls „wegen der dringend erforderlichen Motorenbestellung sehr erwünscht". Ergänzend spricht der DGzRS-Vorstand seine Empfehlung für die Lürssen Werft aus: Man halte diesen Betrieb für „besonders zweckdienlich, weil das Boot hier gebaut wurde und die Arbeiten sich bei diesem Spezialfahrzeug besonders schwierig gestalten dürften", außerdem kämen die Arbeitskräfte sowohl aus dem Notstandsgebiet Lemwerder in Niedersachsen als auch aus dem zu Bremen gehörenden Vegesack. „Im Interesse der Leistungsfähigkeit des Rettungsdienstes an den deutschen Küsten und mit Rücksicht auf die segensreiche Tätigkeit unseres Rettungsbootes BREMEN" schließt das auch ansonsten mit allerlei Superlativen gespickte Schreiben mit der Bitte „um wohlwollende Prüfung dieses besonderen Antrages". Binnen Monatsfrist sendet der Bremer Senat am 5. März 1951 „im

Hinblick auf die Bedeutung der Gesellschaft" ein erstes positives Signal zur Kostenübernahme, doch letztlich wird die Angelegenheit im gewöhnlichen Behördentempo des noch jungen bundesrepublikanischen Föderalismus abgearbeitet: Der Bremer Senator für Finanzen erklärt sich bereit, den Zuschuss von 48.500 DM bereitzustellen und dafür sogar außerplanmäßig Haushaltsmittel des Rechnungsjahres 1950 auf 1951 zu übertragen – allerdings unter der Voraussetzung, dass sich das Land Niedersachsen mit einem Betrag in gleicher Höhe beteiligt. In Hannover wiederum lehnt man den Antrag zunächst mit der Begründung ab, die Bereitstellung von Mitteln für derartige Zwecke sei eine Angelegenheit des Bundes. Unter der Bedingung, dass das Boot bei der Lürssen Werft im niedersächsischen Lemwerder repariert wird, erklärt man sich am 23. August schließlich doch dazu bereit, ein Drittel der Kosten bis zu einem Höchstbetrag von 32.295 DM zu übernehmen, sofern Bremen ebenfalls ein Drittel der Summe beisteuert; über die Zahlung des letzten Drittels wäre noch zu verhandeln. Außerdem bringt das niedersächsische Ministerium den Einwand vor, der frühere Rechnungshof des Reiches habe 1941 „in Niedersachsen und wahrscheinlich auch in Bremen heute noch" geltende Richtlinien aufgestellt, wonach besondere Voraussetzungen und Vorschriften zu erfüllen seien. Um die dringend erforderlichen schiffbaulichen Arbeiten endlich in Auftrag geben zu können, drängt DGzRS-Vorsitzer Hermann Helms bei Senator Hermann Apelt am 7. September darauf, die in Aussicht gestellten Mittel freizugeben, zumal die vorausberechneten Kosten für die Wiederherrichtung der BREMEN durch Lohn- und Materialpreiserhöhungen mittlerweile auf 109.884 DM gestiegen sind. Den gegenüber dem ursprünglich kalkulierten Wert entstandenen Differenzbetrag in Höhe von 29.089 DM hat die DGzRS inzwischen beim Land Hamburg beantragt, von wo wiederum signalisiert wird, mit einer entsprechenden Unterstützung dürfe „mit ziemlicher Sicherheit gerechnet werden". Selbst wenn Hamburg sich entgegen allen Erwartungen nicht mit einem Kostenzuschuss beteiligen würde, soll die Reparatur der BREMEN dennoch durchgeführt werden – in

Während die Ausrüstung des Versuchskreuzers voranschreitet, werden ältere Fahrzeuge der Rettungsflotte instandgehalten. Dieses auf April 1952 datierte Bilddokument zeigt – von oben nach unten – die Motorrettungsboote HERMANN FRESE, GEHEIMRAT LADISCH und MAASHOLM, deren Dienstzeit Ende der 1950er- / Anfang der 1960er-Jahre enden wird.

diesem Fall würde das Boot allerdings keinen neuen Motor erhalten, stattdessen soll der alte Motor gründlich überholt und wieder eingebaut werden. Schließlich gibt der bremische Senator für die Finanzen am 9. Oktober die Zahlung in voller Höhe der anfänglich zugesagten 48.500 DM frei und die DGzRS-Geschäftsführung bescheinigt 17 Tage später „mit bestem Dank" den Empfang dieser Summe. Aus dem niedersächsischen Verkehrsministerium lässt der zuständige Sachbearbeiter hingegen mitteilen, die Auszahlung des Zuschusses könne nur in Raten nach Maßgabe des jeweiligen Bedarfes erfolgen und müsse von der DGzRS mit Umweg über den bremischen Senator für Verkehr dort angefordert werden.

Einen Zwischenstand zum Fortschritt des Projekts enthält ein am 9. November verfasstes Folgeschreiben von Hermann Helms an Senator Apelt: Demnach ist der Auftrag für die schiffbaulichen Arbeiten mit einem Volumen von 54.420 DM der Lürssen Werft erteilt und die erste Anzahlung überwiesen, wohingegen die übrigen Arbeiten noch nicht beauftragt worden sind, weil der Kostenvoranschlag hierfür „wegen der neuartigen Einrichtungen dieses Bootes noch gehörig überarbeitet" und die Ergebnisse der erst Mitte des Monats stattfindenden Schleppversuche abgewartet werden müssen. Von Inspektor Schumacher erhält Hermann Apelt am 19. Februar 1952 die ergänzende Information, die schiffbaulichen Arbeiten an der BREMEN seien nahezu fertiggestellt und die erteilten Aufträge auf 76.965 DM angewachsen. Weil für die fortschreitende Neugestaltung des Bootes in Kürze weitere Aufträge erteilt werden, erinnert Schumacher an eine noch ausstehende Restzahlung des Landes Niedersachsen in Höhe von 21.530 DM, die nun zeitnah benötigt wird und deren Empfang er schließlich am 7. März erleichtert zur Kenntnis nehmen kann – aus Sicht der Verwaltung ist der Vorgang hiermit weitgehend abgeschlossen.

Probefahrt und Präsentation

Nachdem die Rohbau-Arbeiten auf der Lürssen Werft beendet sind, erledigt die DGzRS in Eigenregie den Einbau der Lenz- und Flutanlage, beider Motoren und der Verstellpropeller, der Brennstoff- und Frischwasservorratsanlagen, Heizung, Lüftung, Elektrik und Inneneinrichtung. Unter dem Dach der neuen, am 7. Februar 1952 ihrer Bestimmung übergebenen DGzRS-Werfthalle wird das Tochterboot vollständig fertiggestellt.

Bei einem Pressetermin und in Anwesenheit von Vertretern der britischen, französischen und schwedischen Seenotrettungsorganisationen kann der Öffentlichkeit am 21. Januar 1953 in Bremen schließlich das Resultat dieser schiffbaulichen Pionierleistung vorgeführt werden: Gegenüber den ursprünglichen Dimensionen des Motorrettungsbootes KONSUL KLEYENSTÜBER ist der Stahlrumpf um 1,35 Meter verlängert worden und liegt 15 Zentimeter tiefer im Wasser. Überlegungen zum nötigen Gewicht und zur Verdrängung sowie die Beobachtung der im Einsatzgebiet häufig vorkommenden Wellenlängen ergeben die Schiffslänge, die Breite resultiert aus der Forderung nach Verminderung der Kentergefahr durch maximale Formstabilität sowie aus hydrodynamischen Erwägungen, besonders hinsichtlich des Effektes der Unterwasserfläche im Bereich des Achterschiffs. Die geschwungenen Linien des Schiffskörpers, die runden Mannlöcher und der erhöhte Decksaufbau, der dem Bootsführer auf dem oben im Turm angeordneten Fahrstand eine bessere Rundumsicht ermöglichen soll und in dessen Innern sich ein zweiter, geschützter Steuerstand befindet, verleiten den Berichterstatter des Weser-Kurier zu einem Vergleich mit einem U-Boot. Die Steuerung der Motoren und aller Funktionen ist sowohl vom äußeren als auch vom inneren Fahrstand heraus möglich, die Maschinenraumbe- und -entlüftung ist durch den Turmaufbau geführt. Zur rettungsdienstlichen Ausrüstung der BREMEN gehören ein Sanitätsraum für Gerettete, ein Sprungnetz für Schiffbrüchige, eine Leinenwurfpistole, Perlon-Schleppleine, Signalmunition, eine elektrisch angetriebene Kolbenpumpe mit einer Förderleistung von 7500 Litern pro Stunde

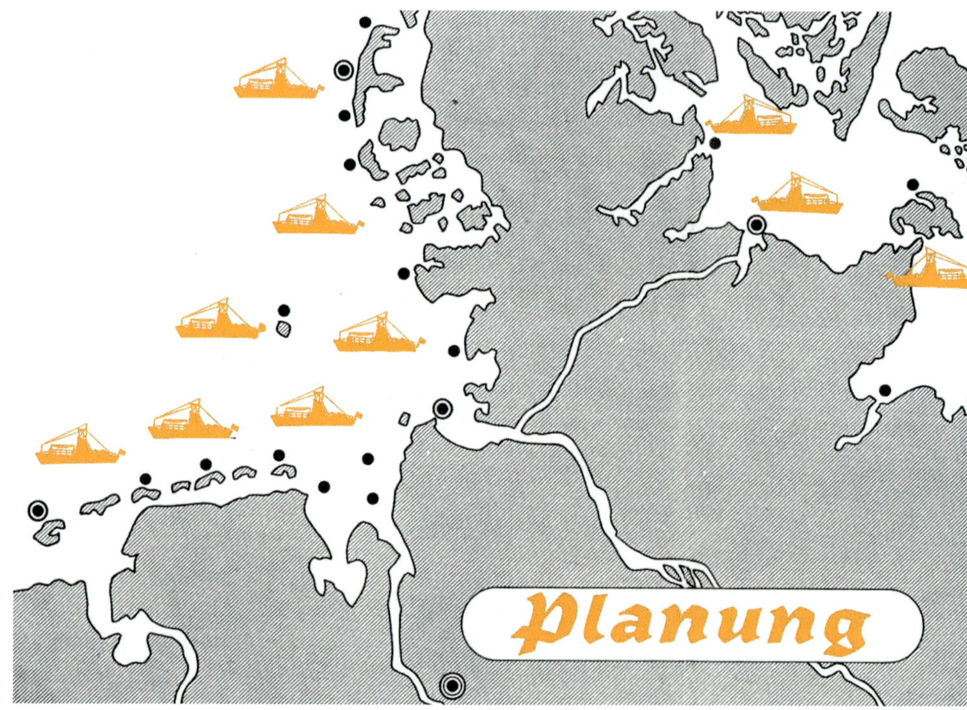

„Wenn das Bauprogramm abgeschlossen ist, wird man an der Küste der Bundesrepublik anstelle von 15 größeren Motorrettungsbooten und 15 Strand-Motorrettungsbooten nur etwa 5 bis 9 Seenotkreuzer benötigen, um wesentlich mehr leisten zu können", wird im DGzRS Jahrbuch 1953 vorhergesagt. Zehn auf Seepositionen patrouillierende Schiffe vom Typ BREMEN, wie hier dargestellt, werden jedoch eine unerfüllte Vision bleiben.

Am 1. Januar 1953 wird die BREMEN in der gleichnamigen Stadt als Versuchs-Seenotkreuzer zu Wasser gelassen und nach mehrmaligen Probefahrten wieder in die Halle geholt, um an ihr einige letzte Änderungen vornehmen zu können. Rechts steht der Betrachter in der Werfthalle auf dem DGzRS-Betriebsgelände, mit Blickrichtung weserabwärts.

sowie Feuerlöschschläuche. Eine aus Telefonie- und Telegrafiesender bestehende Funkanlage, eine Goniometer-Peilanlage, Großlautsprecher und Typhon, zwei Fluidkompasse, Atlas-Echolot und Tiefenschreiber unterstützen als technische Assistenten die Arbeit der Besatzung. Besondere Anerkennung erhält das in der Heckwanne mitgeführte Tochterboot, das über eine Gleitbahn und mittels der hydraulisch betätigten Klappheckanlage zu Wasser gelassen und nach dem Einsatz per Elektrowinde zurück an Bord geholt wird. Es zeichnet sich bei einer Länge von 5,08 Metern durch einen geringen Tiefgang von nur 0,52 Metern aus und erreicht mit 12 Knoten Höchstgeschwindigkeit, die zwei VW-Motoren von jeweils 34 PS erzeugen, sogar einen höheren Wert als der Seenotkreuzer selbst: Dessen Geschwindigkeit hatte dank der beiden neuen Dieselmotoren im Vergleich zum früheren Zustand als Motorrettungsboot von 9 auf immerhin 10 Knoten gesteigert werden können – mehr ist aus der als Verdränger konzipierten Rumpfform kaum herauszuholen gewesen. Zur vollsten Zufriedenheit der Fachleute, so berichtet der Weser-Kurier, verläuft am darauffolgenden Wochenende 24./25. Januar im Revier der Außenelbe zwischen den Inseln Neuwerk und Scharhörn die erste Erprobung auf offener See, bei der auch das Ausbringen und Aufholen des Tochterbootes während der Fahrt erfolgreich gelingt. „Einige wenige Verbesserungen noch“, lässt man die Presse wissen, dann könne in etwa acht Wochen der erste von zwölf geplanten Seenotkreuzer-Neubauten auf Kiel gelegt werden. Konzeptionell sollen diese auf Seepositionen liegen oder in großem Aktionsradius patrouillieren – auch um den Sicherungsdienst für die zivile Luftfahrt, der im Januar 1953 der DGzRS übertragen wird, zu gewährleisten.

Am Abend des 19. Februar verlässt das Schiff mit seiner Besatzung um Vormann Rolf Hoffmann Bremen und nimmt Kurs auf Cuxhaven, wo es am Sonntag, den 22. Februar, an der Übertragung eines Hafenkonzerts des Nordwestdeutschen Rundfunks beteiligt ist. Zur Uraufführung des Dokumentarfilms „Seenot ··· ––– ··· SOS“ am 5. Mai kehrt es weseraufwärts erneut nach Bremen zurück und wird am Martinianleger einem Kreis geladener DGzRS-Freunde und -Förderer präsentiert. Anschließend durchläuft der Versuchskreuzer wiederum eine Werftliegezeit bei der DGzRS-Zentrale. „Alle sollen besser leben" ist das Motto der vom 18. Juli bis 26. August 1953 in Düsseldorf stattfindenden Großen Rationalisierungs-Ausstellung, zu der die BREMEN an den Rhein entsendet wird und dort zur Besichtigung freigegeben ist. Mehr als 1,3 Millionen Besucher zieht diese Publikumsmesse an, bei der Konsumgüter der Wirtschaftswunderzeit und zukunftstaugliche Produkte – vor allem aus dem Verkehrssektor – dargeboten werden. In der begleitenden Tagesberichterstattung wird die BREMEN als das modernste Rettungsboot der Welt vorgestellt.

Die seit Januar bis hierhin – so im DGzRS Jahrbuch 1954: „unter schwierigsten Verhältnissen" – gesammelten und ausgewerteten Erfahrungen reichen offenbar aus, um schon im August den ersten schnellen Seenotrettungskreuzer in Bau zu geben. Erst nach einer weiteren längeren Erprobungsphase findet am 27. November 1953 endlich die offizielle Übergabe der BREMEN an die Rettungsstation Bremerhaven statt, dort soll sie von diesem Tag an den Dienst des Motorrettungsbootes WESER übernehmen, welches nach einer Grundüberholung fortan in Burgstaaken auf Fehmarn stationiert wird. Die Mannschaft der BREMEN soll ihre Bremerhavener Kollegen in die Handhabung des Schiffs gründlich einweisen, damit anschließend eine Personalverschiebung vorgenommen werden kann. Zu diesem Zeitpunkt führt der Cuxhavener Vormann Rolf Hoffmann die

Noch im Jahr seiner Inbetriebnahme sind am Versuchskreuzer umfangreiche Verbesserungen erforderlich, dabei entstehen auf dem DGzRS-Werftgelände diese auf den 15. Juli 1953 datierten Momentaufnahmen. Das auf der rechten Abbildung am Rand erkennbare, offenbar zum Abwracken bereitgestellte hölzerne Rettungsboot symbolisiert im Kontrast mit den von 2 x 124 PS angetriebenen Verstellpropellern anschaulich den technischen Wandel in der DGzRS-Flotte: Die Epoche der durch Ruder und Segel bewegten Rettungsboote ist unwiederbringlich vorüber.

Mit der rettungsdienstlichen Ausstattung der BREMEN erreicht die technische Entwicklung eine neue Dimension. In der Wanne im Hinterschiff liegt das ganzgedeckte Tochterboot, das im Einsatz als eigenständige, flachgehende Einheit operieren kann. Der Dreibeinmast trägt Fahrtlichter, Morselampen, Scheinwerfer und 30-Watt-Lautsprecher, im Innern des Turms befinden sich Navigations- und Signalmittel wie Echolot und die gesamte Funkeinrichtung.

BREMEN-Crew an, er ist für den jetzt geplanten Seenotkreuzer-Neubau HERMANN APELT vorgesehen und wird später mit der RUHR-STAHL und der ARWED EMMINGHAUS an einigen spektakulären Einsätzen in der Elbmündung beteiligt sein. Seine Bremerhavener Vormanns-Kollegen sind Wilhelm Plump sowie der 61-jährige Hermann Onken aus Fedderwardersiel, einer der erfahrensten und fähigsten Rettungsmänner seiner Zeit, nach dem Jahrzehnte später sogar ein Seenotrettungsboot benannt werden wird. Neben Plump stammen auch die weiteren BREMEN-Besatzungsmitglieder Helmut Haiungs, Fritz Hansen und Helmut Sörnsen allesamt aus Familien, die über zwei oder mehr Generationen – teils bis in die Gegenwart – DGzRS-Personal stellen.

Revolutionierung des Rettungswerkes

Gut vier Jahre sind bis zur Indienststellung in Bremerhaven vergangen, seitdem die BREMEN als reparaturbedürftiges Motorrettungsboot von Amrum an die Weser überführt worden war. Nach mehr als sechs Jahren auf der Station Bremerhaven und etwa eineinhalb Jahren in Hörnum kehrt sie als Deutschlands erster Seenotkreuzer mit Tochterboot im Oktober 1961 nach Amrum zurück und bleibt dort bis zu ihrer Außerdienststellung am 3. Mai 1965 stationiert. Kaum mehr als 4500 Tage sind vergangen, seitdem das Fahrzeug im fertiggestellten Zustand als Versuchskreuzer BREMEN zu Wasser gelassen, aber – nicht zu vergessen! – mehr als 34 Jahre, seitdem es als Motorrettungsboot KONSUL KLEYENSTÜBER in Dienst gestellt worden war.

Zu einer „Revolutionierung des Rettungswerkes", so heißt es im DGzRS Jahrbuch 1953, könne der erste schnelle Seenotrettungskreuzer beitragen, als dessen Vorläufer und Versuchsobjekt die BREMEN wichtige Erkenntnisse liefert. Ihr Erbgut lässt sich im Stammbaum der DGzRS-Flotte bis in die Gegenwart hinein vielfach und mit Leichtigkeit nachweisen: Die mithilfe von Modellversuchen modifizierte Linienführung ihres Rumpfes bleibt auch bei den Seenotkreuzern der folgenden Generationen erkennbar – ihre schräg auslaufenden, V-förmigen Rumpfformen bringen schon bei geringen Neigungswinkeln viel Fläche zu Wasser, was einen hohen Auftrieb bewirkt. Bei der Gestaltung des für die deutschen Seenotkreuzer typischen Vorschiffs kommt ein Prinzip zur Anwendung, das der österreichische Schiffbauingenieur Fritz Franz Maier (1844–1926) bei seinen ersten Konstruktionen zugrunde gelegt hatte: Seiner Idee zufolge sollen die Spanten einander ähnliche

Dreiecke sein, um den kürzesten Weg des Wassers längs der Außenhaut zu erreichen. Nach dem Schema dieser sogenannten Maierform wird ein Vorschiff geschaffen, das sich mit im Bereich der Wasserlinien und des Unterwasserschiffs dreieckigen, scharfen Spanten see- und strömungstüchtig verhält. Im oberen Teil der Vorschiffsspanten erzeugen diese beim Eintauchen ein Reservedeplacement und verhindern dadurch die Übernahme kompakter Mengen von Seewasser an Deck – die Form folgt der Funktion. Leo Costa, langjähriger Forschungsleiter der Maierform-Gesellschaften, entwickelt die Linien und den Antrieb der nachfolgenden Seenotkreuzer-Klassen gemeinsam mit John Schumacher, der die Forderungen der Praxis definiert und Ideen zu ihrer Verwirklichung vorbringt.

Ebenso wird das Prinzip der doppelten Außenhaut, das neben dem Sicherheitsaspekt – Erhaltung der Schwimmfähigkeit auch bei Beschädigung – platzsparende Kapazitäten für Wasser-, Treibstoff- und Ballasttanks bietet, dauerhaft beibehalten. Über das nach oben gewölbte und demnach auch als Walfischdeck bezeichnete Hauptdeck kann überkommendes Seewasser leichter ablaufen – diese charakteristisch abgerundete Form gewährleistet somit eine freie, nicht überspülte Arbeitsfläche für die Besatzung und wird im Neubauprogramm bis in die 1990er-Jahre hinein angewendet. In Kombination mit dem zentral positionierten, geschlossenen Turmaufbau unterstützt dieses Konstruktionsmerkmal darüber hinaus die selbstaufrichtenden Eigenschaften, die seither alle DGzRS-Einheiten jeder Größenordnung besitzen. Ein weiteres bemerkenswertes Formmerkmal ist der den oberen, offenen Fahrstand umgebende Düsenring, der so ausgebildet ist, dass überkommendes Spritzwasser sogleich nach außen weggeschleudert wird. Auch die Erfindung des in der Heckwanne mitgeführten Tochterbootes als flexibel einsetzbares Rettungsmittel bewährt sich und wird auf der Grundlage des namenlosen Prototyps fortlaufend weiterentwickelt. Folgerichtig würdigt das Landesamt für Denkmalpflege der Freien Hansestadt Bremen diese Episode deutscher Schiffbaugeschichte, indem es „die Urmutter aller modernen SAR-Einheiten der DGzRS", wie die BREMEN auf einer Schautafel im Bremer Hafenmuseum Speicher XI bezeichnet wird, im Jahr 2013 unter Denkmalschutz stellt.

Versuchs-Seenotkreuzer BREMEN (auf der monochromen Abbildung links) und HERMANN APELT bei der Sicherung einer Segelveranstaltung auf der Nordsee und gemeinsam am Liegeplatz: Beide Unikate erfüllen nicht die in sie gesetzten Erwartungen, liefern hingegen wesentliche Erkenntnisse als Vorstufe für den Bau schneller Seenotkreuzer und besetzen somit eine bedeutsame Stellung innerhalb der DGzRS-Flotte.

Volle Leistung bei 1800/min: Seetüchtiges Mutterschiff und slipbares Tochterboot bilden eine bis dahin einzigartige „Zwei-in-eins-Einheit" aus zwei Rettungsfahrzeugen in einem.

Umbau 1951–1953 Fr. Lürssen Werft, Bremen-Vegesack
Länge: 17,52 m Breite: 4,21 m Tiefgang: 1,40 m
Motorisierung: KHD A8L614 8-Zylinder-V Leistung: 2 x 124 PS = 248 PS
Geschwindigkeit: 11 kn Rumpfmaterial: Stahl Rufzeichen: DBAD

Name: Hansestadt und satzungsgemäßer Sitz der DGzRS

Stationierung:
27. Nov. 1953 – 25. März 1960 Bremerhaven (Nachfolge: SK H. H. MEIER)
25. April 1960 – September 1961 Hörnum (keine Nachfolge, Station unbesetzt)
Oktober 1961 – 3. Mai 1965 Amrum (Nachfolge: SK RUHR-STAHL)

Außerdienststellung in Bremen am 5. Mai 1965, tags darauf Übernahme durch die Wasserbaufirma Friedrich von Essen KG. 1965 bis 1968 als Hafenschlepper OELTJEN (Rufzeichen: DDHW) eingesetzt, ab 10. Juni 1970 als Privatyacht WAL in Hamburg-Finkenwerder, 1972 Remotorisierung mit 2 x 385 PS (Deutz). Verkauf an das Bremer Hafenmuseum Speicher XI, im Mai 2013 Rücküberführung nach Vegesack, Restaurierung, am 20. September 2014 in Bremen Umbenennung in BREMEN (Rufzeichen: DDHW, MMSI: 211671600), 2025 Übergabe an die Maritime Meile Bremen gUG. Liegeplatz: Museumshaven Bremen-Vegesack.

Lässiger Abschwung mit Zigarette: Das vermutlich kürzeste Zweischraubenboot aller Zeiten bleibt namenlos und lässt sich als zweckmäßiges Arbeitsmittel von nur einer Person fahren.

Baujahr 1952 DGzRS-Werfthalle, Bremen
Länge: 5,08 m Breite: 1,80 m Tiefgang: 0,52 m
Motorisierung: 2 x VW Industriemotor Leistung: 2 x 34 PS = 68 PS [07]
Geschwindigkeit: 12 kn Rumpfmaterial: Leichtmetall

Stationierung:
27. Nov. 1953 – 3. Mai 1965 siehe Versuchs-Seenotkreuzer BREMEN

Nur wenige Episoden sind zu diesem Fahrzeug überliefert, etwa diese: Am 26. Juni 1958 befindet sich die BREMEN beim Leuchtturm Hohe Weg, wo das Tochterboot für eine Übungsfahrt zu Wasser gelassen und anschließend quer hinter dem Heck des Seenotkreuzers festgemacht wird. Beim Anker-auf-Manöver drückt die heruntergelassene Heckklappe das Tochterboot unter Wasser. Es wird daraufhin auf den Strand gesetzt, wieder an Bord genommen und in den Bremerhavener Stationsschuppen gebracht. Mit überholten Motoren geht das Tochterboot am 23. Juli zurück an Bord der BREMEN. Nach der Außerdienststellung wird es in Hamburg-Finkenwerder bis 1980 an Land gelagert, 1981 nach Stade abgegeben und zum Vorgartenschmuck umfunktioniert. Seit der letzten Sichtung gilt es als unauffindbar. Für 2025 ist bei der Lloyd Werft Bremerhaven ein Nachbau geplant, der als Ersatz-Tochterboot in der Heckwanne der BREMEN platziert werden soll.

Geschwindigkeits-Vorgabe nicht erfüllt: Der Seenotkreuzer läuft 1 Knoten weniger an Höchstgeschwindigkeit als unter Segeln nach seinem Umbau zum Stagsegelschoner TOTEM.

Hinsichtlich Formgebung, Geschwindigkeit und Aktionsradius soll dieser erste Seenotrettungskreuzer der neuen Generation als Vorbild für folgende Fahrzeuge seiner Bauart dienen. Die Rumpfform stellt eine Kombination aus Verdränger und Gleiter dar und im Fall einer Beschädigung hält die Zweischalenbauweise des Rumpfes den Schiffskörper schwimmfähig – hier soll ein leistungsfähiges Spezialschiff für besondere rettungsdienstliche Herausforderungen entstehen. Schon während der ersten Probefahrten 1954 treten größere Schäden am Hauptmotor und am Getriebe auf, beide Komponenten werden zur Ursachenermittlung und Reparatur ausgebaut. In der weiteren Erprobung zeigt sich, dass eine deutliche Überschreitung des Konstruktionsgewichtes die als Zielmarke ausgegebene Geschwindigkeit von 20 Knoten unrealisierbar macht und desgleichen das ursprünglich geplante Mitführen des Tochterbootes verhindert. Zur Gewichtsreduktion werden die Heckklappe und das Achterdeck geschlossen, die neu konstruierte Heckpartie wird verlängert und ersatzweise ein leichteres Beiboot anstelle des bereits gebauten Tochterbootes dort platziert. Das seinem eigentlichen Verwendungszweck enthobene Tochterboot wird daraufhin als eigenständige Rettungseinheit eingesetzt und bleibt in den ersten zwei Dritteln seiner gesamten DGzRS-Dienstzeit unter der schlichten Bezeichnung KRT 1 namenlos. Dass die DGzRS in den folgenden 30 Jahren keinen Auftrag für einen Neubau an die Fr. Lürssen Werft vergibt, darf wohl auf die Konstruktionsmängel und den daraus resultierenden unbefriedigenden Gesamterfolg des Projekts zurückgeführt werden.

Projekt KRS 1 / Küstenrettungsschiff 1: Mit einer aktiven Dienstzeit von nur zehn Jahren – 1955 bis 1965 – weist die HERMANN APELT die kürzeste Fahrtzeit aller DGzRS-Seenotkreuzer auf.

Baujahr 1954 / 1955 Fr. Lürssen Werft, Bremen-Vegesack Bau-Nr. 13218
Länge: 21,50 m Breite: 5,30 m Tiefgang: 1,50 m [08] Verdrängung: 60 t
Motorisierung: 1 x MB 820 Db / 2 x MB 846 Ab Leistung: 1 x 1000 PS / 2 x 300 PS = 1600 PS
Geschwindigkeit: 17 kn Rumpfmaterial: Stahl

Name: Dr. Hermann Apelt (1876–1960), Jurist, Bremer Senator für Wirtschaft, Häfen, Verkehr
Taufe: 4. Juni 1955 in Lemwerder Taufpatin: Hedwig Kulenkampff

Stationierung:
Juni / Juli [?] 1955 – Oktober 1965 Helgoland (Nachfolge: SK ADOLPH BERMPOHL)

1966 wird die außer Dienst gestellte HERMANN APELT an das Unternehmen Harms Bergung mit Firmensitz in Hamburg verkauft und unter dem Namen ARGUS als Hafenschlepper genutzt. Ein Privatmann in den Niederlanden kauft das Schiff 1973 und gestaltet es zum motorisierten Stagsegelschoner um: Er baut zwei leichtere, jeweils 165 PS leistende Motoren ein, kürzt den Turmaufbau und nutzt den Raum als Cockpit, lässt den Heckbereich umformen, einen Ballastkiel anbringen und die Takelage errichten. Am 10. August 1979 erhält die neu entstandene Yacht den Namen TOTEM, Heimathafen Rotterdam, Liegeplatz Schiedam (Rufzeichen: PC8117, MMSI: 244026000).

Zeitweilig wird das zunächst mit „kleines Strand-Motorrettungsboot" bezeichnete Fahrzeug als Ersatz-Tochterboot in Kombination mit dem Seenotkreuzer THEODOR HEUSS verwendet.

Baujahr 1954	Fr. Lürssen Werft, Bremen-Vegesack	Bau-Nr. 13219
Länge: 6,30 m	Breite: 2,20 m Tiefgang: 0,50 m	Verdrängung: 2 t
Motorisierung: Mercedes-Benz OM 636		Leistung: 32 PS
Geschwindigkeit: 8 kn	Rumpfmaterial: Aluminium	

Name: Kurt Grundmann, DGzRS-Förderer aus Hamburg
Taufe: Juli / August [?] 1970

Stationierung: [09]

1959 / 1960 [?] - 1969	Bremerhaven
1969 - 1972	Maasholm (Nachfolge: SRB TRIENTJE)
1972 - 1977	Grömitz

Die DGzRS nutzt das Boot nach der Außerdienststellung bis 1984 als Ausstellungsobjekt, so etwa bei der Internationalen Verkehrsausstellung 1979 in Hamburg. Von 1984 bis 14. Oktober 2001 ist es als Exponat vor dem mittlerweile aufgelösten Schiffs- und Marine-Museum Senden in Nordrhein-Westfalen aufgestellt. Seither in Privatbesitz, hat es nach einem gescheiterten Restaurierungsvorhaben seinen festen Standort einstweilen auf dem Vereinsgelände eines Motorbootclubs in Castrop-Rauxel, Nordrhein-Westfalen.

Als seinerzeit jüngste DGzRS-Fahrzeuge sind die RUHR-STAHL und ihr Tochterboot TÜNNES an der 1959 in Bremen stattfindenden International Lifeboat Conference beteiligt.

Schon am 20. September 1932 hatte der Bootsbauer Friedrich Schweers mit Unternehmenssitz in Bardenfleth an der Weser die Industrie- und Handelskammer Oldenburg ersucht, seine Bitte um Berücksichtigung bei zukünftigen Ausschreibungen an die DGzRS weiterleiten zu wollen, „da ich an diese Firma noch keine Boote lieferte", denn, so fügt er hinzu, „sind mir seitens der Gesellschaft noch keine Anfragen zugesandt worden und hoffe ich, durch Ihre Befürwortung diese Anfragen zu erhalten". Obwohl das nach Bremen gesendete Empfehlungsschreiben aus Oldenburg den Hinweis enthält, die Bootswerft Schweers sei „als eine gerade im Bau von Rettungsbooten leistungsfähige und zuverlässige Firma bekannt", sollen fast 25 Jahre vergehen, bis der Betrieb erstmals einen DGzRS-Neubau abliefert: Mit dem Seenotkreuzer THEODOR HEUSS gelingt der Werft ein Prestigeprojekt, das in einer breiteren Öffentlichkeit große Anerkennung erfährt, dessen Vollendung Friedrich Schweers selbst allerdings nicht mehr miterlebt. Drei dieser 23,2-Meter-Seenotkreuzer mit Tochterboot entstehen dort, die vierte Einheit der Baureihe liefert Abeking & Rasmussen aus dem benachbarten Lemwerder. Mit der Konfiguration aus einem 12-Zylinder-Dieselmotor als Mittelmaschine, die einen Festpropeller antreibt, sowie zwei auf Verstellpropeller wirkenden Seitenmaschinen kann mit diesem Schiffstyp endlich die angestrebte Geschwindigkeit von 20 Knoten erreicht werden. 24 Tanks auf jeder Seite und 25 Tankzellen im Schiffsboden für Brennstoff, Frisch- und Ballastwasser ermöglichen vielfältige Variationen der Trimmlage und der Stabilität.[10]

KRS 2
THEODOR HEUSS

Am 17. Januar 1957 wird die THEODOR HEUSS für Probefahrten zu Wasser gelassen – dieses Typschiff der ersten in Serie gebauten Seenotkreuzer-Klasse gilt als technischer Meilenstein.

Baujahr 1956	Fr. Schweers Werft, Bardenfleth		Bau-Nr. 6320
Länge: 23,20 m	Breite: 5,30 m	Tiefgang: 1,42 m	Verdrängung: 60 t
Motor.: 1 x MB 820 Db / 2 x OM 315 A	Leistung: 1 x 1100 PS / 2 x 150 PS = 1400 PS [11]		
Geschwindigkeit: 20 kn	Rumpfmaterial: ST52 Stahl		Rufzeichen: DBAG

Name: Theodor Heuss (1884–1963), 1. Bundespräsident der Bundesrepublik Deutschland
Taufe: 12. Februar 1957 in Bardenfleth Taufpatin: Hanne Heuss

Stationierung:
6. März 1957 – 17. Juni 1963 Borkum (Nachfolge: SK GEORG BREUSING)
21. Juni 1963 – 29. Mai 1985 Laboe (Nachfolge: SK BERLIN)

Im Juni 1985 kauft der Bremer Unternehmer Peter Spatz den Seenotkreuzer ohne Tochterboot, lässt ihn zum Wohnschiff FRIDO SPATZ umbauen und behält ihn bis 2007 in Bremerhaven. Nach Weiterverkauf am 15. März 2008 und Umbenennung in JAN liegt das Schiff bis 2011 in Hamburg, nach Eignerwechsel in Kiel, dort 2014 Zwangsversteigerung durch die Hamburger Staatsanwaltschaft. Im Mai 2015 Überführung nach Hamburg, 2016 Verkauf mit dem Namen THEUSS (MMSI: 211754490). Travemünde (2017–2020), Hamburg (2020–2023), Cuxhaven (ab 20. April 2023), dort 2024 zum Verkauf angeboten.

KRT 2
TEDJE

Typisches Farbschema der Ostsee-Stationierung – beim nebenstehenden Bild des Seenotkreuzers gelingt die gleiche Zuordnung anhand des bis aufs Deck gezogenen Orange-Streifens.

Baujahr 1956	Fr. Schweers Werft, Bardenfleth		Bau-Nr. 6332
Länge: 6,50 m	Breite: 2,20 m	Tiefgang: 0,60 m	Verdrängung: 1,85 t
Motorisierung: Mercedes-Benz OM 636			Leistung: 32 PS
Geschwindigkeit: 8,5 kn	Rumpfmaterial: Aluminium		Rufzeichen: DA6214

Name: niederländische Variante (Verniedlichung) des Namens Theo(dor)

Stationierung:
6. März 1957 – 29. Mai 1985 siehe SK THEODOR HEUSS

In Vorbereitung der Überführung ins Deutsche Museum München übernimmt der Seenotkreuzer H. H. MEIER ab 1. August 1985 den Namen seines wesentlich populäreren Schwesterschiffs THEODOR HEUSS, gleichzeitig tauschen die beiden Tochterboote ihre Namen. Mit dem Namensschriftzug ROLAND wird die ehemalige TEDJE auf einem Sockel vor dem Rettungsschuppen-Museum in Norddeich aufgestellt. Weil die Eigentumsverhältnisse an der Standfläche ungeklärt sind, wird sie 1996 an einen privaten Sammler aus Nordrhein-Westfalen abgegeben. Eine angekündigte Instandsetzung ist seither nicht begonnen worden, namenlos und im Zustand fortschreitenden Verfalls steht das Boot am Platz neben KRT 1 / KURT GRUNDMANN auf demselben Vereinsgelände (Stand: 2025).

KRS 3
RUHR-STAHL

Werftzeit, Dezember 1977 – im selben Jahr war die RUHR-STAHL für eine 13-teilige ZDF-Vorabendserie zeitweilig mit anderen Namensschildern als PETER PETERSEN unterwegs gewesen.

Baujahr 1958	Fr. Schweers Werft, Bardenfleth		Bau-Nr. 6337
Länge: 23,20 m	Breite: 5,30 m	Tiefgang: 1,42 m	Verdrängung: 60 t [12]
Motor.: 1 x MB 820 Db / 2 x OM 326		Leistung: 1 x 1100 PS / 2 x 150 PS = 1400 PS [11]	
Geschwindigkeit: 20 kn	Rumpfmaterial: ST52 Stahl		Rufzeichen: DBAA

Name: Würdigung der Stahlindustrie im Ruhrgebiet für die finanzielle DGzRS-Unterstützung
Taufe: 15. April 1958 in Bardenfleth Taufpatin: Erika Kuper [13]

Stationierung:

April 1958 – Juni 1965	Cuxhaven (Nachfolge: SK ARWED EMMINGHAUS)
Juni 1965 – Mai 1985	Amrum (Nachfolge: SK EISWETTE)

In Bremen wird der Seenotkreuzer mitsamt Tochterboot am 22. August 1985 auf das Frachtschiff VENUS DEL MAR verladen und anschließend nach Montevideo transportiert. Dort übernimmt der uruguayische Seenotrettungsdienst ADES (Asociación Honoraria de Salvamentos Maritimos y Fluviales) das Fahrzeug, Taufe am 5. Dezember 1985 auf den Namen ADES 3 ROTARY CLUB DE MONTEVIDEO. Nach der Außerdienststellung bei ADES im Besitz der Hafenlotsen von Montevideo, später als Versorgungsschiff ANA ISABEL beim Bergungsunternehmen Techno Dive. Februar 2022 Stilllegung, in Montevideo aufliegend.

KRT 3
TÜNNES

Eine Reise über vier Kontinente mit zwei Atlantik- und vier Äquatorüberquerungen – dies gelingt außer dem ehemaligen Tochterboot TÜNNES bisher keiner anderen DGzRS-Einheit.

Baujahr 1956	Fr. Schweers Werft, Bardenfleth		Bau-Nr. 6342
Länge: 6,50 m	Breite: 2,20 m	Tiefgang: 0,60 m	Verdrängung: 1,85 t
Motorisierung: Mercedes-Benz OM 636			Leistung: 32 PS [12]
Geschwindigkeit: 8,5 kn	Rumpfmaterial: Aluminium		Rufzeichen: DA6212

Name: rheinische Form des Namens Antonius, Figur aus dem Hänneschen-Theater Köln

Stationierung:
April 1958 – Mai 1985 siehe SK RUHR-STAHL

Infolge der in Uruguay vollzogenen Trennung vom Seenotkreuzer wird das Tochterboot als eigenständige Rettungseinheit mit dem Namen ADES 7 HENRY COTELO eingesetzt, benannt nach dem ersten ADES-Präsidenten. Bis Juli 2006 bleibt es in Puerto de Carmelo stationiert, dann spendet ADES das Boot an die Organisation NLRI (National Lake Rescue Institute) im ostafrikanischen Uganda, wo es am 22. Dezember 2006 am Victoriasee eintrifft. Fast zehn Jahre lang bleibt das Boot ohne Funktion, geht in den Besitz einer Umweltstiftung über, wird 2016 an einen Sammler aus Deutschland verkauft und trifft per Container am 28. Januar 2017 in Bremerhaven ein. 2021 wird es weitgehend in den äußerlichen Zustand der 1980er-Jahre zurückversetzt und wieder in TÜNNES umbenannt.

KRS 4
H. H. MEIER

Taufpatin der H. H. MEIER, deren Baukosten mit rund 1 Million DM angegeben sind, ist ein Patenkind von Bundespräsident Heinrich Lübke, 1959 Amtsnachfolger von Theodor Heuss.

Baujahr 1960	Fr. Schweers Werft, Bardenfleth		Bau-Nr. 6353
Länge: 23,20 m	Breite: 5,30 m	Tiefgang: 1,42 m	Verdrängung: 60 t
Motor.: 1 x MB 820 Db / 2 x OM 326		Leistung: 1 x 1200 PS / 2 x 150 PS = 1500 PS [14]	
Geschwindigkeit: 20 kn	Rumpfmaterial: ST52 Stahl		Rufzeichen: DBAE

Name: Hermann Henrich Meier (1809–1898), erster DGzRS-Vorsitzer von 1865 bis 1898
Taufe: 11. März 1960 in Bremen-Vegesack   Taufpatin: Heidrun Eiche

Stationierung und Namensänderung:

März 1960 – August 1985	Bremerhaven (Nachfolge: SK VORMANN LEISS)
1. August 1985	Umbenennung in THEODOR HEUSS

Von der geplanten Regelung, das Schiff ab 1986 als Springer für die Stationsvertretung einzusetzen, wird Abstand genommen, da der häufige Besatzungswechsel sich als problematisch erweist. Weil die THEODOR HEUSS bei ihrer Außerdienststellung in besserem Zustand und eher für den Verkauf geeignet ist als die H. H. MEIER, geht ihr Name auf das jüngere Schwesterschiff über. Denn der nun für die Aufstellung im Deutschen Museum München bestimmte Seenotkreuzer soll den Namen mit dem höheren Bekanntheitsgrad dorthin mitnehmen. Standort seit 15. April 1987: Museumsinsel 1, 80538 München.

KRT 4
ROLAND

Vom 22. März bis 8. Juli 1987 werden der Seenotkreuzer und sein Tochterboot von Bremen-Vegesack über Düsseldorf, Köln, Frankfurt / Main und Nürnberg nach München überführt.

Baujahr 1960	Fr. Schweers Werft, Bardenfleth		Bau-Nr. 6356
Länge: 6,50 m	Breite: 2,20 m	Tiefgang: 0,60 m	Verdrängung: 1,85 t
Motorisierung: Mercedes-Benz OM 636			Leistung: 32 PS
Geschwindigkeit: 8,5 kn	Rumpfmaterial: Aluminium		Rufzeichen: DA6211

Name: Bremer Roland, Statue vor dem Rathaus und Symbol bürgerlicher Freiheit

Stationierung und Namensänderung:

März 1960 – August 1985	siehe SK H. H. MEIER
1. August 1985	Umbenennung in TEDJE

Mit der Namensgebung H. H. MEIER und ROLAND betont die DGzRS ihre Bindung zur Hansestadt Bremen: Hermann Henrich Meier war zeitlebens Bremer und die Rolandstatue gilt als Wahrzeichen der Stadt. Durch die Ablieferung der dritten Einheit dieser Klasse festigt die Fr. Schweers Werft ihre hohe Reputation im Spezialschiffbau – gerade ein Jahr vor ihrem 125-jährigen Firmenjubiläum. Die 25 Jahre während Stationierung in Bremerhaven unterstreicht zusätzlich die Verbundenheit zur Unterweserregion. In München bleiben der Seenotkreuzer und sein Tochterboot, das zwecks Restaurierung vorübergehend ins Museums-Depot verlegt wird, über mehrere Jahre voneinander getrennt.

KRS 5
HAMBURG

Nach ihrer Doppeltaufe unternehmen H. H. MEIER und HAMBURG im März 1960 eine Erprobungstour nach Helgoland, Südnorwegen, durch das Kattegat und via Bornholm nach Kiel.

Baujahr 1960 Abeking & Rasmussen, Lemwerder Bau-Nr. 5468
Länge: 23,20 m Breite: 5,30 m Tiefgang: 1,42 m Verdrängung: 60 t
Motor.: 1 x MB 820 Db / 2 x OM 326 Leistung: 1 x 1200 PS / 2 x 150 PS = 1500 PS [14]
Geschwindigkeit: 20 kn Rumpfmaterial: ST52 Stahl Rufzeichen: DBAF

Name: Hansestadt und Sitz des 1861 gegr. Hamburger Vereins zur Rettung Schiffbrüchiger
Taufe: 11. März 1960 in Bremen-Vegesack Taufpate: Peter Trapp

Stationierung: [15]
März 1960 – Juli 1975 Burgstaaken (Nachfolge: SK JOHN T. ESSBERGER)
Juli 1975 – 31. [?] Juli 1985 Grömitz (Nachfolge: SK ARWED EMMINGHAUS)

Nach Verkauf und Umbau als Wohn-, Bergungs- und Versorgungsschiff SEA-WOLFE in der Karibik unterwegs.[16] 1990 Rückkehr, Umbenennung in SEEWOLF, 1992 bis 2002 in Neustadt und Sassnitz. Weiterverkauf, Namenswechsel zu OSTSEEBAD KÜHLUNGSBORN und kurzzeitige Verlegung in den gleichnamigen Ort, 2002 bis 2004 in Wilhelmshaven und Stralsund, als HAMBURG von 2005 bis 2007 im Museumshafen Oevelgönne, dann Rostock. Als SEEWOLF in Stubbekøbing / Dänemark, Verkauf und Überführung nach Harlingen / Niederlande im Juni 2017, gescheiterter Instandsetzungsversuch, 2023 Verkaufsangebot.

KRT 5
MICHEL

Nach beendetem Werftaufenthalt bei der DGzRS-Zentrale in Bremen – ca. 1977 – ist das Tochterboot MICHEL bereit zur Wiederaufnahme in die Heckwanne der HAMBURG.

Baujahr 1960 Abeking & Rasmussen, Lemwerder Bau-Nr. 5551
Länge: 6,55 m Breite: 2,20 m Tiefgang: 0,47 m Verdrängung: 1,85 t
Motorisierung: Mercedes-Benz OM 636 Leistung: 32 PS
Geschwindigkeit: 8,5 kn Rumpfmaterial: Aluminium Rufzeichen: DA6208

Name: Hauptkirche St. Michaelis, volkstümlich Michel, bekanntester Kirchenbau Hamburgs

Stationierung:
März 1960 – 31. [?] Juli 1985 siehe SK HAMBURG

Während des Aufenthaltes im Karibischen Meer trägt das Tochterboot den Schriftzug TT. SEA-WOLFE (TT = Tender to; deutsch: Beiboot). Nach der Rückkehr aus Mittelamerika wird es vom Seenotkreuzer getrennt, 1990 an ein Mitglied der Segler-Vereinigung Mannheim veräußert, in AUGUST-WILHELM umbenannt und mit zusätzlichem Kabinenaufbau sowie einer Bugreling bestückt. Am Stützpunkt Sandhofer-Altrhein nutzen die Wassersportler es zunächst für die vereinsinterne Ausbildung, später liegt es aufgrund ungeklärter Zuständigkeiten namenlos und unlackiert am Vereinssteg. Unterdessen erhält der inzwischen wieder in HAMBURG umbenannte Seenotkreuzer ab 2002 ein nahezu identisches Ersatz-Tochterboot: das 1956 gebaute, ehemalige Rettungsboot des Feuerschiffs BORKUMRIFF.

Am 100. Jahrestag ihrer Gründung lässt die DGzRS am 29. Mai 1965 den für Baukosten von etwa 1,5 Millionen DM fertiggestellten Seenotkreuzer ARWED EMMINGHAUS taufen.

Alle drei Tochterboote dieser Klasse werden ab 1982 – nachdem dieses Foto entsteht – mit geschlossenem Aufbau zum Selbstaufrichter umgebaut, Kenterversuche verlaufen erfolgreich.

An der Schwelle zu ihrem 100-jährigen Bestehen gilt es für die DGzRS, sich im politischen Umfeld zu positionieren: 1960 tritt eine Neufassung des Schiffssicherheitsvertrages (International Convention for the Safety of Life at Sea, SOLAS) in Kraft. Dem Bundesrat liegt ein Gesetzentwurf vor, wonach die Vorsorge für den Such- und Rettungsdienst auf dem Gebiet der Seeschifffahrt dem Bund obliegen soll – hierdurch wird nicht weniger als die Selbständigkeit der DGzRS und somit ihre Daseinsberechtigung in Frage gestellt. 1963 reagiert Vorsitzer Hermann Helms mit einem an den Bundesverkehrsminister gerichteten Vorschlag, die Schiffe und Küstenstationen der DGzRS, die Küstenfunkstellen der Deutschen Bundespost und die Seenotflugzeuge der Bundesmarine zu koordinieren, wobei „an die Schaffung eines Rettungsmonopols" keinesfalls gedacht sei. Im Herbst 1964 wird im Bereich der Ostsee der Bundesgrenzschutz See neu aufgestellt. Auch weil DGzRS-Inspektor Schumacher befürchtet, „die mit 100-jähriger Erfahrung aufgebaute Organisation (...) könnte (...) mit einem Schlage vernichtet werden", dringt das Seenotkreuzer-Neubauprogramm nun in größere Dimensionen vor, zudem soll mit Kontrollfahrten und Rettungsübungen an Ölbohrinseln ein neues Aufgabenfeld erschlossen werden. Fünf Tage vor dem 100. DGzRS-Jubiläum ist das Seeaufgabengesetz ausgefertigt, es regelt die Verantwortlichkeiten der Bundesbehörden auf dem Gebiet der Seeschifffahrt. Per Erlass des Bundesverkehrsministers vom 22. Dezember 1965 erkennt die Bundesregierung die DGzRS „als umfassende Organisation des Such- und Rettungsdienstes an".

Mitte der 1960er-Jahre überwindet die DGzRS erstmals in ihrem Schiffbauprogramm die Marke von 25 Metern Länge. Dieser neueste Seenotkreuzer-Typ hat im Vergleich zu den Vorgängermodellen der 23,2-Meter-Klasse ein schlankeres Erscheinungsbild: Zuvor lag das Verhältnis von Schiffslänge zu -breite beim Faktor 4,4 – jetzt kommen auf einen Meter Schiffsbreite rechnerisch 4,8 Längenmeter. In ähnlicher Ausprägung ist diese Linienführung in den Dimensionen der Tochterboote nachweisbar, hier steigt jener Proportionalitätsfaktor von 3,0 auf 3,5. Für die Entwicklung und den Bau schnittiger und eleganter Schiffsrümpfe ist die Werft Abeking & Rasmussen – damals wie heute – eine gute Adresse, folgerichtig gibt die DGzRS zwei Einheiten dieser Klasse dort in Auftrag, eine wiederum bei Fr. Schweers. Mit der Namensgebung der Seenotkreuzer würdigt die Gesellschaft drei als ihre Gründerväter geltenden Persönlichkeiten, die maßgeblich zum Aufbau beziehungsweise Zusammenschluss regionaler Rettungsvereine beigetragen hatten. Beeinflusst ist die Namensauswahl auch vom bevorstehenden 100-jährigen DGzRS-Jubiläum: Symbolträchtig werden die Neubauten Nummer 1 und 2 am 29. Mai 1963 und am 29. Mai 1965, dem 98. respektive 100. Jahrestag, getauft. Die Indienststellung der 26,6-Meter-Klasse hat eine Reihe von Umstationierungen zur Folge, aus denen schließlich die Ausmusterung des Motorrettungsbootes BORKUM sowie der beiden Versuchs-Seenotkreuzer BREMEN und HERMANN APELT resultiert. Dass zwei Einheiten dieser Baureihe museal erhalten geblieben sind, bestätigt ihre bedeutsame Stellung innerhalb der Flotte.

KRS 6
GEORG BREUSING

Neben den drei runden Fenstern mit Schleuderscheiben werden 1975/1976 vier der eckigen Fenster in der Front des aus Leichtmetall gefertigten Decksaufbaus durch Bullaugen ersetzt.

Baujahr 1962[17] Abeking & Rasmussen, Lemwerder Bau-Nr. 5870
Länge: 26,66 m Breite: 5,60 m Tiefgang: 1,62 m Verdrängung: 90 t[18]
Motor.: 1 x MB 820 Db / 2 x MB 836 Db Leistung: 1 x 1100 PS / 2 x 400 PS = 1900 PS[19]
Geschwindigkeit: 24 kn Rumpfmaterial: Stahl Rufzeichen: DBAS

Name: Georg Breusing (1820–1882), Oberzollinspektor in Emden
Taufe: 29. Mai 1963 in Bremen-Vegesack Taufpatin: Dr. Ingelene Breusing

Stationierung:
17. Juni 1963 – 1. Juli 1988 Borkum (Nachfolge: SK ALFRIED KRUPP)[20]

Im Anschluss an die am 30. Mai 1963 vollzogene offizielle Werftabnahme nimmt die GEORG BREUSING an der vom 4. bis 6. Juni abgehaltenen International Lifeboat Conference in Edinburgh / Schottland teil und bereist anschließend die britischen Hafenstädte Dundee, Aberdeen, Dover, Shoreham, Ramsgate. Am 1. Juli 1988 Überführung von Borkum nach Bremerhaven und am Folgetag zur DGzRS-Zentrale, wo das Schiff für seine Bestimmung als Museumsschiff vorbereitet wird. Die Überführung nach Emden übernimmt ein Teil der Borkumer Crew. Seit dem 23. Dezember 1988 als Museums-Rettungskreuzer mit Liegeplatz am Ratsdelft im Stadtzentrum: Georg-Breusing-Promenade 1, 26721 Emden.

KRT 6
ENGELKE UP DE MUER

Unter allen im Originalzustand erhaltenen Tochterbooten ist ENGELKE das älteste fahrbereite Exemplar – hier im Juni 2016 in der Bucht von Watum, unterwegs zum Hafen Delfzijl.

Baujahr 1963 Abeking & Rasmussen, Lemwerder Bau-Nr. 5883
Länge: 8,50 m Breite: 2,45 m Tiefgang: 0,61 m Verdrängung: 3 t
Motorisierung: Mercedes-Benz OM 352 Leistung: 85 PS[21]
Geschwindigkeit: 13 kn Rumpfmaterial: Aluminium Rufzeichen: DA6205

Name: „Engelchen auf der Mauer", Bezeichnung des Emder Wappens
Taufe: 29. Mai 1963 in Bremen-Vegesack Taufpatin: Ina-Margret Krasmann

Stationierung:
17. Juni 1963 – 1. Juli 1988 siehe SK GEORG BREUSING

Wohl zugunsten einer besseren Verständigung im Sprechfunk wird der Bootsname noch in den 1960er-Jahren in die Kurzform ENGELKE umgewandelt, der bisherige Zusatz UP DE MUER entfällt fortan auf den am Tochterboot befestigten Namensschildern.[22] Nicht nur die mit Bezug zur Emder Stadtgeschichte gewählte Namensgebung des Tochterbootes, auch die des Seenotkreuzers selbst stellt eine direkte Verbindung zur Seehafenstadt Emden her – hier hatte Georg Breusing am 2. März 1861 den ersten Verein zur Rettung Schiffbrüchiger in Ostfriesland gegründet. Durch die Übergabe des Museumsschiffs an den Förderkreis Rettungskreuzer GEORG BREUSING e. V. bleibt dieser regionale Aspekt lange über die aktive Dienstzeit der Rettungseinheit hinaus erhalten.

KRS 7
ARWED EMMINGHAUS

Unterwegs beim Fischereihafen Cuxhaven, im Hintergrund der Turm der Hapag-Hallen. In Sandgerði / Island ist der Seenotkreuzer ab 1993 wiederum in einem Fischerort stationiert.

Baujahr 1965 — Fr. Schweers Werft, Bardenfleth — Bau-Nr. 6389
Länge: 26,66 m — Breite: 5,60 m — Tiefgang: 1,62 m — Verdrängung: 90 t [18]
Motor.: 1 x MB 820 Db / 2 x MB 836 Db — Leistung: 1 x 1100 PS / 2 x 400 PS = 1900 PS [19]
Geschwindigkeit: 24 kn — Rumpfmaterial: Stahl — Rufzeichen: DBAC

Name: Dr. Arwed Karl Bernhard Emminghaus (1831–1916), erster Sekretär der DGzRS
Taufe: 29. Mai 1965 in Bremen-Vegesack — Taufpatin: Birgit Emminghaus

Stationierung:
Juni 1965 – Oktober 1985 — Cuxhaven (Nachfolge: SK HERMANN HELMS)
Oktober 1985 – 19. Januar 1993 — Grömitz (Nachfolge: SK BREMEN)

Zur Verwertung nach der DGzRS-Dienstzeit übernimmt Slysavarnafélag Íslands (SVFÍ, deutsch: Isländischer Verband für Unfallverhütung) am 26. März 1993 das Schiff, Umbenennung in HANNES Þ. HAFSTEIN (Rufzeichen: TFSL). Verkauf an einen Sammler, Rückkehr nach Deutschland im Mai 2007, ohne Verwendungszweck in Rostock, ab 2010 Verkaufsangebot, Erwerb durch eine Eignergemeinschaft, am 19. Oktober 2013 Überführung nach Burgstaaken. Mit ursprünglichem Namen im Seenotrettungsmuseum Fehmarn vom 11. Oktober 2014 bis zur Schließung 2023. Standort (2025): Burgstaaken 89, 23769 Fehmarn.

KRT 7
ALTE LIEBE

Vor der Verwirklichung des Museumsprojekts erhält das in Island umbenannte Tochterboot – hier im Zustand von September 2014 – seinen ursprünglichen Namen ALTE LIEBE zurück.

Baujahr 1965 — Fr. Schweers Werft, Bardenfleth — Bau-Nr. 6390
Länge: 8,50 m — Breite: 2,45 m — Tiefgang: 0,74 m — Verdrängung: 2,9 t [23]
Motorisierung: Mercedes-Benz OM 352 — Leistung: 94 PS
Geschwindigkeit: 13 kn — Rumpfmaterial: Aluminium — Rufzeichen: DA6217

Name: Bezeichnung einer ehemaligen Pier im Hafen Cuxhaven, heute Aussichtsplattform
Taufe: 29. Mai 1963 in Bremen-Vegesack — Taufpatin: Ingrid Emminghaus

Stationierung:
Juni 1965 – 19. Januar 1993 — siehe SK ARWED EMMINGHAUS

Auf dem von der Deutschen Bundespost am Tag der Schiffstaufe herausgegebenen Postwertzeichen „100 Jahre deutscher Seenotrettungsdienst" stimmen die dargestellten Proportionen des Bootes teilweise nicht mit dessen tatsächlichen Dimensionen überein – beinahe so, als würde hier der ab 1982 vollzogene Umbau zum kentersicheren Boot mit geschlossenem Aufbau bereits vorweggenommen. Einhergehend mit der Übergabe nach Island wird das Tochterboot am 2. April 1993 in SIGGI GUÐJÓNS umbenannt. Vigdís Finnbogadóttir, damalige Präsidentin Islands und die weltweit erste zum Staatsoberhaupt eines Landes gewählte Frau, tauft in Sandgerði den Seenotkreuzer und sein Beiboot.

KRS 8
ADOLPH BERMPOHL

Mit ca. 2,5 Millionen DM sind die Baukosten für die ADOLPH BERMPOHL angegeben. Ein Test zur Maximalbelastung ergibt: 140 Personen können an Bord untergebracht werden.

Baujahr 1965	Abeking & Rasmussen, Lemwerder		Bau-Nr. 6170
Länge: 26,66 m	Breite: 5,60 m	Tiefgang: 1,62 m	Verdrängung: 90 t [18]
Motor.: 1 x MB 820 Db / 2 x MB 836 Db		Leistung: 1 x 1100 PS / 2 x 400 PS = 1900 PS [19]	
Geschwindigkeit: 24 kn	Rumpfmaterial: Stahl		Rufzeichen: DBAD

Name: Friedrich August Adolph Bermpohl (1833–1887), Navigationslehrer
Taufe: 23. Oktober 1965 in Bremen-Vegesack Taufpatin: Irmhild Bermpohl

Stationierung:
26. Oktober 1965 – April 1979 Helgoland (Nachfolge: SK WILHELM KAISEN)
April 1979 – 7. Juni 1989 List (Nachfolge: SK MINDEN)

Am 23. Februar 1967 kommen bei einer Havarie die vier Mann der Besatzung ums Leben, daraufhin erhält die ADOLPH BERMPOHL als erster Seenotkreuzer einen geschlossenen oberen Fahrstand. In Bremen am 11. August 1989 Übergabe an die finnische Rettungsgesellschaft Suomen Meripelastusseura (SMPS), Umbenennung in RUSSARÖ nach einer Insel südlich der Stadt Hanko, dort stationiert vom 18. August 1989 bis zur Ausmusterung. Am 19. Dezember 2001 Überführung nach Tallinn / Estland, hier 2002 als eines der bekanntesten ehemaligen DGzRS-Fahrzeuge abgewrackt; das Tochterboot bleibt zunächst erhalten.

KRT 8
VEGESACK

VEGESACK im Hafen von List – 1982 und 1983 erhalten die drei Einheiten dieses Bootstyps geschlossene Kabinen und durch Umbauten herbeigeführte selbstaufrichtende Eigenschaften.

Baujahr 1965	Abeking & Rasmussen, Lemwerder		Bau-Nr. 6171
Länge: 8,50 m	Breite: 2,45 m	Tiefgang: 0,61 m	Verdrängung: 3 t
Motorisierung: Mercedes-Benz OM 352			Leistung: 100 PS
Geschwindigkeit: 13 kn	Rumpfmaterial: Aluminium		Rufzeichen: DA6132

Name: Stadtteil von Bremen innerhalb des Stadtbezirks Nord
Taufe: 23. Oktober 1965 in Bremen-Vegesack Taufpatin: Sabine Schumacher

Stationierung:
26. Oktober 1965 – 7. Juni 1989 siehe SK ADOLPH BERMPOHL

Der Name VEGESACK entspricht dem Ort der Bootstaufe und zugleich der Wirkungsstätte Adolph Bermpohls, der dort 1860 einen Aufruf zur Errichtung von Rettungsstationen veröffentlicht und 1863 den Bremischen Verein zur Rettung Schiffbrüchiger gegründet hatte. Nach dem tödlichen Seeunfall vom 23. Februar 1967 wird das Tochterboot in beschädigtem Zustand, menschenleer und kieloben treibend aufgefunden und anschließend instandgesetzt. Im Zuge der Verschrottung des Seenotkreuzers übernimmt es der estnische Seenotrettungsdienst und setzt es mit dem Namen PAAVO (deutsch: Paul) weiterhin ein, später wird es in einer Ferienanlage auf der Insel Naissaar an Land aufgestellt.

1967 — 16,8-METER-SEENOTKREUZER MIT TOCHTERBOOT

KRS 01 — PAUL DENKER

38 Jahre und 4 Tage zwischen Taufe und Außerdienststellung: Langzeitrekord in der Kategorie Seenotkreuzer – hier 1968 in Bremen bei der für das Beiboot namensgebenden Eiswette.

Eine „Klasse für sich“ ist die PAUL DENKER. Einige Bereiche dieses kleinsten jemals hergestellten Seenotkreuzers erscheinen unterdimensioniert, beinahe so, als seien die Baupläne im falschen Maßstab auf das Material übertragen worden: Der Niedergang zum oberen Steuerstand, die Höhe der Fahrstandumrandung, die Kammern im Vorschiffsbereich ... alles scheint „eine halbe Nummer größer“ zweckdienlicher zu sein. Dies gilt vor allem für das Tochterbötchen als kleinstes jemals gebautes Exemplar seiner Gattung: Allenfalls mit Einschränkungen ist es als praktikables, sicheres Arbeitsgerät geeignet, denn es ist kein Selbstaufrichter und schon bei Probefahrten im Juli 1967 werden Geschwindigkeit und Stabilitätsumfang als nicht ausreichend beurteilt. Erst nach zehn Jahren im Gebrauch wird es durch ein 3,5 Meter langes, 18 Knoten schnelles Schlauchboot mit 20 PS Mercury Außenborder ersetzt und innerhalb der Flotte keiner Nachfolgeverwendung zugeführt. Auf dem Zeitstrahl der Flotten-Evolution ist die PAUL DENKER als Bindeglied zu den Motorrettungsbooten aus den 1940er-Jahren und experimentelle Vorstufe des 18,9-Meter-Quartetts einzuordnen: In Maasholm ersetzt sie die 24 Jahre alte LÜBECK, um zwei Jahre später ihrerseits durch den Neubau G. KUCHENBECKER abgelöst zu werden. Seinen Dauerplatz im Bremer Landesmuseum für Kunst und Kulturgeschichte hat dieses Unikat allemal verdient, weil es sich um den ersten vollständig aus Aluminium gefertigten Seenotkreuzer handelt, wohingegen die Vorläufermodelle ein Oberdeck und die Aufbauten aus seewasserbeständigem Leichtmetall in Kombination mit einem aus Stahl geformten Rumpf besitzen.

Um das Schwingungsverhalten des leichten Bootskörpers günstig zu halten, wird er nach der Forderung von Inspektor John Schumacher im so bezeichneten Netzspantsystem erbaut.

Baujahr 1967	Fr. Schweers Werft, Bardenfleth		Bau-Nr. 6398
Länge: 16,80 m	Breite: 3,80 m	Tiefgang: 1,25 m	Verdrängung: 25 t [24]
Motorisierung: Mercedes-Benz 837 Eo [?]			Leistung: 665 PS
Geschwindigkeit: 19,5 kn	Rumpfmaterial: Aluminium [25]		Rufzeichen: DBAB

Name: Vormann Paul Johann Denker (1912–1967), mit SK ADOLPH BERMPOHL verunglückt
Taufe: 13. Juni 1967 in Bardenfleth

Stationierung:

26. Juli 1967 – September 1969	Maasholm (Nachfolge: SK G. KUCHENBECKER)
1969 – Juli 1975	Grömitz (Nachfolge: SK HAMBURG)
Oktober 1975 – 16. Februar 2000	Travemünde (Nachfolge: SRB HANS INGWERSEN)
17. Februar 2000 – 16. Juni 2005	SAR-Schule Neustadt [26]

Vor der Schiffstaufe stellt die deutsche Delegation ihren 650.000 DM teuren Neubau auf der im Juni 1967 abgehaltenen International Lifeboat Conference in Dinard / Frankreich vor. Nach dem letzten Wasserkontakt am 25. Juli 2005 bei der Lürssen Werft gelangt das schiffbauliche Einzelstück von der Weser per Straßentransport zum Bremer Focke-Museum. Besichtigung von März bis November: Schwachhauser Heerstraße 240, 28213 Bremen.

KRT 01
EISWETTE VON 1829

Seit 1956 beteiligen sich die Seenotretter an der Eiswette und transportieren den Schneider, die Hauptfigur des Spektakels, mit einem ihrer Boote von einem zum anderen Weserufer.

Baujahr 1967	Fr. Schweers Werft, Bardenfleth		Bau-Nr. 6399
Länge: 4,50 m	Breite: 1,70 m	Tiefgang: 0,40 m	Verdrängung: 0,45 t
Motorisierung: Daimler [?] Außenbordmotor			Leistung: 25 PS [27]
Geschwindigkeit: 8 kn	Rumpfmaterial: Epoxid-Konstruktion		

Name: Bremer Eiswette, jährliche Traditionsveranstaltung mit DGzRS-Spendensammlung

Stationierung:
Juni 1967 – 1977 siehe SK PAUL DENKER

Nach der Trennung des Tochterbootes vom Seenotkreuzer wird es 1977 an eine Privatperson verkauft, über den unmittelbar darauffolgenden Verbleib liegen keinerlei Kenntnisse vor. Erst 1990 findet und identifiziert ein aufmerksamer Bremer die entkernte Rumpfschale mit dem Bootsnamen YVONNE bei einem Schrotthändler, rekonstruiert daraus – teils nach dem Vorbild, teils frei gestaltet – ein fahrtüchtiges Boot mit Außenbordmotor und gibt diesem die ursprüngliche Bezeichnung zurück. Am 6. Januar 2008 begleitet er in dieser restaurierten Version der EISWETTE VON 1829 – passend zum Bootsnamen – die Bremer Folklore-Veranstaltung auf der Weser. 2018 präsentiert er das – dieses Mal auf einem Trailer gelagerte – Boot wiederum am Rande der sogenannten Eiswettprobe.

1969
18,9-METER-SEENOTKREUZER MIT TOCHTERBOOT

Als Weiterentwicklung aus dem 16,8-Meter-Prototyp ist diese Klasse in der Planungsphase zunächst mit einer Länge von 17,5 Metern und 5,5 Meter langem Tochterboot konzipiert.

Zwanzig Jahre nach der Währungsreform ist die eingangs geschilderte Finanznot der Gesellschaft überwunden: Im Frühjahr 1968 vergibt sie den Auftrag für vier baugleiche Seenotkreuzer – voll ausgerüstet zum Stückpreis von rund 800.000 DM. Nach dem Einzelstück PAUL DENKER beginnt mit dieser Ausschreibung bei der DGzRS nun der Serienbau mit dem Werkstoff Aluminium. Die bewährte Zusammenarbeit mit den Werften Fr. Schweers und Abeking & Rasmussen wird fortgesetzt, in beiden Betrieben entstehen je zwei Einheiten nach denselben Planunterlagen und innerhalb weniger Monate werden alle Exemplare dieser neuen Klasse in Dienst gestellt. Mit der Namensgebung – sowohl der Seenotkreuzer als auch der Tochterboote – würdigt man ausschließlich verdiente oder im Dienst ums Leben gekommene Rettungsmänner. Im Unterschied zu den größeren Vorgängern mit Dreischraubenantrieb verfügen diese Seenotkreuzer über nur eine von einem Dieselmotor angetriebene Schraube; zusätzlich kann ein zweiter, kleinerer Hilfsdiesel auf die Schraubenwelle gekuppelt werden, um im Notfall die Manövrierfähigkeit des Schiffs zu erhalten. Die Tochterboote sind – anders als alle bisher konstruierten Modelle – erstmals mit komplett geschlossenem Fahrstand ausgeführt und als Selbstaufrichter konzipiert. Im Laufe ihrer durchschnittlich über 30 Jahre währenden Dienstzeit erhalten die vier Seenotkreuzer Mitte der 1970er-Jahre neue MTU-Motoren, die im Betriebszustand über den kleinen Schiffen eine beeindruckende dunkle Abgaswolke erzeugen, die flottenintern und exklusiv für diese 18,9-Meter-Klasse eine gewisse Bekanntheit als „MTU-Fahne" erlangt.[28]

KRS 02
OTTO SCHÜLKE

Nach dem Typschiff werden die 18,9-Meter-Seenotkreuzer gemeinhin als SCHÜLKE-Klasse bezeichnet. Als Museumsschiff erhält die OTTO SCHÜLKE ihren ursprünglichen Namen zurück.

Baujahr 1969	Fr. Schweers Werft, Bardenfleth		Bau-Nr. 6407
Länge: 18,90 m	Breite: 4,50 m	Tiefgang: 1,25 m	Verdrängung: 35 t
Motorisierung: Mercedes-Benz 838 Ea			Leistung: 650 PS [29]
Geschwindigkeit: 18 kn	Rumpfmaterial: Aluminium		Rufzeichen: DBAO

Name: Maschinist Otto Schülke (1914–1967), mit SK ADOLPH BERMPOHL verunglückt
Taufe: 11. Juni 1969 in Bremen Taufpatin: Wilhelmine Lübke

Stationierung:
Juli 1969 – 24. April 1997 Norderney (Nachfolge: SK BERNHARD GRUBEN)

Im Zuge des Verkaufs an den isländischen Rettungsdienst SVFÍ Überführung nach Reykjavík vom 16. bis 23. Mai 1997, am 2. Juni 1997 in Ísafjörður Indienststellung unter dem Namen GUNNAR FRIÐRIKSSON. Umbenennung in A. D. S. ÍSLAND nach Weiterverkauf an das gleichnamige norwegische Unternehmen, November 2000. Ab 2005 in Norwegen registriert, Schiffsname ISLAND. Ankauf durch den Verein Museumskreuzer Otto Schülke e. V. am 3. Januar 2019, Überführung als Decksfracht nach Bremerhaven im September 2019. Umfangreiche Restaurierung, Rückkehr nach Norderney am 31. Juli 2021 (Rufzeichen: DCKD, MMSI: 211414140). Museums-Liegeplatz: Am Hansendamm, 26548 Norderney.

KRT 02
JOHANN-FIDI

Als einziges Tochterboot dieser Bauserie ist die JOHANN-FIDI über 50 Jahre nach ihrer Indienststellung noch fahrtauglich – hier vor dem Norderneyer Weststrand im August 1996.

Baujahr 1969/1970	Fr. Schweers Werft, Bardenfleth		Bau-Nr. 6408
Länge: 5,50 m	Breite: 2,13 m	Tiefgang: 0,50 m	Verdrängung: 1,5 t
Motorisierung: Mercedes-Benz OM 615			Leistung: 54 PS
Geschwindigkeit: 10 kn [30]	Rumpfmaterial: Aluminium		Rufzeichen: DA7247

Name: Kurzform von Johann Friedrich Rass, Vormänner der DGzRS-Station Norderney

Stationierung:
Juni 1970 – 24. April 1997 siehe SK OTTO SCHÜLKE

Bei Erstankunft der OTTO SCHÜLKE auf Norderney ist die Heckwanne leer: Am Übergabetag streicht die DGzRS das „nicht gelieferte Tochterboot" von der Gesamtrechnung der Werft. Eine frühe Bauzeichnung zeigt das Fahrzeug mit einem – ähnlich dem Tochterboot der PAUL DENKER – vorn positionierten, offenen Fahrstand, der in später ausgelieferten Version durch eine geschlossene Konstruktion ersetzt ist. Im Vertrag zwischen Werft und DGzRS ist ursprünglich ein Volvo Penta MD42 Motor vorgesehen, die Typbezeichnung 42 steht für 4,2 l Hubraum. In Island erhält das Boot den Namen STEFAN EGGERTSON, wird dort bald durch ein Schlauchboot ersetzt und 2000 wiederum zusammen mit dem Seenotkreuzer weiterverkauft. Ab 2019 Instandsetzung, Rücküberführung von Hooksiel nach Norderney an Bord der OTTO SCHÜLKE.

KRS 03
H.-J. KRATSCHKE

Kontrollfahrt im nordfriesischen Wattenmeer. In der DGzRS-Fachsprache wird diese Klasse zunächst als Seenotrettungsboot bezeichnet, später zum Seenotkreuzer aufgewertet.

Baujahr 1969 Abeking & Rasmussen, Lemwerder Bau-Nr. 6313
Länge: 18,90 m Breite: 4,50 m Tiefgang: 1,26 m Verdrängung: 35 t
Motorisierung: Mercedes-Benz 838 Ea Leistung: 650 PS [29]
Geschwindigkeit: 18 kn Rumpfmaterial: Aluminium Rufzeichen: DBAU

Name: Hans-Jürgen Kratschke (1939–1967), mit SK ADOLPH BERMPOHL verunglückt
Taufe: 14. Juni 1969 in List Taufpatin: Irene Kratschke

Stationierung:
Juni 1969 – Mai 1979 List (Nachfolge: SK ADOLPH BERMPOHL)
Mai 1979 – 24. Juli 1996 Nordstrand (Nachfolge: SK VORMANN LEISS)
24. Juli 1996 – Oktober 2003 Eiderdamm (Nachfolge: SRB PAUL NEISSE)

Während der Stationierung am Eidersperrwerk wird erstmals ein Seenotkreuzer von einer freiwilligen Besatzung geführt. Nach ihrer Außerdienststellung nimmt die H.-J. KRATSCHKE am 25. März 2004 auf dem Betriebsgelände der Seenotretter den zuvor von der RICKMER BOCK besetzten Platz als Schauobjekt ein, seit dem 23. Juni 2004 ist sie für Besucher geöffnet. 2012 und 2021 umfangreichere Restaurierungsarbeiten. Nach Voranmeldung geführte Besichtigung auf dem Gelände der DGzRS-Zentrale: Werderstraße 2, 28199 Bremen.

KRT 03
LUDJE

An der hier sichtbaren Backbordseite des Aufbaus wird im Zuge der Umgestaltung zum Ausstellungsobjekt ein Segment herausgetrennt, um besseren Einblick ins Innere zu gewähren.

Baujahr 1969 Abeking & Rasmussen, Lemwerder Bau-Nr. 6315
Länge: 5,48 m Breite: 2,13 m Tiefgang: 0,52 m Verdrängung: 1,5 t
Motorisierung: Mercedes-Benz OM 615 Leistung: 54 PS
Geschwindigkeit: 10 kn [30] Rumpfmaterial: Aluminium Rufzeichen: DA7230

Name: Karl Ludwig „Ludje" Hansen (1897–1961), Vormann auf Sylt von 1925 bis 1960
Taufe: 14. Juni 1969 in List Taufpatin: Frieda Nikoline Hansen

Stationierung:
1969 / 1970 [?] – Oktober 2003 siehe SK H.-J. KRATSCHKE

Vor der Abnahme, die sich laut Baunummernbuch bis zum 5. Dezember 1969 verzögert, wird im Werfthafen ein Kenterversuch durchgeführt, bei dem sechs Zentner Blei im Boot verteilt sind. Vor Sylt werden am 6. Juni 1970 die selbstaufrichtenden Eigenschaften erstmalig mit zwei im Boot angegurteten Rettungsmännern und bei laufendem Motor erprobt: Das Tochterboot wird quer hinter den Seenotkreuzer gelegt und in seiner Längsachse über Kopf gerissen. „Seitliche Neigungen bis zu 90° machten dem Tochterboot und den (...) Männern offensichtlich wenig aus", so das DGzRS Jahrbuch 1971. In Hamburg wird das Experiment vor der Kamera wiederholt und am 10. Juli 1970 im ZDF gesendet.

KRS 04
HANS LÜKEN

Als letzte in Dienst gestellte Einheit vervollständigt die HANS LÜKEN das Retter-Quartett des Baujahrs 1969 – hier in langsamer Fahrt nach einem vergeblichen Einsatz im August 1995.

Baujahr 1969	Fr. Schweers Werft, Bardenfleth		Bau-Nr. 6409
Länge: 18,90 m	Breite: 4,50 m	Tiefgang: 1,25 m	Verdrängung: 35 t
Motorisierung: Mercedes-Benz 838 Ea			Leistung: 650 PS [29]
Geschwindigkeit: 18 kn	Rumpfmaterial: Aluminium		Rufzeichen: DBAR

Name: Vormann Hans Lüken (1885–1940), mit MRB HINDENBURG verunglückt
Inbetriebnahme: 24. September 1969 (keine Taufe)

Stationierung:

24. Sept. 1969 – 22. Juli 1980	Wilhelmshaven (Nachfolge: SK EISWETTE)
22. Juli 1980 – 1. [?] April 1991	Langeoog (Nachfolge: SK HANNES GLOGNER) [31]
1. Mai 1991 – Juli 1996	Greifswalder Oie (Nachfolge: SK FRITZ BEHRENS)
Juli 1996 – Oktober 1996	Büsum (Nachfolge: SK HANS HACKMACK)
April 1997 – September 2002	ohne feste Station / Reserve

Zum Ende ihrer DGzRS-Dienstzeit werden Seenotkreuzer und Tochterboot an das Deutsche Schifffahrtsmuseum in Bremerhaven abgegeben, am 9. Oktober 2002 auf den Ausstellungsplatz im Innenhof und von dort am 31. August 2023 zurück auf das Freigelände gekrant. Deutsches Schifffahrtsmuseum: Hans-Scharoun-Platz 1, 27568 Bremerhaven.

KRT 04
ABELIUS

Die Tochterboote dieses Typs sind wie ihre Seenotkreuzer in ganzgeschweißter Leichtmetallbauweise konzipiert – die Farbgebung auf diesem Bild entstammt den 1980er-Jahren.

Baujahr 1969/1970	Fr. Schweers Werft, Bardenfleth		Bau-Nr. 6410
Länge: 5,50 m	Breite: 2,13 m	Tiefgang: 0,50 m	Verdrängung: 1,5 t
Motorisierung: Mercedes-Benz OM 615			Leistung: 54 PS
Geschwindigkeit: 10 kn[30]	Rumpfmaterial: Aluminium		Rufzeichen: DA7239

Name: Vormann Abelius Meyenburg (1907–1940), mit MRB HINDENBURG verunglückt

Stationierung:
13. [?] März 1970 – September 2002 siehe SK HANS LÜKEN

Auch die Ablieferung dieses Tochterbootes verzögert sich gegenüber der Indienststellung des Seenotkreuzers. Durch die Namensgebung von HANS LÜKEN und ABELIUS würdigt die DGzRS 29 Jahre nach dem Seeunfall des Motorrettungsbootes HINDENBURG / KRD 432 zwei der sechs dabei ums Leben gekommenen Rettungsmänner. Der gebürtig aus Emden kommende Hans Lüken als 1. Vormann der HINDENBURG hatte aus der 22-jährigen Ehe mit seiner Frau Grete zwei Kinder, sein aus Norden stammender Stellvertreter Abelius Meyenburg seine Ehefrau Alma und vier Kinder hinterlassen. Am Tag des Verlustes der HINDENBURG war Meyenburgs Leiche in einem Rettungsring an den Borkumer Strand gespült worden, aber bei einem Bergungsversuch unauffindbar im Meer verschwunden.

KRS 05
G. KUCHENBECKER

Noch vor der Wiedervereinigung wird die G. KUCHENBECKER am 14. Juni 1990 an den staatlichen Rettungsdienst der DDR übergeben und fährt kurzzeitig unter dessen Flagge.

Baujahr 1969	Abeking & Rasmussen, Lemwerder		Bau-Nr. 6314
Länge: 18,90 m	Breite: 4,50 m	Tiefgang: 1,26 m	Verdrängung: 35 t
Motorisierung: Mercedes-Benz 838 Ea			Leistung: 650 PS [29]
Geschwindigkeit: 18 kn	Rumpfmaterial: Aluminium		Rufzeichen: DBAV

Name: Günter Kuchenbecker (1928–1967), mit SK ADOLPH BERMPOHL verunglückt
Inbetriebnahme: 13. September 1969 (keine Taufe)

Stationierung und Rufzeichenänderung:

September 1969 – Mai 1990	Maasholm (Nachfolge: SK NIS RANDERS)
Juli 1990 – August 1992	Saßnitz / Rufz. Y3DV / Rufz. DBAV (Nachfolge: SK ARKONA)
1. September 1992 – April 1997	Darßer Ort (Nachfolge: SK VORMANN JANTZEN)

Im Mai 1997 – mit OTTO SCHÜLKE – zu SVFÍ in Island, Name SIGURVIN.[32] Ab 2006 Privatbesitz in Reykjavík, ab 2009 in Norwegen als SOLØY-I, 10. November 2012 bei der Organisation Copenhagen Suborbitals in Dänemark, Nutzung als Mission Control Vessel VOSTOK (Rufz.: OWMC) für zivile Raketentests. 18./19. Januar 2018 Überführung zum Schiffsverwertungsbetrieb in Grenaa, Verkauf, Überführung nach Deutschland im Mai 2019, Restaurierung, Name G. KUCHENBECKER. 2019 bis 2024 im Museumshafen Büsum.

KRT 05
MARCUS

Alle acht Einzelfahrzeuge dieser Klasse sind weitgehend im Originalzustand erhalten geblieben – als Museums- beziehungsweise Ausstellungsobjekte oder in Privatbesitz.

Baujahr 1969	Abeking & Rasmussen, Lemwerder		Bau-Nr. 6316
Länge: 5,48 m	Breite: 2,13 m	Tiefgang: 0,52 m	Verdrängung: 1,5 t
Motorisierung: Mercedes-Benz OM 615			Leistung: 54 PS
Geschwindigkeit: 10 kn [30]	Rumpfmaterial: Aluminium		Rufzeichen: DA7248

Name: Marcus Detlefsen (1871–1964), ehemaliger Vormann der DGzRS-Station Maasholm

Stationierung:

1969 / 1970 [?] – April 1997	siehe SK G. KUCHENBECKER [33]

Nach der Übernahme durch den isländischen Rettungsdienst wird das Boot in GUSTÍ umbenannt, später erhält der Seenotkreuzer anstelle seines Tochterbootes ein schnelleres Schlauchboot. Nach der Außerdienststellung in Island bleibt das Tochterboot dort bis 2007 in Privatbesitz, dann Weiterverkauf an einen deutschen Sammler, der es auf einem Ferien-Gutshof in Hermannshagen / Mecklenburg-Vorpommern abstellt. 2005 bietet er dort Urlaubsgästen mit geringem Erfolg Ostsee-Kurztörns mit dem ehemaligen Seenotkreuzer HAMBURG an, der sich ebenso wie die ARWED EMMINGHAUS in seinem Besitz befindet. 2011 Verkauf des im Innenraum vollständig entkernten und nicht fahrbereiten Tochterbootes, Einlagerung als Sammlerstück im Rhein-Sieg-Kreis / Nordrhein-Westfalen.

1971 – 1972
6,9-METER-SEENOTRETTUNGSBOOT

KRST 11
TRIENTJE

SWANTJE und DOORTJE direkt nach ihrer Ablieferung durch die Evers-Werft, in der Front seitlich der Schleuderscheibe werden nachträglich zwei weitere Fenster eingebaut.

Die von Anfang an realitätsferne Nachkriegs-Vision, mit ständig „auf Streife fahrenden" Schiffen den Seeraum absichern und auf diese Weise einen Rettungsdienst für die See- und Luftfahrt bereitstellen zu wollen, wird endgültig durch Tatsachen pulverisiert: Schon in den 1950er-Jahren hatten sich Paddelboote, Segelyachten und andere Kleinfahrzeuge – vor allem in den Sommermonaten – in deutlich höherer Stückzahl in die Rettungsstatistik hineinmanövriert als etwa Fischkutter, Frachtschiffe und andere Fahrzeuge der Berufsschifffahrt. Deshalb werden jetzt erstmals seit der 1948 fertiggestellten ULRICH STEFFENS wieder mit Freiwilligen zu besetzende Boote ohne Wohnbereich konstruiert. Bei zwei Schiffbaubetrieben gibt die DGzRS insgesamt zwölf Einheiten in Auftrag: Sieben von acht bei der Evers-Werft in Niendorf gefertigten Neubauten werden anfänglich an der schleswig-holsteinischen Ostseeküste stationiert, während die vier bei der Fr. Schweers Werft entstandenen Boote zunächst für Nordseestationen bestimmt sind. Unübersehbar ist die Artverwandtschaft dieser Baureihe mit den Tochterbooten der 18,9-Meter-Klasse, bei einer Länge von 6,92 Metern ist in diesen ursprünglich als Strandrettungsboot bezeichneten Fahrzeugen die Unterbringung einer Krankentrage indes vorteilhafter zu bewältigen als beim kürzeren JOHANN-FIDI-Typ. Im Zuge der Wiedervereinigung Deutschlands werden ab 1990 sechs dieser zwölf Boote zu Stationen in Mecklenburg-Vorpommern verlegt. Dank ihrer Robustheit und Beliebtheit in der Szene sind elf Exemplare mehr als 50 Jahre über den Zeitpunkt ihrer Indienststellung hinaus erhalten geblieben.

Diese besondere Form der Hilfeleistung erscheint vermutlich in keiner Einsatzstatistik – mit kurzer Leine schleppt die TRIENTJE einen bemannten Prahm durch den Maasholmer Hafen.

Baujahr 1971	Evers-Werft, Niendorf / Ostsee		Bau-Nr. 504
Länge: 6,92 m	Breite: 2,34 m	Tiefgang: 0,59 m	Verdrängung: 1,65 t
Motorisierung: Mercedes-Benz OM 615			Leistung: 54 PS
Geschwindigkeit: 10 kn	Rumpfmaterial: Aluminium		Rufzeichen: DA7184

Name 1: weiblicher Vorname, plattdeutsche Kurzform von Katharina
Name 2 : Mövenort, Küstenabschnitt an der Nordseite der Halbinsel Wittow auf Rügen
Werftabnahme / Inbetriebnahme: 7. August 1971

Stationierung, Namens- und Rufzeichenänderung:

10. August 1971 – Mai 1992	Maasholm (Nachfolge: SRB KAATJE ex TB MELLUM)
19. Mai 1992 – 19. Nov. 1992	Ueckermünde (Nachfolge: SRB G. TEN DOORNKAAT)
November 1992	Umbenennung in MÖVENORT / Rufzeichen DA8105
19. November 1992 – Juli 1993	Freest (Nachfolge: SRB MÖVENORT ex ILKA)

Ab 1993 Regattasicherungsfahrzeug GÜNTER BRESSE beim TSV Schilksee. Am 12. August 2000 Verkauf an Privatperson, Rückbenennung in TRIENTJE, Liegeplatz in Bergkamen. Eignerwechsel im Oktober 2003, Teilnahme an der World Maritime Rescue Conference in Göteborg / Schweden 2007. Seit 2011 Lagerplatz auf einem Vereinsgelände in Castrop-Rauxel.

KRST 12
DOORTJE

Sowohl auf der Ostseestation Wendtorf im Kreis Plön als auch auf der Nordseestation Brunsbüttel ist die DOORTJE das erste Boot bei der Gründung des jeweiligen DGzRS-Stützpunktes.

Baujahr 1971 Evers-Werft, Niendorf / Ostsee Bau-Nr. 505
Länge: 6,92 m Breite: 2,34 m Tiefgang: 0,59 m Verdrängung: 1,65 t
Motorisierung: Mercedes-Benz OM 615 Leistung: 54 PS
Geschwindigkeit: 10 kn Rumpfmaterial: Aluminium Rufzeichen: DA7183

Name: weiblicher Vorname, plattdeutsche Kurzform von Dorothea
Werftabnahme / Inbetriebnahme: 7. August 1971

Stationierung:

10. August 1971 – Mai 1973	Laboe [34]
Mai 1973 – 1987	Wendtorf (keine Nachfolge, Station aufgelöst)
25. Mai 1987 – Juni 1988	Brunsbüttel (Nachfolge: SRB MARIE LUISE RENDTE)

Nach vergleichsweise kurzer Dienstzeit wird das Boot am 29. August 1988 außer Dienst gestellt, an den Nautischen Dienst der Internatsschule Schloss Salem am Bodensee verkauft, dort im Hafen Spetzgart unter dem Namen KURT HAHN – benannt nach dem ersten Leiter der Einrichtung – am 28. September 1988 in Betrieb genommen und ab 1989 in den DLRG Wasserrettungsdienst einbezogen. Nach dem Weiterverkauf im Jahr 2000 wechselt der Besitz zwischen drei verschiedenen Eigentümern jeweils in Nordrhein-Westfalen.

KRST 13
SWANTJE

Im Vergleich mit dem nebenstehenden Bild ist die Änderung des Farbschemas vom Orange der frühen 1970er- zur zweiten Hälfte der 1980er-Jahre – mit SAR-Schriftzug – ersichtlich.

Baujahr 1971 Evers-Werft, Niendorf / Ostsee Bau-Nr. 506
Länge: 6,92 m Breite: 2,34 m Tiefgang: 0,59 m Verdrängung: 1,65 t
Motorisierung: Mercedes-Benz OM 615 Leistung: 54 PS
Geschwindigkeit: 10 kn Rumpfmaterial: Aluminium Rufzeichen: DA7182

Name: weiblicher Vorname, aus dem Friesischen stammende Kurzform von S(ch)wanhild(e)
Werftabnahme / Inbetriebnahme: 7. August 1971

Stationierung:
10. August 1971 – 29. Mai 1994 Laboe (Nachfolge: SRB BOTTSAND)

Im Juli 1994 verlässt die SWANTJE zusammen mit ihrem Schwesterboot ILKA die DGzRS-Zentrale, beide auf dem Weg nach Klaipėda / Litauen, das 1991 seine Unabhängigkeit von der ehemaligen Sowjetunion erklärt hatte. Jetzt namenlos und in ihrer bisherigen Lackierung dient sie dort als Beiboot des Mehrzweckschiffs ŠAKIAI. Am 24. Januar 2014 wird das Boot an deutsche Sammler versteigert, am 20. Mai 2014 nach Deutschland zurückgeholt, bei der Mützelfeldtwerft in Cuxhaven restauriert, am 21. März 2017 vor dem Wrack- und Fischereimuseum Windstärke 10 aufgestellt und am 9. April 2017 als Dauerleihgabe offiziell übergeben. Standort vor dem Museumsgebäude: Ohlroggestraße 1, 27472 Cuxhaven.

KRST 14
GRIETJE

Kontrollfahrt auf der Kieler Förde zum Beginn der Wassersportsaison im April 1988 – an der Backbordseite ist jetzt die nachträglich eingebaute Bergungspforte erkennbar.

Baujahr 1972	Evers-Werft, Niendorf / Ostsee		Bau-Nr. 509
Länge: 6,92 m	Breite: 2,34 m	Tiefgang: 0,59 m	Verdrängung: 1,65 t
Motorisierung: Mercedes-Benz OM 615			Leistung: 54 PS
Geschwindigkeit: 10 kn	Rumpfmaterial: Aluminium		Rufzeichen: DA8111

Name 1: weiblicher Vorname, aus dem Friesischen stammende Kurzform von Margarete
Name 2: Swanti / Svantovit, oberste Gottheit des westslawischen Ranen-Volkes auf Rügen
Werftabnahme / Inbetriebnahme: 17. März 1972 [35]

Stationierung, Namens- und Rufzeichenänderung:

17. März 1972 – 9. April 1990	Schilksee
11. April 1990	Umbenennung in SWANTI / Rufzeichen Y3DQ
10. April 1990 – 15. April 1993	Vitte / Hiddensee (Nachfolge: SRB DORNBUSCH)

Nach der Außerdienststellung Übergang in die Privatsammlung des Verlegers Peter Tamm sen., mit den Namensschildern des Schwesterbootes UMMA zunächst Bestandteil des Wissenschaftlichen Instituts für Schifffahrts- und Marinegeschichte, aus dem das Internationale Maritime Museum Hamburg hervorgeht. Seit der Eröffnung der Einrichtung am 25. Juni 2008 dort zu besichtigen: Kaispeicher B, Koreastraße 1, 20457 Hamburg.[36]

KRST 15
MARTJE

Die aus Anlass der olympischen Segelwettbewerbe 1972 an der Kieler Förde stationierte MARTJE hat mit 15½ Jahren die kürzeste DGzRS-Dienstzeit innerhalb der 6,9-Meter-Klasse.

Baujahr 1972	Evers-Werft, Niendorf / Ostsee		Bau-Nr. 508
Länge: 6,92 m	Breite: 2,34 m	Tiefgang: 0,59 m	Verdrängung: 1,65 t
Motorisierung: Mercedes-Benz OM 615			Leistung: 54 PS
Geschwindigkeit: 10 kn	Rumpfmaterial: Aluminium		Rufzeichen: DA8106

Name: weiblicher Vorname, aus dem Friesischen stammende Kurzform von Martina
Werftabnahme / Inbetriebnahme: 17. März 1972

Stationierung:

17. März 1972 – 11. Mai 1973	Schilksee
11. Mai 1973 – November 1974	Damp (Nachfolge: SRB KAATJE)
Nov. 1974 – 3. Nov. 1987	Schilksee (Nachfolge: SRB ASMUS BREMER)

Nach der Außerdienststellung wird das Boot Anfang 1988 an den Bayerischen Yacht-Club e. V. in Starnberg übergeben, per Lkw zum Starnberger See transportiert und dort mit dem neuen Namen U-BOOT hauptsächlich als Sicherungsfahrzeug für vereinseigene Regatten genutzt. Am 13. April 1999 wird es zum Preis von 10 DM an eine Privatperson verkauft und als Sicherungsboot bei Brückenbauarbeiten bei Vilshofen eingesetzt. Später in PASSAUER WOLF umbenannt, behält es fortan einen Liegeplatz an der Donau in Passau.

KRST 16
BRUNTJE

Burgtiefe, im Zustand von 1978. In den Farben des Seenotrettungsdienstes DDR – weiß, grün, orange – wird das Boot am 10. April 1990 von Grömitz nach Warnemünde überführt.

Baujahr 1972 [37]	Evers-Werft, Niendorf / Ostsee		Bau-Nr. 507
Länge: 6,92 m	Breite: 2,34 m	Tiefgang: 0,59 m	Verdrängung: 1,65 t
Motorisierung: Mercedes-Benz OM 615			Leistung: 54 PS
Geschwindigkeit: 10 kn	Rumpfmaterial: Aluminium		Rufzeichen: DA8109

Name: weiblicher Vorname, aus dem Ostfriesischen stammende Kurzform von Brunhilde
Taufe: 15. Juli 1972 in Heiligenhafen [38] Taufpate: Horst Willer

Stationierung, Namens- und Rufzeichenänderung:

14. Juli 1972 – Juli 1975	Heiligenhafen (Nachfolge: SRB EDUARD NEBELTHAU)
Juli 1975 – Mai 1986	Burgtiefe (keine Nachfolge, Station aufgelöst)
1. Juni 1986 – Februar 1990	Puttgarden (Nachfolge: SRB BRUNTJE ex KAATJE)
April 1990	Umbenennung in MÖVENORT / Rufzeichen Y3DP
11. April 1990 – 19. Nov. 1992	Freest (Nachfolge: SRB MÖVENORT ex TRIENTJE)

Unter dem Kurznamen CITRO 2 ab 1993 auf der Karibikinsel Curaçao, dort in BEREBOOT (deutsch: Bärenboot) umbenannt, 2003 Transport zum Seenotrettungsmuseum nach Den Helder / Niederlande.[39] 2005 Übergabe an einen Sammler aus Deutschland, Restaurierung, seit 24. August 2007 beim Schifffahrtsmuseum Haren (Ems): Kanalstraße 1, 49733 Haren.

KRST 17
KAATJE

Unter verschiedenen Namen wechselt das Boot mehrfach zwischen Nord- und Ostseestationen, hier in Fedderwardersiel im April 1988 mit zusätzlichem SAR-Schriftzug am Rumpf.

Baujahr 1972	Evers-Werft, Niendorf / Ostsee		Bau-Nr. 512
Länge: 6,92 m	Breite: 2,34 m	Tiefgang: 0,59 m	Verdrängung: 1,65 t
Motorisierung: Mercedes-Benz OM 615			Leistung: 54 PS
Geschwindigkeit: 10 kn	Rumpfmaterial: Aluminium		Rufzeichen: DA8105

Name 1: weiblicher Vorname, aus dem Friesischen stammende Kurzform von Katharina
Name 3 : Südperd, Küstenabschnitt an der Südostseite der Halbinsel Mönchgut auf Rügen

Stationierung, Namens- und Rufzeichenänderung:

Juli / August [?] 1972 – 1975	Hörnum (Nachfolge: SRB HÖRNUM) [40]
August 1975 – 24. August 1977	Langballigau (Nachfolge: SRB FRITZ BEHRENS)
24. August 1977 – 1984 [?]	Damp (Nachfolge: SRB UMMA)
1985 – 1989 / Januar 1990 [?]	Fedderwardersiel (Nachf.: SRB KAATJE ex TB MELLUM)
1990	Umbenennung in BRUNTJE
Februar 1990 – August 1990	Puttgarden (Nachfolge: SRB FRANZ STAPELFELDT)
August 1990	Umbenennung in SÜDPERD / Rufzeichen Y3DN [41]
24. [?] Aug. 1990 – 29. Sept. 1991	Thiessow (keine Nachfolge, Station aufgelöst)
29. September 1991 – Juni 1993	Lauterbach (Nachfolge: SRB PUTBUS)
4. Februar 1994 – 1. Okt. 1999	Schilksee (Nachfolge: SRB ELTJE ex TB ANNA)

KRST 18
ELTJE

ELTJE soll vor ihrer Verschrottung kurzzeitig die TRIENTJE-Namensschilder getragen haben, nachdem das Tochterboot ANNA / KRT 13 im Oktober 1992 in ELTJE umbenannt worden war.

Baujahr 1972	Evers-Werft, Niendorf / Ostsee		Bau-Nr. 513
Länge: 6,92 m	Breite: 2,34 m	Tiefgang: 0,59 m	Verdrängung: 1,65 t
Motorisierung: Mercedes-Benz OM 615			Leistung: 54 PS
Geschwindigkeit: 10 kn	Rumpfmaterial: Aluminium		Rufzeichen: DA8110

Name: weiblicher Vorname, aus dem Friesischen stammende Kurzform von Adelheid
Taufe: 1972 in Großenbrode — Taufpatin: Barbara Braasch

Stationierung:

27. Juli 1972 – 1973	Großenbrode (keine Nachfolge, Station unbesetzt)
13. August 1973 – 16. Nov. 1992	Lippe (Nachfolge: SRB ELTJE ex TB ANNA) [42]

Im Hafen von Lippe mündet die Kossau, nachdem sie den Großen Binnensee durchflossen hat, in die Hohwachter Bucht. In dieser Zusammensetzung aus Süßwasser des Bachlaufs und Salzwasser der Ostsee ist es ratsam, an Bootsrümpfen große Opferanoden anzubringen beziehungsweise die Anoden häufiger zu wechseln. Dass die elektrochemische Leitfähigkeit seiner Umgebung den Rumpf der ELTJE dauerhaft geschädigt hat, wird gemeinhin als Ursache dafür angenommen, dass das Boot im Dezember 1992 auf dem Gelände der DGzRS-Zentrale in Bremen nach 20 Dienstjahren verschrottet werden muss.

KRST 19
GESINA

Spiegelung im Wasser, Spiegelbild der Geschichte: Im Juni 1988 ist die im Hintergrund zu sehende Fähre der Faaborg-Gelting Linien noch in Betrieb, 1999 wird die Verbindung eingestellt.

Baujahr 1971	Fr. Schweers Werft, Bardenfleth		Bau-Nr. 6417
Länge: 6,92 m	Breite: 2,34 m	Tiefgang: 0,60 m	Verdrängung: 1,45 t
Motorisierung: Mercedes-Benz OM 615			Leistung: 54 PS
Geschwindigkeit: 10 kn	Rumpfmaterial: Aluminium		Rufzeichen: DA8243

Name: weiblicher Vorname, abgeleitet von Gesa, einer Kurzform von Gertrud
Werftabnahme / Inbetriebnahme: 19. – 23. Juli 1971

Stationierung:

22. [?] Juli 1971 – August 1977	Wangerooge (Nachfolge: SRB WILHELM HÜBOTTER) [43]
August 1977 [?] – 1981	Horumersiel (Nachfolge: SRB MAX CARSTENSEN)
20. März 1981 – 22. Nov. 1993	Gelting (Nachfolge: SRB JENS FÜERSCHIPP)

Von der Geltinger Bucht wird das Boot nach Außerdienststellung zurück in sein ehemaliges Einsatzrevier im Wangerland überführt und dort bis 1996 bei der Werft Hooksiel als Arbeits- und Versetzboot EMSIG in blau-weiß-schwarzer Farbgebung verwendet. Am 1. April 1996 kehrt es nach Wangerooge zurück und ist dort seit Mai 1997 als Museumsboot in nostalgischer Orange-Lackierung zu besichtigen. GESINA ist frei zugänglich auf dem Gelände vor dem Inselmuseum Alter Leuchtturm: Zedeliusstraße 3, 26486 Wangerooge.

KRST 20 **TAMINA**

10. April 1994, eine der letzten Fahrten im Dienst der DGzRS von Baltrum nach Langeoog. Seit 2009 ist TAMINA als nicht mehr fahrbereites Sammlerstück im Wangerland eingelagert.

Baujahr 1971	Fr. Schweers Werft, Bardenfleth		Bau-Nr. 6418
Länge: 6,92 m	Breite: 2,34 m	Tiefgang: 0,60 m	Verdrängung: 1,45 t
Motorisierung: Mercedes-Benz OM 615			Leistung: 54 PS
Geschwindigkeit: 10 kn	Rumpfmaterial: Aluminium		Rufzeichen: DA8244

Name: weibliche Form des aus dem Westfriesischen stammenden Männernamens Tam(m)e
Werftabnahme / Inbetriebnahme: 19. - 23. Juli 1971

Stationierung:

23. Juli 1971 - Mai 1972	Langeoog
17. Mai 1972 - 10. April 1994	Baltrum (Nachfolge: SRB BALTRUM)

Von Langeoog aus schleppt der dort stationierte Seenotkreuzer HANNES GLOGNER die TAMINA am 12. April 1994 nach Helgoland, von dort transportiert der Seenotkreuzer FRITZ BEHRENS sie am selben Tag in seiner Tochterboot-Heckwanne nach Büsum. Vom 14. April 1994 bis 3. Mai 2001 bleibt sie Eigentum der dortigen Kurverwaltung und soll als DLRG-Boot mit dem Namen BÜSUM die Absicherung des Badebetriebes übernehmen. Ein der DGzRS nahestehender Sammler kauft das Boot, lässt es 2002 in Norddeich restaurieren, gibt ihm den Namen TAMINA zurück und nutzt es zeitweilig für private Fahrten.

KRST 21 **UMMA**

Seit dem 1. Dezember 1999 ist das Boot unter dem zuletzt verwendeten Namen MÖVENORT im Bestand des Deutschen Schifffahrtsmuseums: Hans-Scharoun-Platz 1, 27568 Bremerhaven.

Baujahr 1971	Fr. Schweers Werft, Bardenfleth		Bau-Nr. 6419
Länge: 6,92 m	Breite: 2,34 m	Tiefgang: 0,60 m	Verdrängung: 1,45 t
Motorisierung: Mercedes-Benz OM 615			Leistung: 54 PS
Geschwindigkeit: 10 kn	Rumpfmaterial: Aluminium		Rufzeichen: DA8245

Name 1: weibliche Form des aus dem Friesischen stammenden Männernamens Umme
Name 2: Norddeich, Küstenort in Ostfriesland
Werftabnahme / Inbetriebnahme: 19. - 23. Juli 1971

Stationierung, Namens- und Rufzeichenänderung: [44]

23. Juli 1971 - 27. Oktober 1971	Nordstrand (Nachfolge: SRB SIEGFRIED BOYSEN)
14. Juli 1972 - 15. Dezember 1981	Helgoland
30. April 1982 - 1984 [?]	Eckernförde (Nachfolge: SRB CARL A. WUPPESAHL)
14. April 1985 - Februar 1990	Damp (Nachfolge: SRB UMMA ex TB ANNA)
13. Februar 1990	Umbenennung in NORDDEICH
7. April 1990 - März / April [?] 1993	Norddeich (Nachfolge: SRB CASSEN KNIGGE)
20. April 1994	Umbenennung in MÖVENORT / Rufzeichen DA8105
20. April 1994 - Juli 1996	Freest (Nachfolge: SRB WALTHER MÜLLER)
29. April 1997 - 23. Nov. 1999	Breege (Nachfolge: SRB WALTHER MÜLLER)

Durch eine verspätete Materiallieferung verzögert sich der Abnahmetermin des letzten von vier bei Fr. Schweers gebauten Booten ... das in Büsum als Badeinsel zweckentfremdet wird.

Baujahr 1971	Fr. Schweers Werft, Bardenfleth		Bau-Nr. 6420
Länge: 6,92 m	Breite: 2,34 m	Tiefgang: 0,60 m	Verdrängung: 1,45 t
Motorisierung: Mercedes-Benz OM 615			Leistung: 54 PS
Geschwindigkeit: 10 kn	Rumpfmaterial: Aluminium		Rufzeichen: DA8108

Name: weiblicher Vorname, Kurzform von Ilon(k)a
Inbetriebnahme / Beginn der Erprobung: 18. Januar 1972

Stationierung, Namens- und Rufzeichenänderung:

7. Juli 1972 – 1984 / 1985 [?]	Büsum
4. Mai 1985 – Juni 1993	Juist (Nachfolge: SRB JUIST)
Juli 1993	Umbenennung in MÖVENORT / Rufzeichen DA8105
Juli 1993 – 20. April 1994	Freest (Nachfolge: SRB MÖVENORT ex UMMA)

Noch 50 Jahre nach der Indienststellung ist dieses Boot fahrbereit: Gemeinsam mit der SWANTJE wird es 1994 nach Litauen abgegeben, bis 2009 dienen beide Fahrzeuge abwechselnd als Beiboot des Rettungs- und Bergungsschiffs ŠAKIAI. Nach dem Verkauf der SWANTJE verbleibt die namenlose ehemalige ILKA bis 2023 an Bord, ist auf einer erhöhten Plattform am Heck gelagert und wird bei Bedarf per Bordkran zu Wasser gebracht.

Beide Einheiten im Winter 1989 auf dem DGzRS-Betriebsgelände – ihr Länge-Breite-Verhältnis erreicht nahezu die Proportionen der ersten serienmäßig gefertigten Seenotkreuzer.

Als Nachfolgemodell der bewährten 13 Meter respektive 14 Meter langen Motorrettungsboote der Baujahre 1942 bis 1944 soll ein modernes Seenotrettungsfahrzeug von vergleichbarer Länge, aber nahezu doppelter Geschwindigkeit geschaffen werden, mit dem bei geringer Besatzungsstärke Schleppeinsätze, Krankentransporte und Fahrten bei Eisgang durchgeführt werden können. Bereits 1968 stellt die DGzRS-Inspektion erste Skizzen für ein 11 Meter langes Seenotrettungsboot vor und reserviert gleich zehn Registernummern – KRST 1 bis KRST 10 – für diesen Bootstyp. Letztlich entstehen – unter anderem aufgrund eines Mangels an Baumaterial – nur zwei Exemplare der 12,4-Meter-Klasse bei der Evers-Werft in Niendorf, allerdings in chronologischer Abfolge erst nach Fertigstellung der Boote mit den höheren Registernummern KRST 11 bis 18. Im Vergleich zur 6,9-Meter-Klasse ist die Rumpfform der 12,4-Meter-Einheiten deutlich schlanker ausgeprägt.[45] Als Rettungs- und anschließend als Ausbildungsfahrzeuge bleiben beide Boote mehr als 46 Jahre ununterbrochen im Dienst für die DGzRS und belegen somit unter allen motorisierten Rettungseinheiten in der Rangliste die Plätze 1 und 2: 17.443 Tage – rund 47 Jahre und 9 Monate – liegen zwischen der Taufe der SIEGFRIED BOYSEN und dem Beginn der Überführungsfahrt nach ihrer Außerdienststellung und 17.016 Tage vergehen von der Indienststellung der EDUARD NEBELTHAU bis zur Ankunft an ihrem wohl letzten Liegeplatz. Beide Boote sind erhalten geblieben und als Ausstellungsobjekte an öffentlich zugänglichen Orten aufgestellt, bei der EDUARD NEBELTHAU ist eine Begehung möglich.

KRST 1
SIEGFRIED BOYSEN

Retter-Routine im Sommer 1994: Schleppeinsatz für eine Motoryacht vor Neuharlingersiel – dort hatte acht Jahre zuvor Bundespräsident Dr. Richard von Weizsäcker das Boot besichtigt.

Baujahr 1972	Evers-Werft, Niendorf / Ostsee		Bau-Nr. 510
Länge: 12,37 m	Breite: 3,00 m	Tiefgang: 0,82 m	Verdrängung: 9,8 t
Motorisierung: Mercedes-Benz OM 355			Leistung: 240 PS [45]
Geschwindigkeit: 17 kn	Rumpfmaterial: Aluminium		Rufzeichen: DA7298

Name: Siegfried Boysen, Hamburger Kaufmann und DGzRS-Förderer
Taufe: 6. Juni 1972 in Wedel — Taufpatin: Tochter des Namensgebers

Stationierung:

5. Dez. 1973 – 17. Juli 2000	Neuharlingersiel (Nachfolge: SRB NEUHARLINGERSIEL)
27. Aug. 2000 – 31. Aug. 2005	Glowe (Nachfolge: SRB KURT HOFFMANN)
1. Sept. 2005 – 9. März 2020	SAR-Schule Neustadt

Von Juni 1972 bis Juni 1973 wird das Boot auf Nordstrand, anschließend auf Langeoog erprobt, zwischenzeitlich zur Sicherung der auf der Kieler Förde ausgetragenen Segelwettkämpfe der XX. Olympischen Sommerspiele 1972 eingesetzt. Nach der Außerdienststellung übernimmt der Segel Klub Juist das Fahrzeug und stellt es am 12. Oktober 2020 im Hafenbereich auf, wo es von außen besichtigt werden kann. Standort in den Sommermonaten: Am Hafen, 26571 Juist / in den Wintermonaten: An't Diekskant, 26571 Juist.

KRST 2
EDUARD NEBELTHAU

Unterwegs auf der Weser in Bremen, Januar 1992 – aus der hier erkennbaren Heckverbreiterung resultieren eine erhöhte Stabilität und eine größere Verdrängung von jetzt 11 Tonnen.

Baujahr 1972	Evers-Werft, Niendorf / Ostsee		Bau-Nr. 511
Länge: 12,37 m	Breite: 3,00 m	Tiefgang: 0,82 m	Verdrängung: 9,8 t
Motorisierung: Mercedes-Benz OM 355			Leistung: 240 PS [45]
Geschwindigkeit: 17 kn	Rumpfmaterial: Aluminium		Rufzeichen: DA8107

Name: Johann Christof Eduard Nebelthau (1902–1971), Mitglied d. DGzRS-Bez.vereins Bremen
Taufe: November 1972

Stationierung:

19. Aug. 1972 – 18. Okt. 1975	Travemünde (Nachfolge: SK PAUL DENKER)
18. Okt. 1975 – 31. Okt. 2000	Heiligenhafen (Nachfolge: SRB HEILIGENHAFEN)
1. Nov. 2000 – 13. Dez. 2018	SAR-Schule Neustadt

Bei der Kröger-Werft in Schacht-Audorf erhalten beide Boote dieser Klasse 1986 eine Verbreiterung im hinteren Rumpfbereich, abgeleitet aus der Heckform der im Vorjahr in Dienst gestellten Tochterboote der 27,5-Meter-Seenotkreuzer. Nach der Außerbetriebnahme verbleibt die EDUARD NEBELTHAU in Neustadt, wird von dort am 21. März 2019 durch das Trainingsboot MERVI nach Burgtiefe geschleppt und am 25. Juli 2019 frei zugänglich an der Hafenpromenade aufgestellt: Am Yachthafen 18-20, 23769 Fehmarn.

Neben dem Tochterboot gehören ein an Deck gelagertes Festrumpfschlauchboot, ein Bordkran und eine leistungsstarke Feuerlöscheinrichtung zur Ausstattung der 44,2-Meter-Klasse.

Seit den 1910er-Jahren war im Neubauprogramm in jedem Jahrzehnt ein jeweils neuer Schiffslängen-Höchstwert erreicht worden. Diese Serie endet Mitte der 1970er-Jahre mit dem schiffbaulichen Übergang zum gigantischen 44,2-Meter-Seenotrettungskreuzer. Bei der Fr. Schweers Werft werden im August 1973 drei Spezialschiffe zum Stückpreis von rund 7 Millionen DM in Auftrag gegeben, die in Katastrophenlagen als Koordinierungs- und Führungsstelle geeignet sind, unter Deck eine Aufnahmekapazität für mehr als 300 Personen bereitstellen und erstmals in der Geschichte der Rettungsflotte mit einer Arbeitsplattform für Helikopter-Einsätze ausgestattet sind.[46] Ihre angestrebte Höchstgeschwindigkeit von 30 Knoten erreichen sie allerdings lediglich unter idealen Laborbedingungen: bei leicht bewegter See, mit nahezu leeren Tankzellen und vor dem Einbau der Heizung. Das erste Exemplar dieser Baureihe soll ursprünglich schon 1974 – rechtzeitig zum 50-jährigen Firmenjubiläum der namensgebenden Hamburger Reederei John T. Essberger – fertiggestellt werden, doch der Wunschtermin muss gekippt werden. Infolge der Sturmflut vom 3. Januar 1976 erlittene Hochwasserschäden am Werftgelände führen zu einer Verzögerung auch bei der Fertigstellung der beiden Schwesterschiffe und durch einen Großbrand auf der Bauwerft am 5. April 1976 wird die fast vollendete HERMANN RITTER – acht Wochen vor der geplanten Taufe – zur Hälfte zerstört. Ihr für Anfang 1977 avisierter Ablieferungstermin wird daraufhin erneut aufgeschoben und im Anschluss an die nachgeholte Taufe vergehen weitere Monate bis zur endgültigen Indienststellung.

Im Zuge der Taufe des gleichnamigen Seenotkreuzers wird die FRITZ BEHRENS als einzige Einheit dieser Bootsklasse umbenannt, hier als ARTHUR MENGE bei der Rumregatta 1999.

Als Tochterboote erhalten die Seenotkreuzer der 44,2-Meter-Klasse eine modifizierte, um zwei Meter verlängerte Version der 6,9-Meter-Seenotrettungsboote. Diese Tochterboote wiederum dienen als Vorlage für die dritte, aus fünf Einheiten bestehende Bauserie von Seenotrettungsbooten der 1970er-Jahre. Zum Stückpreis von 450.000 DM entstehen diese Fahrzeuge ebenso wie ihre nahezu baugleichen Vorbilder bei der Fr. Schweers Werft. Als äußeres Unterscheidungsmerkmal besitzen die Seenotrettungsboote gegenüber den Tochterbooten eine zusätzliche Fensterscheibe an beiden Seiten des Decksaufbaus. Außerdem sind sie rund 20 Zentimeter länger als die Tochterboote, dennoch kompatibel zur Heckwanne der 44,2-Meter-Schiffe – das Seenotrettungsboot HÖRNUM etwa wird darin liegend an Bord des Seenotkreuzers HERMANN RITTER getauft. Als innovative Besonderheit hatte das 1976 für die HERMANN RITTER gebaute Tochterboot WANDA eine seitlich und oberhalb der Wasseroberfläche in der Cockpitbordwand eingebaute, nach innen zu öffnende Bergungspforte erhalten, um Personen aus dem Wasser leichter ins Bootsinnere befördern zu können. Ein solches bewegliches Bordwandsegment erhalten jetzt die Boote der neuen 9,0-Meter-Klasse sowie fortan alle aus Aluminium gefertigten Seenotrettungs- und Tochterboote, die Einheiten der 6,9-Meter-Klasse werden gleichermaßen nachgerüstet. Je zwei Boote dieses Typs bleiben als Ausstellungsobjekte in Norddeutschland erhalten beziehungsweise werden in Uruguay weiterhin – bis annähernd 50 Jahre nach ihrer Indienststellung – für den Seenotrettungsdienst genutzt.

KRS 9
JOHN T. ESSBERGER

Nach der Öffnung der innerdeutschen Grenze bereist eine DGzRS-Delegation mit der JOHN T. ESSBERGER den fortan erweiterten Zuständigkeitsbereich östlich von Schleswig-Holstein.

Baujahr 1975 Fr. Schweers Werft, Bardenfleth Bau-Nr. 6426
Länge: 44,20 m Breite: 8,05 m Tiefgang: 2,58 m Verdrängung: 185 t [47]
Mot.: 1 x MTU MD 20V 538TB90 / 2 x MTU 12V 331B81 Lg.: 1 x 3750 PS / 2 x 1125 PS = 6000 PS [48]
Geschwindigkeit: 25 kn Rumpfmaterial: Aluminium Rufzeichen: DBAI

Name: John Theodor Essberger (1886–1959), Reeder in der Linien- und Tankschifffahrt
Taufe: 26. April 1975 in Bardenfleth Taufpatin: Liselotte Luzie von Rantzau-Essberger

Stationierung:
Juli 1975 – 2. Mai 2011 Fehmarn / Großenbrode (Nachfolge: SK BREMEN)

Mehr als 20 Jahre nach Erfindung des Seenotkreuzers hält die DGzRS-Inspektion an ihrer Strategie fest, Schiffe auf Seepositionen bereitzuhalten, indem sie jetzt mit hohem personellen und materiellen Aufwand das Revier rund um Fehmarn absichern lässt. Burgstaaken und Großenbrode werden als Versorgungshäfen genutzt, erst nach einer rettungsdienstlichen Kurskorrektur ist die JOHN T. ESSBERGER dauerhaft in Großenbrode stationiert. Von dort beginnt am 2. Mai 2011 die Überführungsfahrt ins Technik Museum Speyer, die nach Transport-Etappen auf dem Rhein und über die Straße rechtzeitig vor dem DGzRS-Gründungsdatum 29. Mai hier endet: Am Technik Museum 1, 67346 Speyer.

KRT 9
ELSA

ELSA auf dem Weg zur Festmacherboje vor Burgstaaken am 3. Juni 1990: Rund um Fehmarn sind vier feste Seepositionen – als geschützte Liegeplätze bei jeder Windrichtung – bestimmt.

Baujahr 1975 Fr. Schweers Werft, Bardenfleth Bau-Nr. 6427
Länge: 8,84 m Breite: 2,89 m Tiefgang: 0,87 m Verdrängung: 5,3 t
Motorisierung: Mercedes-Benz OM 401 Leistung: 130 PS [49]
Geschwindigkeit: 15 kn Rumpfmaterial: Aluminium Rufzeichen: DA3238

Name: Elsa Essberger (1898–1977), zweite Ehefrau von John T. Essberger
Taufe: 26. April 1975 in Bardenfleth Taufpatin: Gisela (Nachname nicht überliefert)

Stationierung:
Juli 1975 – 2. Mai 2011 siehe SK JOHN T. ESSBERGER

Liselotte von Rantzau-Essberger (1918–1993), die Taufpatin des Seenotkreuzers, ist die Tochter aus John T. Essbergers erster Ehe mit seiner Frau Charlotte, wohingegen das Tochterboot ELSA nach der zweiten Ehefrau benannt ist. Im Zuge der im Jahr 2000 durchgeführten Grundüberholung erhält das Fahrzeug einen 235 PS leistenden MAN 0826 LE40 Motor, der eine geringe Steigerung der Maximalgeschwindigkeit ermöglichen soll.[49] Beide inzwischen 36 Jahre alt, haben sowohl ELSA als auch JOHN T. ESSBERGER am 23. Mai 2011 ihren vorläufig letzten Wasserkontakt mehr als 400 Kilometer vom einstigen Einsatzrevier entfernt: in Europas größtem Binnenhafen Duisburg-Ruhrort.

KRS 10
HERMANN RITTER

Rund 1400 Liter Diesel pro Stunde verbrauchen die Motoren dieser Klasse. Beständige Einwirkung der See verursacht mechanische Verformungen der Schiffshaut (Oil Canning Effekt).

Baujahr 1976	Fr. Schweers Werft, Bardenfleth		Bau-Nr. 6428
Länge: 44,20 m	Breite: 8,05 m	Tiefgang: 2,58 m	Verdrängung: 185 t
		Leistung: 1 x 3750 PS / 2 x 1125 PS = 6000 PS [48]	
Geschwindigkeit: 25 kn	Rumpfmaterial: Aluminium		Rufzeichen: DBAJ

Name: Hermann Theodor Ritter (1878–1949), Tabak-Kaufmann und Bremer Senator
Taufe: 18. Januar 1977 in Bardenfleth   Taufpatin: Gerti Ritter

Stationierung:
23. Juni 1977 – 31. Oktober 1988 Seeposition Deutsche Bucht / Helgoland [50]

Mit der 1978 vollzogenen Indienststellung des Schwesterschiffs WILHELM KAISEN sind zwei der weltgrößten Seenotrettungsfahrzeuge in der Deutschen Bucht stationiert. Weil diese Kapazität den tatsächlichen Bedarf übersteigt, wird die HERMANN RITTER nach elf Dienstjahren in Hamburg aus dem Wasser gehoben, vom 11. November bis 16. Dezember 1988 in die Volksrepublik China verschifft und dort in der Küstenprovinz Guangdong unter der Bezeichnung 南 海 巡 01 (deutsch: Südchinesisches Meer Patrouille 01) von der regionalen Seesicherheitsbehörde Guangdong Maritime Safety Administration betrieben.[51] Mit Maschinenschaden wird sie 2005 verkauft und im Januar 2007 in China verschrottet.

KRT 10
WANDA

Bei einem nächtlichen Einsatz am 31. Dezember 1977 reißen zwei Löcher in die Außenhaut des Bootes, das daraufhin zu sinken droht – hier im völlig intakten Zustand, Sommer 1981.

Baujahr 1976	Fr. Schweers Werft, Bardenfleth		Bau-Nr. 6429
Länge: 8,78 m	Breite: 2,70 m [?]	Tiefgang: 0,90 m	Verdrängung: 5,3 t
Motorisierung: Mercedes-Benz OM 401			Leistung: 150 PS [49]
Geschwindigkeit: 15 kn	Rumpfmaterial: Aluminium		Rufzeichen: DA3395

Name: Vorname der Ehefrau von Hermann Ritter
Taufe: 18. Januar 1977 in Bardenfleth   Taufpatin: Annette Westphal

Stationierung:
23. Juni 1977 – 31. Oktober 1988 siehe SK HERMANN RITTER

Mit 22 Jahren hatte Hermann Ritter eine Tabakfabrik übernommen und sie mit Unterstützung seiner Ehefrau Wanda erfolgreich ausgebaut, Sohn Wolfgang fördert mit einer Spende das Neubauprojekt. Der mutmaßliche Personentransport-Rekord für ein Tochterboot wird am 3. Januar 1980 aufgestellt, als der Autotransporter DORA RIPARIA sich in die Seite des Frachtschiffs BUENOS AIRES II bohrt und beide Havaristen in Brand geraten. WANDA fährt in das aus den beiden ineinander verkeilten Havaristen gebildete Dreieck hinein, woraufhin 18 Personen auf das Boot springen und zur HERMANN RITTER transportiert werden, dann weitere 21 von einem an der Aktion beteiligten Lotsenversetzer.

KRS 11
WILHELM KAISEN

Im Jahr 2000 erhalten die beiden noch in der Flotte befindlichen Einheiten WILHELM KAISEN und JOHN T. ESSBERGER einen dienstzeitverlängernden Umbau bei der Fr. Lürssen Werft.

Baujahr 1978 | Fr. Schweers Werft, Bardenfleth | Bau-Nr. 6430
Länge: 44,20 m | Breite: 8,05 m | Tiefgang: 2,58 m | Verdrängung: 185 t [47]
Mot.: 1 x MTU 16V 4000M90 / 2 x MTU 12V 331TC81 | Lg.: 1 x 3680 PS / 2 x 1350 PS = 6380 PS
Geschwindigkeit: 25 kn | Rumpfmaterial: Aluminium | Rufzeichen: DBAK

Name: Carl Wilhelm Kaisen (1887–1979), Politiker, Bremer Bürgermeister von 1945 bis 1965
Taufe: 6. April 1978 in Bardenfleth | Taufpatin: Ilse Kaisen

Stationierung:
19. Juli 1978 – 10. Juni 2003 | Seeposition / Helgoland (Nf.: SK HERMANN MARWEDE)
8. Juli 2003 – 26. März 2012 | Sassnitz (Nachfolge: SK HARRO KOEBKE)

Nach Außerdienststellung bis 21. Dezember 2012 bei Tamsen Maritim in Rostock überholt, teilweise umgerüstet und – zuerst im falsch gewählten Violett-Farbton – umlackiert. Als Offshore-Sicherungsfahrzeug SHERRIE ANNE mit Bewaffnung an Bord vor der afrikanischen Küste; blauer Rumpf, weiße Aufbauten, unter der Flagge von Togo, Heimathafen Lomé. Verlegung des Einsatzbereichs zum Persischen Golf, ab 2015 in Dubai / Vereinigte Arabische Emirate, dort erfolglos zum Kauf angeboten. Im April 2017 nach Mumbai / Indien überführt, am 7. Mai auf Strand gesetzt; am 1. Juni 2017 Beginn der Abwrackarbeiten.

KRT 11
HELENE

Schweers-Arbeit: Erstmals entstehen alle Seenotkreuzer einer Baureihe und ihre zugehörigen Tochterboote bei derselben Werft, Gleiches geschieht erst wieder mit der 23,1-Meter-Klasse.

Baujahr 1978 | Fr. Schweers Werft, Bardenfleth | Bau-Nr. 6431
Länge: 8,80 m | Breite: 2,70 m [?] | Tiefgang: 0,90 m | Verdrängung: 5,3 t
Motorisierung: Mercedes-Benz OM 401 | Leistung: 150 PS [49]
Geschwindigkeit: 14 kn | Rumpfmaterial: Aluminium | Rufzeichen: DB4460

Name: Helene Kaisen (1889–1973), Ehefrau von Wilhelm Kaisen
Taufe: 6. April 1978 in Bardenfleth | Taufpatin: Ingeborg Westphal

Stationierung:
19. Juli 1978 – 26. März 2012 | siehe SK WILHELM KAISEN

Mit der Namensgebung wird zuallererst Wilhelm Kaisens 1973 verstorbene Ehefrau Helene gewürdigt, ganz indirekt zusätzlich an seine gleichnamige Schwiegermutter erinnert. Bei der im Jahr 2000 durchgeführten Modernisierungsmaßnahme erhält das Tochterboot einen 239 PS leistenden Austauschmotor vom Fabrikat MAN D 0826 LE40, ein am Umbau beteiligter Ingenieur der Lürssen Werft übernimmt den zuvor verbauten Dieselmotor und verwendet ihn als Antrieb für das privat betriebene U-Boot EURONAUT. Auf dem Weg nach Afrika wird das Boot an Bord der SHERRIE ANNE nach der Ehefrau des Überführungskapitäns in ROSI umbenannt, diesen Namen behält es bis zur Verschrottung.

WALTHER MÜLLER

Mit der WALTHER MÜLLER beginnt der Stationsbetrieb am DGzRS-Stützpunkt beim Eidersperrwerk, von hier aus wird bei Bedarf die Nachbarstation Büsum unterstützt.

Baujahr 1977	Fr. Schweers Werft, Bardenfleth		Bau-Nr. 6433
Länge: 9,00 m	Breite: 2,83 m	Tiefgang: 0,90 m	Verdrängung: 5,6 t
Motorisierung: Mercedes-Benz OM 401			Leistung: 192 PS [52]
Geschwindigkeit: 15 kn	Rumpfmaterial: Aluminium		Rufzeichen: DA3987

Name: Walther Müller, DGzRS-Förderer
Taufe: 30. Juli 1977 in Bardenfleth

Stationierung:

5. August 1977 – Juli [?] 1996	Eiderdamm (Nachfolge: SK H.-J. KRATSCHKE)
Juli [?] 1996 – Oktober [?] 1999	Freest (Nachfolge: SRB HEINZ ORTH)
Nov. 1999 – 7. Sept. 2006	Breege (Nachfolge: SRB DORNBUSCH)

Nach insgesamt zehn Jahren an den beiden jüngeren DGzRS-Standorten Freest und Breege wird das Boot am 25. September 2006 nach Dornumersiel transportiert, wo die Rettungsstation bereits 1960 aufgelöst worden war. In Erinnerung an den ersten Dornumersieler Vormann erhält es am 8. Oktober 2006 den Namen EPPE DE BLOOM – Taufpatin: Janina Collmann – und am 16. März 2007 seinen vorläufig letzten Liegeplatz vor dem historischen Stationsgebäude: Schöpfwerkstraße / Adolf-Noosten-Straße, 26553 Dornum.

FRITZ BEHRENS

Als einzige Einheit ihrer Klasse bleibt dieses Boot während der gesamten DGzRS-Dienstzeit ausschließlich an der – bisweilen vereisten – Ostseeküste stationiert. Verbleib: Südamerika.

Baujahr 1977	Fr. Schweers Werft, Bardenfleth		Bau-Nr. 6432
Länge: 9,00 m	Breite: 2,83 m	Tiefgang: 0,90 m	Verdrängung: 5,6 t
Motorisierung: Mercedes-Benz OM 401			Leistung: 192 PS [52]
Geschwindigkeit: 15 kn	Rumpfmaterial: Aluminium		Rufzeichen: DA3988

Name 1: Friedrich Eduard Behrens (1836–1920), Unternehmer im Braunkohlebergbau
Name 2: Dr. Arthur Menge (1884–1965), Vorstand der Fritz-Behrens-Stiftung 1934 bis 1960
Taufe: 30. Juli 1977 in Bardenfleth

Stationierung und Namensänderung:

August 1977 – 4. Sept. 1999	Langballigau (Nachfolge: SRB WERNER KUNTZE)
23. Januar 1981	Umbenennung in ARTHUR MENGE
4. September 1999 – Okt. 2006	Schleswig (Nachfolge: SRB JUIST)

Nach der am 14. November 2006 vollzogenen Außerdienststellung überlässt die DGzRS das Boot dem Seenotrettungsdienst ADES in Uruguay, in Hamburg wird es am 20. November 2006 auf das Containerschiff MONTE ROSA verfrachtet – Zielhafen Montevideo. In Anerkennung des von der Reederei Hamburg Süd realisierten Transports erhält es die Bezeichnung ADES 18 HAMBURG SUD. In Uruguay wird es 2023 zum Verkauf angeboten.

KRST 25
WILHELM HÜBOTTER

Während ihrer rund 28 Dienstjahre wird die WILHELM HÜBOTTER als einziges der fünf baugleichen Fahrzeuge – vergleiche links – ausnahmslos auf Nordseestationen eingesetzt.

Baujahr 1977	Fr. Schweers Werft, Bardenfleth		Bau-Nr. 6434
Länge: 9,00 m	Breite: 2,83 m	Tiefgang: 0,90 m	Verdrängung: 5,6 t
Motorisierung: Mercedes-Benz OM 401			Leistung: 192 PS [52]
Geschwindigkeit: 15 kn	Rumpfmaterial: Aluminium		Rufzeichen: DA3989

Name: Karl Wilhelm Ferdinand Hübotter (1895–1976), Landschaftsarchitekt, Hochschullehrer
Taufe: 30. Juli 1977 in Bardenfleth

Stationierung:

August 1977 – 28. März 1999	Wangerooge (Nachfolge: SRB WILMA SIKORSKI)
29. März 1999 – 21. März 2005	Horumersiel (Nachfolge: SRB BALTRUM)

Als kulturell engagierter Bürger seiner Wahlheimat Bremen lässt der Bauunternehmer und Mäzen Dr. Klaus Hübotter (1930–2022) dieses Fahrzeug nach seinem Vater benennen, ein Jahr und zwei Tage nach dessen Tod geschieht die Bootstaufe. Für die Sonderausstellung „Aus Sturm und Not" zum 140-jährigen DGzRS-Bestehen wird die WILHELM HÜBOTTER ab dem 3. Mai 2005 im Außenbereich des Bremer Focke-Museums gezeigt, von dort innerhalb der Stadt zum Hafenmuseum Speicher XI transportiert und am 21. Oktober 2005 an ihrem dauerhaften Standort aufgestellt: Am Speicher XI 1, 28217 Bremen.

KRST 26
CARL A. WUPPESAHL

Farbanstrichversuche verändern ab 1977 das Erscheinungsbild der Flotte, bei dieser Bootsklasse wird erstmals ein Sichtanstrich in der Kombination Weiß und Signalrot verwendet.

Baujahr 1977	Fr. Schweers Werft, Bardenfleth		Bau-Nr. 6435
Länge: 9,00 m	Breite: 2,83 m	Tiefgang: 0,90 m	Verdrängung: 5,6 t
Motorisierung: Mercedes-Benz OM 401			Leistung: 192 PS [52]
Geschwindigkeit: 15 kn	Rumpfmaterial: Aluminium		Rufzeichen: DA3990

Name: Carl August Wuppesahl (1873–1954), Ehrenvors. des DGzRS-Bezirksvereins Bremen
Taufe: 18. August 1977 in Bremen   Taufpatin: Brigitte Abegg

Stationierung:

August 1977 – 1984	Fedderwardersiel (Nachfolge: SRB KAATJE)
1984 – Juni 2004	Eckernförde (Nachfolge: SRB ECKERNFÖRDE)

Im Anschluss an die Außerdienststellung wird das Boot bis zum 28. Februar 2005 bei der DGzRS-Zentrale technisch umgerüstet, am 9. März 2005 – jetzt namenlos – im Hamburger Hafen auf den Mehrzweckfrachter PURPLE BEACH verladen und von dort nach Namibia transportiert.[53] Ab 29. März 2005 mit dem ursprünglichen Namen beim Sea Rescue Institute of Namibia (SRIN) in der Hafenstadt Walvis Bay am Südatlantik stationiert. 2016 in Umlauf gebrachtes Fotomaterial zeigt das an Land gelagerte Boot in gelb-roter Lackierung und offenbar nicht einsatzklarem Zustand, ein aktueller Existenzbeweis liegt seither nicht vor.

Nach Grundüberholung gelangt das Boot am 4. April 2000 per Straßentransport nach Barth, in Wieck errichten die Seenotretter daraufhin einen neuen Stützpunkt am Bodstedter Bodden.

Baujahr 1977	Fr. Schweers Werft, Bardenfleth		Bau-Nr. 6436
Länge: 9,00 m	Breite: 2,83 m	Tiefgang: 0,90 m	Verdrängung: 5,6 t
Motorisierung: Mercedes-Benz OM 401			Leistung: 192 PS [52]
Geschwindigkeit: 15 kn	Rumpfmaterial: Aluminium		Rufzeichen: DA3991

Name: Hörnum, Ort im Süden der Insel Sylt
Taufe: 28. Oktober 1977 in Hörnum Taufpatin: Inge Titzck

Stationierung:
Oktober [?] 1977 – Januar 2000 [?] Hörnum (Nachfolge: SRB HERTHA JEEP)
April 2000 – 30. Oktober 2005 Prerow / Wieck (Nachfolge: SRB STRALSUND)

Bei der DGzRS-Zentrale wird das Boot nach der Außerdienststellung aufbereitet, von Bremen am 25. Januar 2006 nach Hamburg transportiert, am 1. Februar 2006 auf das Containerschiff MONTE ROSA verladen, nach Uruguay verschifft und dort am 22. Februar 2006 vom Seenotrettungsdienst ADES übernommen. In Montevideo wird es am 6. März 2006 in Anerkennung der von der DGzRS erbrachten Unterstützung auf den Namen ADES 17 BREMEN getauft. Stationierungsorte: Carmelo und Santiago Vázquez. Ebenso wie das Schwesterboot ADES 18 HAMBURG SUD wird diese Einheit 2023 zum Verkauf angeboten.

Ab den 1970er-Jahren entstehen Museumsstandorte an Nord- und Ostsee, wie etwa 1973 eine Ausstellung im Rettungsschuppen Neuharlingersiel oder – hier im Bild – in Kiel.

Unter allen nach dem Zweiten Weltkrieg gebauten und bereits vor dem Erscheinen dieses Buches aus dem DGzRS-Dienst genommenen Einheiten liegt der Anteil der als Museums-, Ausstellungs- oder privates Sammlerstück bewahrten Exemplare bei rund 40 Prozent. Insgesamt sind etwa 50 aller auf diesen Seiten vorgestellten Einzelfahrzeuge derart erhalten geblieben. Allerdings handelt es sich um ein innerhalb der DGzRS-Historie vergleichsweise spät einsetzendes Phänomen, die eigenen Erzeugnisse für die Nachwelt erhalten zu wollen: Bis Mitte der 1970er-Jahre werden ausgemusterte Schiffe und Boote entweder abgewrackt oder ausschließlich durch Verkauf, Schenkung oder Tauschgeschäft einem neuen Nutzungszweck zugeführt. Dass insbesondere kaum eines der – nicht in diese Thematik einzuordnenden – Ruder- und Segelrettungsboote im Sinne eines historischen Vermächtnisses gezielt konserviert wird, darf als grobes Versäumnis betrachtet werden; nur wenige dieser Raritäten gelangen – meistenteils über Umwege – in die Museumsbestände. Erst mit der GEHEIMRAT HEINRICH GERLACH wird im 1975 eröffneten Deutschen Schiffahrtsmuseum in Bremerhaven endlich ein ehemaliges Motorrettungsboot ausgestellt, wobei auch dieses Fahrzeug nicht direkt aus dem DGzRS-Bestand musealen Zwecken übereignet wird. In kurzen Abständen folgen mit LANGEOOG (1980), HINDENBURG und RICKMER BOCK (beide 1981) weitere Ikonen der Rettungsflotte in den öffentlich zu besichtigenden Ruhestand. Im Jahr 1984 von der DGzRS angekündigte Planungen, in Cuxhaven ein zentrales Museum der Seenotrettung einrichten zu wollen, verlaufen ergebnislos.

KRST 28
MAX CARSTENSEN

Bei KAATJE (links im Bild) und ELTJE handelt es sich um die 1980 mit den Namen MELLUM und ANNA in Dienst gestellten Tochterboote der ersten beiden 23,3-Meter-Seenotkreuzer.

Für zwei projektierte Seenotkreuzer einer neuen 23,3-Meter-Klasse konzipiert die DGzRS-Inspektion einen Tochterboot-Typ, der eine Weiterentwicklung der Seenotrettungsboote der 6,9-Meter-Klasse beziehungsweise eine verkürzte Version der auf den 44,2-Meter-Seenotkreuzern mitgeführten Tochterboote darstellt. Der mit der Fr. Schweers Werft ausgehandelte Neubau-Auftrag beinhaltet die Produktion einer dritten Einheit desselben Bootstyps, die während der Planungsphase als moderner Ersatz für das offene Tochterboot TEDJE des Seenotkreuzers THEODOR HEUSS vorgesehen ist, denn für die nach über 20 Dienstjahren am Bootsrumpf der TEDJE festzustellende Materialabnutzung hatte ein Überzug mit glasfaserverstärktem Kunststoff auch nach mehrfachen Versuchen nicht die gewünschte Lösung liefern können. Letztlich wird dieser dritte Neubau jedoch nicht als Austausch-Tochterboot, sondern mit dem Namen MAX CARSTENSEN als eigenständiges Seenotrettungsboot in Betrieb genommen. 1990 werden die baugleichen Tochterboote MELLUM und ANNA im Zuge einer Teil-Modernisierung durch leistungsstärkere, schnellere Neubauten ersetzt und fortan als eigenständige Rettungseinheiten verwendet. Auf diese Weise gelangen sie gewissermaßen als Quereinsteiger in die Kategorie dieser 7,0-Meter-Seenotrettungsboote hinein, die zuvor von der MAX CARSTENSEN allein besetzt worden war. Alle drei sind erhalten geblieben: die Tochterboote als Ausstellungsobjekte unweit ihrer ehemaligen Einsatzgebiete an der schleswig-holsteinischen Nordseeküste und die MAX CARSTENSEN – über einen langen Zeitraum fahrbereit gehalten – in Privatbesitz.

September 1989, Hafenrunde in Horumersiel – zeitweilig ist die Außerdienststellung auf dieser Station und eine Weiternutzung als Trainingsboot der SAR-Schule Neustadt vorgesehen.

Baujahr 1981	Fr. Schweers Werft, Bardenfleth		Bau-Nr. 6444
Länge: 7,00 m	Breite: 2,34 m	Tiefgang: 0,60 m	Verdrängung: 2,5 t [54]
Motorisierung: Mercedes-Benz OM 617			Leistung: 68 PS
Geschwindigkeit: 10 kn	Rumpfmaterial: Aluminium		Rufzeichen: DD2503

Name: Max Carstensen, Vormann der Station List, am 17. April 1971 im Einsatz verunglückt
Taufe: 8. Mai 1981 in Bremen — Taufpatin: Ella Carstensen

Stationierung:

17. Mai 1981 – April 1999	Horumersiel (Nachfolge: SRB WILHELM HÜBOTTER)
6. Mai 1999 – 22. [?] März 2002	Zinnowitz (Nachfolge: SRB BUTT)

Mit der Verlegung wird Zinnowitz Doppelstation: In Ergänzung zur im Rettungsschuppen gelagerten HECHT hat die gleich lange, etwa halb so schnelle MAX CARSTENSEN ihren Liegeplatz im Hafen am Achterwasser. Im Februar 2000 durch Brand eines Bootshauses beschädigt. Ab Mai 2002 Privateigentum, mehrfacher Besitzerwechsel: zunächst in Hitzacker (Elbe), Weiterverkauf am 5. Oktober 2003, 17 Tage später Transport zum Rhein-Herne-Kanal. Eignerwechsel am 21. Dezember 2005, jetzt Hamburg, Anlegestellen an der Billwerder Bucht und im Sandtorhafen, 2021 aufliegend bei einer Werft in Hamburg-Veddel.

Technische Modifikationen innerhalb der spezifischen Rettungseinheiten – unter besonderer Beachtung ihrer zehn Tochterboote – sind aus den jeweiligen Datensätzen ersichtlich.

Nach der zum 30. September 1976 vollzogenen Verabschiedung des DGzRS-Inspektors John Schumacher in den Ruhestand übernimmt dessen bisheriger Assistent und Nachfolger Kapitän Uwe Klein die Leitung dieser Neubau-Serie der nach dem Typschiff so bezeichneten EISWETTE-Klasse. Grundlegende Konstruktionsmerkmale früherer Seenotkreuzer-Generationen bleiben weiterhin erhalten. Äußerlich auffallend ist von nun an die weniger tiefgeschwungene seitliche Linienführung mit einem daraus resultierenden höheren Freibord. Im Unterschied zu den Vorgängermodellen werden die Fahrzeuge bei vergleichbarer Länge jetzt merklich breiter, um im Maschinenraum leistungsstärkere Antriebsanlagen unterzubringen. Insgesamt sieben Einheiten dieses Baumusters werden in drei Etappen – Anfang und Mitte der 1980er-Jahre sowie Anfang der 1990er-Jahre – in die Rettungsflotte integriert. Formell endet dieses Bauprogramm erst 1995, als eines der Tochterboote infolge eines Totalschadens ersetzt werden muss. Wohl auch als Konsequenz aus den Erfahrungen bei einem kritischen Brandbekämpfungseinsatz mit dem Rettungskreuzer GEORG BREUSING werden Neubauten ab Mitte der 1980er-Jahre mit einer Feuerlöschanlage an der Achterkante des Decksaufbaus – anstelle der bislang voraus gerichteten Löschspritzen – ausgestattet. Dieses Prinzip wird zuerst bei den 27,5-Meter-Seenotkreuzern umgesetzt, innerhalb der 23,3-Meter-Klasse erst in der dritten Produktcharge der Baujahre 1990 und 1991. Als Museumsstück ist bisher keiner dieser universell einsetzbaren und robusten Seenotkreuzer bewahrt worden.

KRS 12
EISWETTE

Während ihrer gesamten DGzRS-Dienstzeit bleibt die EISWETTE an der Nordsee stationiert – hier 1997 in Bremen bei der namensgebenden Veranstaltung, mit Eisschollen auf der Weser.

Baujahr 1980	Fr. Schweers Werft, Bardenfleth		Bau-Nr. 6440
Länge: 23,30 m	Breite: 5,64 m	Tiefgang: 1,50 m	Verdrängung: 59 t [55]
Motorisierung: 2 x MTU 8V 331 TC92		Leistung: 2 x 1038 PS = 2076 PS	
Geschwindigkeit: 20 kn	Rumpfmaterial: Aluminium		Rufzeichen: DBAL

Name: Bremer Eiswette, jährliche Traditionsveranstaltung mit DGzRS-Spendensammlung
Taufe: 12. Juli 1980 in Bremen-Vegesack Taufpatin: Renate Gätjen

Stationierung:
Juli 1980 – 15. Mai 1985 Wilhelmshaven (Nachfolge: SK MINDEN) [56]
15. Mai 1985 – 7. November 2008 Amrum (Nachfolge: SK VORMANN LEISS)

Im Juni 1984 Besuch der Kanalinsel Jersey mit Teilnahme an den 100-Jahr-Feierlichkeiten des lokalen RNLI-Stützpunkts. Eignerwechsel am 14. November 2008: Die Reederei AG Ems lässt den Seenotkreuzer – ohne Tochterboot – zum Versorger für Offshore-Windparks umrüsten und betreibt ihn von Emden aus als EMSSTROM (Rufzeichen: DBAL). Im Juli 2013 Verkauf nach Kamerun, Einsatz als Patrouillenfahrzeug und zur Sicherung von Küstenbaustellen im Golf von Guinea. Ein Fotodokument von November 2016 belegt die Umbenennung in THIBAUD I, seit 2023 ist die Existenz nicht mehr zweifelsfrei belegbar.

KRT 12
MELLUM

MELLUM – hier im Zustand von 1983 – ersetzt als KAATJE in Fedderwardersiel das bislang dort stationierte, gleichnamige 6,9-Meter-Boot, das wiederum den Namen BRUNTJE erhält.

Baujahr 1980	Fr. Schweers Werft, Bardenfleth		Bau-Nr. 6441
Länge: 7,00 m	Breite: 2,34 m	Tiefgang: 0,60 m [57]	Verdrängung: 2,5 t
Motorisierung: Mercedes-Benz OM 617			Leistung: 68 PS
Geschwindigkeit: 10 kn	Rumpfmaterial: Aluminium		Rufzeichen: DA3325 [58]

Name: Mellum, unbewohnte Insel an der Nordspitze des Hohe-Weg-Wattrückens
Taufe: 12. Juli 1980 in Bremen-Vegesack   Taufpatin: Antje Plesmann

Stationierung und Namensänderung:

Juli 1980 – Januar 1990	siehe SK EISWETTE (Nachfolge: TB JAPSAND)
1990	Umbenennung in KAATJE
März [?] 1990 – September 1993	Fedderwardersiel (Nachfolge: SRB HERMANN ONKEN)
1. Februar 1994 – 21. April 2000	Maasholm (Nachfolge: SRB FRANZ STAPELFELDT)

Nach fast zehn Jahren als Tochterboot wird MELLUM in KAATJE umbenannt und fortan als eigenständige Einheit eingesetzt. Ihren Platz in der Heckwanne des Seenotkreuzers nimmt der Tochterboot-Neubau JAPSAND ein. Nach mehrwöchigem Verbleib in Maasholm Außerdienststellung am 11. Juli 2000, bei der DGzRS-Zentrale aufbereitet, 2002 an der Strandpromenade in Westerland platziert. Frei zugänglich über: Strandstraße, 25980 Westerland.

KRT 24
JAPSAND

In mehrfacher Hinsicht stellt die JAPSAND einen Sonderfall dar. Die interne Kennzeichnung der Tochterboot-Neubauten als KRT endet jetzt, fortgesetzt wird die Serie mit TB 25.

Baujahr 1989	Fr. Schweers Werft, Bardenfleth		Bau-Nr. 6481
Länge: 7,04 m	Breite: 2,60 m	Tiefgang: 0,80 m	Verdrängung: 2,5 t [59]
Motorisierung: MerCruiser / BMW D 636 [60]			Leistung: 180 PS
Geschwindigkeit: 18 kn	Rumpfmaterial: Aluminium		Rufzeichen: DA3093

Name: Japsand, nordfriesischer Außensand westlich der Hallig Hooge
Taufe: 22. Januar 1990 in Düsseldorf   Taufpatin: Stefanie Gundlage

Stationierung:

Januar 1990 – November 2008	siehe SK EISWETTE
Juni 2009 – 10. Mai 2015	siehe SK VORMANN LEISS

Erstmals erhält ein Tochterboot in der werftseitigen Ausstattung keinen von einem deutschen Hersteller produzierten Innenbordmotor, sondern ein US-amerikanisches Fabrikat. Unter allen bisher in Dienst gestellten Tochterbooten ist dies das einzige nicht in einem Küsten-Bundesland getaufte Exemplar. Dass ein Tochterboot beständig mit zwei Seenotkreuzern nacheinander konfiguriert wird, ist ebenfalls eine Ausnahmeerscheinung. Zusammen mit ihrem zweiten Mutterschiff VORMANN LEISS wird JAPSAND an einen britischen Behördenfahrzeug-Sammler verkauft und ist seither im skandinavischen Raum anzutreffen.

KRS 13
FRITZ BEHRENS

Am 21. Januar 1981 liefert die Werft den 3,8 Millionen DM teuren Neubau ab. Bullaugen ersetzen beim Umbau 1995 die rechteckigen Fenster, der Aufbau wird oben geschlossen.

Baujahr 1980	Fr. Schweers Werft, Bardenfleth		Bau-Nr. 6442
Länge: 23,30 m	Breite: 5,64 m	Tiefgang: 1,45 m	Verdrängung: 59 t [55]
Motorisierung: 2 x MTU 8V 331 TC92		Leistung: 2 x 1038 PS = 2076 PS	
Geschwindigkeit: 20 kn	Rumpfmaterial: Aluminium		Rufzeichen: DBAN

Name: Friedrich Eduard Behrens (1836–1920), Unternehmer im Braunkohlebergbau
Taufe: 23. Januar 1981 in Bremen-Vegesack Taufpatin: Gertraud Fontaine

Stationierung:

2. Februar 1981 – 11. Juli 1996	Büsum (Nachfolge: SK HANS LÜKEN)
13. Juli 1996 – Februar [?] 2009	Greifswalder Oie (Nachfolge: SK EUGEN)

Teilnahme an der International Lifeboat Conference in Göteborg / Schweden vom 5. bis 9. Juni 1983. Am 7. September 1994 in Büsum vom Fahrgastschiff FIRST LADY gerammt und schwer beschädigt, Instandsetzung bei Fr. Lürssen Werft, Rückkehr zur Station am 3. August 1995. Vor der Außerdienststellung Stationsvertretung in Laboe und Maasholm, dort bis 8. August 2009 aufliegend. Verkauf an WDK Hafen und Lager GmbH, Verlängerung der Heckpartie. Unter britischer Flagge, Heimathafen Southampton, zumeist ungenutzt in Emmerich, Rostock, Duisburg-Ruhrort oder bei der Behrens-Werft in Hamburg-Finkenwerder.

KRT 13
ANNA

Als Tochterboot ist ANNA an der Nordseeküste stationiert, wie bei der baugleichen MELLUM verläuft hier die Umfunktionierung zur eigenständigen Rettungseinheit, fortan ist sie auf Ostseestationen im Einsatz.

Baujahr 1980	Fr. Schweers Werft, Bardenfleth		Bau-Nr. 6443
Länge: 7,00 m	Breite: 2,34 m	Tiefgang: 0,60 m	Verdrängung: 2,5 t
Motorisierung: Mercedes-Benz OM 617			Leistung: 68 PS
Geschwindigkeit: 10 kn	Rumpfmaterial: Aluminium		Rufzeichen: DA3114

Name: Vorname der Ehefrau von Fritz Behrens
Taufe: 23. Januar 1981 in Bremen-Vegesack Taufpatin: Heike Meier

Stationierung, Namens- und Rufzeichenänderung:

2. Februar 1981 – Februar 1990	siehe SK FRITZ BEHRENS (Nachfolge: TB ANNA)
Februar 1990	Umbenennung in UMMA / Rufzeichen DB9504
Februar 1990 – Oktober 1992	Damp (Nachfolge: SRB KARL VAN WELL)
Oktober 1992	Umbenennung in ELTJE / Rufzeichen DA8110
Oktober 1992 – 24. Sept. 1993	Lippe (Nachfolge: SRB HELLMUT MANTHEY)
1. März 1994 – 16. Sept. 1999	Schleswig (Nachfolge: SRB ARTHUR MENGE)
Oktober 1999 – 30. August 2003	Schilksee (Nachfolge: SRB MARIE LUISE RENDTE)

Mit dem vom verschrotteten Seenotrettungsboot ELTJE übernommenen Namen seit dem 15. September 2003 im Schiffahrtsmuseum Nordfriesland: Zingel 15, 25813 Husum.[61]

KRT 23
ANNA

Alle drei gleichnamigen Tochterboote entstehen bei derselben Werft wie der Seenotkreuzer, auf Wunsch der DGzRS-Inspektion konstruiert Fr. Schweers auch das neue Kettenaufholsystem.

Baujahr 1989	Fr. Schweers Werft, Bardenfleth		Bau-Nr. 6480
Länge: 7,04 m	Breite: 2,60 m	Tiefgang: 0,80 m	Verdrängung: 2,5 t [59]
Motorisierung: MerCruiser D 636			Leistung: 180 PS
Geschwindigkeit: 18 kn	Rumpfmaterial: Aluminium		Rufzeichen: DA3114

Stationierung:
Februar 1990 – 7. Sept. 1994 siehe SK FRITZ BEHRENS (Nachfolge: TB ANNA)

Für die Neubauten JAPSAND und ANNA wird erstmals eine vollautomatische Aufholvorrichtung erprobt, bei der sich das Tochterboot selbsttätig einhakt und auf einem Schlitten über eine hydraulisch betriebene Kette aufwärts transportiert wird. Bei der Kollision des Fahrgastschiffs FIRST LADY mit der FRITZ BEHRENS wird deren Heckbereich mit dem dort gelagerten Tochterboot besonders stark getroffen – die vollkommen deformierte ANNA stellt sich als materieller Totalschaden heraus, ihre Überreste werden abgewrackt. Durch den Vorfall ist dieses zweite Tochterboot der FRITZ BEHRENS unter allen von der DGzRS nach dem Zweiten Weltkrieg gebauten Fahrzeugen dasjenige mit der kürzesten Dienstdauer: Kaum mehr als viereinhalb Jahre vergehen zwischen seiner Inbetriebnahme und der Zerstörung. Die FRITZ BEHRENS ist durch diese Begebenheit der bislang einzige Rettungskreuzer, für den die DGzRS ein Tochterboot-Trio produzieren lassen muss.

TB 31
ANNA

Aus einer Übungssituation entwickelt sich im Mai 2007 ein Einsatz – eine manövrierunfähige Segelyacht muss von ANNA Peenestrom-aufwärts in den Hafen Freest eingeschleppt werden.

Baujahr 1995	Fr. Schweers Werft, Bardenfleth		Bau-Nr. 6498
Länge: 7,04 m	Breite: 2,60 m	Tiefgang: 0,80 m	Verdrängung: 2,5 t
Motorisierung: MerCruiser D 636			Leistung: 180 PS
Geschwindigkeit: 18 kn	Rumpfmaterial: Aluminium		Rufzeichen: DA3114

Stationierung:
Juli 1995 – Februar [?] 2009 siehe SK FRITZ BEHRENS

Anhand der Kennung TB 31 und an der Bau-Nummer ist ersichtlich, dass dieser Neubau in der zeitlichen Abfolge später als die vier mit TB 27 bis TB 30 gekennzeichneten Tochterboote der neuen 23,1-Meter-Seenotkreuzer bei der Fr. Schweers Werft in Auftrag gegeben, jedoch früher als jene fertiggestellt wird – der ungeplante Zwischenfall mit der Versenkung der zweiten ANNA erfordert eine gewisse Dringlichkeit. Nach Ende der DGzRS-Dienstzeit verbleibt die dritte ANNA zunächst an Bord des Seenotkreuzers. Um ihr Aufholen in die Heckwanne zu erleichtern, lässt der neue Eigner die seitlichen Heckpartien des Seenotkreuzers nach achtern hin verlängern – auf diese Weise sind das Einfahren in die abgesenkte Heckklappe und in den zentral angeordneten Aufholmechanismus zielgenauer zu bewältigen. Durch Weiterverkauf wird das Tochterboot am 7. Dezember 2024 vom Seenotkreuzer getrennt, ein weiterer Eignerwechsel geschieht im März 2025.

KRS 16
MINDEN

Auf den 15. Mai 1985 ist die offizielle Werft-Ablieferung der MINDEN datiert, sein vorläufig letztes dokumentiertes AIS-Signal sendet das Fahrzeug als JANUS 3 im Mai 2024 aus Afrika.

Baujahr 1985 | Abeking & Rasmussen, Lemwerder | Bau-Nr. 6396
Länge: 23,30 m | Breite: 5,50 m | Tiefgang: 1,45 m | Verdrängung: 65,9 t
Motorisierung: 2 x MTU 8V 396 TC83 | Leistung: 2 x 972 PS = 1944 PS
Geschwindigkeit: 20 kn [55] | Rumpfmaterial: Aluminium | Rufzeichen: DBAP

Name: Stadt an der Weser in der Region Ostwestfalen-Lippe
Taufe: 3. August 1985 in Lemwerder | Taufpatin: Helga Röthemeier

Stationierung:
15. Mai 1985 – Mai 1989 | Wilhelmshaven (Nachf.: SK VORMANN STEFFENS)
5. August 1989 – 17. Nov. 2013 | List (Nachfolge: SK PIDDER LÜNG)

Verkauf an eine Privatperson, 25. August 2014 bis 25. Januar 2016 zurück in Wilhelmshaven (Rufzeichen: DDED). 10. Februar 2016 per Frachtschiff ab Bremerhaven, 15. März bis 4. Juni 2016 von der Insel Lesbos aus Einsätze zur Rettung Geflüchteter in der Ägäis. Verlegung nach Malta, Organisation LifeBoat; Rückkehr nach Wilhelmshaven 24. September 2017. Weiterverkauf, ab August 2018 Grundüberholung in Cuxhaven, Name JANUS 3, Flagge Panama (Rufzeichen: HO6753, MMSI: 211711950). 22. November 2018 bis 18. Februar 2019 auf eigenem Kiel nach Abidjan / Elfenbeinküste überführt, dort zum Verkauf angeboten.

KRT 16
MARGARETE

Nicht nur der Seenotkreuzer und das Tochterboot beginnen mit dem Buchstaben M – eine DGzRS-Crew vergibt für die beiden Motoren der MINDEN die Bezeichnungen Max und Moritz.

Baujahr 1985 | Abeking & Rasmussen, Lemwerder | Bau-Nr. 6397
Länge: 6,90 m [62] | Breite: 2,30 m | Tiefgang: 0,67 m | Verdrängung: 2,67 t
Motorisierung: BMW Marine D 190 | Leistung: 165 PS
Geschwindigkeit: 17 kn | Rumpfmaterial: Aluminium | Rufzeichen: DD9680

Name: weiblicher Vorname (Namensgebung auf Wunsch des Spenders)
Taufe: 3. August 1985 in Lemwerder | Taufpatin: Sandra Rohdenberg

Stationierung:
15. Mai 1985 – 17. Nov. 2013 | siehe SK MINDEN

Außer Dienst gestellt und bei der DGzRS-Zentrale aufliegend, werden MINDEN und MARGARETE für die Teilnahme an der Eiswette 2014 reaktiviert. Bei den im Jahr 2016 von Griechenland und Malta aus durchgeführten Einsätzen bilden Seenotkreuzer und Tochterboot eine zusammenhängende Rettungseinheit. Nach einer Werftzeit erhält MINDEN ab März 2017 vorübergehend das 5,10 Meter lange Festrumpfschlauchboot SOPHIA mit Yamaha 80 PS Außenbordmotor, MARGARETE bleibt während der Rettungsmissionen in Valletta zurück. Bei Rückkehr nach Deutschland ist das Tochterboot wieder in der Heckwanne und behält seinen ursprünglichen Namen, als die MINDEN in JANUS 3 umbenannt wird.

Nach der Werft-Ablieferung am 19. Juli 1985 bleibt das Schiff – wie drei der vier in den 1980er-Jahren in Dienst gestellten Fahrzeuge dieses Typs – dauerhaft an der Nordseeküste stationiert.

Baujahr 1985	Abeking & Rasmussen, Lemwerder		Bau-Nr. 6398
Länge: 23,30 m	Breite: 5,50 m	Tiefgang: 1,40 m	Verdrängung: 65,9 t
Motorisierung: 2 x MTU 8V 396 TC83 [63]		Leistung: 2 x 972 PS = 1944 PS	
Geschwindigkeit: 20 kn	Rumpfmaterial: Aluminium		Rufzeichen: DBAQ

Name: Familienname mehrerer Vormänner der Rettungsstation Langeoog ab 1861 bis 1989
Taufe: 3. August 1985 in Lemwerder Taufpatin: Frauke Leiß

Stationierung:

Juni 1985 – Juli 1996	Bremerhaven (Nachf.: SK HERMANN RUDOLF MEYER)
21. Juli 1996 – November 2008	Nordstrand (Nachfolge: SK EISWETTE)
5. November 2008 – 10. Mai 2015	Amrum (Nachfolge: SK ERNST MEIER-HEDDE)

Zum 150. DGzRS-Jubiläum in Bremerhaven wird VORMANN LEISS letztmalig an ihrem ersten Stationierungsort präsentiert. Während der Veranstaltung am 3. Juni 2015 neue Namensschilder mit der Kurzform V. LEISS – vier Tage zuvor war auf Langeoog Heinrich Leiß als letzter der aus seiner Familie stammenden Vormänner verstorben. Verkauf an eine Privatperson aus Großbritannien, britische Flagge (Rufzeichen: 2JNI4, MMSI: 235117356), am 11. Juni 2015 Abfahrt von Bremen, seither in Norwegen und Schweden anzutreffen.

Sechs Jahre vor der VORMANN LEISS wird ERIKA aus der Rettungsflotte entnommen und durch die infolge der Außerdienststellung der EISWETTE verfügbar gewordene JAPSAND ersetzt.

Baujahr 1985	Abeking & Rasmussen, Lemwerder		Bau-Nr. 6399
Länge: 6,90 m [62]	Breite: 2,30 m	Tiefgang: 0,67 m	Verdrängung: 2,67 t
Motorisierung: BMW Marine D 190			Leistung: 165 PS
Geschwindigkeit: 17 kn	Rumpfmaterial: Aluminium		Rufzeichen: DD9681

Name: weiblicher Vorname (Namensgebung auf Wunsch des Spenders)
Taufe: 3. August 1985 in Lemwerder Taufpatin: Antje Winkelmann

Stationierung:

Juni 1985 – April 2009	siehe SK VORMANN LEISS (Nachfolge: TB JAPSAND)

Im Rahmen der internationalen Kooperation mit ausländischen Rettungsdiensten wird ERIKA an die Verwaltung der Karibikinsel Saba übergeben. Am 4. Februar 2010 verlässt sie die DGzRS-Zentrale, wird in Hamburg auf das Hapag-Lloyd-Frachtschiff CAP PASADO verladen und trifft am 7. März 2010 im Inselhafen Fort Bay ein. Dort kommt das Boot aufgrund wenig ausgeprägter Organisationsstrukturen und mangels Bedarf kaum zum Einsatz, während der Hurrikan-Saison steht es auf einem Lagerplatz. Nach einem Sturmschaden wird es 2021 der Saba Comprehensive School vorgeblich zu Ausbildungszwecken überlassen, seither steht es – dem Verfall preisgegeben – vor dem Schulgebäude.

KRS 20
NIS RANDERS

Bei Einsatzfahrt verbraucht die NIS RANDERS, deren Baukosten mit 7 Millionen DM angegeben sind, ca. 500 Liter Diesel pro Stunde – erste Probefahrt im April 1990, hier im Bild 2018.

Baujahr 1990	Fr. Schweers Werft, Bardenfleth		Bau-Nr. 6474
Länge: 23,30 m	Breite: 5,50 m	Tiefgang: 1,40 m	Verdrängung: 66 t
Motorisierung: 2 x MTU 8V 396 TC83		Leistung: 2 x 972 PS = 1944 PS	
Geschwindigkeit: 20 kn	Rumpfmaterial: Aluminium		Rufzeichen: DBAF

Name: Titel einer Ballade von Otto Ernst (1862–1926) über eine Rettung aus Seenot
Taufe: 29. Mai 1990 in Bremen Taufpatin: Dr. Veronica Carstens

Stationierung:

4. [?] Juni 1990 – 9. Sept. 2018	Maasholm
9. Sept. 2018 – 18. Nov. 2018	Olpenitz (Nachfolge: SK FRITZ KNACK)
18. Nov. 2018 – 12. Aug. 2019	ohne feste Station / Reserve

Zum Verkauf angeboten – zunächst ohne Tochterboot – vom 12. August bis 16. Dezember 2019 in Wilhelmshaven, dann bei der DGzRS-Zentrale. Januar bis Juni 2020 Aufenthalt bei der Fr. Lürssen Werft, Verladung auf ein Transportschiff in Bremerhaven am 5. Juni, Überführung nach Split / Kroatien, Ankunft in der Adria-Küstenstadt Opatija am 24. Juni 2020.[64] 2023 Verkauf an Sea-Eye e. V. für Rettungsmissionen im Mittelmeer, 22. Juli 2024 in Ancona / Italien Taufe auf den Namen SEA-EYE 5 (Rufzeichen: DIZS2, MMSI: 218049720).

KRT 20
ONKEL WILLI

Erstmals wird bei einem Neubau das automatische Tochterboot-Aufholsystem verwendet, mit dem fortan die meisten Seenotkreuzer aus- beziehungsweise nachgerüstet werden.

Baujahr 1990	Fr. Schweers Werft, Bardenfleth		Bau-Nr. 6475
Länge: 7,07 m [62]	Breite: 2,62 m	Tiefgang: 0,80 m	Verdrängung: 3,5 t
Motorisierung: MerCruiser / BMW D 219 AC [65]			Leistung: 180 PS
Geschwindigkeit: 20 kn	Rumpfmaterial: Aluminium		Rufzeichen: DA3121

Name: Willibald Wald sen. (1903–1984), Vormann der DGzRS-Station Maasholm
Taufe: 29. Mai 1990 in Bremen Taufpatin: Katja Wald

Stationierung:

4. [?] Juni 1990 – 12. August 2019	siehe SK NIS RANDERS
16. August 2019 – 6. Nov. 2019	Großenbrode

Zum Ende ihrer Dienstzeit werden der am 125. Jahrestag der DGzRS-Gründung getaufte Seenotkreuzer und sein Tochterboot kurzzeitig getrennt, ONKEL WILLI übernimmt autonom eine 12-wöchige Vertretung in Großenbrode, wird am 7. November 2019 per Tieflader nach Wilhelmshaven transportiert und dort wieder mit NIS RANDERS kombiniert. Die Organisation Sea-Eye e. V. hat keine Verwendung für das Boot, ersetzt es an Bord des Seenotkreuzers durch das Beiboot LIFELINE und überlässt es im Juni 2024 in Trogir / Kroatien einem schwedischen Unternehmer, der es für die Positionierung von Seezeichen einsetzt.

KRS 21
VORMANN JANTZEN

In der letzten Phase ihres Daseins als Reserve-Seenotkreuzer ist die VORMANN JANTZEN aufgrund ihrer reparaturanfälligen Antriebsanlage nur noch als Wohnschiff zu gebrauchen.

Baujahr 1990	Fr. Schweers Werft, Bardenfleth		Bau-Nr. 6476
Länge: 23,30 m	Breite: 5,50 m	Tiefgang: 1,40 m	Verdrängung: 66 t
Motorisierung: 2 x MTU 8V 396 TC83 [?]		Leistung: 2 x 1038 PS = 2076 PS	
Geschwindigkeit: 20 kn	Rumpfmaterial: Aluminium		Rufzeichen: DBAG

Name: Stephan Jantzen (1827–1913), Lotsenkommandeur und Seenotretter in Warnemünde
Taufe: 27. November 1990 in Warnemünde Taufpatin: Anja Rätzer

Stationierung:

2. November 1990 – 11. April 1997	Warnemünde (Nachfolge: SK THEO FISCHER)
25. April 1997 – Juli 2003	Darßer Ort (Nachfolge: SK THEO FISCHER)
Juli 2003 – 30. Mai 2021	ohne feste Station / Reserve

Nach Außerdienststellung bis zum 3. Juni 2021 in Neustadt, dann bei Werftbetrieben in Rostock (bis 3. Oktober 2021), in Wilhelmshaven (6. Oktober 2021 bis 17. Januar 2023) und wieder bei Tamsen Maritim in Rostock (Ankunft am 19. Januar 2023) aufliegend. DGzRS-Besatzungen, deren Fahrzeuge dort eine Werftzeit durchlaufen, nutzen das Schiff gelegentlich als Unterkunft. Weil ein Verkaufsangebot ergebnislos bleibt, vom Seenotkreuzer ARKONA am 12. März 2025 nach Odense / Dänemark geschleppt, dort verschrottet.[66]

KRT 21
BUTSCHER

Während des dreijährigen Zeitraums als Werftauflieger wird BUTSCHER bisweilen als Versetzboot, im Mai 2023 kurzzeitig als Ersatzfahrzeug beim Seenotkreuzer ARKONA genutzt.

Baujahr 1990	Fr. Schweers Werft, Bardenfleth		Bau-Nr. 6477
Länge: 7,07 m [62]	Breite: 2,62 m	Tiefgang: 0,80 m	Verdrängung: 3,5 t
Motorisierung: MerCruiser / BMW D 219 AC [67]			Leistung: 180 PS
Geschwindigkeit: 20 kn	Rumpfmaterial: Aluminium		Rufzeichen: DA3130

Name: Butscher, norddeutsche / umgangssprachliche Form von (Straßen)junge
Taufe: 27. November 1990 in Warnemünde Taufpate: Matthias Brehm

Stationierung:
2. November 1990 – 30. Mai 2021 siehe SK VORMANN JANTZEN

Diejenigen Fahrzeuge ausklammernd, die nach ihrer Dienstzeit zu Anschauungszwecken auf dem DGzRS-Betriebsgelände ausgestellt werden, namentlich das Motorrettungsboot RICKMER BOCK und der Seenotkreuzer H.-J. KRATSCHKE, sind VORMANN JANTZEN und BUTSCHER die Rettungseinheiten, die nach ihrer Außerdienststellung über den längsten Zeitraum im Besitz der Gesellschaft bleiben. Im Winter 2023/2024 sinkt BUTSCHER in Rostock aufgrund eines Lecks am Stevenrohr. Getrennt vom Seenotkreuzer wird das Boot an ein Bremer Unternehmen für Yacht- und Schiffstransporte verkauft und am 21. Juni 2024 von Rostock aus auf dem Landweg zur Anlage eines Segelclubs an der Lesum überführt.

Als letzter Seenotkreuzer-Neubau erhält die HANNES GLOGNER – hier im Juli 1993 vor Langeoog – eine KRS-Kennung, anschließend wird die Systematik mit SK 23 fortgesetzt.

Baujahr 1991 Fr. Schweers Werft, Bardenfleth Bau-Nr. 6478
Länge: 23,30 m Breite: 5,50 m Tiefgang: 1,40 m Verdrängung: 66 t
Motorisierung: 2 x MTU 8V 396 TC83 Leistung: 2 x 972 PS = 1944 PS
Geschwindigkeit: 20 kn Rumpfmaterial: Aluminium Rufzeichen: DBAJ

Name: Paul Wilhelm „Hannes" Glogner (1909–1981), Bauunternehmer, DGzRS-Förderer
Taufe: 23. April 1991 auf Langeoog Taufpatin: Maria Glogner

Stationierung: [68]
April 1991 – Januar 2002 Langeoog (Nachfolge: SRB CASPER OTTEN)
Januar 2002 – 5. Oktober 2018 ohne feste Station / Reserve

In 16 Jahren als Reserve-Fahrzeug besetzt die HANNES GLOGNER gewiss mehr Stationen temporär als jede andere DGzRS-Rettungseinheit. Vom 6. bis 9. Juli 2018 kehrt sie zum Abschied an ihren ersten Stationierungsort Langeoog zurück. Ihr letzter Dienst endet am 5. Oktober 2018 in Bremerhaven, dort wird sie am 29. Oktober 2018 auf das Frachtschiff JANNES verladen und nach Montevideo transportiert. Am 23. November 2018 – zwei Tage nach der Ankunft – erhält sie hier bei der Armada Nacional del Uruguay den Namen ROU 51 ISLA DE FLORES (deutsch: Blumeninsel, Rufzeichen: CXZZ9, MMSI: 770576464).

Im Juli 1995 und Anfang 2005 wird in der FLINTHÖRN jeweils ein neuer Motor eingebaut, das Bildmotiv zeigt den Zustand des Bootes im April 2016 – 25 Jahre nach Indienststellung.

Baujahr 1991 Fr. Schweers Werft, Bardenfleth Bau-Nr. 6479
Länge: 7,07 m [62] Breite: 2,62 m Tiefgang: 0,80 m Verdrängung: 3,5 t
Motorisierung: MerCruiser / BMW D 219 AC [67] Leistung: 180 PS
Geschwindigkeit: 20 kn Rumpfmaterial: Aluminium Rufzeichen: DA3139

Name: Flinthörn, Naturschutzgebiet im Südwesten der Ostfriesischen Insel Langeoog
Taufe: 23. April 1991 auf Langeoog Taufpatin: Ina Menssen

Stationierung:
April 1991 – 5. Oktober 2018 siehe SK HANNES GLOGNER

An der 2005 vollzogenen Remotorisierung auf 184 kW / 250 PS lässt sich die Leistungssteigerung der zurückliegenden 50 Jahre nachvollziehen: Bei der Maritimen Woche 2014 sind HANNES GLOGNER und FLINTHÖRN gemeinsam mit dem früheren Versuchskreuzer BREMEN auf der Weser in Bremen unterwegs. Dem DGzRS-Oldtimer fehlt zwar sein Original-Tochterboot, doch dessen Motorleistung ist überliefert: 68 PS – das entspricht gerade einmal 27 Prozent des FLINTHÖRN-Vergleichswertes. Im November 2022 versinkt die FLINTHÖRN im Hafen von Montevideo / Uruguay gleich zweimal, zunächst aufgrund fahrlässiger Bedienung, dann beim Bergungsversuch – schließlich kann sie gehoben werden.

Einsatz- und Leistungsvermögen der 44,2-Meter-Seenotkreuzer sollen auf ein kleineres Fahrzeug übertragen werden – dieses neue Konzept soll der Standardisierung der Flotte dienen.

Sowohl vom Personal, das auf diesen Schiffen arbeitet, wie auch von Seenotretter-Fans wird oft geäußert, diese Fahrzeuge seien schlichtweg das Beste, was die DGzRS in schiffbaulicher Hinsicht jemals erschaffen habe. Bevor die ersten Einheiten dieser Baureihe aus Altersgründen aus dem Bestand der Flotte entfernt werden sollen, wird sogar deren Ersatz durch baugleiche Fahrzeuge erwogen. Unter Berücksichtigung der beiden schweren Seeunfälle der VORMANN STEFFENS und der ALFRIED KRUPP merken kritischere Stimmen an, die zuverlässige Eignung für das Nordseerevier und die absolute Sicherheit dieser Schiffsgröße seien durchaus mit Skepsis zu bewerten.[69] Dieser Argumentation wäre mit umgekehrter Logik zu entgegnen, dass die Schiffe der BERLIN-Klasse nur deshalb in der Unfallstatistik erscheinen, weil andere Spezialfahrzeuge viel weniger dafür in Frage kommen, derart anspruchsvolle Einsätze überhaupt bewältigen zu können. Besonders unter sensorischen und ästhetischen Aspekten können die „Siebenundzwanzigeinhalber" begeistern: Wer je an einem windstillen Tag das charakteristische Motorengeräusch hört, lange bevor der Seenotkreuzer ins Sichtfeld hineinfährt, wird diesen Moment in Erinnerung behalten, und nicht zuletzt erfreuen sich Fotografen daran, wie die Proportionen dieser Seenotkreuzer das Bildformat im Seitenverhältnis 3:2 nahezu perfekt ausfüllen. Dass – abgesehen von der Aufstellung des Tochterbootes ADELE im öffentlichen Raum – bisher keine Einheit dieser Klasse einer musealen Verwendung zugeführt worden ist, darf darum beinahe schon als ein Verrat an der Schiffbau-Ingenieurskunst angesehen werden.

Beginnend mit dem Neubau-Auftrag für ARKONA und CASPAR ersetzen von nun an die Kürzel SK für Seenotkreuzer und TB für Tochterboot die bisherige Kennzeichnung mit KRS und KRT.

Drei von vier Seenotkreuzer-Neubauten der 27,5-Meter-Klasse, zwei der dazugehörigen Tochterboote sowie beide Seenotkreuzer dieser 28,2-Meter-Kategorie entstehen bei der Fr. Lürssen Werft. Für das Unternehmen sind dies die ersten von der DGzRS erteilten Aufträge nach der 30 Jahre zuvor getätigten Ablieferung des hinsichtlich seiner Leistungsmerkmale nicht zufriedenstellenden Seenotkreuzers HERMANN APELT. Mehr als 100 Jahre nach der Firmengründung rehabilitiert sich der Betrieb mit dem Bau der BERLIN und ihrer Schwesterschiffe auf überzeugende Weise: Jene fünf Lürssen-Seenotkreuzer erreichen Dienstzeiten von jeweils mehr als 30 Jahren, wobei insbesondere die beiden durchgängig an der Ostsee stationierten Lang-Versionen ARKONA und BREMEN ihre drei unwesentlich kleineren Schwesterschiffe hinsichtlich der Langlebigkeit sogar noch übertreffen. Bei den Tochterbooten GLÜCKAUF und ADELE waren die Abmessungen gegenüber ihren Vorgängermodellen modifiziert worden. Für die beiden Tochterboote der 28,2-Meter-Ausführung werden diese größeren Dimensionen übernommen, daraus resultiert wiederum bei deren Seenotkreuzern eine Rumpflängen-Anpassung um 75 Zentimeter, die im Heckbereich entlang der Tochterbootwanne erkennbar ist. Selbst als die vier kürzeren, in den 1980er-Jahren gefertigten Einheiten dieses Baumusters bereits außer Dienst gestellt sind, wird in DGzRS-Publikationen für ARKONA und BREMEN die Klassifizierung als 27,5-Meter-Seenotkreuzer beibehalten, gelten sie doch von Anfang an eben lediglich als die optimierte und verlängerte Kopie eines ohnehin gelungenen und bewährten Fahrzeugtyps.[70]

KRS 14
BERLIN

Stationiert ist die BERLIN in einem von hoher Dichte an Berufs-, Passagier- und Freizeitschifffahrt geprägten Revier, hier auf der Förde bei einer Sicherungsfahrt zur Kieler Woche 1998.

Baujahr 1985	Fr. Lürssen Werft, Bremen-Vegesack		Bau-Nr. 13504
Länge: 27,50 m	Breite: 6,53 m	Tiefgang: 1,63 m	Verdrängung: 101 t [71]
Mot.: 1 x MTU 12V 396 TB93 / 2 x MWM TBD 234 V12	Lg.: 1 x 1632 PS / 2 x 781 PS = 3194 PS [72]		
Geschwindigkeit: 24 kn	Rumpfmaterial: Aluminium		Rufzeichen: DBAH

Name: Berlin, zum Zeitpunkt der Schiffstaufe Bundesland der BRD bzw. DDR-Hauptstadt
Taufe: 29. Mai 1985 in Bremen-Vegesack   Taufpatin: Gisela Thiem

Stationierung:
2. Juni 1985 – 16. Januar 2017   Laboe (Nachfolge: SK BERLIN)

Die BERLIN erlangt einen ähnlichen Bekanntheitsgrad wie ihre Vorgängerin THEODOR HEUSS. Ein Hersteller von Plastikmodellbausätzen etwa behält die Miniatur im Maßstab 1:72 ab 1988 über Jahrzehnte hinweg im Sortiment. Doch mit der Ablösung durch die gleichnamige Nachfolge-Einheit reißt das Interesse an dem über 30 Jahre alten Schiff merklich ab. Von Laboe aus wird es zur Werft Tamsen Maritim nach Rostock überführt und dort am 8. Mai 2017 vom neuen Eigner übernommen: Mit dem Kauf der BERLIN erweitert der Besitzer der im selben Baujahr gefertigten VORMANN LEISS seine Sammlung. Fortan ist die BERLIN (Rufzeichen: SBDE, MMSI: 265072780) häufig in Schweden anzutreffen.[73]

KRT 14
STEPPKE

20 Jahre nach der Kombination aus ARWED EMMINGHAUS und ALTE LIEBE findet mit BERLIN und STEPPKE erstmals wieder ein Tauf-Ereignis am DGzRS-Gründungsdatum 29. Mai statt.

Baujahr 1985	Fr. Lürssen Werft, Bremen-Vegesack		Bau-Nr. 13506
Länge: 7,50 m	Breite: 2,50 m	Tiefgang: 0,75 m [74]	Verdrängung: 3,1 t
Motorisierung: BMW Marine D 190			Leistung: 165 PS
Geschwindigkeit: 17 kn	Rumpfmaterial: Aluminium		Rufzeichen: DD9678

Name: Steppke, berlinerische / umgangssprachliche Form von Knirps, kleiner Junge
Taufe: 29. Mai 1985 in Bremen-Vegesack   Taufpate: Oliver Bunke

Stationierung:
2. Juni 1985 – 16. Januar 2017   siehe SK BERLIN

Infolge starker Beanspruchung ist bei STEPPKE im Juni 2006 eine Remotorisierung fällig, sie erhält anstelle ihres bayerischen Dieselmotors jetzt das österreichische Produkt Steyr MO 256K43, das 250 PS leistet und das Boot auf maximal 21 Knoten beschleunigt. Nachdem die BERLIN und ihr Tochterboot aus dem DGzRS-Bestand 2017 in Privatbesitz übergehen, bleibt der Bootsname STEPPKE unverändert. Oberhalb des Tochterbootes lässt der Eigentümer eine Plattform errichten, auf der ein 6,20 Meter langes Festrumpfschlauchboot als zusätzliches Beiboot mitgeführt wird, das mit einem nachträglich auf dem Deck des Seenotkreuzers montierten Kran auf- und abwärts bewegt werden kann.

KRS 15
HERMANN HELMS

In einem Revier mit stark frequentierten Seeverkehrswegen stationiert, erlangt die HERMANN HELMS in der maritimen Szene vergleichbare Popularität wie ihr Schwesterschiff in Laboe.

Baujahr 1985 Fr. Lürssen Werft, Bremen-Vegesack Bau-Nr. 13505
Länge: 27,50 m Breite: 6,53 m Tiefgang: 1,63 m Verdrängung: 101 t [71]
Mot.: 1 x MTU 12V 396 TB93 / 2 x MWM TBD 234 V12 Lg.: 1 x 1632 PS / 2 x 781 PS = 3194 PS [72]
Geschwindigkeit: 24 kn Rumpfmaterial: Aluminium Rufzeichen: DBAM

Name: Hermann Christian Helms (1898–1983), Reeder, DGzRS-Vorsitzer von 1943 bis 1980
Taufe: 21. September 1985 in Bremen-Vegesack Taufpatin: Sabine Helms

Stationierung:
Oktober 1985 – 12. Juni 2017 Cuxhaven (Nachfolge: SK ANNELIESE KRAMER)

Getauft wird der Seenotkreuzer in noch nicht vollständig einsatzklarem Zustand – ein bewusst vorgezogener Tauftermin, denn tags zuvor, am 20. September, wäre der Namensgeber 87 Jahre alt geworden. Zusammen mit dem Seenotkreuzer HANNES GLOGNER wird die HERMANN HELMS am 29. Oktober 2018 von Bremerhaven aus mit dem Ziel Montevideo / Uruguay verschifft. Nach einer am 23. November 2018 vollzogenen Umtaufe auf den Namen ROU 52 ISLA DE LOBOS (deutsch: Insel der Seelöwen, Rufzeichen: CXVP, MMSI: 770576465) ist das Schiff bei der Armada Nacional del Uruguay für Aufgaben der Seenotrettung und der Küstenwache sowie für den Transport von Personal im Einsatz.

KRT 15
BIENE

In 31 Jahren bewährt sich die BIENE in zahlreichen Situationen, oft auch im Flachwasserbereich des Wattenmeers. Die Fotosituation zeigt eine Ausbildungsfahrt im Oktober 1994.

Baujahr 1985 Fr. Lürssen Werft, Bremen-Vegesack Bau-Nr. 13507
Länge: 7,50 m Breite: 2,50 m Tiefgang: 0,75 m [74] Verdrängung: 3,1 t
Motorisierung: BMW Marine D 190 [75] Leistung: 165 PS
Geschwindigkeit: 17 kn Rumpfmaterial: Aluminium Rufzeichen: DD9679

Name: Kurzform von Sabine, Name der Tochter von Hermann Christian Helms
Taufe: 21. September 1985 in Bremen-Vegesack Taufpatin: Nadine Malcherek

Stationierung:
Oktober 1985 – 12. Juni 2017 siehe SK HERMANN HELMS

Unter durchaus anspruchsvollen Wetterbedingungen unterziehen 1986 die Besatzungen der Stationen Cuxhaven und Helgoland ihre jeweiligen Tochterboote einem Fahrvergleich. Bei kräftigem Wind, in hochgehender See und den für die Außenelbe üblichen Strömungsverhältnissen testen sie, ob die einige Monate zuvor in Dienst gestellte BIENE im winterlichen Nordseerevier ebenso geeignet ist wie das fast 1,50 Meter längere Tochterboot HELENE des Seenotkreuzers WILHELM KAISEN. In allen Kriterien – Geschwindigkeit, Manövriereigenschaften, Kursstabilität, Auftrieb, Sicherheit – kann das Lürssen-Produkt im direkten Vergleich mit dem sieben Jahre älteren Schweers-Fahrzeug voll überzeugen.

KRS 18
ALFRIED KRUPP

Schon einige Monate vor der Taufe ist der Schiffsname bekannt, denn die Alfried Krupp von Bohlen und Halbach Stiftung fördert das aktuelle Neubauprogramm mit 5 Millionen DM.

Baujahr 1988 Fr. Lürssen Werft, Bremen-Vegesack Bau-Nr. 13526
Länge: 27,50 m Breite: 6,53 m Tiefgang: 1,63 m Verdrängung: 106 t [71]
Mot.: 1 x MTU 12V 396 TB93 / 2 x MWM TBD 234 V12 Lg.: 1 x 1632 PS / 2 x 830 PS = 3292 PS
Geschwindigkeit: 24 kn Rumpfmaterial: Aluminium Rufzeichen: DBAA

Name: Alfried Krupp von Bohlen und Halbach (1907–1967), Alleininhaber der Fried. Krupp AG
Taufe: 14. Juni 1988 in Bremen-Vegesack Taufpatin: Else Beitz

Stationierung:
29. Juni 1988 – 24. April 2020 Borkum (Nachfolge: SK HAMBURG)

Schwerer Seeunfall am 1./2. Januar 1995, bei dem zwei Besatzungsmitglieder der ALFRIED KRUPP tödlich verunglücken. Beseitigung der materiellen Schäden bei Abeking & Rasmussen, nun geschlossener oberer Fahrstand und verbreiterter Heckbereich, Rückkehr zur Station am 22. Juni 1995. Nach 32 Jahren auf Borkum Vertretungsdienste auf Amrum (25. April bis 1. Mai 2020 und 5. bis 19. Juni 2021). Aufliegend bei Werften in Wilhelmshaven, Bardenfleth und Rostock. Dort am 1. September 2023 Beginn einer 70-tägigen Überführungsfahrt auf eigenem Kiel nach La Paloma / Uruguay, ab 17. November 2023 als ROU 53 ISLA FARALLÓN (Rufz.: CXGY, MMSI: 770576521) bei Armada Nacional.

KRT 18
GLÜCKAUF

Das Tochterboot wird einem Windkanal- sowie einem Selbstaufrichterversuch auf der Weser unterzogen. Aus Kostengründen findet kein Kenterversuch mit dem Seenotkreuzer statt.

Baujahr 1988 Fr. Fassmer Werft, Berne Bau-Nr. 1060
Länge: 8,18 m Breite: 2,98 m [76] Tiefgang: 0,82 m Verdrängung: 4,2 t
Motorisierung: BMW Marine D 636 [77] Leistung: 180 PS
Geschwindigkeit: 17 kn Rumpfmaterial: Aluminium Rufzeichen: DF7682

Name: deutscher Bergmannsgruß
Taufe: 14. Juni 1988 in Bremen-Vegesack Taufpatin: Britta Elsner

Stationierung:
29. Juni 1988 – 24. April 2020 siehe SK ALFRIED KRUPP

Erstmals entstehen ein Seenotkreuzer und das dazugehörige Tochterboot bei unterschiedlichen Werften.[78] Damit beginnt eine jahrzehntelange Zusammenarbeit zwischen der Gesellschaft und der an diesem geteilten Auftrag beteiligten Fassmer Werft. Hier war 1956 für das Feuerschiff BORKUMRIFF ein Beiboot gefertigt worden, das dem Baumuster des ebenfalls für Borkum bestimmten Tochterbootes der THEODOR HEUSS entspricht. Nahezu zeitgleich mit der Indienststellung der ALFRIED KRUPP wird die BORKUMRIFF als letztes deutsches Feuerschiff aus dem Dienst genommen und im Borkumer Schutzhafen als Museumsschiff platziert – allerdings ohne das DGzRS-ähnliche Beiboot an Bord.

Auf der Weser im Bereich Hohe Weg findet am 20. April 1989 die Werft-Übergabe der VORMANN STEFFENS statt – hier im gleichen Revier nach der DGzRS-Jubiläumsfeier im Juni 2015.

Baujahr 1989 Fr. Schweers Werft, Bardenfleth Bau-Nr. 6473
Länge: 27,50 m Breite: 6,53 m Tiefgang: 1,63 m Verdrängung: 106 t [71]
Mot.: 1 x MTU 12V 396 TB93 / 2 x MWM TBD 234 V12 Lg.: 1 x 1632 PS / 2 x 830 PS = 3292 PS
Geschwindigkeit: 24 kn Rumpfmaterial: Aluminium Rufzeichen: DBAE

Name: Familienname mehrerer Vormänner der DGzRS-Station Neuharlingersiel seit 1873
Taufe: 22. April 1989 in Bremen-Vegesack Taufpatin: Ursula Söhnchen

Stationierung:
Mai 1989 – Dezember 1994 Wilhelmshaven (Nachfolge: SRB OTTO BEHR)
8. Dez. 1994 – 1. Dez. 2017 Hooksiel (Nachfolge: SK BERNHARD GRUBEN)

2004 erleidet einer der Seitenmotoren einen Kolbenfresser mit gebrochener Kurbelwelle, der stark beschädigte Motor kann nicht wieder aufgebaut werden – als einziges Fahrzeug dieser Klasse bleibt die VORMANN STEFFENS weniger als 30 Jahre im DGzRS-Dienst. Die Berufsfeuerwehr Rostock übernimmt den Seenotkreuzer und lässt ihn beim Werftbetrieb Tamsen Maritim ab Dezember 2017 zum Feuerlöschboot umrüsten. Am 4. August 2018 wird das Schiff im Stadthafen Rostock nach dem ersten Leiter der städtischen Berufsfeuerwehr auf den Namen ALBERT WEGENER getauft (Rufzeichen: DBDT, MMSI: 211138490).

ADELE am JadeWeserPort: Durch die gegenüber früheren Modellen gesteigerte Geschwindigkeit wird der Einsatzbereich der Tochterboote größer und unabhängiger vom Seenotkreuzer.

Baujahr 1989 Fr. Fassmer Werft, Berne Bau-Nr. 1061
Länge: 8,18 m Breite: 2,98 m Tiefgang: 0,82 m Verdrängung: 4,2 t
Motorisierung: BMW Marine D 636 Leistung: 180 PS
Geschwindigkeit: 17 kn Rumpfmaterial: Aluminium Rufzeichen: DF7683

Name: Adele Caroline Sandrock (1863–1937), Bühnen- und Film-Schauspielerin
Taufe: 22. April 1989 in Bremen-Vegesack Taufpatin: Margarethe Adele Stoppe

Stationierung:
Mai 1989 – 1. Dezember 2017 siehe SK VORMANN STEFFENS

Während des Umbaus der VORMANN STEFFENS zum Feuerlöschboot wird das Tochterboot vom Seenotkreuzer getrennt. Den freigewordenen Platz in der Heckwanne nimmt fortan das aus Aluminium gefertigte, 4,35 Meter lange, von einem 30 PS Außenbordmotor angetriebene und nach dem für die Fertigstellung des Löschbootes zuständigen Werft-Projektleiter benannte Arbeitsboot PETER P. ein. Optisch aufbereitet und ohne ihre Antriebskomponenten wird die ADELE am 26. Juli 2018 in Warnemünde vor dem DGzRS-Informationszentrum aufgestellt und dort am 7. September 2018 offiziell als Ausstellungsobjekt freigegeben. Ihr Standort ist frei zugänglich: Am Leuchtturm 1, 18119 Rostock.

Formvollendet-elegante Linienführung: 35 Tonnen Aluminium werden zum Seenotkreuzer mit Tochterboot verarbeitet. Dieselverbrauch im Einsatz: 650 bis 700 Liter pro Stunde.

Baujahr 1992	Fr. Lürssen Werft, Bremen-Vegesack		Bau-Nr. 13567
Länge: 28,25 m	Breite: 6,53 m	Tiefgang: 1,63 m	Verdrängung: 103 t

Mot.: 1 x MTU 12V 396 TB93 / 2 x MWM TBD 234 V12 Lg.: 1 x 1632 PS / 2 x 830 PS = 3292 PS [79]
Geschwindigkeit: 24 kn Rumpfmaterial: Aluminium Rufzeichen: DBAD

Name: Kap Arkona, Steilküste auf der Halbinsel Wittow im Norden der Insel Rügen
Taufe: 28. August 1992 in Saßnitz Taufpatin: Heidrun Krause

Stationierung:
August 1992 – 1. Juli 2003 Sassnitz (Nachfolge: SK WILHELM KAISEN)
13. August 2003 – Warnemünde

Beim Seenotrettungsdienst DDR sind ein 18-Meter-Rettungsboot, Baujahr 1953, und ein 21-Meter-Rettungskreuzer vom Typ R-17, Baujahr 1974, der im Zuge der Wiedervereinigung Deutschlands von 1990 bis Mai 1992 Bestandteil der DGzRS-Flotte ist, beide mit dem Namen ARKONA, in Saßnitz stationiert. Als Entsorgungseinheit bzw. als polnischer Rettungskreuzer SZKWAŁ sind beide bei der Taufe der dritten ARKONA im Hafen anwesend. Bevor jene auf der Station Sassnitz vom Seenotkreuzer WILHELM KAISEN abgelöst wird, ist sie elf Jahre lang das größte DGzRS-Schiff an der Küste Mecklenburg-Vorpommerns.

Im Hafen Sassnitz seewärts fahrend, August 1995 – aus dieser Perspektive nicht zu erkennen sind seinerzeit für das Boot charakteristische, leuchtrot eingerahmte Schleuderscheiben.

Baujahr 1992	Fr. Fassmer Werft, Berne		Bau-Nr. 1/90/1271
Länge: 8,18 m	Breite: 2,98 m	Tiefgang: 0,82 m	Verdrängung: 4,2 t
Motorisierung: MerCruiser D 219 Turbo AC			Leistung: 180 PS
Geschwindigkeit: 17 kn	Rumpfmaterial: Aluminium		Rufzeichen: DH3765

Name: Caspar David Friedrich (1774–1840), Maler, Künstler der deutschen Romantik
Taufe: 28. August 1992 in Saßnitz Taufpatin: Anke Bellack

Stationierung:
August 1992 – siehe SK ARKONA

Unterhalb der von Caspar David Friedrich 1818 in dem Ölgemälde „Kreidefelsen auf Rügen“ dargestellten Steilklippen demonstrieren CASPAR und andere Tochterboote mehrfach ihre Eignung im Uferbereich: Ursprünglich als kompaktes Einsatzmittel für Flachwasserbereiche der Nordsee konzipiert, sind ihre Eigenschaften nun auf die Anforderungen im Revier entlang der Küste Mecklenburg-Vorpommerns übertragbar. Mit Eröffnung des Yachthafens Hohe Düne erweitert sich ab 2005 das Einsatzspektrum der jetzt in Warnemünde stationierten Einheit. Durch regelmäßigen fachlichen Austausch mit Seenotretter-Kollegen im dänischen Gedser ist die Tochterboot-Technik auch grenzüberschreitend bekannt.

SK 24
BREMEN

Mit dem in Vegesack umgebauten Versuchskreuzer BREMEN beginnt dieses Buchkapitel, mit dem Seenotkreuzer BREMEN und dessen Tochterboot VEGESACK endet es hier.

Baujahr 1992 Fr. Lürssen Werft, Bremen-Vegesack Bau-Nr. 13568
Länge: 28,25 m Breite: 6,53 m Tiefgang: 1,63 m Verdrängung: 103 t
Mot.: 1 x MTU 12V 396 TB93 / 2 x MWM TBD 234 V12 Lg.: 1 x 1632 PS / 2 x 830 PS = 3292 PS [80]
Geschwindigkeit: 24 kn Rumpfmaterial: Aluminium Rufzeichen: DBAS

Name: Hansestadt und satzungsgemäßer Sitz der DGzRS
Taufe: 22. Januar 1993 in Bremen-Vegesack Taufpatin: Ute Wedemeier

Stationierung:
24. Januar 1993 – 11. März 2011 Grömitz (Nachfolge: SK HANS HACKMACK)
11. März 2011 – Großenbrode

Bei der Schiffstaufe an der Weserpromenade ist die am gleichen Ort 10.101 Tage zuvor getaufte ARWED EMMINGHAUS anwesend, die jetzt in Grömitz durch die BREMEN abgelöst wird – Ende und Neubeginn eines Seenotkreuzer-Zyklus. Mit Ablieferung der BREMEN endet für die Lürssen Werft der Neubau von DGzRS-Seenotkreuzern – beim selben Schiffbaubetrieb war 40 Jahre zuvor der gleichnamige Rettungskreuzer-Prototyp entstanden. Von den Seenotrettern erhält Lürssen fortan Reparatur- und Refit-Aufträge, außerdem beteiligt sich die Werft ab 2001 am Serienbau von 9,5-Meter-Seenotrettungsbooten.

TB 26
VEGESACK

Einsatzfahrt auf dem Großenbroder Binnensee im April 2011, als die Station Großenbrode mit den Seenotkreuzern BREMEN und JOHN T. ESSBERGER kurzzeitig doppelt besetzt ist.

Baujahr 1992 Fr. Fassmer Werft, Berne Bau-Nr. 1/90/1272
Länge: 8,18 m Breite: 2,98 m Tiefgang: 0,82 m Verdrängung: 4,2 t
Motorisierung: MerCruiser D 219 Turbo AC [81] Leistung: 180 PS
Geschwindigkeit: 17 kn Rumpfmaterial: Aluminium Rufzeichen: DH3766

Name: Stadtteil von Bremen innerhalb des Stadtbezirks Nord
Taufe: 22. Januar 1993 in Bremen-Vegesack Taufpatin: Christin Schmidt

Stationierung:
24. Januar 1993 – siehe SK BREMEN

Wie das gleichnamige Tochterboot von 1965 wird auch diese VEGESACK in dem namensgebenden Bremer Stadtteil getauft. Seit den frühen Anfängen der Motorisierung der Rettungsflotte waren zahlreiche DGzRS-Neubauten bei Lürssen in Vegesack entstanden – ausgerechnet diese beiden allerdings nicht. Ebenso wie (historische) Gemeinsamkeiten zwischen Tochterbooten feststellbar sind, bestehen bisweilen Unterschiede sogar zwischen zwei nahezu identischen „Zwillingstöchtern". Infolge individueller Umbauten sind beispielsweise bei CASPAR zwei der vorderen Fenster mit Scheibenwischern ausgestattet, während an der VEGESACK drei rotierende Klarsichtscheiben beibehalten werden.

HECHT
SAR
SAR

Freiwillige vor!

Wert und Weiterentwicklung der Seenotrettungsboote

Freiwilligkeit – in besonderer Ausprägung kommt dieser hohe ethische und pragmatische Anspruch im Bereich der DGzRS-Seenotrettungsboote zur Geltung. Denn diese werden fast ausnahmslos von ehrenamtlich tätigen Besatzungen gefahren.

Mit der Stationierung des Motorrettungsbootes BREMEN / KRD 415 auf Norderney wird der dortige Vormann Johann Friedrich Rass 1927 erster festangestellter Rettungsmann der Gesellschaft und nach der Wiederaufnahme ihres Neubauprogramms in den 1950er-Jahren richtet die DGzRS ihren Fokus zunächst auf die Ausstattung der Flotte mit leistungsstarken, vielseitig einsetzbaren und durch festangestellte Seeleute zu besetzenden Seenotkreuzern. Ergänzend dazu bilden freiwillige Besatzungen auf den kleineren Strandmotorrettungsbooten die personelle Substanz des Rettungswesens.

In dieser Epoche passt sich die DGzRS neuen rettungsdienstlichen Rahmenbedingungen an: In den 1960er-Jahren nehmen radarbasierte Verkehrsleitstellen in den deutschen Seegebieten flächendeckend ihre Arbeit auf. Die Berufsschifffahrt ist mit Funk, Radar und Decca-Navigationssystemen ausgerüstet, meteorologische Prognosen werden immer präziser. Die SAR-Flieger der Bundesmarine übernehmen seit 1958 zusätzlich eine gewichtige Rolle im Seenotrettungsdienst. Bedingt durch diese Faktoren steigt die Sicherheit auf See, Großschadenslagen wie Strandungen und Kollisionen nehmen signifikant ab. Gleichzeitig ereignen sich immer häufiger kleinere Schadensszenarien in den Bereichen Wassersport, Freizeitfischerei und Tourismus. In den späten 1960er-Jahren widmet man sich deshalb wieder dem Bau von kleineren Einheiten, die – zunächst als Strand-, ab den 1980er-Jahren als Seenotrettungsboote bezeichnet – vorwiegend im küstennahen Gebiet zum Einsatz gelangen. Mit einem Tiefgang von weniger als einem Meter kommen sie gut zurecht in den Tidengewässern der Nordsee und in den Flachwasserbereichen der Ostsee, bewähren sich bei Hilfeleistungen für Wassersportler ebenso wie bei Assistenzeinsätzen für Seenotkreuzer, beispielsweise bei Suchfahrten.

Diese technische Entwicklung – in Kombination mit der Zunahme der Freizeitschifffahrt – führt schrittweise zu einem Anstieg der Anzahl von Freiwilligen-Stationen: 1970 verfügt die DGzRS über 7 Strandmotorrettungsboote sowie insgesamt 15 Seenotkreuzer und große Motorrettungsboote. Mit Aufnahme des Neubauprogramms der Seenotrettungsboote werden allein 1971/1972 acht Freiwilligen-Stationen neu gegründet oder reaktiviert. Durch die Inbetriebnahme fünf zusätzlicher Einheiten der 9,0-Meter-Klasse wendet sich 1977 das Zahlenverhältnis zugunsten der kleineren Fahrzeuge: 19 Seenotrettungsboote der ersten Generation sowie 17 große Einheiten bilden nun die Flotte, die sich personell aus 90 festangestellten und 180 freiwilligen Seenotrettern zusammensetzt. In jenem Jahr liegt der Anteil der Einsätze für den Wassersport bei 68 Prozent.

Schon Anfang der 1970er-Jahre sind die Seenotrettungsboote im Bereich der Ostsee in der Überzahl, allein an der Kieler Außenförde unterstützen vier Einheiten der 6,9-Meter-Klasse den in Laboe stationierten Seenotkreuzer THEODOR HEUSS.

Auf der Welle der Wiedervereinigung: die zweite Generation

John Schumachers bisherigem Assistenten und Nachfolger Kapitän Uwe Klein fällt in den 1980er-Jahren die Aufgabe zu, eine neue, zweite Generation Seenotrettungsboote zu entwickeln und in der Praxis zu etablieren. Auf den Namen ASMUS BREMER wird am 21. Dezember 1987 der erste Erprobungsträger für die spätere 8,5-Meter-Baureihe getauft. John Schumacher stirbt – fast schon symbolträchtig – tags darauf, in der Nacht vom 22. auf den 23. Dezember 1987, im Alter von 76 Jahren. Zwei weitere, in Teilen bereits modifizierte, Prototypen folgen. Ursprünglich ist geplant, mit diesen schnelleren und größeren, zudem rettungsdienstlich besser ausgerüsteten Einheiten die Boote der 6,9-Meter-Baureihe zu ersetzen. Doch die Wiedervereinigung beider deutscher Staaten stellt die DGzRS vor gewaltige Aufgaben: Stationen an der Küste Mecklenburg-Vorpommerns mit zum Teil sehr speziellen Revierverhältnissen erweitern das Einsatzgebiet, das neben der stark frequentierten Mecklenburger Bucht und der Arkonasee ausgedehnte Flachwassergebiete – seeseitig der Greifswalder Bodden und die westliche Pommersche Bucht sowie küstennahe Randgewässer wie Saaler, Jasmunder und Schaproder Bodden, Strelasund, Achterwasser oder Stettiner Haff – umfasst. 15 festangestellte sowie 135 freiwillige Rettungsmänner werden vom Seenotrettungsdienst DDR übernommen.

Diese Rahmenbedingungen erfordern eine zusätzliche Anzahl an Seenotrettungsbooten, woraufhin das auf neun Einheiten ausgelegte Bauprogramm der 8,5-Meter-Serie um sechs weitere Exemplare ausgeweitet wird. Außerdem entstehen vier 7,4-Meter-Seenotrettungsboote mit Jet-Antrieb. In Ermangelung fester Hafenanlagen werden diese sogenannten Boddenboote auf Spezialtrailern in Gebäuden gelagert und mittels Allrad-Unimog – später auch per Traktor – ans Wasser transportiert. Mit der Fertigstellung dieser beiden Klassen besteht die Rettungsflotte nunmehr aus 34 Seenotrettungsbooten und 20 Seenotkreuzern.

Alternative zum Aluminium

Bis hierhin handelt es sich um Werftbauten, die in enger Abstimmung mit den nautisch-technischen Inspektoren individuell für die DGzRS konstruiert und zumeist in Kleinserien gefertigt werden. Man vertraut auf die bewährten Merkmale: Leichtmetall in Verbindung mit einem robusten Netzspantsystem, ausgeführt als Selbstaufrichter. Rettungsbooten „von der Stange“, die auf dem internationalen Markt vergleichsweise kostengünstig erhältlich wären, steht man skeptisch gegenüber, erst recht wenn sie nicht aus Leichtmetall geschweißt sind. So berichtet DGzRS-Inspektor Uwe Klein am 11. Juni 1992 anlässlich der Gesellschaftsausschuss-Tagung in München: „Beim Baumaterialienvergleich wird festgestellt, dass Kunststoffe, Verbundstoffe, Sandwich-Bauten oder moderne Technologien unter Verwendung von Kohlefaser, Kevlar und sonstigen Materialien im Vergleich zum Aluminium für den angestrebten Verwendungszweck noch nicht gleichwertig sind. In fünf bis acht Jahren soll ein neuer Materialvergleich angestellt werden.“ Innerhalb der hier avisierten Zeitspanne entstehen allerdings zunächst – wiederum aus Aluminium gefertigt – die ersten Exemplare der 9,4-Meter-Seenotrettungsboote. Aufgrund seiner Größe und Geschwindigkeit, der rettungsdienstlichen Ausrüstung sowie erstklassiger Manövriereigenschaften auch bei schwerem Seegang entwickelt sich dieser Bootstyp über Jahrzehnte hinweg zum Erfolgsmodell.

Bootstypen der 1990er-Jahre: Jeweils fünf Exemplare der 8,5-Meter-Klasse werden anfänglich in Niedersachsen, an der schleswig-holsteinischen Ostseeküste sowie in Mecklenburg-Vorpommern stationiert – damit gelten sie nicht nur als robustes, kompaktes und in unterschiedlichen Revieren universell einsetzbares Rettungsmittel, sondern auch als wesentlicher Beitrag zur Modernisierung des Seenotrettungsdienstes im östlichsten Küsten-Bundesland. Mit der HECHT – rechts im Bild – nimmt die DGzRS im November 1995 an der Internationalen Bootsausstellung Berlin teil. Infolge der 2002 vollzogenen Verlegung der baugleichen BUTT in den Zinnowitzer Rettungsschuppen und der daraus resultierenden Doppelbelegung der Station mit zwei Booten der 7,4-Meter-Klasse erhält die HECHT bis September 2010 einen Liegeplatz im Hafen am Usedomer Achterwasser.

Auf der Überholspur scheint die bis zu 38 Knoten schnelle MANFRED HESSDÖRFER die 18 Jahre ältere CASPER OTTEN mit Leichtigkeit abzuhängen. „Die Manövrierfähigkeit, das Schleppverhalten und die Stabilität des Vollkunststoffbootes sind außerordentlich gut, Sog und Wellenschlag gering", informiert dazu ein DGzRS-Pressetext. Farbe und Material des Rumpfes sowie die in der Bildmitte erkennbaren Außenbordmotoren sind nur einige der äußeren Unterscheidungsmerkmale beider Fahrzeuge. CASPER OTTEN ist das letzte in der Ära Kapt. Uwe Klein abgelieferte Boot, er geht am 5. Dezember 2001 in den Ruhestand, sein Nachfolger in der DGzRS-Inspektion wird zum 1. Januar 2002 Kapt. Udo Helge Fox. Die CASPER OTTEN entsteht an der Unterweser, wohingegen mit MANFRED HESSDÖRFER – noch unter der Kennung SRB 79 – am 25. Juni 2019 eine Praxiserprobung im finnischen Seegebiet Kyrkfjärden stattfindet.

Ein Umdenken tritt erst im Frühjahr 2003 – mittlerweile leitet Kapitän Udo Helge Fox die Inspektion – mit der Indienststellung des in großen Teilen aus Kunststoff hergestellten Festrumpfschlauchbootes RESCUE UECKER ein. Dessen Stationierung in Ueckermünde wird als innovatives Experiment dargestellt, ist aber eher als das Resultat jahrelanger Entwicklungsarbeit des britischen Herstellers zu werten. Erfahrungen mit diesem Boot verlaufen jedenfalls positiv, und so greift man später auf diese konzeptionelle Ausrichtung erneut zurück – zunächst mit zwei von der finnischen Werft Arctic Airboats in Kunststoffbauweise gefertigten und von jeweils zwei Außenbordmotoren angetriebenen Booten, die von der DGzRS als materielle Unterstützung zur Rettung von Flüchtlingen im Mittelmeer an den griechischen Seenotrettungsdienst übergeben werden, alsbald auch mit für den Eigenbedarf bestimmten, modifizierten Nachbauten dieses Typs sowie mit Arbeitsbooten an Bord zweier 19,9-Meter-Seenotkreuzer.

Nahezu zeitgleich erreichen die noch aktiven 7,4-Meter-Seenotrettungsboote das Ende ihres Dienstzeitzyklus, sie werden ab 2023 durch drei Einheiten der 8,4-Meter-Klasse ersetzt. Ebenfalls in Finnland gebaut, werden diese wie ihre Vorgänger mittels Zugmaschine und Trailer zu Wasser gebracht. Der Rumpf besteht aus Aluminium, die Aufbauten aus glasfaserverstärktem Kunststoff. Im Jahr 2025 ist die Rettungsflotte in 41 Seenotrettungsboote und 20 Seenotkreuzer mit etwa 800 freiwilligen Besatzungsmitgliedern und rund 190 festangestellten Seeleuten gegliedert – die einst als Ergänzung installierten

Freiwilligen-Boote besetzen somit gegenwärtig zwei Drittel aller Stationen. Den Bereich der Ostseeküste isoliert betrachtet, liegt das Verhältnis „Seenotrettungsboote pro Seenotkreuzer" bei 3,4.

Freiwilliges Engagement – kostengünstig, aber unbezahlbar

In der Gesamtbetrachtung der Seenotrettungsboote darf der Faktor Wirtschaftlichkeit nicht ungeprüft bleiben. Allemal sind diese Einheiten beim Bau und in der Ausrüstung deutlich kostengünstiger zu beschaffen als ein Seenotkreuzer. Mit rund 1 Million Euro ist der Auftrag für den Neubau eines Seenotrettungsbootes der 10,1-Meter-Klasse oder auch einer 8,4-Meter-Einheit samt Zugmaschine und Spezialtrailer zu veranschlagen. Mit etwa 300.000 Euro beziffert die DGzRS die Baukosten für ein 8,9-Meter-Seenotrettungsboot. Zum Vergleich: Der Preis für einen Seenotkreuzer der 27,9-Meter-Klasse liegt jenseits der Marke von 10 Millionen Euro. Doch stellen die laufenden Betriebskosten den wesentlich größeren Posten innerhalb der Gesamtkalkulation dar: Sie beinhalten die Ausgaben für das Personal, Brenn- und Schmierstoffe, Wartungs-, Pflege- und Instandsetzungsaufwendungen. Vor diesem Hintergrund kalkulieren die Kaufleute bei der spendenfinanzierten DGzRS gern mit den vergleichsweise kostengünstigen Seenotrettungsbooten und sie rechnen – im doppelten Wortsinn – mit deren freiwilligen Besatzungen.

Artenvielfalt an der Schlei und auf dem Haff

Zur Rettung von Menschenleben aus Seenot und gefährlichen Situationen, so heißt es in Paragraph 1 der DGzRS-Satzung, „unterhält und fördert die Gesellschaft das Rettungswerk an den Küsten der deutschen Nord- und Ostsee" ... und dazu, könnte man an dieser Stelle gedanklich ergänzen, zählen auch die Schlei und das Oderhaff. Diese beiden Reviere gelten eher als „drittklassige" Seenotretter-Einsatzgebiete, denn hier wird nie ein großes Frachtschiff auf Grund laufen, sich kein Krabbenkutter das Netz in den Propeller ziehen, nie ein manövrierunfähiges Fahrzeug in einen Offshore Windpark treiben, nie ein Wattwanderer von der Flut überrascht und nie ein kritischer Patient von einem Kreuzfahrtschiff abgeborgen werden müssen.

Typische Schlei-Einsätze: Seenotrettungsboot WALTER MERZ (links) und Tochterboot ONKEL WILLI im Dienst für die Freizeitschifffahrt. Das Revier ist nicht gerade ein Gefahrenschwerpunkt, doch Wassersport, Fischerei und Küstenschifffahrt bewirken hauptsächlich im Sommerhalbjahr ein recht intensives Verkehrsaufkommen.

Entlang der Schlei formieren sich Strand, Schilfgürtel, Steilküste und Untiefen zu einer anspruchsvollen Topographie, Hafenanlagen, Werften und Marinas bilden die maritime Infrastruktur. Östlich der Lotseninsel mit dem Leuchtturm Schleimünde erstreckt sich die offene Ostsee, die durch den Öresund und den Großen Belt führenden Schifffahrtsrouten sind von hier weit entfernt. An den Schleibrücken regeln Ampelanlagen den Verkehr auf dem Wasser, dort müssen sogar die Seenotretter bei Rotsignal aufstoppen (oder mit niedergelegtem Mast unter der Brücke hindurchfahren). Aber: Dieser mit Brackwasser angefüllte, 46 Kilometer lange und an den meisten Stellen nicht mehr als 3 Meter tiefe Nebenarm der Ostsee, wo von jedem Punkt aus beide Ufer zu sehen sind, dient seit den 1970er-Jahren als das bevorzugte Experimentier-Revier für Seenotrettungsboote der Größenordnung bis 10 Meter Länge. Über unterschiedlich lange Zeitspannen sind auf den Schlei-Stationen Maasholm und Schleswig zehn verschiedene Bootsklassen mit teilweise recht individuellen Eigenschaften nachweisbar – die Checkliste beginnt mit KRT 1, dem ersten eigenständig operierenden Seenotrettungsboot in Nachkriegs-Bauweise. Dieses ursprünglich als Tochterboot geplante Einzelstück wird als Ergänzung zum Seenotkreuzer G. KUCHENBECKER in Maasholm stationiert und erhält zwischenzeitlich den Namen KURT GRUNDMANN.

TRIENTJE im Winterlager vor dem Stationsgebäude in Maasholm. Vom 17. bis 20. Mai 1971 wird dieses Boot als Neuheit bei der International Lifeboat Conference in New York präsentiert.

Mit der TRIENTJE folgt alsbald die erste Einheit aus der Baureihe der 6,9-Meter-Seenotrettungsboote. Während der Seenotkreuzer mit festangestellten Rettungsmännern einsatzbereit im Fischereihafen liegt, wird das Seenotrettungsboot bei Bedarf von einer Freiwilligenbesatzung gefahren – je nach Einsatzszenario agieren die Einheiten autark oder gemeinsam. Bei der Segelabteilung des Turn- und Sportvereins von 1947 e. V. Schilksee verbleibt die TRIENTJE nach ihrer Außerdienststellung zunächst im Bereich der Kieler Bucht. Nach einem späteren Besitzerwechsel unter DGzRS-Sammlern in Nordrhein-Westfalen wird sie farblich in den Zustand der frühen 1970er-Jahre zurückversetzt – in der Orange-Lackierung, mit der sie 40 Jahre zuvor in Maasholm in Dienst gestellt worden war, begleitet sie 2011 in Duisburg eine Etappe der Abschiedstour des Seenotkreuzers JOHN T. ESSBERGER.

Vom Tochterboot zum 7,0-Meter-Seenotrettungsboot umfunktioniert ist auch die gegenüber der TRIENTJE etwas kräftiger motorisierte KAATJE (ex MELLUM), die am 1. Februar 1994 nach Maasholm verlegt wird. Genau einen Monat später errichtet die DGzRS mit dem Schwesterboot ELTJE (ex ANNA) am westlichen Ende der Schlei die neue Station Schleswig. Dort vollzieht sich 1999 ein Austausch gegen die ARTHUR MENGE, ein älteres Seenotrettungsboot der 9,0-Meter-Klasse.

Aus der 8,3-Meter-Prototypserie kommt 2000 die FRANZ STAPELFELDT nach Maasholm. Im Unterschied zu den beiden anderen Modellen dieses Typs besitzt das Boot einen nach vorn hin offenen Außenfahrstand. Diese Konstruktionseigenschaft war während der Erprobung als vorteilhaft bewertet und in die folgende Serienfertigung übernommen, später jedoch bei vielen Einheiten der 8,5-Meter-Klasse wiederum durch eine geschlossene Frontscheibe ersetzt worden. Der Stationierung in Maasholm folgt in der ersten Jahreshälfte 2011 eine Verwendung der FRANZ STAPELFELDT als Reserveboot in Schleswig.

2007 erhält Schleswig die JUIST aus der 8,5-Meter-Klasse, die dort in einer erneuten Taufzeremonie umbenannt wird: Die fünf am Heck angebrachten, dreidimensionalen Einzelbuchstaben des alten Namens JUIST werden entfernt und durch seitlich angebrachte Namensschilder WALTER MERZ ersetzt – ein Einzelfall und somit unverwechselbares Erkennungsmerkmal innerhalb dieser Bootsklasse. Nicht unerwähnt bleiben soll die 8-jährige Sophie Victoria Röcker als zweite Taufpatin des Bootes.

Im Anschluss an eine vom 16. September bis 25. November 2010 dauernde Werftzeit in Bremen wird die BUTT nach Maasholm verlegt. Damit ist erstmals ein Boot der 7,4-Meter-Klasse außerhalb von Mecklenburg-Vorpommern stationiert – als Hafenlieger ohne Unimog-Zugfahrzeug und Trailer. In Maasholm erhält das Boot infolge einer zweckgebundenen Spendenaktion den Namen WUPPERTAL, Taufpatin ist Veronique Mischke. Zwei der bislang vier nach der Jahrtausendwende vorgenommenen Umbenennungen finden demnach auf den Schlei-Stationen statt. Kuriosum: Nach seiner Außerdienststellung ist das Boot an seinem ersten Stationierungsort Kühlungsborn mit zwei unterschiedlichen Namensschildern – BUTT an der Steuerbord- und WUPPERTAL an der Backbordseite – ausgestellt.

Kleine Flottenparade in Maasholm am 22. September 2012 anlässlich der WUPPERTAL-Taufe (verdeckt, 2. Boot von rechts): Seenotkreuzer NIS RANDERS mit Tochterboot ONKEL WILLI und davor die Seenotrettungsboote FRANZ STAPELFELDT, WALTER MERZ und KARL VAN WELL.

Aus der bei der SAR-Schule Neustadt und von der Maasholmer Besatzung ab September 2016 zu Trainingszwecken durchgeführten Erprobung des für Griechenland bestimmten Prototypen ZETA resultiert die Auftragsvergabe für das erste 8,9-Meter-Boot der Rettungsflotte. Als erstes Exemplar des Typs Arctic 28CAB wird die HELLMUT MANTHEY 2018 in Maasholm stationiert, das Schwesterboot HERWIL GÖTSCH kommt 2021 nach Schleswig. Damit wird auf der 1994 eingerichteten Station erstmals ein Neubau in Dienst gestellt – die zuvor hier eingesetzten Rettungseinheiten waren mit einem Alter von durchschnittlich 17 Jahren in Schleswig eingetroffen.

Von den Seenotrettungsbooten der 9,4- und 10,1-Meter-Serie kommt bisher kein Exemplar auf einer der beiden Schlei-Stationen fest zum Einsatz, doch sind sie hier als Schulungs- und Reserveboot mehrmals anzutreffen. An der Taufveranstaltung für HERWIL GÖTSCH nimmt das seinerzeit in Schilksee stationierte 10,1-Meter-Seenotrettungsboot GERHARD ELSNER teil, welches wiederum hinsichtlich der eigenen Taufe zwei Besonderheiten aufweist: Zum zweiten Mal – nach der WERNER KUNTZE im Jahr 1999 – wird ein Boot dieser Baureihe in Nordrhein-Westfalen und an Land stehend getauft und zum zweiten Mal – nach dem Tochterboot JAPSAND im Jahr 1990 – wählt die DGzRS die Wassersportmesse boot als südlichste jemals für Taufveranstaltungen genutzte Stätte. Im Juli 2020 bereist das 10,1-Meter-Trainingsboot MERVI Schleswig zur stationsinternen Ausbildung. Mit dem ein wenig unvollständig wirkenden Bootsnamen erinnert die Deutsche Fernsehlotterie, die den Bau des Fahrzeugs mit 525.000 Euro gefördert hatte, an eine zu Lebzeiten sozial engagierte und früh verstorbene Frau und dreifache Mutter.

Der Namensgeber der HANS INGWERSEN war nach seiner Maschinenbaulehre unter anderem als Oberingenieur in der Leitung der Maschinenfabrik der Wilhelmsburger Reiherstiegwerft – seinerzeit eine der großen Hamburger Werften – sowie als Ausbilder für Schiffsingenieure an den Technischen Staatslehranstalten zu Hamburg tätig gewesen. 2024 übernimmt das nach ihm benannte 9,4-Meter-Seenotrettungsboot in Schleswig eine temporäre Stationsvertretung.

Um die Produktpalette sämtlicher Seenotrettungsboote mit einstelliger Längenangabe zu vervollständigen, ist abschließend der Blick auf das Oderhaff zu richten, das mit einer durchschnittlichen Wassertiefe von weniger als 4 Metern ein ähnliches Profil aufweist wie die Schlei. Am Haff unterhält die DGzRS eine Station in Ueckermünde, die übrigens mit der Verlegung der TRIENTJE von Maasholm aus dorthin 1992 eröffnet worden war. Noch im gleichen Jahr erhält die Station ein neues 8,5-Meter-Seenotrettungsboot, auf den Namen des Gründers der gemeinnützigen Gerhard ten Doornkaat Koolman-Stiftung wird es nur drei Wochen nach dessen Tod getauft. Offiziell in Dienst gestellt wird es in Ueckermünde erst am 16. April 1993, als Folgetermin nach der tags zuvor auf Hiddensee durchgeführten Taufe des Schwesterbootes DORNBUSCH.

Erprobung der für Griechenland bestimmten ZETA am 30. Oktober 2016 in Maasholm (links). Dort wird mit der HELLMUT MANTHEY die erste Einheit der 8,9-Meter-Baureihe stationiert. Anstelle des bei der ZETA vorhandenen seitlich offenen Fahrstandes mit Textilgewebedach besitzt die Ostsee-Version einen halbgeschlossenen, soliden Kabinenaufbau.

2003 wird hier ein speziell für die Anforderungen des Reviers mit Einsätzen in ausgedehnten Flachwasser- und Schilfzonen vorgesehenes Festrumpfschlauchboot stationiert. Es bleibt ein Unikat außerhalb des bisher verfolgten schiffbaulichen Konzepts und seine ursprüngliche Bezeichnung RESCUE UECKER ist zu keiner Zeit direkt am Boot angebracht – erst mit der späteren Taufe und Umbenennung in DORA erhält es am Geräteträger befestigte Namensschilder. Auf der Station Ueckermünde wird es im Bedarfsfall mit einem Bootslift auf- und abwärts bewegt – eine in der DGzRS-Flotte des 21. Jahrhunderts einzigartige Methode, ein Einsatzfahrzeug zu Wasser zu bringen.

Ein Exemplar der 2023/2024 ausgelieferten 8,4-Meter-Seenotrettungsboote ist zwar weder an der Schlei noch am Oderhaff stationiert ... doch mit einem kleinen Umweg über Usedom gelingt es, abschließend auch diese Bootsklasse in der hier dargestellten Übersicht unterzubringen. Nach mehrwöchiger Konfiguration von Boot und Trailer bei einem Fachbetrieb im niedersächsischen Stuhr sowie anschließendem Straßentransport nach Zinnowitz wird SRB 87 als zweite Einheit dieses Typs in Kombination mit dem dort seit April 2010 vorhandenen John Deere Traktor erstmals am 15. November 2024 am Achterwasser und tags darauf an der offenen Ostsee getestet, wobei die Premiere am Strand angesichts durchdrehender und sandhaufenbildender Traktorräder nur mäßig glückt. Bestandteil der Erprobung ist eine Fahrt des Bootes von Zinnowitz nach Ueckermünde im Januar 2025 – somit lassen sich insgesamt zwölf Arten von Seenotrettungsbooten in den beiden Revieren Schlei und Oderhaff erfassen.

Nordsee-Boot in der Ostsee-Erprobung ... und umgekehrt: Mit SRB 78 findet die erste See-Erprobung am 14. Juli 2020 im Revier zwischen Rostock und Barhöft statt. Jetzt ist das auf den Namen OTTO DIERSCH getaufte und in Norddeich stationierte Fahrzeug zusammen mit der HANS DITTMER von Juist dabei, als am 12. August 2024 der noch ungetaufte Neubau SRB 87 (links im Bild) vor seiner Überführung zur Station Zinnowitz im Norderneyer Seegatt getestet wird.

KRST 29
ASMUS BREMER

Alle drei Prototyp-Einheiten sind nacheinander – teils zeitgleich – in Schilksee stationiert. MARIE LUISE RENDTE und FRANZ STAPELFELDT am Liegeplatz im Olympiazentrum, Mai 2012.

Etwa 25 Jahre nach ihrer Indienststellung sollen die ersten Seenotrettungsboote durch größere, schnellere und nach moderneren Standards entwickelte Einheiten abgelöst werden. Ihre Konstruktionsmerkmale gewährleisten für Besatzung und Gerettete auch bei schwerem Wetter erhöhte Sicherheit an Bord, mehr Geräumigkeit im Innenraum erleichtert die Versorgung liegend transportierter Personen. Ein erstmals appliziertes, den Bootskörper umlaufendes Fendersystem verringert das Schadensrisiko sowohl für längsseits genommene Havaristen als auch für das Rettungsboot selbst. Wie bei den Vorgängermodellen aus den 1970er-Jahren wird eine aus zwei Personen bestehende Besatzung als ausreichend erachtet, um auch im küstenferneren Bereich Such- und Rettungsaufgaben wahrnehmen zu können. Vor dem Beginn des Serienbaus durchlaufen zunächst zwei im Mai 1987 bei der Fr. Fassmer Werft auf Kiel gelegte Prototypen nacheinander die Erprobung. Diese ersten beiden Exemplare ASMUS BREMER und MARIE LUISE RENDTE erhalten zu Vergleichszwecken unterschiedliche Motoren und stehen hinsichtlich ihrer Dimensionen und Leistung in direkter Verwandtschaft zu den beim selben Schiffbaubetrieb nahezu zeitgleich entstehenden Tochterbooten GLÜCKAUF und ADELE. Äußerlich modifiziert, doch letztlich richtungweisend ist schließlich das bei der Fr. Schweers Werft gebaute Einzelstück FRANZ STAPELFELDT, mit dem die Experimentierphase für die neue Bootsklasse endet. Ihre schiffbauliche Individualität und ihre rund 25-jährige Dienstzeit rechtfertigen den Erhalt aller drei Einheiten als Museums- respektive Ausstellungsstücke.

Besondere Merkmale: Spiegelheck, abgerundete Kanten, ausfallender Vorsteven, keine tiefgehende („Deep-V") Unterwasserform, Einschraubenboot mit verstärktem Propeller.

Baujahr 1987	Fr. Fassmer Werft, Berne		Bau-Nr. 1/87/1062
Länge: 8,28 m	Breite: 3,10 m	Tiefgang: 0,75 m [01]	Verdrängung: 4,5 t
Motorisierung: BMW Marine D 636 [02]			Leistung: 180 PS
Geschwindigkeit: 17 kn	Rumpfmaterial: Aluminium		Rufzeichen: DF7680

Name: Asmus Bremer, Kieler Bürgermeister von 1702 bis 1711 und von 1713 bis 1720
Taufe: 21. Dezember 1987 in Schilksee   Taufpatin: Marina (Nachname nicht überliefert)

Stationierung:
21. Dez. 1987 – 28. Febr. 2012   Schilksee (Nachfolge: SRB FRANZ STAPELFELDT)

Als Bestandteil der mehrjährigen Erprobungsperiode bis zur Erschaffung der neuen Rettungsboot-Baureihe wird mit dieser Einheit am 26. November 1987 bei der Fr. Fassmer Werft ein Kentertest in der Weser durchgeführt. Am Ende ihrer Dienstzeit gelangt die ASMUS BREMER am 1. März 2012 zur DGzRS-Zentrale nach Bremen, dort beginnt am 20. April 2012 der Transport zum Deutschen Museum nach München. Vor dem Eingangsportal des Museums wird das Boot am 9. November 2012 aufgestellt, am 6. Dezember 2012 offiziell übergeben und am 10. Oktober 2022 vom Innenhof in den für die Außenbesichtigung frei zugänglichen Museumsgarten verlegt: Museumsinsel 1, 80538 München.

KRST 30
MARIE LUISE RENDTE

Die Baukosten für ASMUS BREMER und MARIE LUISE RENDTE liegen bei jeweils 550.000 DM. Das Fendersystem kommt von der Firma Balmoral Marine in Aberdeen / Schottland.

Baujahr 1988 Fr. Fassmer Werft, Berne Bau-Nr. 1/87/1063
Länge: 8,28 m Breite: 3,10 m Tiefgang: 0,80 m Verdrängung: 4,5 t
Motorisierung: Volvo Penta TAMD41 [03] Leistung: 200 PS
Geschwindigkeit: 17 kn Rumpfmaterial: Aluminium Rufzeichen: DF7681

Name: Marie Luise Rendte, Mitglied einer Familie von Förderern der DGzRS
Taufe: 23. Juni 1988 in Brunsbüttel Taufpatin: Ursula Daub

Stationierung:

23. Juni 1988 – 14. Juli 1999	Brunsbüttel (Nachfolge: SRB GILLIS GULLBRANSSON)
15. Juli 1999 – 24. Juni 2003	Ueckermünde (Nachfolge: SRB RESCUE UECKER)
24. Juni 2003 – 30. August 2003	Darßer Ort
30. Aug. 2003 – 10. Okt. 2012	Schilksee (Nachfolge: SRB WALTER ROSE)

Nach Außerdienststellung ohne Funktion in Laboe, zwischenzeitlich in einer Lagerhalle in Brodersdorf aufliegend. Am 7. Dezember 2016 durch das Seenotrettungsboot ECKERNFÖRDE nach Eckernförde geschleppt, Liegeplatz im Binnenhafen. Im Besitz der Stadtwerke, am 28. Mai 2019 auf einem Wohnmobilstellplatz als frei zugängliches Schauobjekt auf Sand gebettet, später mit Pflastersteinumrandung: Kakabellenweg, 24340 Eckernförde.

KRST 31
FRANZ STAPELFELDT

Aus dem bei den ersten Prototypen festgestellten fehlenden Reserveauftrieb für die Selbstaufrichtefähigkeit resultiert hier eine Veränderung der Konstruktion und der Wallschienen.

Baujahr 1990 Fr. Schweers Werft, Bardenfleth Bau-Nr. 6482
Länge: 8,28 m Breite: 3,10 m Tiefgang: 0,85 m Verdrängung: 4,8 t
Motorisierung: MerCruiser / BMW Marine D 254 AC [04] Leistung: 220 PS
Geschwindigkeit: 17 kn Rumpfmaterial: Aluminium Rufzeichen: DA3112

Name: Franz Carl Heinrich Stapelfeldt (1877–1954), Mitglied des DGzRS-Bez.vereins Bremen
Taufe: 17. August 1990 in Burgstaaken Taufpatin: Karin Bull

Stationierung:

17. August 1990 – 21. April 2000	Puttgarden (Nachfolge: SRB EMIL ZIMMERMANN)
21. April 2000 – 20. Januar 2011	Maasholm (Nachfolge: SRB BUTT)
Januar 2011 – 2012	ohne feste Station / Reserve
24. Januar 2012 – März 2015	Schilksee

Nach Auswertung der bis dahin vorliegenden Erfahrungen durch eine Expertenrunde ist entgegen der ursprünglichen Planung der Bau eines 3. Prototyps erforderlich, Auftragsvergabe ist am 8. Juni 1989. Wie schon für die zwei anderen Einheiten dieser Klasse zuvor, ist Schilksee die letzte Station des Bootes. Vor dem DGzRS-Gebäude im Olympiahafen wird es am 18. Mai 2015 aufgestellt und kann von außen besichtigt werden: Soling 5, 24159 Kiel.

SRB 32
GÜNTHER SCHÖPS

GERHARD TEN DOORNKAAT (vorn) und KARL VAN WELL – hier in der Werfterprobung – sind die einzigen Boote dieser Klasse, bei denen eine Doppeltaufe am selben Tag stattfindet.

Nach Kritik am Cockpitbereich bei der FRANZ STAPELFELDT hinsichtlich einer ungünstigen Bewegungsfreiheit bei der Arbeit mit Wurf- und Schleppleinen wird vor dem Serienbau dieser Bootsklasse der Raum zwischen Decksaufbau und Heck erneut modifiziert, zusätzlich wird die Fahrzeuglänge gegenüber dem Prototypen um einen Querspant ergänzt. Vor der Auftragsvergabe wird die Umstellung zur preisgünstigen Bauweise mit glasfaserverstärktem Kunststoff geprüft: Ein Materialwechsel von Aluminium hin zum GFK kommt für die nächsten fünf bis zehn Jahre nicht in Frage. Von dem 15 Einheiten umfassenden Neubau-Auftrag profitiert allerdings allein die Fr. Fassmer Werft und nicht etwa der benachbarte Konkurrenz-Betrieb von Schweers, bei dem die FRANZ STAPELFELDT entstanden war. Mit einer Geschwindigkeit von 18 Knoten übertreffen die Boote dieser Serie deutlich ihre nun zu ersetzenden Vorgängermodelle aus den 1970er-Jahren. Während ihrer 20 bis 25 – im Einzelfall über 30 – Jahre dauernden Dienstzeit erfüllen allenfalls die ursprünglich verbauten Motoren nicht voll die Erwartungen, erst die spätere Remotorisierung mit Fabrikaten des Typs Perkins Sabre M215C (Leistung: 215 PS) erbringt eine Optimierung. Direkt nach ihrer Außerdienststellung bei der DGzRS werden alle Fahrzeuge dieser Klasse zur weiteren Verwendung an Behörden oder Seenotrettungsdienste im In- und Ausland übergeben – als Museums- oder Ausstellungsobjekt hingegen ist bislang kein einziges Exemplar konserviert worden. Auf nachfolgende Klassen werden die schiffbaulichen Merkmale dieser Seenotrettungsboote nur in geringer Ausprägung übertragen.

Beim Typschiff dieser Klasse, dem ersten für Mecklenburg-Vorpommern bestimmten Neubau eines Seenotrettungsbootes, wird erstmals die interne Kennzeichnung SRB verwendet.

Baujahr 1992	Fr. Fassmer Werft, Berne		Bau-Nr. 1/90/1256
Länge: 8,52 m	Breite: 3,12 m	Tiefgang: 0,93 m	Verdrängung: 5,1 t [05]
Motorisierung: MerCruiser / BMW Marine D 254 AC			Leistung: 220 PS
Geschwindigkeit: 18 kn	Rumpfmaterial: Aluminium		Rufzeichen: DH3767

Name: Günther Schöps (1899–1975), Kaufmann, Mitgründer der Schöps-Friedrich-Stiftung
Taufe: 23. Juni 1992 in Timmendorf / Poel   Taufpatin: Ina Schmid

Stationierung:
Juni 1992 – 3. April 2018   Timmendorf / Poel (Nachfolge: SRB WOLFGANG WIESE)

Von der DGzRS wird das Fahrzeug zur Ghana Maritime Authority abgegeben, zuvor erhält es während eines längeren Aufenthaltes bei der DGzRS-Zentrale eine blau-weiße Lackierung am Decksaufbau. Per Straßentransport gelangt das jetzt namenlose Boot am 3. August 2018 nach Bremerhaven und wird dort am 10. August auf das 261 Meter lange, unter Liberia-Flagge fahrende Transportschiff JACK LONDON verladen. Nach Zwischenstopps in Marokko wird es in Algeciras / Spanien auf das 207 Meter lange Containerschiff STRAUSS verladen und erreicht nach Anläufen im Kongo und in Kamerun Mitte Oktober 2018 den Bestimmungsort Ghana. Einsatzgebiet am Golf von Guinea, stationiert im Hafen Tema.

SRB 33
GERHARD TEN DOORNKAAT

In Ueckermünde, der im Mai 1992 eingerichteten und seinerzeit jüngsten DGzRS-Station, findet am 16. April 1993 die offizielle Indienststellung der GERHARD TEN DOORNKAAT statt.

Baujahr 1992 Fr. Fassmer Werft, Berne Bau-Nr. 1/90/1257
Länge: 8,52 m Breite: 3,12 m Tiefgang: 0,93 m Verdrängung: 5,1 t [05]
Motorisierung: MerCruiser / BMW Marine D 254 AC Leistung: 220 PS
Geschwindigkeit: 18 kn Rumpfmaterial: Aluminium Rufzeichen: DH3768

Name: Gerhard ten Doornkaat Koolman (1916–1992), Kaufmann und Unternehmer
Taufe: 10. November 1992 in Bremen Taufpatin: Hiltraud Brons

Stationierung:
November 1992 – 21. April 2023 Ueckermünde (Nachfolge: SRB NEUHARLINGERSIEL)
8. Mai 2023 – 15. März 2024 Puttgarden (Nachfolge: SRB HELENE) [06]

Nach der Außerdienststellung wird das Boot – jetzt namenlos – in der Marina Kröslin am 3. Juli 2024 auf einen Transport-Lkw verladen und trifft tags darauf in Bremerhaven ein. An Bord des Containerschiffs MAERSK MC-KINNEY MØLLER ist es vom 15. Juli bis 30. August 2024 von Bremerhaven nach Tianjin / China unterwegs und passiert auf dieser Route am 3. August als erstes DGzRS-Seenotrettungsboot das Kap der Guten Hoffnung. Anfang September 2024 erreicht es den See Chöwsgöl Nuur in der Mongolei, wo es von der Mongolia Maritime Administration weiterhin im SAR-Dienst eingesetzt wird.[07]

SRB 34
KARL VAN WELL

Vier der fünf ursprünglich in Schleswig-Holstein eingesetzten Einheiten, darunter die KARL VAN WELL, bleiben bis zur Außerdienststellung unverändert auf ihren jeweiligen Stationen.

Baujahr 1992 Fr. Fassmer Werft, Berne Bau-Nr. 1/90/1258 [08]
Länge: 8,52 m Breite: 3,12 m Tiefgang: 0,93 m Verdrängung: 5,1 t [05]
Motorisierung: MerCruiser / BMW Marine D 254 AC Leistung: 220 PS
Geschwindigkeit: 18 kn Rumpfmaterial: Aluminium Rufzeichen: DH3769

Name: Karl van Well (1908–1982), Metzgermeister aus Bottrop
Taufe: 10. November 1992 in Bremen Taufpatin: Ilona Falk

Stationierung:
Nov. 1992 – 3. Nov. 2017 Damp (Nachfolge: SRB NIMANOA)

Von Damp aus wird das Boot vom 3. bis 5. November 2017 auf eigenem Kiel zur DGzRS-Zentrale überführt. Per Tieflader gelangt es am 9. Januar 2018 zu einem Umschlagbetrieb nach Bremerhaven und wird dort am 22. Januar 2018 auf das unter Hong Kong Flagge fahrende Containerschiff MAERSK LANCO verladen. Ab Algeciras / Spanien übernimmt das Containerschiff CAP SAN LORENZO den am 1. Februar 2018 beginnenden Weitertransport, der nach Zwischenstopps in Brasilien und Argentinien am 17. Februar 2018 in Montevideo / Uruguay endet. Beim uruguayischen Seenotrettungsdienst erhält das Boot den Namen ADES 25 PRÁCTICO PEDRO GRONARDO (Rufzeichen: CXZZ6, MMSI: 770576461).

SRB 35
DORNBUSCH

Mit der DORNBUSCH beginnt hinsichtlich der Namensgebung eine Serie von sieben 8,5-Meter-Seenotrettungsbooten, die nach geografischen Örtlichkeiten benannt werden.

Baujahr 1993	Fr. Fassmer Werft, Berne		Bau-Nr. 1/90/1259
Länge: 8,52 m	Breite: 3,12 m	Tiefgang: 0,93 m	Verdrängung: 5,1 t [05]
Motorisierung: MerCruiser / BMW Marine D 254 AC			Leistung: 220 PS
Geschwindigkeit: 18 kn	Rumpfmaterial: Aluminium		Rufzeichen: DH3770

Name: Dornbusch, Hügelland im Nordteil der Ostseeinsel Hiddensee
Taufe: 15. April 1993 in Vitte / Hiddensee Taufpatin: Anne-Christin Albrecht

Stationierung:
15. April 1993 – 28. August 2006 Vitte / Hiddensee (Nachfolge: SRB NAUSIKAA)
19. Sept. 2006 – 20. August 2019 Breege (Nachfolge: SRB MANFRED HESSDÖRFER)

Am Tag seiner Außerdienststellung wird das Boot zur Schiffswerft Horn nach Wolgast überführt, dort – inzwischen namenlos – am 16. September 2019 auf einen Lastzug verladen, auf dem Landweg nach Kapellskär / Schweden und per Fähre weiter nach Paldiski / Estland transportiert. Bei der Organisation Juminda Vabatahtlik Merepääste (Freiwillige Seenotrettung auf der Halbinsel Juminda) wird es mit dem Namen BREMEN (Rufzeichen: ES3558, MMSI: 276009290) im Seenotrettungsdienst genutzt. Einsatzgebiet im Finnischen Meerbusen zwischen der Insel Prangli und der Halbinsel Käsmu, Heimathafen ist Hara.

SRB 36
CASSEN KNIGGE

Im März 2006 erhält die CASSEN KNIGGE in der DGzRS-Werfthalle in Bremen einen neuen Perkins Motor mit 215 PS, diese Übung mit einer Rettungsinsel findet im August 2012 statt.

Baujahr 1993	Fr. Fassmer Werft, Berne		Bau-Nr. 1/90/1260
Länge: 8,52 m	Breite: 3,12 m	Tiefgang: 0,93 m	Verdrängung: 5,1 t [05]
Motorisierung: MerCruiser / BMW Marine D 254 AC			Leistung: 220 PS
Geschwindigkeit: 18 kn	Rumpfmaterial: Aluminium		Rufzeichen: DH3771

Name: Cassen Knigge, Rettungsmann, am 26. Februar 1990 im Einsatz verunglückt [09]
Taufe: 15. Juni 1993 in Norddeich Taufpatin: Ute Knigge

Stationierung:
April [?] 1993 – 28. Oktober 2017 Norddeich (Nachfolge: SRB WILMA SIKORSKI)

Auf zwei der vier nach den verunglückten Besatzungsmitgliedern der ADOLPH BERMPOHL benannten Seenotkreuzern ereignen sich wiederum Todesfälle bei Einsatzfahrten: Auf der H.-J. KRATSCHKE kommt Vormann Max Carstensen ums Leben, auf der OTTO SCHÜLKE Rettungsmann Cassen Knigge. Das nach ihm benannte Boot verbleibt nach der Außerdienststellung bis zum 9. Januar 2018 bei der DGzRS-Zentrale und wird von dort aus auf dem gleichen Transportweg über Bremerhaven nach Montevideo / Uruguay überführt wie die baugleiche KARL VAN WELL. Unter Beibehaltung des Namens wird es als ADES 26 CASSEN KNIGGE (Rufzeichen: CXZZ7, MMSI: 770576462) auf der ADES-Basis in Piriápolis stationiert.

SRB 37
PUTBUS

Im Zuge ihrer Weiterverwendung wird die PUTBUS zweimal umbenannt, ihr zweiter Bootsname GREIF 1 ist auf den Greifvogel („spähender Adler") im DLRG-Wappen zurückzuführen.

Baujahr 1993	Fr. Fassmer Werft, Berne		Bau-Nr. 1/90/1261
Länge: 8,52 m	Breite: 3,12 m	Tiefgang: 0,93 m	Verdrängung: 5,1 t [05]
Motorisierung: MerCruiser / BMW Marine D 254 AC			Leistung: 220 PS
Geschwindigkeit: 18 kn	Rumpfmaterial: Aluminium		Rufzeichen: DH3772

Name: Putbus, Stadt auf der Insel Rügen
Taufe: 7. Juni 1993 in Lauterbach — Taufpatin: Stefanie Lenz

Stationierung:
Juni 1993 – 18. Juni 2017 — Lauterbach (Nachfolge: SRB CASPER OTTEN)

Nach Außerdienststellung wird das Fahrzeug in der DGzRS-Werfthalle nach Vorgaben der Deutschen Lebens-Rettungs-Gesellschaft umlackiert und mit dem neuen Namen GREIF 1 (Rufzeichen: DG8936) an den DLRG Bezirk Altona übergeben. Überführung auf eigenem Kiel, Ankunft am 22. Juli 2017 in Hamburg Wittenbergen. Nach sieben Jahren trennt sich die DLRG von diesem Einsatzmittel und übernimmt im Gegenzug die DGzRS-Einheit WALTER ROSE. Die ehemalige PUTBUS wird vom 22. bis 24. April 2024 von Hamburg nach Wolgast und von dort per Straßentransport vom 10. bis 13. Juni 2024 nach Pärnu / Estland überführt. Einsatz beim lokalen Seenotrettungsdienst als TÕDE (deutsch: Wahrheit).

SRB 38
JUIST

Infolge der Umbenennung in WALTER MERZ erhält das Boot seitlich angebrachte Namensschilder – Ausnahme in der einzigen Bootsklasse mit am Heck applizierten Buchstaben.

Baujahr 1993	Fr. Fassmer Werft, Berne		Bau-Nr. 1/90/1262
Länge: 8,52 m	Breite: 3,12 m	Tiefgang: 0,93 m	Verdrängung: 5,1 t [05]
Motorisierung: MerCruiser / BMW Marine D 254 AC			Leistung: 220 PS
Geschwindigkeit: 18 kn	Rumpfmaterial: Aluminium		Rufzeichen: DH3773

Name 1: Juist, Ostfriesische Insel im niedersächsischen Wattenmeer
Name 2: Dr. Walter Merz († 2004), Vorstandsmitglied eines Versicherungsunternehmens
Taufe: 21. Juni 1993 auf Juist — Taufpatin: Carina Janssen-Visser

Stationierung und Namensänderung:
Juni 1993 – 17. Januar 2007 — Juist (Nachfolge: SRB WOLTERA)
Februar 2007 – 6. April 2021 — Schleswig (Nachfolge: SRB HERWIL GÖTSCH)
5. Oktober 2008 — Umbenennung in WALTER MERZ

Am 7. und 8. April 2021 wird das Boot von Schleswig nach Wolgast überführt und verbleibt dort anschließend 831 Tage lang als Auflieger bei einem Werftbetrieb. In der Funktion als Ausbildungsboot der Schleswig-Holsteinischen Seemannsschule gelangt es am 18. Juli 2023 auf die zu Lübeck gehörende Halbinsel Priwall und erhält seinen Namen JUIST zurück, eine weiße ersetzt die einstige leuchtrote Deckshaus-Lackierung.[10]

SRB 39
OTTO BEHR

Durch die Indienststellung der OTTO BEHR ist Wilhelmshaven ab Juli 1993 zeitweilig mit zwei Rettungseinheiten besetzt, wobei die VORMANN STEFFENS häufig auf Seeposition liegt.

Baujahr 1993 Fr. Fassmer Werft, Berne Bau-Nr. 1/90/1263
Länge: 8,52 m Breite: 3,12 m Tiefgang: 0,93 m Verdrängung: 5,1 t [05]
Motorisierung: MerCruiser / BMW Marine D 254 AC Leistung: 220 PS
Geschwindigkeit: 18 kn Rumpfmaterial: Aluminium Rufzeichen: DH3774

Name: Otto Behr (1887–1952), Aufsichtsratsvorsitzender der Bremer Baumwoll AG
Taufe: 13. Juli 1993 in Wilhelmshaven Taufpatin: Ruth Burghold

Stationierung:
13. Juli 1993 – 23. April 2019 Wilhelmshaven (Nachfolge: SRB PETER HABIG)
27. April 2019 – 30. Nov. 2023 Zinnowitz [11]

In Zinnowitz gilt die OTTO BEHR lediglich als Ergänzung zum bevorzugt genutzten Einsatzfahrzeug HECHT, so verbringt sie 2020 mehr als die Hälfte des Jahres vertretungsweise auf den Stationen Stralsund und Freest. Am 22. April 2024 wird sie für den Straßentransport verladen und trifft am 25. April 2024 in Nasva / Estland ein. Für den symbolischen Preis von 1 Euro übernimmt der Seenotrettungsverband MTÜ Eesti Merepäästeühing das Boot und setzt es unter dem Namen ÕIGUS (deutsch: Recht) für Rettungs- und Transportaufgaben an der südlichen Küste der größten estnischen Ostseeinsel Saaremaa ein.

SRB 40
HELLMUT MANTHEY

In Lippe wird HELLMUT MANTHEY im 25. Dienstjahr durch die WOLTERA abgelöst, die nach ihrer Stationierung auf Juist 2007 nun zum zweiten Mal eine 8,5-Meter-Einheit ersetzt.

Baujahr 1993 Fr. Fassmer Werft, Berne Bau-Nr. 1/90/1264
Länge: 8,52 m Breite: 3,12 m Tiefgang: 0,93 m Verdrängung: 5,1 t [05]
Motorisierung: MerCruiser / BMW Marine D 254 AC Leistung: 220 PS
Geschwindigkeit: 18 kn Rumpfmaterial: Aluminium Rufzeichen: DH3775

Name: Hellmut Manthey († 1979), Unternehmer in Berlin und DGzRS-Förderer
Taufe: 24. September 1993 in Lippe Taufpatin: Ingeborg Filla

Stationierung:
24. Sept. 1993 – 21. März 2018 Lippe (Nachfolge: SRB WOLTERA)

Mit rund 750.000 DM wird der Preis für den Neubau eines einzelnen Exemplars dieser Bootsklasse angegeben. Finanziert wird dieses Fahrzeug aus der eigens zur Förderung der Rettung aus Lebensgefahr durch finanzielle Unterstützung der DGzRS eingerichtete und durch die Deutsche Bank AG Stiftungsverwaltung betreute Hellmut-Manthey-Stiftung. Nach Außerdienststellung erreicht die HELLMUT MANTHEY mit Zwischenstopps in Schilksee, Laboe und Brunsbüttel am 28. März 2018 die DGzRS-Zentrale. Von Bremen aus wird sie – jetzt namenlos, mit blau-weiß lackiertem Aufbau – zusammen mit dem Schwesterboot GÜNTHER SCHÖPS zur Ghana Maritime Authority nach Westafrika ausgeliefert.

SRB 41
HERMANN ONKEN

Unter den drei Einheiten dieser Klasse, die während ihrer Dienstzeit ausschließlich von Nordseestationen aus operieren, ist die HERMANN ONKEN das am längsten verwendete Fahrzeug.

Baujahr 1993 Fr. Fassmer Werft, Berne Bau-Nr. 1/90/1265
Länge: 8,52 m Breite: 3,12 m Tiefgang: 0,93 m Verdrängung: 5,1 t [05]
Motorisierung: MerCruiser / BMW Marine D 254 AC Leistung: 220 PS
Geschwindigkeit: 18 kn Rumpfmaterial: Aluminium Rufzeichen: DH3776

Name: Hermann Onken (1892–1972), Vormann der DGzRS-Station Fedderwardersiel
Taufe: 29. Oktober 1993 in Fedderwardersiel Taufpatin: Nina Memenga

Stationierung:
8. Sept. 1993 – 15. Februar 2020 Fedderwardersiel (Nachfolge: SRB EMIL ZIMMERMANN)

Von der Station aus wird das Boot am 15. Februar 2020 zur DGzRS-Zentrale überführt und am 9. März 2020 von der Fr. Fassmer Werft aus, wo es gebaut worden war, über die Straße nach Bremerhaven transportiert. Dort am 16. März 2020 Verladung auf das Transportschiff UASC UMM QASR. Nach zwei weiteren Ladevorgängen – in Antwerpen / Belgien auf das Frachtschiff MSC PHOENIX und in Tekirdağ / Türkei auf den Mehrzweckfrachter AYŞE NAZ BAYRAKTAR – Ankunft am 19. April 2020 im Bestimmungshafen Batumi / Georgien. Am 17. September 2020 offizieller Flaggenwechsel von der DGzRS zur Seefahrtbehörde Maritime Transport Agency of Georgia, Einsatzgebiet ist fortan das Schwarze Meer.

SRB 42
JENS FÜERSCHIPP

Am Außensteuerstand hat die JENS FÜERSCHIPP zuerst eine Halbscheibe, später eine nach oben ganz geschlossene Frontscheibe. Ihre Remotorisierung auf Perkins erhält sie 2006.

Baujahr 1993 Fr. Fassmer Werft, Berne Bau-Nr. 1/90/1266
Länge: 8,52 m Breite: 3,12 m Tiefgang: 0,93 m Verdrängung: 5,1 t [05]
Motorisierung: MerCruiser / BMW Marine D 254 AC Leistung: 220 PS
Geschwindigkeit: 18 kn Rumpfmaterial: Aluminium Rufzeichen: DH3777

Name: Jens Friedrich Lorenzen, genannt Füerschipp (1906–1990), Fischer und Bootsmann
Taufe: 22. November 1993 in Gelting Taufpatin: Karin Bull

Stationierung:
22. Nov. 1993 – 21. Juli 2018 Gelting (Nachfolge: SRB URSULA DETTMANN)

Mit dieser Einheit endet eine Serie von insgesamt 14 Bootstaufen im Jahr 1993 – Nachkriegs-Rekord für die meisten Indienststellungen innerhalb eines Jahres. Bei ihrer letzten Fahrt unter DGzRS-Flagge gelangt JENS FÜERSCHIPP am 22. Juli 2018 zur DGzRS-Zentrale. Nach einem Werftaufenthalt – jetzt namenlos – am 17. September 2018 per Tieflader zum Hamburger Burchardkai. An Deck des Containerschiffs CMA CGM VASCO DE GAMA vom 22. September bis 1. November 2018 nach Tianjin Xingang / China. Auf dem Landweg bis zum mongolischen Binnensee Chöwsgöl Nuur, dort für rettungsdienstliche Aufgaben bei der Behörde Mongolia Maritime Administration (MonMarAd) als neue Eignerin.

SRB 43
CREMPE

Als einziges Boot dieser Klasse ist die CREMPE zuerst an der Ostsee – Foto von 2012 – und danach in ihrer Funktion als Reserve-Einheit vorübergehend an der Nordsee stationiert.

Baujahr 1994 | Fr. Fassmer Werft, Berne | Bau-Nr. 1/90/1267
Länge: 8,52 m | Breite: 3,12 m | Tiefgang: 0,93 m | Verdrängung: 5,1 t [05]
Motorisierung: MerCruiser / BMW Marine D 254 AC | Leistung: 220 PS
Geschwindigkeit: 18 kn | Rumpfmaterial: Aluminium | Rufzeichen: DH3778

Name: Crempe, frühere Bezeichnung der Region, in der das heutige Neustadt entstand
Taufe: 3. März 1994 in Neustadt | Taufpatin: Inge-Elisabeth Kratzmann

Stationierung:
März 1993 – 13. Juni 2015 | Neustadt (Nachfolge: SRB HENRICH WUPPESAHL)
Juni 2015 – 31. Juli 2018 | ohne feste Station / Reserve

Vertretungsdienste als Reserve-Einheit unter anderem auf Juist (November 2016 bis März 2017) und Langeoog (April 2017 bis Juni 2017), der letzte Stationsdienst endet in Schilksee am 31. Juli 2018 – nur vier Monate nach dem letzten Werftaufenthalt, der im ersten Quartal 2018 in Bremen stattgefunden hatte. Von der Kieler Förde aus Überführung nach Bremen, Verbleib bei der DGzRS-Zentrale vom 1. August bis 17. September 2018. Straßentransport zum Hamburger Burchardkai am 18. September 2018, von dort aus Überführung in die Mongolei auf dem gleichen Weg wie das Schwesterboot JENS FÜERSCHIPP.

SRB 44
BALTRUM

Boote der 8,5-Meter-Klasse sind bisher in insgesamt sieben Ländern – Deutschland miteingerechnet – auf vier Kontinenten einer zweckmäßigen Weiterverwendung zugeführt worden.

Baujahr 1994 | Fr. Fassmer Werft, Berne | Bau-Nr. 1/90/1268
Länge: 8,52 m | Breite: 3,12 m | Tiefgang: 0,93 m | Verdrängung: 5,1 t [05]
Motorisierung: MerCruiser / BMW Marine D 254 AC | Leistung: 220 PS
Geschwindigkeit: 18 kn | Rumpfmaterial: Aluminium | Rufzeichen: DH3779 [12]

Name: Baltrum, Ostfriesische Insel im niedersächsischen Wattenmeer
Taufe: 7. April 1994 auf Baltrum | Taufpatin: Almut Lottmann

Stationierung:
April 1994 – 15. November 2004 | Baltrum (Nachfolge: SRB ELLI HOFFMANN-RÖSER)
10. [?] April 2005 – 30. Sept. 2019 | Horumersiel (Nachfolge: SRB WOLFGANG PAUL LORENZ)

Nach Ende der DGzRS-Dienstzeit fährt das Boot am 30. September 2019 von Horumersiel zur DGzRS-Zentrale. Unter neuem Namen RESCUE BALTRUM (Rufzeichen: XPH4961, MMSI: 219026231) verlässt es Bremen am 14. November 2019 und trifft zwei Tage später auf der dänischen Ostseeinsel Aarø ein. Bei der gemeinnützigen Seenotrettungsorganisation Dansk Søredningsselskab (DSRS) ist es anschließend auf Ostseestationen in Køge auf Seeland und im jütländischen Hafenort Juelsminde anzutreffen. Beim Werftaufenthalt in Horsens im Sommer 2022 erhalten Mast, Aufbau und Hauptdeck eine neue Farbgebung.

SRB 45
BOTTSAND

100 Jahre vor der Bootstaufe, am 29. Mai 1894, war die Station Laboe gegründet worden. Mit der Auflösung der Freiwilligen-Station wird die dort stationierte BOTTSAND entbehrlich.

Baujahr 1994	Fr. Fassmer Werft, Berne		Bau-Nr. 1/90/1269
Länge: 8,52 m	Breite: 3,12 m	Tiefgang: 0,93 m	Verdrängung: 5,1 t [05]
Motorisierung: MerCruiser / BMW Marine D 254 AC			Leistung: 220 PS
Geschwindigkeit: 18 kn	Rumpfmaterial: Aluminium		Rufzeichen: DH3780

Name: Bottsand, Naturschutzgebiet an der Kieler Außenförde
Taufe: 29. Mai 1994 in Laboe Taufpatin: Johanna Arp

Stationierung:
16. Mai 1994 – 3. Oktober 2014 Laboe (keine Nachfolge, Freiwilligen-Station aufgelöst)

Nach 20 Jahren wird die BOTTSAND als Einheit mit der kürzesten Dienstzeit innerhalb dieser Bootsklasse aus der Rettungsflotte genommen. Am 3. und 4. Oktober 2014 wird sie von Laboe über Cuxhaven zu ihrer Entstehungsstätte bei der Fr. Fassmer Werft überführt. Von Hamburg aus transportiert die Reederei Hamburg Süd das Boot nach Uruguay, dort wird es am 14. April 2015 offiziell von der DGzRS an den Seenotrettungsdienst ADES übergeben. Mit dem Namen ADES 23 (Rufzeichen: CXZU8, MMSI: 770576387) und in angepasster Farbgebung – blauer Rumpf, graues Deck und oranges Deckshaus – ist das Boot im Hafen von Juan Lacaze an der Küste des Río de la Plata stationiert.

SRB 46
STRALSUND

Mit der Indienststellung der STRALSUND in der gleichnamigen Hafenstadt wird die Rettungsstation nach 63-jähriger Unterbrechung reaktiviert. Fotomotiv von 2008: Bodstedter Bodden.

Baujahr 1994	Fr. Fassmer Werft, Berne		Bau-Nr. 1/90/1270
Länge: 8,52 m	Breite: 3,12 m	Tiefgang: 0,93 m	Verdrängung: 5,1 t [05]
Motorisierung: MerCruiser / BMW Marine D 254 AC			Leistung: 220 PS
Geschwindigkeit: 18 kn	Rumpfmaterial: Aluminium		Rufzeichen: DH3781

Name: Hansestadt Stralsund, Kreisstadt in Mecklenburg-Vorpommern
Taufe: 1. Juni 1994 in Stralsund Taufpatin: Marianne Lastovka

Stationierung:
Mai 1994 – 10. Mai 2006 Stralsund (Nachfolge: SRB HERTHA JEEP)
10. Juni 2006 – 9. Oktober 2021 Prerow / Wieck (Nachfolge: SRB PUG)

Am Tag der Außerdienststellung wird das Boot zur Schiffswerft Horn nach Wolgast gebracht und dort nach Vorgaben der Freiwilligen Feuerwehr Glückstadt lackiert, die es von der DGzRS gekauft hatte: Der Rumpf ist nun rot mit Feuerwehr-Schriftzug in Großbuchstaben, die Farbe des Decks wechselt von Grün zu Grau. Unter Beibehaltung des Namens STRALSUND (Rufzeichen: DJ3444, MMSI: 211834370) wird das Fahrzeug vom 31. Oktober bis 3. November 2021 von Wolgast nach Glückstadt überführt, wo es am 14. Mai 2022 offiziell in Dienst gestellt und für die Wasserrettung und Hilfeleistungen verwendet wird.

29. Mai 1990, Jubiläums-Schiffstaufe des für die Ostseestation Maasholm bestimmten Seenotkreuzer-Neubaus mit der internen Kennung KRS 20 – längsseits liegt VORMANN STEFFENS.

Mit einem Festakt im Bremer Rathaus und einer Schiffstaufe begeht die DGzRS am 29. Mai 1990 ihr 125-jähriges Jubiläum: Auf dem Rathausvorplatz ist das historische Segel- und Ruderrettungsboot FÜRST BISMARCK von der Station Norderney aufgestellt und am Martini-Anleger am Weserufer wird ein Seenotkreuzer-Neubau auf den Namen NIS RANDERS getauft, dessen Tochterboot erhält den Namen ONKEL WILLI. Beim abschließenden Abendessen in Bremen-Vegesack deutet der als Gastredner geladene Staatssekretär im Bundesverkehrsministerium Dr. Wilhelm Knittel an, nach den ersten gesamtdeutschen Wahlen sei damit zu rechnen, dass die DGzRS die Tätigkeit auch an der Ostseeküste der heutigen DDR wieder zu übernehmen habe. Nur vier Monate später wird sich mit der Wiedervereinigung Deutschlands das politisch und gesellschaftlich bedeutsamste Ereignis in der Nachkriegsgeschichte des Landes vollziehen. Diese Entwicklung vorwegnehmend, übergibt die DGzRS am 10. April 1990 die Seenotrettungsboote GRIETJE und KRST 16 in Warnemünde an den Seenotrettungsdienst DDR, am gleichen Ort werden am 14. Juni 1990 der bisher in Maasholm stationierte Seenotkreuzer G. KUCHENBECKER und am 23. August 1990 das Seenotrettungsboot BRUNTJE derselben Bestimmung zugeführt. Im September erfasst eine Planungsgruppe der DGzRS zusammen mit Vertretern des DDR-Seenotrettungsdienstes den Bestand an Rettungsmitteln auf den elf vorhandenen Stationen in Mecklenburg-Vorpommern. Am 3. Oktober 1990 erweitert sich der Zuständigkeitsbereich der DGzRS um etwa ein Drittel, er reicht nunmehr bis zur polnischen Grenze.

Ein Motorschlauchboot wird von der mobilen Rettungsstation Kühlungsborn bei einer Übung 1983 zu Wasser gebracht. Lotsen und Freiwillige stellen die Besatzungen der Rettungsboote.

Während die DGzRS nach der Gründung der Bundesrepublik Deutschland ihre Tätigkeit als gemeinnützige Organisation fortsetzt, wird die Seenotrettung auf dem Gebiet der DDR bald zur staatlichen Aufgabe. Ab 1950 baut das Gesundheitswesen der Landesverwaltung Mecklenburg den Seenotrettungsdienst auf, die behördliche Zuständigkeit liegt ab 1953 beim Wasserstraßenamt Stralsund. 1955 übernimmt das Deutsche Rote Kreuz in Dresden die Aufgaben des Seenotrettungsdienstes. Von 1960 bis 1963 geht die administrative Verantwortung auf die Hafenbehörde des Rates des Bezirks Rostock über, der technische Leiter der Behörde ist zugleich Leiter des Seenotrettungsdienstes. Mit Ministerrats-Beschluss vom 9. Dezember 1963 wird die Aufgabe ab 1964 dem Seefahrtsamt der DDR übertragen. Koordiniert wird der Dienst jetzt von der Seenotrettungsleitstelle Warnemünde, ab Ende der 1970er-Jahre international als Rescue Coordination Centre (RCC) Rostock bezeichnet. In das System der Seenotrettung werden in den 1960er-Jahren auch Schiffe und Einsatzkräfte der Volksmarine und der DDR-Grenztruppen integriert. Eine interessante Querverbindung zwischen der west- und ostdeutschen schiffbaulichen Entwicklung bahnt sich ab 1960 an, indem in der DDR ein Entwurf für einen 24,20 Meter langen und 20 Knoten schnellen Seenotkreuzer nach DGzRS-Vorbild entsteht – das Projekt kommt bis Anfang der 1970er-Jahre jedoch nicht über die Planungsphase hinaus. Stattdessen werden schließlich zwei 21 Meter lange Zweischraubenschiffe nach polnischem Baumuster für die Stationen Saßnitz und Warnemünde in Auftrag gegeben.

Aus dem Bestand der DGzRS-Flotte wird ARKONA 1992 an den polnischen Seenotrettungsdienst übergeben und dort unter dem Namen SZKWAŁ (deutsch: Windböe) weiter verwendet.

Aus dem Bestand des Seenotrettungsdienstes DDR übernimmt die DGzRS per 3. Oktober 1990 neun Rettungseinheiten: zwei Rettungskreuzer vom Typ R-17, zwei Seenotrettungsboote von 17 und 18 Metern Länge sowie fünf Festrumpfschlauchboote vom Typ RB-5000. Von Anfang an gilt deren Weiterbetrieb lediglich als Übergangslösung bis zur Angleichung an den technischen Standard der weiter westlich bereits vorhandenen Infrastruktur. Insbesondere die vier größeren Schiffe entsprechen mit einer Höchstgeschwindigkeit von 8 Knoten nicht annähernd den rettungsdienstlichen Anforderungen. Während ihres nur wenige Jahre dauernden Verbleibs in der Rettungsflotte werden diese Fahrzeuge in den DGzRS Jahrbüchern 1991 bis 1993 lediglich in der Liste der Rettungsstationen aufgeführt, nicht jedoch in der Flottenübersicht mit den Angaben zu technischen Daten der einzelnen Einheiten. Einer der beiden Rettungskreuzer, die 1974 bei Stocznia Wisła (deutsch: Weichselwerft) in Danzig / Polen gebaute ARKONA, wird von vornherein gar nicht in die DGzRS-Flotte integriert, sondern in Saßnitz übergangsweise als Wohnschiff genutzt. Innerhalb von weniger als drei Jahren gelingt es, auch die anderen acht Fahrzeuge durch moderne Neubauten oder vorhandene Einheiten aus dem DGzRS-Bestand zu ersetzen. Ein Einfluss dieser ehemaligen DDR-Einheiten auf das nachfolgende Bauprogramm ist nicht feststellbar – durch ihre kurze Verweildauer in der Seenotretter-Flotte und den hiermit hervorgerufenen Bruch in der Chronologie dieser Technikgeschichte stellen sie ein einzigartiges, in sich abgeschlossenes Kapitel dar.

Bei Übergabe an die DGzRS hat die POEL einen orangefarbenen Rumpf und weiße Aufbauten – mit dem leuchtrot abgesetzten Brückendeck wird das Farbschema alsbald angeglichen.

Baujahr 1953 VEB Schiffs- und Bootswerft Gehlsdorf, Rostock Bau-Nr. 1023
Länge: 17,97 m Breite: 5,20 m Tiefgang: 1,97 m [13]
Motorisierung: SKL 4 NVD 24 [14] Leistung: 2 x 100 PS
Geschwindigkeit: 8 kn Rufzeichen: Y3DU

Name: Poel, Ostseeinsel in der Wismarer Bucht

Stationierung:
1953 – 1992 Timmendorf / Poel (Nachfolge: SRB GÜNTHER SCHÖPS)

Beim Seenotrettungsdienst DDR wird die POEL mit einer aus Freiwilligen bestehenden Besatzung gefahren, lediglich der Maschinist ist festangestellt. Am 19. Dezember 1957 nimmt sie an der ersten gemeinsamen Seenotübung mit dem DGzRS-Motorrettungsboot WESER in der Lübecker Bucht teil. Als sie im September 1992 außer Dienst gestellt wird, ist sie mit 39 Jahren das älteste im DGzRS-Rettungsdienst eingesetzte motorisierte Fahrzeug der Nachkriegszeit. Nach der Übergabe an Eesti Vetelpäästeühing – den Seenotrettungsdienst in Estland – wird das Schiff dort bis 2000 unter dem Namen EVA genutzt. Gegenwärtig (Stand: 2025) ist es in gelb-schwarz-weißer Lackierung als Ausflugsboot ELINA (Rufzeichen: ESOP, MMSI: 276271000) im Heimathafen Tallinn anzutreffen.

DARSSER ORT

Am 9. Oktober 1990 fährt die DARSSER ORT den ersten Einsatz im erweiterten DGzRS-Zuständigkeitsbereich: Bei Westwind der Stärke 6 schleppt sie zwei Yachten mit Motorschaden ein.

Baujahr 1964 VEB Schiffswerft Genthin
Länge: 16,88 m Breite: 5,20 m Tiefgang: 1,65 m [15]
Motorisierung: SKL 6 NVD 24 [16] Leistung: 150 PS
Geschwindigkeit: 10 kn Rufzeichen: Y3DO

Name: Darßer Ort, nördlichste Landzunge der Halbinsel Darß an der Ostsee

Stationierung:
1980 / 1984 [?] – 1992 Darßer Ort (Nachfolge: SK G. KUCHENBECKER)

Die Zollverwaltung der DDR behält gleichbleibend etwa 30 Fahrzeuge im Bestand, die schrittweise alle zehn Jahre erneuert werden. Für den Dienstbereich Küste werden 1964 die Zollboote ZB 301 und ZB 302 gebaut, als baugleiches Projekt wie die Lotsenversetzboote des VEB Bagger-, Bugsier- und Bergungsreederei Rostock. ZB 301 wird 1984 vom Wasserstraßenamt Stralsund übernommen und als Aufsichts- und Kontrollboot LUMME eingesetzt, ab 1986 ist es für das Seefahrtsamt als Rettungsschiff DARSSER ORT im Einsatz und löst damit das gleichnamige, vier Jahre zuvor außer Dienst gestellte Vorgängermodell ab. Als erste Einheit aus DDR-Bestand erhält es die Farbgebung der DGzRS-Flotte, im September 1992 wird es an Eesti Vetelpäästeühing verkauft und erhält den Namen BRITTA.

STOLTERA

Von acht Einheiten des Typs Seenotkreuzer R-17 verbleiben sechs Fahrzeuge im Produktionsland Polen und zwei – ARKONA und STOLTERA – gehen an den Seenotrettungsdienst DDR.

Baujahr 1975 Stocznia Wisła, Danzig / Polen
Länge: 20,74 m Breite: 5,70 m Tiefgang: 1,70 m [17] Verdrängung: 75 t
Motorisierung: Wola Henschel 34H6A Leistung: 2 x 210 PS
Geschwindigkeit: 8 kn Rumpfmaterial: Stahl Rufzeichen: Y3DY

Name: Stoltera, Küstenabschnitt und Naturschutzgebiet westlich von Warnemünde

Stationierung:
1975 – November 1990 Warnemünde (Nachfolge: SK VORMANN JANTZEN)
1. Januar 1991 – Juni 1992 Greifswalder Oie / Kröslin (Nachfolge: SK HANS LÜKEN)

In Warnemünde löst STOLTERA bei Indienststellung ein 1953 gebautes, 18 Meter langes Rettungsschiff gleichen Namens ab. Für die am 1. Januar 1991 vollzogene Wiedereinrichtung der Station Greifswalder Oie reaktiviert die DGzRS das aus dem DDR-Bestand übernommene Fahrzeug, es verbleibt dort bis Mitte 1992 als Wohnschiff und schwimmende Basis. Im August 1993 stellt die DGzRS es dem polnischen Rettungsdienst kostenlos zur Verfügung, unter dem Namen POWIEW (deutsch: Brise) bis etwa 2011 auf den Stationen Ustka und Łeba eingesetzt. Anschließend Verkauf an Intake and Underwater Robot Company, ein auf Bagger- und Unterwasserarbeiten spezialisiertes Unternehmen in Danzig.

Rigid Inflatable Boat (RIB) RESCUE 1 – am Strand von Wustrow – auf Trailer hinter geländegängigem Lkw Typ IFA L 60, hier bereits im Zustand mit DGzRS-Beschriftung am Fahrzeug.

Baujahre 1984 – 1987 Hartmut Thaßler, Leipzig [18]
Länge: 6,30 m [19] Breite: 2,25 m Tiefgang: 0,60 m
Motorisierung: 2 x Außenbordmotor Yamaha 40HE Leistung: 2 x 40 PS
Geschwindigkeit: 29 kn Rumpfmaterial: Kunststoff

Name: Rescue, englisches Wort für Rettung / Rettungsaktion [20]

Stationierung RESCUE 1:
21. Januar 1988 – 11. März 1988 Erprobung [21]
15. März 1990 – April 1993 Wustrow (Nachfolge: SRB BARSCH)
Stationierung RESCUE 2:
1990 – 1992 Reserve
Stationierung RESCUE 3:
März 1990 – April 1993 Kühlungsborn (Nachfolge: SRB BUTT)
Stationierung RESCUE 4:
1988 – 1989 Zinnowitz / Erprobung
9. Februar 1990 – April 1993 Zinnowitz (Nachfolge: SRB HECHT)
Stationierung RESCUE 5:
März 1990 – April 1993 Zingst (Nachfolge: SRB ZANDER)

1993
7,4-METER-SEENOTRETTUNGSBOOT

Die Abmessungen des kompletten Gespanns aus Boot, Trailer und Unimog: Länge 15,30 Meter, Gesamtbreite 2,80 Meter, minimaler Wendekreis 18 Meter, Gesamtgewicht 13,5 Tonnen.

Mit dem Neubau-Auftrag für vier Seenotrettungsboote, die von ihren Stationen aus auf dem Landweg zum Einsatzort gelangen, übernimmt die DGzRS ein identisches Konzept vom Seenotrettungsdienst DDR: Schon seit Ende der 1970er-Jahre waren auf den Stationen Kühlungsborn, Wustrow, Zingst und Zinnowitz Einsatzboote auf Trailern per Lkw befördert worden – zunächst Schlauchboote vom Typ MB 37 mit 2 x 20 PS Außenbordmotoren, ab 1990 die halbstarren Schlauchboote vom Typ RB-5000. Deren Vorteil der hohen Geschwindigkeit wird dadurch beeinträchtigt, dass die offenen Fahrzeuge der Besatzung wenig Schutz bieten. Folgerichtig entscheidet man sich bei der DGzRS für eine Ganzaluminium-Konstruktion mit geschlossenem Aufbau. Die komplette Bauserie entsteht bei der Fr. Fassmer Werft, eines der Boote wird in der Weser einem Kentertest unterzogen. Erstmals in der Technikgeschichte der Rettungsflotte verfügen diese Einheiten über einen leistungsstarken Jet-Antrieb: Mittels einer Pumpe wird Wasser angesaugt und durch ein Rohr- / Klappensystem mit hohem Druck ausgestoßen. Der schraubenlose Antrieb gestattet das An-Bord-Nehmen im Wasser treibender Personen über eine Heck-Plattform anstelle durch die bei Seenotrettungsbooten sonst übliche Bergungspforte. Die auch als Boddenboot bezeichneten Einheiten dieser neuen 7,4-Meter-Klasse sind mit ihrem geringen Tiefgang als Gleiter konstruiert. Anstelle der vor der Wiedervereinigung verwendeten geländegängigen Zugfahrzeuge IFA W50 und IFA L60 aus DDR-Produktion werden die Boote nun mittels allradgetriebener Mercedes Benz Unimog U 2150 L transportiert.

SRB-T 1
ZANDER

Mit Taufschmuck am Strand in Zingst, am Heck fehlen die erst 1994 montierten Luftkästen. Derart auf dem Trailer gelagert verbringt die ZANDER die weitaus meiste Zeit ihres Daseins.

Baujahr 1993 | Fr. Fassmer Werft, Berne | Bau-Nr. 1/92/1306
Länge: 7,40 m | Breite: 2,65 m [22] | Tiefgang: 0,51 m | Verdrängung: 3,15 t
Motorisierung: MerCruiser D 254 AC / Jet P.P. 115 | Leistung: 220 PS [23]
Geschwindigkeit: 24 kn | Rumpfmaterial: Aluminium | Rufzeichen: DH3782

Name: Zander, größter im Süßwasser lebender Barschfisch Europas
Taufe: 14. April 1993 in Zingst | Taufpatin: Susanne Tornow

Stationierung:
14. April 1993 – 4. Dez. 2024 | Zingst (Nachfolge: SRB E. RUHFUS)

Bei der Vierfach-Taufe der Boote hat nur SRB-T 1 eine Namensschild-Abdeckung mit Beschriftung, an den drei anderen sind weiße Abdeckschilder ohne Aufschrift angebracht. In Zingst entsteht 1999 zur Unterbringung des Seenotrettungsboot-Gespanns ein neues DGzRS-Stationsgebäude, während die anderen Einheiten dieser Klasse in historischen Rettungsschuppen verwahrt werden. Seit November 2023 ist das ZANDER-Gespann aufgrund technischer Mängel nicht mehr einsatzklar.[24] Am 4. Dezember 2024 wird es zu einem Gerüstbauunternehmen in Barth überführt und dort eingelagert, von dort Weitertransport nach Wolgast, erwogen wird eine zukünftige museale Verwendung.

SRB-T 2
HECHT

Im Auslieferungszustand ist in beiden Frontscheiben jeweils eine Schleuderscheibe integriert, für eine bessere Sicht voraus werden diese später durch Scheibenwischer ersetzt.

Baujahr 1993 | Fr. Fassmer Werft, Berne | Bau-Nr. 1/92/1307
Länge: 7,40 m | Breite: 2,65 m | Tiefgang: 0,51 m | Verdrängung: 3,15 t
Motorisierung: MerCruiser D 254 AC / Jet P.P. 115 | Leistung: 220 PS [23]
Geschwindigkeit: 24 kn | Rumpfmaterial: Aluminium | Rufzeichen: DH3783

Name: Hecht, in brack- und süßwasserführenden Gewässern verbreiteter Raubfisch
Taufe: 14. April 1993 in Zingst | Taufpatin: Christin Trieglaff

Stationierung:
14. April 1993 – 20. Dez. 2024 | Zinnowitz (Nachf.: SRB KLAUS-GEORG BUTENSCHÖN)

Einhergehend mit der Rückkehr der HECHT von der Anlegestelle am Achterwasser an ihren ursprünglichen Platz im historischen Stationsgebäude im Jahr 2010 ersetzt ein John Deere 7730 Traktor das infolge des häufigen Kontakts mit Sand und Salzwasser stark abgenutzte Unimog-Zugfahrzeug. Vom Rettungsdienst abgemeldet wird die HECHT offiziell am 17. Dezember 2024, nach dem Ausbau rettungsdienstlicher Ausrüstungsgegenstände fährt das Boot drei Tage später in Begleitung seines Nachfolgers SRB 87 nach Wolgast. Die dort ansässige Schiffswerft Horn beabsichtigt, die HECHT als Versuchsboot zu übernehmen, doch die DGzRS-Inspektion beauftragt die Verschrottung des Bootes.

SRB-T 3 **BARSCH**

Bedingt durch ihre lange Verweildauer in Wustrow ist die BARSCH sowohl 1997 am 150-jährigen als auch 2022 am 175-jährigen Gründungsjubiläum der Rettungsstation beteiligt.

Baujahr 1993	Fr. Fassmer Werft, Berne		Bau-Nr. 1/92/1308
Länge: 7,40 m	Breite: 2,65 m	Tiefgang: 0,51 m	Verdrängung: 3,15 t
Motorisierung: MerCruiser D 254 AC / Jet P.P. 115			Leistung: 220 PS [23]
Geschwindigkeit: 24 kn	Rumpfmaterial: Aluminium		Rufzeichen: DH3784

Name: Barsch, in brack- und süßwasserführenden Gewässern verbreiteter Raubfisch
Taufe: 14. April 1993 in Zingst Taufpatin: Sandra Priebe

Stationierung:
14. April 1993 – 30. Oktober 2023 Wustrow (Nachfolge: SRB KNUT OLAF KOLBE)

Vor dem Stationsgebäude findet am 30. September 2023 die feierliche Verabschiedung des Rettungsbootes statt, im November 2023 wird es bei der Werft Tamsen Maritim in Rostock für die zukünftige Verwendung als Museumsexponat vorbereitet. Am 30. November 2023 wird das Zugfahrzeug des BARSCH-Gespanns per Tieflader beim Unimog-Museum in Gaggenau angeliefert, am 5. Dezember 2023 trifft das Boot selbst am gleichen Bestimmungsort ein. Im Rahmen der einjährigen Sonderausstellung „Alles unter blauem Licht" wird es im April 2024 dort erstmals präsentiert, dauerhaft ist es zu besichtigen im Unimog-Museum: An der B 462 / Ausfahrt Schloss Rotenfels, 76571 Gaggenau.

SRB-T 4 **BUTT**

Bald nach der Indienststellung wird BUTT in der Ostsee versenkt und daraufhin bis November 1993 bei der Fr. Fassmer Werft mit Luftkästen für zusätzlichen Auftrieb nachgerüstet.

Baujahr 1993	Fr. Fassmer Werft, Berne		Bau-Nr. 1/92/1309
Länge: 7,40 m	Breite: 2,65 m	Tiefgang: 0,51 m	Verdrängung: 3,15 t
Motorisierung: MerCruiser D 254 AC / Jet P.P. 115			Leistung: 220 PS [23]
Geschwindigkeit: 24 kn	Rumpfmaterial: Aluminium		Rufzeichen: DH3785

Name 1: Butt, in Küstengewässern Europas verbreiteter Plattfisch
Name 2: Wuppertal, Großstadt in Nordrhein-Westfalen
Taufe: 14. April 1993 in Zingst Taufpatin: Nicole Warzakowski

Stationierung und Namensänderung:

14. April 1993 – 7. Mai 2002	Kühlungsborn (Nachfolge: SRB WOLTERA)
7. Mai 2002 – 14. Sept. 2010	Zinnowitz (keine Nachfolge)
4. Dez. 2010 – 7. Februar 2018	Maasholm (Nachfolge: SRB HELLMUT MANTHEY)
22. September 2012	Umbenennung in WUPPERTAL

Infolge der Fertigstellung des Kühlungsborner Bootshafens wird das BUTT-Gespann 2002 per Straßentransport nach Zinnowitz umstationiert. Motorenraumbrand während einer Kontrollfahrt im November 2013. Am 13. April 2018 wird das Boot vor dem historischen Rettungsschuppen seiner ersten Station platziert: Ostseeallee 45, 18225 Kühlungsborn.

WEGPUNKT

GRÜNDUNG DER SAR-SCHULE

DGzRS-, Marine- und Privatfahrzeuge bilden anfangs den Bestand der SAR-Schulungsstation Neustadt, deren Bezeichnung ab 2008 zu Ausbildungsstation Neustadt geändert wird.

Zur Verbesserung der Qualität des Such- und Rettungsdienstes richtet die DGzRS mit Unterstützung der Deutschen Marine und dem Engagement von Ausbildern der Technischen Marineschule Neustadt, Lehrgruppe Schiffssicherung, einen Ausbildungsgang für Besatzungsmitglieder der Seenotrettungsboote ein. Zunächst werden einwöchige Lehrgänge mit dem Titel „SAR-Sicherheit" in Neustadt durchgeführt. Insgesamt zehn dieser Lehrgänge sollen die Grundlage für ein weiterführendes Ausbildungskonzept der folgenden Jahre bilden. Der Ausbildungskomplex wird in den Rang der anfangs so bezeichneten „SAR-Schule der DGzRS, Außenstelle Neustadt" gehoben, als Gründungsdatum dieser Institution gilt der 26. August 1996. Personell wird die systematische Ausbildung anfangs – neben den Marine-Ausbildern – auch von der teilweise aus ehemaligen Marineoffizieren bestehenden Besatzung des in Neustadt stationierten Seenotrettungsbootes CREMPE getragen. Als Schulungsfahrzeuge für den praktischen Teil des Trainings dienen zuerst Boote, die der DGzRS aus Privat- oder Marinebeständen geschenkt werden, so etwa im Jahr 1997 die 8,54 Meter lange Segelyacht ARIANE II oder 1998 eine 9,64 Meter lange Pinasse vom Typ 935. Mit dem Seenotkreuzer PAUL DENKER und dem Seenotrettungsboot EDUARD NEBELTHAU werden 2000 die ersten aus der Rettungsflotte ausgemusterten Einheiten in den Ausbildungsbetrieb integriert. In der Chronik des hier vorliegenden Werkes sind auf der Doppelseite 208/209 nur die ausschließlich zu Ausbildungszwecken neu gebauten – nicht die umfunktionierten – Fahrzeuge berücksichtigt.

1996 – 1997

23,1-METER-SEENOTKREUZER MIT TOCHTERBOOT

Um das Jahr 2023 angestellte Überlegungen, an dieser Schiffsklasse eine modifizierte Rumpfform – den sogenannten Diamantsteven – zu erproben, werden letztlich nicht realisiert.

Ebenso wie 20 Jahre zuvor die Einheiten der 44,2-Meter-Klasse werden alle Seenotkreuzer und Tochterboote dieser Baureihe bei der Fr. Schweers Werft gefertigt. Mit den 1994 und 1995 durchgeführten, individuellen Umbauten an den durch Havarien beschädigten Seenotkreuzern FRITZ BEHRENS und ALFRIED KRUPP werden bauliche Merkmale vorweggenommen, die von nun an in serienmäßiger Fertigung zur Anwendung kommen: Der geschlossene Innenfahrstand wird vom Hauptdeck auf das darüber liegende Brückendeck verlegt, der für die 1950er- bis frühen 1990er-Jahre markante, offene Fahrstand somit geschlossen und bei den Neubauten der 23,1-Meter-Klasse auf den höher gelegenen Außenfahrstand auf dem Peildeck reduziert. Die neue Bauart ist Bestandteil des Zitadellen- oder Gasschutzbetriebs, bei dem der Seenotkreuzer, durch ein Filter- und Atemluftversorgungssystem geschützt, in gefährlichen Atmosphären – etwa bei Explosionsgefahr – operieren kann, allerdings wird aus Kostengründen und aufgrund mangelnder Erfordernis in der Einsatzpraxis das Gasschutz-Konzept später nicht länger beibehalten. Darüber hinaus ist bei dieser neuen Schiffsklasse die an der FRITZ BEHRENS und ALFRIED KRUPP ausgeführte Heckverbreiterung in der Delta-Form des Rumpfes wiederzuerkennen, dessen breiteste Stelle sich im Heckbereich befindet. Mit dieser in Modellversuchen an der Hamburgischen Schiffbau-Versuchsanstalt zuvor ausgiebig getesteten und optimierten Schiffsform sollen eine höhere Geschwindigkeit bei annähernd gleicher Motorleistung und eine verbesserte Kursstabilität bei achterlich anlaufender See erreicht werden.

SK 25
HERMANN RUDOLF MEYER

Mit der HERMANN RUDOLF MEYER nimmt die Bremerhavener Besatzung ab 2000 mehrfach an den SAIL-Veranstaltungen sowie an der Feier zum 150-jährigen DGzRS-Jubiläum 2015 teil.

Baujahr 1996	Fr. Schweers Werft, Bardenfleth		Bau-Nr. 6490
Länge: 23,10 m	Breite: 6,00 m	Tiefgang: 1,55 m [25]	Verdrängung: 80 t
Motorisierung: 2 x MTU 8V 396 TE 74L		Leistung: 2 x 1350 PS = 2700 PS [26]	
Geschwindigkeit: 23 kn	Rumpfmaterial: Aluminium		Rufzeichen: DBAC

Name: Hermann Rudolf Meyer (1902–1979), Kaufmann und Zeitungsverleger in Bremen
Taufe: 11. Oktober 1996 in Bremen-Vegesack Taufpatin: Ulrike Bergmann

Stationierung:
20. Juli 1996 – Bremerhaven

Nach der See-Erprobung wird der erste Neubau dieser Serie am 4. Juli 1996 von der Werft an die DGzRS übergeben. Im Auslieferungszustand ist im Heckbereich der ersten beiden Einheiten ein hydraulisch betätigter, einer DGzRS-Veröffentlichung zufolge zur Erleichterung und Verbesserung der Rettungsarbeit dienender Kran installiert, der jedoch alsbald demontiert und auf den bei den beiden folgenden Schiffen gänzlich verzichtet wird. An der Außenseite der Heckklappe ist bei Indienststellung in Großbuchstaben der Heimathafen Bremen lesbar – dieser Schriftzug wird nach kurzer Dauer mit einem roten Balken überdeckt, der fortan als unverwechselbares Kennzeichen dieses Schiffs erhalten bleibt.

TB 27
CHRISTIAN

Meistens werden die Boote vom Außenfahrstand gesteuert, mit einem nahe des Durchgangsschotts angebrachten Verstellhebel kann zur Bedienung von innen gewechselt werden.

Baujahr 1996	Fr. Schweers Werft, Bardenfleth		Bau-Nr. 6491
Länge: 7,04 m	Breite: 2,62 m	Tiefgang: 0,80 m [27]	Verdrängung: 3,5 t
Motorisierung: MerCruiser D 3,6L			Leistung: 180 PS
Geschwindigkeit: 18 kn	Rumpfmaterial: Aluminium		Rufzeichen: DJ4123

Name: Vorname des Enkels von Hermann Rudolf Meyer
Taufe: 11. Oktober 1996 in Bremen-Vegesack Taufpatin: Anke Simoleit

Stationierung:
20. Juli 1996 – siehe SK HERMANN RUDOLF MEYER

Eine Umrüstung der Antriebsanlage des Tochterbootes zu einem Turbo Diesel vom Typ Steyr MO 236K43 erbringt eine Leistungssteigerung von 180 PS auf 230 PS. Diese zusätzlich verfügbaren Pferdestärken sind dem Fahrzeug unter anderem in der Weserströmung bei der Traditionsveranstaltung der Bremer Eiswette nützlich: Das Tochterboot CHRISTIAN befördert im Laufe der Jahre den offiziell 99 Pfund wiegenden Eiswett-Schneider mitsamt seinem heißen Bügeleisen und der Vorratsflasche Eiswettkorn häufiger von einem Ufer zum anderen als jedes andere DGzRS-Fahrzeug. Seit 1956 sind die Seenotretter mit Rettungseinheiten bei der Zeremonie auf Höhe des Punkendeiches vertreten.

Als erstes Schiff dieser Baureihe wird HANS HACKMACK von einer Nordsee- zu einer Ostseestation verlegt, später wechselt sie als Reserve-Einheit mehrfach zwischen beiden Revieren.

Baujahr 1996	Fr. Schweers Werft, Bardenfleth		Bau-Nr. 6492
Länge: 23,10 m	Breite: 6,00 m	Tiefgang: 1,55 m [25]	Verdrängung: 80 t
Motorisierung: 2 x MTU 8V 396 TE 74L		Leistung: 2 x 1350 PS = 2700 PS	
Geschwindigkeit: 23 kn	Rumpfmaterial: Aluminium		Rufzeichen: DBAT

Name: Hans Friedrich Ludwig Hackmack (1900–1970), Zeitungsverleger in Bremen
Taufe: 11. Oktober 1996 in Bremen-Vegesack Taufpatin: Edith Hoffmeister

Stationierung:

13. Dez. 1996 – 31. Januar 2011	Büsum (Nachfolge: SK THEODOR STORM)
8. April 2011 – 13. Februar 2021	Grömitz (Nachfolge: SK FELIX SAND)
26. Oktober 2021 –	ohne feste Station / Reserve

Bei der Taufe fehlt dem Neubau noch der gesamte Innenausbau einschließlich der Motorenanlage – der Hafenschlepper HUNTETUG bugsiert den fahruntüchtigen Täufling vom Gelände der Fr. Schweers Werft zum Anleger in Vegesack und anschließend wieder zurück. Offiziell in Dienst gestellt wird der Seenotkreuzer in Büsum am 21. Januar 1997, zu diesem Zeitpunkt sind zwei weitere Einheiten derselben Klasse bereits im Bau. Als letzter Seenotkreuzer der DGzRS-Flotte erhält die HANS HACKMACK 2014 ein Bugstrahlruder.

Durch geschickte Gewichtsverlagerung lassen sich die Tochterboote gut manövrieren, ihre einstige Maximalgeschwindigkeit erreicht EMMI nach fast 30 Dienstjahren jedoch nicht mehr.

Baujahr 1996	Fr. Schweers Werft, Bardenfleth		Bau-Nr. 6493
Länge: 7,04 m	Breite: 2,62 m	Tiefgang: 0,80 m [27]	Verdrängung: 3,5 t
Motorisierung: MerCruiser D 3,6L			Leistung: 180 PS
Geschwindigkeit: 18 kn	Rumpfmaterial: Aluminium		Rufzeichen: DJ4122

Name: Vorname der Ehefrau von Hans Hackmack
Taufe: 11. Oktober 1996 in Bremen-Vegesack Taufpatin: Miriam Wallrafe

Stationierung:

13. Dezember 1996 –	siehe SK HANS HACKMACK

Etwa im Zeitraum von 2003 bis 2005 werden alle Tochterboote dieser Klasse remotorisiert. Im Unterschied zur CHRISTIAN erhalten EMMI und die anderen beiden Einheiten eine technische Aufwertung durch das Modell Steyr MO 256K43 mit einer Leistung von 184 kW / 250 PS. Auf die Marschgeschwindigkeit hat diese Leistungssteigerung keinen Einfluss, allerdings neigen die Boote dazu, bei schneller Geradeausfahrt hin und wieder aus dem Kurs auszubrechen. Ein stabiles Kurshalten ist durch vorausschauendes Ruderlegen sowie durch das Steuern des Tochterbootes vom inneren, vor dem Bootsschwerpunkt liegenden – anstatt vom außenliegenden, offenen – Fahrstand zu erreichen.

SK 27
THEO FISCHER

Von 1998 bis 2002 ist die THEO FISCHER jeweils an der maritimen Großveranstaltung Hanse Sail in Rostock beteiligt, ebendort wird sie 2022 einer umfangreichen Werftzeit unterzogen.

Baujahr 1997	Fr. Schweers Werft, Bardenfleth		Bau-Nr. 6494
Länge: 23,10 m	Breite: 6,00 m	Tiefgang: 1,55 m [25]	Verdrängung: 80 t
Motorisierung: 2 x MTU 8V 396 TE 74L		Leistung: 2 x 1350 PS = 2700 PS	
Geschwindigkeit: 23 kn	Rumpfmaterial: Aluminium		Rufzeichen: DBBR

Name: Maschinist Theo Anton Fischer (1944–1995), mit SK ALFRIED KRUPP verunglückt
Taufe: 16. Oktober 1997 in Emden   Taufpatin: Hilde Fischer

Stationierung:

17. Juli 1997 – 4. August 2003	Warnemünde (Nachfolge: SK ARKONA)
11. Oktober 2003 – 7. Sept. 2021	Darßer Ort (Nachfolge: SK NIS RANDERS)
6. Dezember 2021 –	ohne feste Station / Reserve

Mit der Namensgebung für die dritte und vierte Einheit dieser Schiffsklasse erinnert die DGzRS an die beiden während einer Einsatzfahrt 1995 tödlich verunglückten Seeleute Theo Fischer und Bernhard Gruben. Der Seenotkreuzer ALFRIED KRUPP, auf dem sich das Unglück ereignet hatte, ist bei der Zweifach-Taufe mit anwesend. In Warnemünde und Darßer Ort sowie auch in der Funktion als Reserve-Einheit löst THEO FISCHER jeweils den ebenfalls nach einem Rettungsmann benannten Seenotkreuzer VORMANN JANTZEN ab.

TB 29
STRÖPER

Manöver im Flachwasserbereich: Die Leistungsreserve erlaubt eine kurzzeitige Steigerung der Marschgeschwindigkeit von 18 Knoten auf eine Maximalgeschwindigkeit von 20 Knoten.

Baujahr 1997	Fr. Schweers Werft, Bardenfleth		Bau-Nr. 6495
Länge: 7,04 m	Breite: 2,62 m	Tiefgang: 0,80 m [27]	Verdrängung: 3,5 t
Motorisierung: MerCruiser D 3,6L			Leistung: 180 PS
Geschwindigkeit: 18 kn	Rumpfmaterial: Aluminium		Rufzeichen: DJ4121

Name: Ströper, norddeutsche / plattdeutsche Form von Herumtreiber, pfiffiger Junge
Taufe: 16. Oktober 1997 in Emden   Taufpatin: Gesa Fischer

Stationierung:

17. Juli 1997 –	siehe SK THEO FISCHER

In den drei Monaten nach der Indienststellung behält das auf SK 27 mitgeführte Tochterboot sein Namensschild mit der Kennzeichnung TB 29. Unmittelbar vor der Taufe werden aus unbekannter Ursache die Schilder der beiden Tochterboote TB 29 und TB 30 vertauscht: Bei der Zeremonie befindet sich an Bord von SK 27 zwar nach wie vor dasselbe Tochterboot mit dem – bis zum Taufspruch unsichtbaren – Namen STRÖPER, doch dessen Namensschilder sind von Tafeln mit der Aufschrift TB 30 verdeckt, während die eigentlich dort zuzuordnenden, mit TB 29 beschrifteten Schilder sich kurzzeitig an demjenigen Tochterboot befinden, das am gleichen Tag auf den Namen JOHANN FIDI getauft wird.

SK 28
BERNHARD GRUBEN

Am 5. August 2017 findet auf Norderney eigens ein Aktionstag zum 20-jährigen Dienstjubiläum des Seenotkreuzers statt, daran beteiligt ist ein Sea King Helikopter der Marineflieger.

Baujahr 1997 | Fr. Schweers Werft, Bardenfleth | Bau-Nr. 6496
Länge: 23,10 m | Breite: 6,00 m | Tiefgang: 1,55 m [25] | Verdrängung: 80 t
Motorisierung: 2 x MTU 8V 396 TE 74L | Leistung: 2 x 1350 PS = 2700 PS
Geschwindigkeit: 23 kn | Rumpfmaterial: Aluminium | Rufzeichen: DBBS

Name: Vormann Bernhard Ewald Gruben (1942–1995), mit SK ALFRIED KRUPP verunglückt
Taufe: 16. Oktober 1997 in Emden | Taufpatin: Doris Gruben

Stationierung:
5. August 1997 – 12. Januar 2018 Norderney (Nachfolge: SK EUGEN)
12. April 2018 – Hooksiel

Was 40 Jahre zuvor mit der THEODOR HEUSS begonnen hatte, endet mit der Auslieferung der BERNHARD GRUBEN: der Bau von DGzRS-Seenotkreuzern bei der Fr. Schweers Werft. 20 der bislang 34 Seenotkreuzer und 22 von 37 Tochterbooten werden bei dem im Jahr 1836 gegründeten Schiffbaubetrieb gefertigt. Zum Zeitpunkt der Taufe der BERNHARD GRUBEN liegt allerdings bereits ein Folgeauftrag zum Bau von fünf Seenotrettungsbooten einer völlig neu zu konstruierenden Klasse vor. Im August 2012 nimmt die BERNHARD GRUBEN an der Veranstaltung zum 150-jährigen Jubiläum der Station Norderney teil.

TB 30
JOHANN FIDI

Vor der Umstationierung nach Hooksiel wird das Tochterboot einer Grundüberholung unterzogen – nach immerhin 20 Dienstjahren ist ein gebrochener Spant reparaturbedürftig.

Baujahr 1997 | Fr. Schweers Werft, Bardenfleth | Bau-Nr. 6497
Länge: 7,04 m | Breite: 2,62 m | Tiefgang: 0,80 m [27] | Verdrängung: 3,5 t
Motorisierung: MerCruiser D 3,6L | Leistung: 180 PS
Geschwindigkeit: 18 kn | Rumpfmaterial: Aluminium | Rufzeichen: DJ4120

Name: Kurzform von Johann Friedrich Rass, Vormänner der DGzRS-Station Norderney
Taufe: 16. Oktober 1997 in Emden | Taufpatin: Julia Gruben

Stationierung:
5. August 1997 – siehe SK BERNHARD GRUBEN

Abgesehen von einer 175-tägigen Pause zwischen April und Oktober 1997 ist JOHANN FIDI der am längsten ununterbrochen verwendete Bootsname in der motorisierten DGzRS-Flotte: Von 1970 bis über den Veröffentlichungstermin des vorliegenden Werkes hinaus behalten zwei Tochterboote in direkter Aufeinanderfolge diese Bezeichnung, die allerdings in der Schreibweise – bei der ersten Einheit mit Bindestrich zwischen den Namensteilen – geringfügig variiert. JOHANN FIDI als Rufname für Johann Friedrich steht stellvertretend für die Familie Rass von der Insel Norderney, aus der über drei Generationen Rettungsmänner hervorgegangen waren.

1999 – 2004
9,4-METER-SEENOTRETTUNGSBOOT

Bei Abschluss der 9,4-/10,1-Meter-Baureihe sind 34 solcher Einheiten – inklusive Ausbildungsfahrzeuge und Reserveboote – Bestandteil der Rettungs- und Trainingsflotte.

Delta-Rumpf, geringer Tiefgang, geschlossener Fahrstand und geräumiges Deckshaus: Mit diesen Eigenschaften stellen die neu konstruierten Seenotrettungsboote gewissermaßen eine kleinformatige Weiterentwicklung der 23,1-Meter-Seenotkreuzer dar. In einer Klausurtagung erarbeiten Vormänner aus unterschiedlichen Einsatzrevieren und unter Berücksichtigung ihrer Erfahrungen im Rettungsalltag die Bau-Spezifikationen dieser Bootsklasse. Modifikationen gegenüber den Vorgängermodellen der 8,5-Meter-Klasse sind an der verbreiterten Heckform für besseres Steuer- und Seegangsverhalten, einer größeren Plicht mit mehr Freiraum zum Arbeiten mit Tauwerk und Pumpen sowie einer breiteren und niedrigeren Bergungspforte zum erleichterten Abbergen von im Wasser treibenden Personen erkennbar. Durch den Verzicht auf einen zweiten Fahrstand ergibt sich im Bootsinneren mehr Platz für den Verletztentransport – damit greift die DGzRS aktuelle Bestimmungen der Internationalen Seeschifffahrts-Organisation IMO auf, wonach dem medizinischen Versorgungswesen auf See eine größere Bedeutung zukommt. Für die aus Freiwilligen bestehenden Besatzungen bedeutet dies eine Erweiterung ihres Einsatz- und Fähigkeitsspektrums. Den Auftrag für die ersten fünf – später ergänzt um vier zusätzliche – Einheiten dieser Klasse erhält die Fr. Schweers Werft. Weil die Fr. Lürssen Werft den Traditionsbetrieb am 1. Juli 2001 übernimmt, sind die fünf folgenden, bis 2004 entstehenden Exemplare – darunter das Tochterboot des Seenotkreuzers HERMANN MARWEDE – der Lürssen-Produktion zugeordnet.

2003 – 2023
10,1-METER-SEENOTRETTUNGSBOOT

Unvergleichliches Erfolgsmodell: Kein anderes Baumuster der motorisierten Rettungsflotte wird in größeren Stückzahlen gefertigt als dieses Seenotrettungsboot der dritten Generation.

Nach zwölf Einheiten der 9,4-Meter-Klasse liefert die jetzt den Firmennamen Lürssen Bardenfleth führende Werft 2003 mit der PAUL NEISSE das erste modifizierte Boot dieser Bauart. Gegenüber dem Basismodell ist dessen Rumpf im Bereich Ruderhaus und Motorenraum um zwei Spanten auf 10,08 Meter verlängert, bei unveränderter Breite und gleichem Tiefgang wie die kürzere Ausführung. Durch Aufteilung des Bootskörpers in vier wasserdichte Abteilungen ist eine erhöhte Lecksicherheit gewährleistet, aufgrund seiner Rumpfform besitzt das Fahrzeug bei geringem Wasserwiderstand eine hohe Stabilität und gute Fahreigenschaften insbesondere beim Laufen vor der See. Der hintere Bootsteil mit der größten Breite und 45-Grad-Stützflächen ist nach Erkenntnissen der Seenotretter und der Bauwerft gestaltet. In Grundsee und Brandung manövriert das Boot nach DGzRS-Angaben einwandfrei, übersteht heftige Grundstöße und ist in der Lage, dank des rundumlaufenden Weichfendersystems auch unter erschwerten Bedingungen längsseits zu gehen. Ab 2005 etabliert sich die auf 10,1 Meter verlängerte Version als alleiniges Standardmodell für diese Bootsklasse. Vorteilhaft ist der räumliche Zugewinn insbesondere auf Stationen mit einem hohen Anteil an Krankentransporten, so etwa auf den Ostfriesischen Inseln, denn liegend gelagerte Patienten können über die größere Plicht hinweg leichter ins Bootsinnere befördert werden. Bis 2023 entstehen bei drei Werftbetrieben – Lürssen, Fassmer in Berne, Tamsen Maritim in Rostock – insgesamt 20 Einheiten der 10,1-Meter-Klasse, in dieser Anzahl ist das Trainingsboot MERVI mit berücksichtigt.

SRB 47
WILMA SIKORSKI

Von 1999 bis 2019 sind die internen Kennungen SRB 47 bis SRB 75 ausschließlich an Einheiten dieses Bootstyps vergeben, erst das 8,9-Meter-Boot SRB 76 unterbricht die Reihe.

Baujahr 1999	Fr. Schweers Werft, Bardenfleth		Bau-Nr. 6502
Länge: 9,41 m	Breite: 3,61 m	Tiefgang: 0,96 m	Verdrängung: 7 t
Motorisierung: Cummins 6BTA 5.9 M			Leistung: 320 PS
Geschwindigkeit: 18 kn	Rumpfmaterial: Aluminium		Rufzeichen: DD4594

Name: Wilhelmine „Wilma" Sikorski (1901–1994), DGzRS-Förderin aus Hamburg
Taufe: 8. Juni 1999 auf Wangerooge Taufpatin: Swenja Riehl

Stationierung:

25. März 1999 – 1. Nov. 2017	Wangerooge (Nachfolge: SRB FRITZ THIEME)
5. November 2017 – 29. Juli 2020	Norddeich (Nachfolge: SRB OTTO DIERSCH)
1. August 2020 –	ohne feste Station / Reserve [28]

Als Prototyp dieser Bauserie wird SRB 47 im März 1999 einem Kentertest unterzogen, der – obwohl das Fahrzeug bei der Schiffs- und Bootswerft Schweers gefertigt worden war – einige Flusskilometer weseraufwärts bei Abeking & Rasmussen stattfindet. Mit Hilfe eines Krans wird das Boot zunächst in eine Kopfüber-Position gebracht, bevor es innerhalb weniger Sekunden seine selbstaufrichtenden Eigenschaften beweist. Nach einer Nordsee-Erprobungsfahrt und einem Pressetermin in Bremen wird es auf Wangerooge stationiert.

SRB 48
GILLIS GULLBRANSSON

100 Jahre vor der Bootstaufe – am 4. Juli 1899 – hatte Gillis Gullbransson mit Unterstützung der Höchster Farbwerke einen bis in die Gegenwart bestehenden Tennisclub gegründet.

Baujahr 1999	Fr. Schweers Werft, Bardenfleth		Bau-Nr. 6503
Länge: 9,41 m	Breite: 3,61 m	Tiefgang: 0,96 m	Verdrängung: 7 t
Motorisierung: Cummins 6BTA 5.9 M			Leistung: 320 PS
Geschwindigkeit: 18 kn	Rumpfmaterial: Aluminium		Rufzeichen: DD4598

Name: Gillis Gullbransson (1873–1967), Industriekaufmann und DGzRS-Förderer
Taufe: 4. Juni 1999 in Wedel Taufpatin: Hilde Pawelitzki

Stationierung:

25. Mai 1999 –	Brunsbüttel

Vier Tage vor dem Schwesterboot SRB 47 wird SRB 48 als erste Einheit dieser Bootsklasse getauft. Mit dem Neubau würdigt die DGzRS den in Schweden geborenen Kaufmann Gillis Gullbransson, der viele Jahre in Deutschland gelebt und im Bereich der Farbchemie gearbeitet hatte. Offiziell in Dienst gestellt wird das nach ihm benannte Boot in Brunsbüttel am 10. Juni 1999, noch im gleichen Monat nimmt es zusammen mit dem Seenotkreuzer HERMANN HELMS von der Nachbarstation Cuxhaven an einer Veranstaltung in Poole / England aus Anlass des 175. Jubiläumsjahres der britischen Seenotrettungsgesellschaft RNLI und des 75. Bestehens der International Lifeboat Federation (heute IMRF) teil.

SRB 49
WERNER KUNTZE

Getauft wird die WERNER KUNTZE in Westfalen – über Minden fährt sie zurück nach Bremen, wo sie ihre Endausrüstung erhält und schließlich zur Flensburger Förde überführt wird.

Baujahr 1999	Fr. Schweers Werft, Bardenfleth		Bau-Nr. 6504
Länge: 9,41 m	Breite: 3,61 m	Tiefgang: 0,96 m	Verdrängung: 7 t
Motorisierung: Cummins 6BTA 5.9 M			Leistung: 320 PS
Geschwindigkeit: 18 kn	Rumpfmaterial: Aluminium		Rufzeichen: DD4639

Name: Werner Kuntze (1902–1993), Unternehmer und DGzRS-Förderer aus Berlin
Taufe: 14. August 1999 in Dortmund   Taufpatin: Irmtraud Kuntze

Stationierung:
26. August 1999 –   Langballigau

Von Bremen aus unternimmt der ungetaufte Neubau auf eigenem Kiel eine mehrtägige Binnenland-Werbetour unter dem Motto „Seenotrettung zum Anfassen" mit Stationen in Oldenburg, Leer, Haren, Meppen, Lingen, Senden und Datteln. Ein großer Teil der zurückgelegten Strecke führt durch den genau 100 Jahre zuvor – am 11. August 1899 – durch Kaiser Wilhelm II. eröffneten Dortmund-Ems-Kanal und die Bootstaufe findet im Rahmen des 100. Jubiläums des Dortmunder Hafens statt. Wegen des Höhenunterschiedes zwischen Kaimauer und Wasserspiegel wird das Boot mit einem Schwerlastkran vor der Taufe an Land gesetzt und zur ersten Ehrenfahrt wieder zurück ins Wasser befördert.

SRB 50
HEINZ ORTH

Nacheinander werden die ersten vier Boote dieser Klasse in Niedersachsen, Schleswig-Holstein – erst an der Nordsee-, dann Ostseeküste – und Mecklenburg-Vorpommern stationiert.

Baujahr 1999	Fr. Schweers Werft, Bardenfleth		Bau-Nr. 6505
Länge: 9,41 m	Breite: 3,61 m	Tiefgang: 0,96 m	Verdrängung: 7 t
Motorisierung: Cummins 6BTA 5.9 M			Leistung: 320 PS
Geschwindigkeit: 18 kn	Rumpfmaterial: Aluminium		Rufzeichen: DD4654

Name: Heinz Orth (1921–⚔1943), Soldat der Wehrmacht
Taufe: 28. Oktober 1999 in Freest   Taufpatin: Ulrike Lieberum

Stationierung:
25. Oktober 1999 –   Freest

Aufgrund des redundanten Informationsgehalts bei der Vielzahl nahezu baugleicher Boote in dieser Klasse sollen Hinweise zu den Namensgebern und Taufpaten in einigen Fällen ausführlicher dargestellt werden, wie in diesem Fall: Als junger Soldat hatte Heinz Orth am 1941 begonnenen Deutsch-Sowjetischen Krieg und zuletzt an der Schlacht von Stalingrad teilgenommen, wo in Folge einer sowjetischen Gegenoffensive bis zu 300.000 Soldaten von der Roten Armee eingekesselt worden waren. Heinz Orth gilt seit Januar 1943 als vermisst. Ihm zum Gedenken überlässt sein Cousin Dr. Horst Jürgen Lieberum aus dem Nachlass von Heinz Orth der DGzRS eine großzügige Spende für den Bau dieses Bootes.

SRB 51
HERTHA JEEP

Mit der Verlegung von Hörnum nach Stralsund ist HERTHA JEEP die erste Einheit dieser Bootsklasse, die an einer Nordsee- und an einer Ostseestation eingesetzt wird.

Baujahr 1999	Fr. Schweers Werft, Bardenfleth		Bau-Nr. 6506
Länge: 9,41 m	Breite: 3,61 m	Tiefgang: 0,96 m	Verdrängung: 7 t
Motorisierung: Cummins 6BTA 5.9 M			Leistung: 320 PS
Geschwindigkeit: 18 kn	Rumpfmaterial: Aluminium		Rufzeichen: DD4564

Name: Hertha Jeep (1900–1998), DGzRS-Förderin aus Celle
Taufe: 11. Dezember 1999 in Bremen Taufpate: Alexander Morris

Stationierung:

12. Dezember 1999 – April 2006	Hörnum (Nachfolge: SRB HORST HEINER KNETEN)
5. Mai 2006 –	Stralsund

Drei der ersten fünf Boote dieser Klasse werden nicht auf ihrer jeweiligen Station getauft, im Fall der HERTHA JEEP findet die Veranstaltung bei der DGzRS-Zentrale statt. Die Rolle des Taufpaten übernimmt der mit seinen Eltern in Devon / England lebende Urenkel der Namensgeberin, die sich zusammen mit ihrem Ehemann Dr. Kurt Jeep (1894–1991) dem Seenotrettungswerk verbunden gefühlt hatte. In Hörnum wird das Boot am 7. April 2000 offiziell in Dienst gestellt. Fünf Tage nach ihrer Ankunft in Stralsund begleitet die HERTHA JEEP die dort abzulösende STRALSUND zur Schiffswerft Horn nach Wolgast.

SRB 52
HANS INGWERSEN

Anspruchsvolle Seegangsverhältnisse bewältigt die in diesem Bootstyp eingesetzte, als Industriemotor für die Anwendung in Nutzfahrzeugen konzipierte Cummins B-Serie zuverlässig.

Baujahr 2000	Fr. Schweers Werft, Bardenfleth		Bau-Nr. 6507
Länge: 9,41 m	Breite: 3,61 m	Tiefgang: 0,96 m	Verdrängung: 7 t
Motorisierung: Cummins 6BTA 5.9 M			Leistung: 320 PS
Geschwindigkeit: 18 kn	Rumpfmaterial: Aluminium		Rufzeichen: DD4656

Name: Hans Ingwersen (1891–1970), Maschinenbauingenieur aus Pinneberg [29]
Taufe: 16. Februar 2000 in Travemünde Taufpatin: Johanna Sieger

Stationierung:

2. Februar 2000 – 27. Nov. 2020	Travemünde (Nachfolge: SRB ERICH KOSCHUBS)
27. November 2020 –	ohne feste Station / Reserve [28]

Mit Blick auf die Berufstätigkeit des Namensgebers hier einige Erläuterungen zu dem in dieser Klasse verwendeten Motor: Hersteller Cummins hat seinen Firmenhauptsitz in Columbus / US-Bundesstaat Indiana. In der Typbezeichnung weist die Ziffer 6 auf einen Reihensechszylinder-Dieselmotor hin, der Buchstabe B steht für die von Consolidated Diesel Company in North Carolina gefertigte, als zuverlässig und langlebig geltende B-Serie. TA bedeutet Turbocharged / Aftercooled (deutsch: Turbolader / Nachkühler), 5.9 steht für 5,9 Liter Hubraum und M für Marine. Abmessungen: 107 x 71 x 81 cm, Gewicht: 465 kg.

SRB 53
EMIL ZIMMERMANN

In ihrem Nachlass hatte Margarethe Zimmermann festgelegt, mit einer großzügigen Spende an die Seenotretter und der Benennung des Bootes den Namen ihres Vaters zu würdigen.

Baujahr 2000 Fr. Schweers Werft, Bardenfleth Bau-Nr. 6508
Länge: 9,41 m Breite: 3,61 m Tiefgang: 0,96 m Verdrängung: 7 t
Motorisierung: Cummins 6BTA 5.9 M Leistung: 320 PS
Geschwindigkeit: 18 kn Rumpfmaterial: Aluminium Rufzeichen: DD4662

Name: Vater von Margarethe Zimmermann, DGzRS-Förderin aus Hamburg
Taufe: 16. Mai 2000 in Burgstaaken Taufpatin: Sarah Iwanowski

Stationierung:
14. April 2000 – 24. Januar 2020 Puttgarden (Nachfolge: SRB ROMY FRANK)
23. Februar 2020 – Fedderwardersiel

Mit der siebten Bootstaufe innerhalb eines Zeitraums von zwölf Monaten stellt die DGzRS identische Neubauten in einer ähnlich hohen Frequenz in Dienst wie bei der in den Jahren 1992 und 1993 angeschobenen Flottenmodernisierung. In einem Bericht zur Taufe der EMIL ZIMMERMANN ist im Mitarbeiter-Magazin „DGzRS ... Intern", Ausgabe 3 / Juni 2000, zu lesen: „Noch in diesem Jahr wird die Werft zum Abschluss dieses Neubau-Programms die Seenotrettungsboote SRB 54 und 55 abliefern." Doch schon im Folgejahr soll sich herausstellen, dass diese Bauserie durchaus noch nicht abgeschlossen ist ...

SRB 54
NEUHARLINGERSIEL

Mit NEUHARLINGERSIEL und WILMA SIKORSKI sind erstmals zwei benachbarte Stationen mit dieser Bootsklasse besetzt, bei SRB 55 bestätigt sich diese Tendenz auch an der Ostseeküste.

Baujahr 2000 Fr. Schweers Werft, Bardenfleth Bau-Nr. 6509
Länge: 9,41 m Breite: 3,61 m Tiefgang: 0,96 m Verdrängung: 7 t
Motorisierung: Cummins 6BTA 5.9 M Leistung: 320 PS
Geschwindigkeit: 18 kn Rumpfmaterial: Aluminium Rufzeichen: DD4980

Name: Neuharlingersiel, Gemeinde im Landkreis Wittmund / Ostfriesland
Taufe: 8. Juli 2000 in Neuharlingersiel Taufpatin: Annigje Gruben

Stationierung:
8. Juli 2000 – 2. April 2023 Neuharlingersiel (Nachfolge: SRB COURAGE)
13. Mai 2023 – Ueckermünde

Am 7. Juli 2000 bietet die DGzRS erstmals Modellbau-Unterlagen für die so bezeichnete 9,5-Meter-Klasse an, der Satz beinhaltet den Generalplan im Maßstab 1:10 und ist zum Preis von 65 DM erhältlich. Mit 900.000 DM sind die Kosten für den Neubau SRB 54 angegeben, der tags darauf in Neuharlingersiel getauft wird. Taufpatin ist die Tochter des hier beheimateten Vormanns Wolfgang Gruben. Unmittelbar nach der Taufe kehrt das Boot zunächst für die Endausrüstung zur Fr. Schweers Werft zurück, bis zu seiner offiziellen Indienststellung am 19. Juli 2000 verbleibt zunächst die SIEGFRIED BOYSEN auf der Station.

SRB 55
HEILIGENHAFEN

Im Dezember 1900 – rund 100 Jahre vor der Bootstaufe – beginnt die Geschichte der Rettungsstation Heiligenhafen, der Betrieb wird allerdings erst im Februar 1901 aufgenommen.

Baujahr 2000	Fr. Schweers Werft, Bardenfleth		Bau-Nr. 6510
Länge: 9,41 m	Breite: 3,61 m	Tiefgang: 0,96 m	Verdrängung: 7 t
Motorisierung: Cummins 6BTA 5.9 M			Leistung: 320 PS
Geschwindigkeit: 18 kn	Rumpfmaterial: Aluminium		Rufzeichen: DD4988

Name: Heiligenhafen, Hafenstadt an der Ostsee im Kreis Ostholstein
Taufe: 31. Oktober 2000 in Heiligenhafen Taufpatin: Melanie Lietzow

Stationierung:
20. Oktober 2000 – Heiligenhafen

Obwohl es sich formell um den letzten DGzRS-Neubau von Schweers handelt, werden die Werftplaketten mit der Aufschrift FR. SCHWEERS Schiffs- u. Bootswerft Bardenfleth a. d. Weser als Qualitätssiegel bei den darauffolgenden Einheiten weiterhin verwendet. Zwischen dem Auftrag für den Seenotkreuzer THEODOR HEUSS mit der werftinternen Baunummer 6320 und der jetzt fertiggestellten HEILIGENHAFEN mit der Baunummer 6510 sind 64 der letzten 190 Schweers-Bauten an die DGzRS geliefert worden, mit anderen Worten: Ein Drittel aller Aufträge in den letzten 55 Jahren der Unternehmensgeschichte geht auf die Rechnung der Seenotretter.

SRB 56
CASPER OTTEN

Mit der Auswahl des Namens CASPER OTTEN benennt die DGzRS zum vorläufig letzten Mal (Stand: 2025) eines ihrer Fahrzeuge nach einem ehemaligen Rettungsmann.

Baujahr 2001	Lürssen Bardenfleth		Bau-Nr. 6512
Länge: 9,41 m	Breite: 3,61 m	Tiefgang: 0,96 m	Verdrängung: 7 t
Motorisierung: Cummins 6BTA 5.9 M			Leistung: 320 PS
Geschwindigkeit: 18 kn	Rumpfmaterial: Aluminium		Rufzeichen: DG7347

Name: Casper Nicolaus Otten (1848–1924), Vormann der Station Langeoog 1891–1923
Taufe: 25. August 2002 auf Langeoog Taufpatin: Petra Eilts

Stationierung:
18. Oktober 2001 – 24. April 2017 Langeoog (Nachfolge: SRB SECRETARIUS)
26. Juni 2017 – 1. Oktober 2023 Lauterbach (Nachfolge: SRB GERHARD ELSNER)
2. Oktober 2023 – Trainingsflotte Neustadt

Infolge der Übernahme der Fr. Schweers Werft durch die 1875 gegründete Fr. Lürssen Werft werden unter deren Firmennamen – jedoch unter Beibehaltung der Baunummern-Zählweise von Schweers – nun erstmals Seenotrettungsboote produziert, nachdem in der Vergangenheit bereits Motorrettungsboote, Seenotkreuzer und Tochterboote bei Lürssen entstanden waren. Von der Stationierung des SRB 56 auf Langeoog bis zur Taufe vergehen 311 Tage – Rekordwert in der Kategorie Seenotrettungsboot.

SRB 57
WOLTERA

Bei keiner anderen Einheit dieser Klasse ist die für Tochterboote typische, als D-Profil ausgefertigte und in dieser Situation gut erkennbare Verstärkung des Vorderstevens vorhanden.

Baujahr 2002 Lürssen Bardenfleth [30] Bau-Nr. 6513
Länge: 9,41 m Breite: 3,61 m Tiefgang: 0,96 m Verdrängung: 7 t
Motorisierung: Cummins 6BTA 5.9 M Leistung: 320 PS
Geschwindigkeit: 18 kn Rumpfmaterial: Aluminium Rufzeichen: DG7348

Name: Woltera Wittekind, Mutter von Hubertus Altgelt, DGzRS-Förderer aus Rottach-Egern
Taufe: 22. April 2002 in Kühlungsborn Taufpatin: Sarah Stein

Stationierung:
10. März 2002 – 7. Januar 2007 Kühlungsborn (Nachfolge: SRB KONRAD-OTTO)
19. Januar 2007 – 8. Nov. 2016 Juist (Nachfolge: SRB HANS DITTMER)
17. April 2018 – 14. Februar 2025 Lippe (keine Nachfolge, Station aufgelöst) [31]
8. August 2025 – Norderney

Auf die Inbetriebnahme des neuen Bootshafens in Kühlungsborn reagiert die DGzRS mit der Stationierung eines kurzfristig zur Verfügung gestellten Seenotrettungsbootes: Die Rumpfschale des Neubaus SRB 57 ist ursprünglich für das Tochterboot des zeitgleich entstehenden Seenotkreuzers SK 29 / HERMANN MARWEDE vorgesehen. Ersatzweise wird die darauffolgende Neubaunummer 6514 zum Tochterboot TB 32 deklariert.

SRB 58
PAUL NEISSE

Innerhalb dieser Bootsklasse ist in der chronologischen Abfolge der fertiggestellten Einheiten zwischen SRB 57 und SRB 58 das Tochterboot VERENA / TB 32 (siehe S. 187) einzuordnen.

Baujahr 2003 Lürssen Bardenfleth Bau-Nr. 6515
Länge: 10,10 m Breite: 3,61 m Tiefgang: 0,96 m Verdrängung: 7,5 t
Motorisierung: Cummins 6BTA 5.9 M Leistung: 320 PS
Geschwindigkeit: 18 kn Rumpfmaterial: Aluminium Rufzeichen: DJ5386

Name: Paul Neisse (1908–2001), Kaufmann und DGzRS-Förderer aus Hamburg
Taufe: 23. Oktober 2003 am Eider-Sperrwerk Taufpatin: Vanessa Ziems

Stationierung:
Oktober 2003 – Eiderdamm

Eine 14-Jährige aus dem Freundeskreis der Familie des Namensgebers tauft SRB 58, das erste Exemplar der langen Ausführung. Das DGzRS Jahrbuch 2004 enthält ein vorläufiges Fazit zur Verlängerung des Bootskörpers im Vergleich zum 9,4-Meter-Typ: „Diese Maßnahme hat, wie erwartet, neben den verbesserten Platzverhältnissen an Bord nochmals zu einer Steigerung der Seetüchtigkeit und Kursstabilität geführt." Doch zunächst bleibt die PAUL NEISSE zwei Jahre lang ein Einzelstück hinsichtlich ihrer Bootslänge von 10,1 Metern: Bevor dieser Wert für die darauffolgenden Boote als neuer Standard übernommen wird, entstehen 2004 erst noch die beiden letzten Einheiten der kürzeren Version.

SRB 59
ECKERNFÖRDE

Mit Indienststellung der ECKERNFÖRDE endet die seit 1993 bei 10 der letzten 25 Seenotrettungsboote betriebene Praxis, diese nach Orts- oder Gebietsbezeichnungen zu benennen.

Baujahr 2004 | Lürssen Bardenfleth | Bau-Nr. 6516
Länge: 9,48 m | Breite: 3,61 m | Tiefgang: 0,96 m | Verdrängung: 7 t
Motorisierung: Cummins 6BTA 5.9 M 3 | Leistung: 320 PS
Geschwindigkeit: 18 kn | Rumpfmaterial: Aluminium | Rufzeichen: DK3088

Name: Eckernförde, Hafenstadt an der Ostsee im Kreis Rendsburg-Eckernförde
Taufe: 28. Juni 2004 in Eckernförde | Taufpatin: Margit Buß

Stationierung:
Mai / Juni [?] 2004 – Eckernförde

In der aus Anlass der Bootstaufe veröffentlichten Pressemitteilung sowie im beigelegten Datenblatt ist die Bootslänge erstmals mit 9,48 Metern angegeben, ohne dass auf die Ursache des Längenunterschieds von plus 7 Zentimetern gegenüber den älteren Schwesterbooten eingegangen wird. Immerhin erhält die schon zuvor in Umlauf gebrachte Bezeichnung 9,5-Meter-Seenotrettungsboot endlich – beim vorletzten Exemplar vor dem Abschluss der Bauserie – ihre nach den Rundungsregeln geltende Berechtigung. Als Kosten für den Neubau werden 700.000 Euro genannt. Mit dem Abzug der bisher in Eckernförde stationierten CARL A. WUPPESAHL beginnt die Ausmusterung der 9,0-Meter-Klasse.

SRB 60
ELLI HOFFMANN-RÖSER

Die Tochter des Vormanns der Station Baltrum übergibt als Taufpatin das Boot seiner Bestimmung, dessen Aktionsbereich vor allem im Wattenrevier vor der Ostfriesischen Insel liegt.

Baujahr 2004 | Lürssen Bardenfleth | Bau-Nr. 6517
Länge: 9,48 m | Breite: 3,61 m | Tiefgang: 0,96 m | Verdrängung: 7 t
Motorisierung: Cummins 6BTA 5.9 M3 | Leistung: 320 PS
Geschwindigkeit: 18 kn | Rumpfmaterial: Aluminium | Rufzeichen: DK3090

Name: Elli Hoffmann-Röser († 1993), Ehefrau von Kurt Hoffmann (siehe SRB 61)
Taufe: 8. Dezember 2004 auf Baltrum | Taufpatin: Jantje Olchers

Stationierung:
18. November 2004 – Baltrum

Nach 15 Fahrzeugen dieses Typs – das Tochterboot VERENA sowie die PAUL NEISSE als bisher einziges Exemplar der verlängerten Version eingerechnet – endet endgültig der Bau von DGzRS-Rettungsbooten unter der Marke der bereits zu Lürssen gehörenden, ehemaligen Fr. Schweers Werft. Letztendlich wird der Standort in Bardenfleth 2011 aufgegeben, die Fr. Fassmer Werft kauft das Betriebsgelände. Gleichzeitig ist SRB 60 nach einer fast 100 Jahre überdauernden, in der Pionierzeit der Motorisierung von Rettungsbooten mit dem Bau der GEHEIMER RAT MAX FREY begonnenen Zusammenarbeit der bislang letzte von den Seenotrettern an die Lürssen Werft vergebene Auftrag (Stand: 2025).

SRB 61
KURT HOFFMANN

Zum Zeitpunkt der Bootstaufe der KURT HOFFMANN besteht die bereits 1855 durch die Königliche Regierung Stralsund eingerichtete Rettungsstation Glowe seit genau 150 Jahren.

Baujahr 2005 — Fr. Fassmer Werft, Berne — Bau-Nr. 04/1/2010
Länge: 10,08 m — Breite: 3,61 m — Tiefgang: 0,95 m — Verdrängung: 7,65 t [32]
Motorisierung: Cummins 6BTA 5.9 M3 — Leistung: 320 PS
Geschwindigkeit: 18 kn — Rumpfmaterial: Aluminium — Rufzeichen: DB3015

Name: Kurt Hoffmann († 2004), DGzRS-Förderer aus Berlin
Taufe: 11. Oktober 2005 in Glowe — Taufpatin: Juliane Hasselberg

Stationierung:
7. September 2005 – Glowe

Infolge der Aufgabe des ehemaligen Schweers-Werftstandortes durch Lürssen erlangt nun die Schiffs- und Bootswerft Fr. Fassmer GmbH & Co. KG ihre marktdominierende Position zurück, die sie Anfang der 1990er-Jahre beim Bau sämtlicher Einheiten der 8,5-Meter-Klasse innegehabt hatte, indem hier sieben der folgenden acht Boote der 10,1-Meter-Klasse produziert werden. SRB 61 wird als erstes Boot mit einem aus Kohlefaser-Verbundstoffen gefertigten, fünfflügeligen Propeller ausgestattet, dessen Blätter im Schadensfall einzeln ausgetauscht werden können. In der Praxis erweist sich das Material allerdings bei Grundberührungen als schadensanfällig und wenig robust.

SRB 62
HORST HEINER KNETEN

Am Rande bemerkt: In Hörnum werden mit HÖRNUM, HERTHA JEEP und HORST HEINER KNETEN drei aufeinanderfolgende Neubauten mit dem Anfangsbuchstaben H stationiert.

Baujahr 2006 — Fr. Fassmer Werft, Berne — Bau-Nr. 04/1/2011
Länge: 10,08 m — Breite: 3,61 m — Tiefgang: 0,95 m — Verdrängung: 7,65 t [32]
Motorisierung: Cummins 6BTA 5.9 M3 — Leistung: 320 PS
Geschwindigkeit: 18 kn — Rumpfmaterial: Aluminium — Rufzeichen: DH2306

Name: Horst Heiner Kneten (1934–2004), Ingenieur, DGzRS-Förderer aus Wilhelmshaven
Taufe: 26. April 2006 in Hörnum — Taufpatin: Gerda Frisch

Stationierung:
April 2006 – Hörnum

Auf der Insel Sylt wird mit HERTHA JEEP erstmals ein Boot dieser Klasse durch ein typgleiches – wenn auch rund 70 Zentimeter längeres – Fahrzeug ausgetauscht. Mit der Namensgebung dieser Einheit erinnert die DGzRS an einen Förderer, der in seinem Testament die Seenotretter als Alleinerben bedacht hatte. Seine Verbindung zur Gesellschaft resultiert aus einem Seenotfall mit einer Segelyacht, bei dem Horst Heiner Kneten von der Besatzung eines Seenotkreuzers gerettet worden war. Durch einen Unfall schwer verletzt, war er in den letzten Jahren seines Lebens auf Pflege und Betreuung durch seine Cousine angewiesen gewesen, die als Taufpatin das Boot der Besatzung übergibt.

SRB 63
NAUSIKAA

Den Namen NAUSIKAA tragen auch Yachten der Familie Schorr aus Berlin, die mit einer Spende wesentlich zur Finanzierung des Seenotrettungsbootes beigetragen hatte.

Baujahr 2006 Fr. Fassmer Werft, Berne Bau-Nr. 04/1/2012
Länge: 10,08 m Breite: 3,61 m Tiefgang: 0,95 m Verdrängung: 7,65 t [32]
Motorisierung: Cummins 6BTA 5.9 M3 Leistung: 320 PS
Geschwindigkeit: 18 kn Rumpfmaterial: Aluminium Rufzeichen: DH2356

Name: Nausikaa, Figur in der griechischen Mythologie
Taufe: 9. September 2006 in Vitte / Hiddensee Taufpate: Patrick Morales-Ramón

Stationierung:
6. August 2006 – Vitte / Hiddensee

Der ungewöhnliche Bootsname bedarf einer Erläuterung: Nausikaa ist die Tochter des Königs Alkinoos und dessen Frau Arete. Athene, die Göttin der Weisheit, ermuntert die junge und schöne Nausikaa im Traum, morgens mit ihren Dienerinnen zum Strand aufzubrechen. Durch die beim Ballspiel verursachten Geräusche wecken die Mädchen einen im Gebüsch schlafenden Schiffbrüchigen. Nausikaa gibt ihm zu essen und Kleidung, danach weist sie ihm den Weg zum väterlichen Hof, wo er sich während des Gastmahls als Odysseus zu erkennen gibt und über seine Irrfahrten berichtet. Odysseus entscheidet sich gegen eine Heirat mit Nausikaa und lässt sich stattdessen in seine Heimat Ithaka bringen.

SRB 64
KONRAD-OTTO

Bereits zu Lebzeiten hatte der Mäzen Hubertus Altgelt, Jahrgang 1933, eine Stiftung für gemeinnützige Zwecke gegründet, daraus werden auch Rettungsorganisationen gefördert.

Baujahr 2006 Fr. Fassmer Werft, Berne Bau-Nr. 04/1/2013
Länge: 10,08 m Breite: 3,61 m Tiefgang: 0,95 m Verdrängung: 7,65 t [32]
Motorisierung: Cummins 6BTA 5.9 M3 Leistung: 320 PS
Geschwindigkeit: 18 kn Rumpfmaterial: Aluminium Rufzeichen: DH2558

Name: Konrad-Otto, Vorname des Vaters (†) von Hubertus Altgelt, DGzRS-Förderer
Taufe: 24. März 2007 in Kühlungsborn Taufpatin: Carolin Jaeger

Stationierung:
3. Dezember 2006 – Kühlungsborn

Als Nachfolge-Einheit der vier Jahre zuvor ebenfalls in Kühlungsborn in Dienst gestellten, auf den Namen der Mutter von Hubertus Altgelt getauften WOLTERA lässt derselbe Spender nun ein Boot dieser Serie nach seinem Vater benennen. Im Zuge der Indienststellung der KONRAD-OTTO und der damit einhergehenden Verlegung der WOLTERA nach Juist sind jetzt alle Freiwilligen-Stationen auf den Ostfriesischen Inseln mit Booten dieser Bauart besetzt. Aufgrund des hohen Modernisierungsgrades der Flotte werden bis zur Fertigstellung des nächsten Fahrzeugs dieser Reihe – SRB 65 – neun Jahre vergehen, nie zuvor war der Bau von Seenotrettungsbooten über einen längeren Zeitraum unterbrochen gewesen.

SRB 65
HENRICH WUPPESAHL

Bei dieser und den noch folgenden Einheiten der Serie ist die Motorleistung gegenüber den Vorgängermodellen um 60 PS gesteigert – offenbar ohne Zugewinn an Geschwindigkeit.

Baujahr 2015	Tamsen Maritim, Rostock		Bau-Nr. TM1301
Länge: 10,10 m	Breite: 3,61 m	Tiefgang: 0,96 m	Verdrängung: 8 t
Motorisierung: Cummins 6BTA 5.9 M			Leistung: 380 PS
Geschwindigkeit: 18 kn	Rumpfmaterial: Aluminium		Rufzeichen: DK8116

Name: Henrich Wuppesahl (1905–1986), See-Assekuranzmakler in Bremen [33]
Taufe: 29. Mai 2015 in Bremen Taufpatin: Daniela Schadt

Stationierung:
5. Juni 2015 – Neustadt

Am 6. Dezember 2013 wird erstmals nach der Wiedervereinigung Deutschlands der Auftrag für einen DGzRS-Neubau an einen Schiffbaubetrieb in Mecklenburg-Vorpommern vergeben, zuvor hatte die Werft Tamsen Maritim lediglich Reparaturarbeiten für die Seenotretter durchgeführt. Aus Anlass des 150-jährigen DGzRS-Jubiläums findet die Taufe auf dem Bremer Marktplatz statt. Vier Tochterboote mitgezählt, ist die HENRICH WUPPESAHL das zehnte motorisierte Rettungsfahrzeug, das an einem 29. Mai getauft wird – der DGzRS-Gründungstag ist somit das bislang am häufigsten genutzte Taufdatum. Offiziell in Dienst gestellt und an die Station Neustadt übergeben wird das Boot am 26. Juli 2015.

SRB 66
HANS DITTMER

Im Hafen der Insel Juist ist die Einsatzbereitschaft der HANS DITTMER gezeitenabhängig: Niedriger Wasserstand verhindert ein Auslaufen des auf dem Grund festliegenden Bootes.

Baujahr 2017	Fr. Fassmer Werft, Berne		Bau-Nr. 15/1/6060
Länge: 10,10 m	Breite: 3,61 m	Tiefgang: 0,96 m	Verdrängung: 8 t
Motorisierung: Cummins 6BTA 5.9 M			Leistung: 380 PS
Geschwindigkeit: 18 kn	Rumpfmaterial: Aluminium		Rufzeichen: DK7002

Name: Hans Dittmer († 1989), DGzRS-Förderer aus Hamburg
Taufe: 1. April 2017 auf Juist Taufpatin: Martina Janssen-Visser

Stationierung:
25. März 2017 – Juist

Anhand der mit 15 beginnenden, werftinternen Baunummer ist ermittelbar, dass die DGzRS den Auftrag für SRB 66 – sowie gleichzeitig für die beiden folgenden Einheiten SRB 67 und SRB 68 – im Jahr 2015 an die Fr. Fassmer Werft vergeben hatte. Dort vollzieht sich am 11. Mai 2016 ein als Kiellegung bezeichneter Akt, der allerdings weniger eine tatsächlich schiffbauliche als vielmehr eine symbolische und öffentlichkeitswirksame Funktion erfüllt. Erstmals zu Wasser gelassen wird der Neubau SRB 66 am 22. Februar 2017 und die erste Erprobungsfahrt auf der Weser findet am 1. März 2017 statt. Acht Tage später wird das Boot zur DGzRS-Zentrale und von dort am 25. März 2017 nach Juist überführt.

SRB 67
SECRETARIUS

An der Bootstaufe ist der ebenfalls von Fassmer gelieferte, zwei Monate zuvor in Cuxhaven in Dienst gestellte und somit jüngste DGzRS-Seenotkreuzer ANNELIESE KRAMER beteiligt.

Baujahr 2017	Fr. Fassmer Werft, Berne		Bau-Nr. 15/1/6070
Länge: 10,10 m	Breite: 3,61 m	Tiefgang: 0,96 m	Verdrängung: 8 t
Motorisierung: Cummins 6BTA 5.9 M			Leistung: 380 PS
Geschwindigkeit: 18 kn	Rumpfmaterial: Aluminium		Rufzeichen: DD9495

Name: Secretarius, Titel des ehrenamtlich tätigen Organisators der Bremer Eiswette
Taufe: 12. August 2017 in Berne Taufpatin: Mareike Bröker

Stationierung:
23. Juni 2017 – Langeoog

Bei der DGzRS ist es ein nicht unüblicher Brauch, vor der eigentlichen Schiffstaufe eine nicht-öffentliche, werftinterne Taufe durchzuführen. Am 13. Juni 2017 findet diese Zeremonie für den Neubau SRB 67 statt, der am gleichen Tag erstmals zu Wasser gelassen wird und am 20. Juni 2017 seine erste Erprobungsfahrt absolviert. Von der Fr. Fassmer Werft wird das Boot am 22. Juni 2017 zur DGzRS-Zentrale, tags darauf von dort zur Insel Langeoog und vor der Taufe wieder zurück zur Werft überführt. Dort erhält das an Land aufgestellte Fahrzeug im Rahmen einer Veranstaltung unter dem Titel Fassmer Erlebnistag seinen Namen, für die erste Ehrenfahrt nach der Taufe wird es per Kran in die Weser befördert.

SRB 68
FRITZ THIEME

Zur Taufveranstaltung der FRITZ THIEME sind drei Fassmer-Fahrzeuge von benachbarten Stationen anwesend, außerdem die NEUHARLINGERSIEL als Produkt der Fr. Schweers Werft.

Baujahr 2017	Fr. Fassmer Werft, Berne		Bau-Nr. 15/1/6080
Länge: 10,10 m	Breite: 3,61 m	Tiefgang: 0,96 m	Verdrängung: 8 t
Motorisierung: Cummins 6BTA 5.9 M			Leistung: 380 PS
Geschwindigkeit: 18 kn	Rumpfmaterial: Aluminium		Rufzeichen: DA6179

Name: Prof. Dr. Fritz Thieme (1925–2013), Hochschullehrer für physikalische Chemie
Taufe: 8. April 2018 auf Wangerooge Taufpatin: Dagmar Irmler

Stationierung:
25. November 2017 – Wangerooge

Zwischen der am 9. Oktober 2017 stattfindenden ersten Erprobungsfahrt und der Bootstaufe vergehen sechs Monate: Während einer Testfahrt weserabwärts kollidiert der Neubau steuerbordseitig mit einer Fahrwassertonne, daraufhin müssen zwei Spanten ausgetauscht werden und die für den 4. November 2017 in Bremen geplante Taufe wird abgesagt. In der Tauf-Reihenfolge wird SRB 68 somit von SRB 69 überholt. Auch der vorgesehene Ersatztermin 10. Februar 2028 muss aufgrund der zeitgleich angesetzten Trauerfeier für den wenige Wochen zuvor verstorbenen Wangerooger Bürgermeister verschoben werden. SRB 68 ist das letzte Erzeugnis der Fr. Fassmer Werft in dieser Bootsklasse.

SRB 69
NIMANOA

Zum Bootsnamen: Die Ahnfrau und Riesin Nei Nimanoa, die Weitgereiste, hatte unter den Bewohnern ihres Atolls die Lehre von den zur Astronavigation benötigten Sternen verbreitet.

Baujahr 2017	Tamsen Maritim, Rostock		Bau-Nr. TM1601
Länge: 10,10 m	Breite: 3,61 m	Tiefgang: 0,96 m	Verdrängung: 8 t
Motorisierung: Cummins 6BTA 5.9 M			Leistung: 380 PS
Geschwindigkeit: 18 kn	Rumpfmaterial: Aluminium		Rufzeichen: DA6180

Name: Gottheit aus der mythischen Sagenwelt des pazifischen Inselstaates Kiribati
Taufe: 8. November 2017 in Warnemünde   Taufpatin: Heike Götz

Stationierung:
10. November 2017 – Damp

Beginnend mit SRB 69 entstehen elf Einheiten dieser Bootsklasse in Folge bei Tamsen Maritim in Rostock. Mit insgesamt zwölf Neubauten der längeren 10,1-Meter-Version produziert der Rostocker Werftbetrieb somit eine größere Stückzahl als Lürssen Bardenfleth (ein Boot) und Fr. Fassmer (sieben Boote) zusammen. Erste Erprobungsfahrten unternimmt SRB 69 am 1. und 2. November 2017. Während der Ehrenrunde im Anschluss an die Taufe reißt der Keilriemen der Kühlwasserpumpe, so dass die Fahrt im Schlepp des Tochterbootes CASPAR endet. Nach schneller Beseitigung des Schadens fährt die NIMANOA am 9. November 2017 nach Warnemünde und erreicht am folgenden Tag die Station Damp.

SRB 70
WOLFGANG WIESE

Am 16. März 2018 findet die erste Fahrt zur See-Erprobung mit SRB 70 statt. Bei der Bootstaufe sind von Fr. Fassmer, Fr. Lürssen und Fr. Schweers produzierte Einheiten anwesend.

Baujahr 2018	Tamsen Maritim, Rostock		Bau-Nr. TM1602
Länge: 10,10 m	Breite: 3,61 m	Tiefgang: 0,96 m	Verdrängung: 8 t
Motorisierung: Cummins 6BTA 5.9 M			Leistung: 380 PS
Geschwindigkeit: 18 kn	Rumpfmaterial: Aluminium		Rufzeichen: DH3207

Name: Wolfgang Wiese († 2016), DGzRS-Förderer aus Kiel
Taufe: 21. April 2018 in Timmendorf / Poel   Taufpatin: Christiane Gonser

Stationierung:
22. März 2018 – Timmendorf / Poel

Obwohl der Serienbau des Fahrzeugtyps von 9,41 Metern Länge nach fünf Jahren geendet hatte, wohingegen die Herstellung der verlängerten Ausführung seit mittlerweile fünfzehn Jahren andauert, ist in den DGzRS-Veröffentlichungen zur Indienststellung von SRB 70 nach wie vor gewohnheitsgemäß die Rede vom „modifizierten Typ der bewährten 9,5-Meter-Klasse" mit „zwei Spanten mehr in der Länge". Als einziges Fahrzeug aus der Produktion von Tamsen Maritim wird dieses Boot in Mecklenburg-Vorpommern gefertigt und direkt im gleichen Bundesland stationiert (sieben Einheiten werden aus Rostock ursprünglich nach Schleswig-Holstein, vier nach Niedersachsen überführt).

SRB 71
URSULA DETTMANN

Ausstattungsmerkmal der neueren von Tamsen Maritim produzierten Boote ist ein Store für die Schleppleine, deren Trocknung durch die warme Abluft des Motors beschleunigt wird.

Baujahr 2018	Tamsen Maritim, Rostock		Bau-Nr. TM1603
Länge: 10,10 m	Breite: 3,61 m	Tiefgang: 0,96 m	Verdrängung: 8 t
Motorisierung: Cummins 6BTA 5.9 M			Leistung: 380 PS
Geschwindigkeit: 18 kn	Rumpfmaterial: Aluminium		Rufzeichen: DD4353

Name: Ursula Dettmann († 2016), DGzRS-Förderin
Taufe: 25. August 2018 in Gelting Taufpatin: Birgit Heinze

Stationierung:
25. Juni 2018 – Gelting

SRB 71 unternimmt am 18. Juni 2018 die erste Erprobungsfahrt auf der Warnow, tags darauf die zweite nach Hesnæs auf der dänischen Insel Falster und zurück nach Rostock. Die Erstankunft des Neubaus in Gelting begleiten die seit 1993 hier stationierte JENS FÜERSCHIPP sowie von der Station Langballigau das Seenotrettungsboot WERNER KUNTZE. Von diesem 19 Jahre älteren Fahrzeug unterscheiden sich SRB 71 und die anderen bei Tamsen Maritim gebauten Einheiten nicht nur hinsichtlich der Bootslänge: So erzeugen die neueren Modelle etwa im Betriebszustand eine deutlich geringere – zu einer erheblich verbesserten Verständigung in der Kommunikation beitragende – Geräuschemission.

SRB 73
GERHARD ELSNER

Weniger als fünf Jahre bleibt die GERHARD ELSNER in Schilksee – mit ihrer Verlegung nach Lauterbach wird 2023 auf der Insel Rügen das dritte Fahrzeug dieses Typs stationiert.

Baujahr 2018 [34]	Tamsen Maritim, Rostock		Bau-Nr. TM1605
Länge: 10,10 m	Breite: 3,61 m	Tiefgang: 0,96 m	Verdrängung: 8 t
Motorisierung: Cummins 6BTA 5.9 M			Leistung: 380 PS
Geschwindigkeit: 18 kn	Rumpfmaterial: Aluminium		Rufzeichen: DH5366

Name: Gerhard Elsner (1924–2015), DGzRS-Förderer aus Berlin
Taufe: 19. Januar 2019 in Düsseldorf Taufpatin: Dr. Gabriele Dorfstecher

Stationierung:
22. Februar 2019 – 2. Okt. 2023 Schilksee (Nachfolge: SRB JÜRGEN HORST)
3. Oktober 2023 – Lauterbach

SRB 73 wird am 14. Januar 2019 durch eine Spedition von Rostock nach Düsseldorf gebracht. Am Eröffnungstag der 50. boot Ausstellung erhält der Neubau in der Messehalle 14 seinen Namen. Als einzige Einheit dieser Klasse hat die GERHARD ELSNER somit vor ihrer Taufe keinen Wasserkontakt – die offizielle Werftabnahme erfolgt erst nachträglich vom 4. bis 6. Februar 2019 in Rostock, am 7. Februar 2019 findet die erste Erprobungsfahrt statt. Die nach weniger als fünf Jahren vollzogene erste Umstationierung – von Schilksee nach Lauterbach – stellt innerhalb dieser Bootsklasse den Minimalwert dar.

SRB 74
PETER HABIG

Erstmals ist ein von Tamsen Maritim geliefertes DGzRS-Boot für eine Nordseestation bestimmt, das Rufzeichen DBAJ war zuvor bereits an zwei Seenotkreuzer vergeben worden.

Baujahr 2019 Tamsen Maritim, Rostock Bau-Nr. TM1606
Länge: 10,10 m Breite: 3,61 m Tiefgang: 0,96 m Verdrängung: 8 t
Motorisierung: Cummins 6BTA 5.9 M Leistung: 380 PS
Geschwindigkeit: 18 kn Rumpfmaterial: Aluminium Rufzeichen: DBAJ

Name: Peter Habig (†), DGzRS-Förderer aus Wien
Taufe: 18. Mai 2019 in Wilhelmshaven Taufpatin: Christiane Habig

Stationierung:
12. Mai 2019 – Wilhelmshaven

Inbetriebnahme und eine erste Testfahrt dieses Bootes finden am 23. April 2019 statt. Die See-Erprobung wird am 30. April und 2. Mai 2019 durchgeführt, die zweite Fahrt beginnt und endet in Rostock mit Zwischenstopps in Kühlungsborn und Timmendorf. Über Laboe, Brunsbüttel und Hooksiel wird SRB 74 innerhalb von drei Tagen nach Wilhelmshaven überführt und aufgrund von Beschädigungen des im Fluthafen gelegenen Liegeplatzes am 12. Mai 2019 vorübergehend im Nassauhafen stationiert. Dort war genau 30 Jahre zuvor der Seenotkreuzer VORMANN STEFFENS eingetroffen. Bei der Taufe sind die Rettungseinheiten der Nachbarstationen Fedderwardersiel, Hooksiel und Horumersiel anwesend.

SRB 75
WOLFGANG PAUL LORENZ

Sämtliche Freiwilligen-Stationen an der Nordseeküste sind 2019 mit Booten dieser Klasse besetzt, zugleich wird das letzte Exemplar der 8,5-Meter-Klasse aus diesem Revier abgezogen.

Baujahr 2019 Tamsen Maritim, Rostock Bau-Nr. TM1607
Länge: 10,10 m Breite: 3,61 m Tiefgang: 0,96 m Verdrängung: 8 t
Motorisierung: Cummins 6BTA 5.9 M Leistung: 380 PS
Geschwindigkeit: 18 kn Rumpfmaterial: Aluminium Rufzeichen: DBKT

Name: Wolfgang Paul Lorenz (1940–2017), DGzRS-Förderer aus Frankfurt am Main
Taufe: 12. Oktober 2019 in Horumersiel Taufpatin: Ursula Lorenz

Stationierung:
20. September 2019 – Horumersiel

Als letzter von sieben Einheiten – das an anderer Stelle beschriebene Trainingsfahrzeug MERVI eingeschlossen – ist diesem Boot eine mit 16 beginnende und somit auf die Jahreszahl der Auftragsvergabe verweisende Neubaunummer zugeordnet: Im Rahmen der am 17. Dezember 2016 durchgeführten Taufe des Seenotkreuzers BERLIN war die Vereinbarung über diese Bauserie zwischen der DGzRS und Tamsen Maritim unterzeichnet worden. SRB 75 wird am 19. August 2019 in Betrieb genommen und erstmals zu Wasser gelassen, einer Testfahrt am 30. August 2019 folgt die erste See-Erprobung am 11. September 2019. Am 18. September 2019 beginnt die Überführungsfahrt zur Nordsee.

SRB 77
ROMY FRANK

Wenige Minuten nach diesem Foto erreicht die ROMY FRANK am 29. Februar 2020 erstmals den Stützpunkt in Puttgarden, 2022 und 2023 liegt das Boot übergangsweise in Burgstaaken.

Baujahr 2020	Tamsen Maritim, Rostock		Bau-Nr. TM1801
Länge: 10,10 m	Breite: 3,61 m	Tiefgang: 0,96 m	Verdrängung: 8 t
Motorisierung: Cummins 6BTA 5.9 M			Leistung: 380 PS
Geschwindigkeit: 18 kn	Rumpfmaterial: Aluminium		Rufzeichen: DBKW

Name: Rosemarie Frank (1939–2016), DGzRS-Förderin aus Braunschweig
Taufe: 28. Februar 2020 in Rostock Taufpatin: Stephanie Frank

Stationierung:
29. Februar 2020 – Puttgarden

Zwei Seenotrettungsboote – SRB 77 und SRB 78 – umfasst der am 7. August 2018 vereinbarte Auftrag an die Werft Tamsen Maritim. Am 28. Januar 2020 unternimmt SRB 77 als insgesamt 17. Einheit der 10,1-Meter-Klasse von Rostock aus seine erste längere Testfahrt ins Seegebiet westlich von Hiddensee. In Halle 0 auf dem Werftgelände findet die Bootstaufe im geladenen Kreis der Besatzung, Werftmitarbeiter und Nachlass-Spender statt, für ihre erste Ehrenfahrt wird die ROMY FRANK per Werftkran zu Wasser befördert. Mit der Auswahl des Veranstaltungsortes bedankt sich die DGzRS bei den Beteiligten für die bisher geleistete Zusammenarbeit.

SRB 78
OTTO DIERSCH

Auf neun Rettungsstationen werden Boote dieser Klasse durch ihre moderneren Doppelgänger ersetzt – mit WILMA SIKORSKI geschieht dies zweimal, auf Wangerooge und in Norddeich.

Baujahr 2020	Tamsen Maritim, Rostock		Bau-Nr. TM1802
Länge: 10,10 m	Breite: 3,61 m	Tiefgang: 0,96 m	Verdrängung: 8 t
Motorisierung: Cummins 6BTA 5.9 M			Leistung: 380 PS
Geschwindigkeit: 18 kn	Rumpfmaterial: Aluminium		Rufzeichen: DBKX

Name: Otto Diersch (1902–1981), Mineralölhändler aus Bremen
Taufe: 5. Oktober 2020 in Bremen Taufpatin: Ingeborg Karstedt

Stationierung:
25. Juli 2020 – Norddeich

Nach dreitägigem, am 23. Juli 2020 beginnendem Überführungstörn mit Zwischenstopps in Laboe, Kiel-Dietrichsdorf und Cuxhaven erreicht das Boot erstmals seinen Liegeplatz im Norddeicher Kommunalhafen. Für wenige Tage befinden sich mit der bisher hier stationierten WILMA SIKORSKI und dem Neubau SRB 78 die älteste und die jüngste Einheit der 9,4-/10,1-Meter-Klasse gleichzeitig auf derselben Station. Ort und Datum der Bootstaufe sind durch ein Firmenjubiläum bestimmt: 100 Jahre zuvor, am 5. Oktober 1920, hatte Otto Diersch im Alter von 18 Jahren in Bremen seine eigene Firma für Schmierstoffe gegründet. Seine einzige Tochter Ingeborg ist als Taufpatin des Bootes selbst 93 Jahre alt.

SRB 80
ERICH KOSCHUBS

Bei der Taufe der ERICH KOSCHUBS sind mit HENRICH WUPPESAHL, MERVI und WOLFGANG WIESE zum ersten Mal ausschließlich bei Tamsen Maritim gebaute Boote anwesend.

Baujahr 2020	Tamsen Maritim, Rostock		Bau-Nr. TM1901
Länge: 10,10 m	Breite: 3,61 m	Tiefgang: 0,96 m	Verdrängung: 8 t
Motorisierung: Cummins 6BTA 5.9 M			Leistung: 380 PS
Geschwindigkeit: 18 kn	Rumpfmaterial: Aluminium		Rufzeichen: DBAF

Name: Erich Koschubs (1926–2018), DGzRS-Förderer aus Hamburg
Taufe: 22. Mai 2021 in Travemünde Taufpatin: Edeltraut Koschubs

Stationierung:
26. November 2020 – Travemünde

Am 4. November 2020 absolviert SRB 80 die erste See-Erprobung in der Mecklenburger Bucht zwischen Rostock und Timmendorf / Poel. In Begleitung der Schwesterboote HANS INGWERSEN, Baujahr 2000 bei Fr. Schweers, und WALTER ROSE, Baujahr 2003 bei Lürssen Bardenfleth, erreicht der Neubau erstmals seinen Liegeplatz an der Lotsenbrücke. Mit der Auslieferung dieser letzten für das schleswig-holsteinische Ostseerevier bestimmten Einheit sind zum jetzigen Zeitpunkt alle Freiwilligen-Küstenstationen dieses Bundeslandes mit Seenotrettungsbooten der 9,4-/10,1-Meter-Klasse besetzt, lediglich auf den beiden Stationen im Meeresarm Schlei kommen andere Bootstypen zum Einsatz.

SRB 84
COURAGE

Bei der vorläufig letzten Einheit aus dieser Serie ist erstmals bei einem DGzRS-Fahrzeug dieser Größe ein Bugstrahlruder zum präzisen Manövrieren auf engem Raum eingebaut.

Baujahr 2022	Tamsen Maritim, Rostock		Bau-Nr. TM2101
Länge: 10,10 m	Breite: 3,61 m	Tiefgang: 0,96 m	Verdrängung: 8 t
Motorisierung: Cummins 6BTA 5.9 M			Leistung: 380 PS
Geschwindigkeit: 18 kn	Rumpfmaterial: Aluminium		Rufzeichen: DBAI2

Name: Mut, Unerschrockenheit, Beherztheit (Herkunft: französisch cœur = Herz)
Taufe: 5. Mai 2023 in Bremen

Stationierung:
30. März 2023 – Neuharlingersiel

Bei der Werft Tamsen Maritim wird SRB 84 am 1. März 2023 zu Wasser gelassen. An vier Erprobungstagen im Zeitraum vom 9. bis 27. März fährt das Boot unter anderem zum Darßer Ort, nach Heiligendamm und Warnemünde. Nach zweitägiger Überführung erreicht es seinen Bestimmungsort Neuharlingersiel. Im Mai 2023, dem Monat der Bootstaufe, ergibt sich für diese Bootsklasse folgender Zwischenstand: Von 55 Stationen sind 37 mit freiwilligen Besatzungen und davon wiederum 30 – an der Nordseeküste 12 von 12, an der schleswig-holsteinischen Ostseeküste 10 von 12 und in Mecklenburg-Vorpommern 8 von 13 – mit Seenotrettungsbooten der 9,4-/10,1-Meter-Baureihe besetzt.

RESCUE UECKER

Das Einzelstück als Ausstellungsobjekt in der Bremer Messehalle – im gezeigten Zustand von 2007 noch mit zwei Außenbordmotoren, drei Jahre später auf Einzelantrieb umgerüstet.

Speziell für die Anforderungen des Oderhaffs konzipiert ist das offene Festrumpfschlauchboot DORA, hier in Gleitfahrt, Juli 2018, in der Konfiguration mit dem Yamaha-Außenborder.

Zehn Jahre nach den kurzzeitigen und nicht zufriedenstellenden Erfahrungen mit den Festrumpfschlauchbooten aus DDR-Produktion integriert die DGzRS jetzt erneut ein offenes, schnelles und als Selbstaufrichter konstruiertes Einsatzboot mit Außenbordmotoren in ihre Rettungsflotte und übernimmt hinsichtlich der Namensgebung die vorangestellte Bezeichnung RESCUE von den Booten des Typs RB-5000. Zum ersten Mal ordert die DGzRS eine motorisierte SAR-Einheit bei einem Bootsbaubetrieb außerhalb Deutschlands: Ausgestattet mit einem Antrieb des US-Herstellers Mercury, liefert Marine Specialised Technology (MST) aus der südlich von Liverpool gelegenen Stadt Bromborough in England das Fahrzeug, das in der Bremer DGzRS-Zentrale komplettiert und endausgerüstet wird. Mit der angegebenen Geschwindigkeit von 37 Knoten – bei Probefahrten werden bis zu 42 Knoten gemessen – ist das so kategorisierte Fast Rescue Boat das bisher schnellste und zugleich – abgesehen von der ursprünglich als Tochterboot konzipierten KURT GRUNDMANN – das kürzeste eigenständig operierende, jemals von der DGzRS in Auftrag gegebene motorisierte Wasserfahrzeug. Dessen rettungsdienstliche Ausrüstung umfasst unter anderem Material zur medizinischen Erstversorgung, eine aufblasbare Trage, einen Suchscheinwerfer, einen Schlepppoller und 70 Meter Schleppleine. Durch Aufkippen der Motoren lässt sich der ohnehin geringe Tiefgang von 40 Zentimetern noch weiter reduzieren. Außerhalb der Wassersportsaison wird das Boot auf eigenem Trailer bei einem Werftbetrieb eingelagert.

Baujahr 2003	Marine Specialised Technology, Liverpool		Bau-Nr. 2003–004
Länge: 6,80 m	Breite: 2,70 m	Tiefgang: 0,40 m	Verdrängung: 2,2 t
Motorisierung: 2 x Mercury Zweitakt-Außenbordmotor			Leistung: 2 x 90 PS = 180 PS
Geschwindigkeit: 37 kn	Rumpfmaterial: Kunststoff		Rufzeichen: DJ8086

Name 1: Uecker, in das Stettiner Haff mündender Tieflandfluss
Name 2: Dora, Name der Mutter von Frieda Ahlers († 2007), DGzRS-Förderin aus Verden
Taufe: 16. November 2007 in Ueckermünde Taufpate: Ulrich Schaafberg

Stationierung und Namensänderung:

14. April 2003 – 29. August 2018	Ueckermünde (Nachfolge: SRB EVA AHRENS-THIES) [35]
16. November 2007	Umbenennung in DORA

Im März 2007 wird das Einzelstück in Bremen bei der Fachmesse Boatfit ausgestellt. Die oben angegebene Motorisierung gilt bis August 2010, nach drei Motorschäden an den Mercury-Zweitaktern erhält das Boot anstelle von bisher zwei Außenbordmotoren nun eine Yamaha Viertakt-Einzelmotorenanlage mit einer Leistung von 225 PS.[36] In der Nacht vom 29. auf den 30. August 2018 wird die DORA vom Liegeplatz gestohlen und anschließend – bis auf den Motor – vernichtet.

Arbeitsboot in der Endausrüstung: Bootsdesign aus Finnland, Spezialsitz aus Schottland, Außenbordmotor aus Japan mit hydraulischem Steuersatz vom schwedischen Zulieferer.

Know-how auf internationaler Ebene auszutauschen und Rettungstechnik ausländischer Unternehmen für die eigenen Zwecke zu nutzen, hat bei der DGzRS eine weit zurückreichende Tradition: Beispielsweise wird bereits im 1867 verfassten, ersten Jahresbericht des Vorstandes hinsichtlich der Fragestellung zur Konstruktion von Ruderrettungsbooten über die Beschaffung geeigneter Materialien aus Holland, Dänemark und Frankreich informiert. Aufträge für den Bau motorisierter SAR-Einheiten vergibt die Gesellschaft freilich über einen Zeitraum von mehr als 90 Jahren ausschließlich an inländische Werftbetriebe, erst mit dem Beginn des 21. Jahrhunderts ist eine verstärkte Orientierung über die Landesgrenzen hinaus erkennbar. So entsteht ab 2001 der Rumpf für den bei der Fr. Fassmer Werft projektierten 46,0-Meter-Seenotkreuzer bei Aluship im polnischen Gdansk, Marine Specialised Technology aus England liefert das Festrumpfschlauchboot RESCUE UECKER sowie Tochterboote unterschiedlicher Größe und Ausführung für drei Seenotkreuzer-Typen und dem finnischen Unternehmen Arctic Airboats bleibt die DGzRS über zwei ganze Bauserien – die Seenotrettungsboote der 8,4-Meter- und 8,9-Meter-Klasse inklusive Trainingsfahrzeug – als Kundin erhalten. Von der Indienststellung der RESCUE UECKER bis zu den jüngsten der im vorliegenden Werk dargestellten Seenotrettungsboote wird ein Drittel – in Zahlen: 22 von 66 – aller in dieser Zeitspanne fertiggestellten Rettungs- und Trainingsfahrzeuge von Werften im Ausland produziert. Den Bereich der Tochterboote isoliert betrachtet, liegt das Ausland-Deutschland-Verhältnis im gleichen Zeitraum bei 8:7.

Rund 130 Tonnen seewasserbeständiges Aluminium mit einer Stärke von bis zu 30 Millimetern werden für den deutschen Rekord-Rettungskreuzer SK 29 verarbeitet.

Während nord- und westeuropäische Organisationen mit zunehmender Präzision ihre Bootseigenschaften und Besatzungsstärken den tatsächlichen Anforderungen des Einsatzspektrums anpassen, scheinen die deutschen Seenotretter sich auf die größte anzunehmende Katastrophe vorbereiten zu wollen. Zwanzig Jahre nach der Indienststellung des auf Helgoland stationierten 44,2-Meter-Seenotkreuzers beginnt eine Arbeitsgruppe mit der Planung eines geeigneten Nachfolgemodells, daraus wird im Endergebnis das größte bislang gebaute DGzRS-Fahrzeug hervorgehen: Gegenüber der WILHELM KAISEN weist es bei nur 2 Metern mehr Länge die 2,2-fache Verdrängung und im Vergleich zum 50 Jahre zuvor fertiggestellten Versuchskreuzer BREMEN die 37-fache Antriebsleistung auf. Die Mittelmaschine wiegt knapp 8 Tonnen und oberhalb des Tochterbootes befindet sich ein 65 Quadratmeter großes Helikopter-Arbeitsdeck. Zur Ausstattung zählen ein Bordkran mit einer maximal zulässigen Belastung von 4 Tonnen, eine Feuerlöschpumpe mit einer Förderkapazität von 2500 Kubikmetern pro Stunde, ein 78 Quadratmeter großer Mehrzweckraum sowie drei Behandlungsplätze zur medizinischen Versorgung. Neben der schiffbautechnischen Entwicklung dringt bei diesem Projekt auch die Öffentlichkeitsarbeit in eine bislang unerreichte Dimension vor: Über zweieinhalb Jahre hinweg wird der Baufortschritt auf der eigens erstellten Internetseite www.sk29.de dokumentiert, eine Bremer Straßenbahn wird mit einer Werbefläche zur SK 29 Kampagne plakatiert und in limitierter Stückzahl gefertigte Sammlerstücke gelangen in den Verkauf.

2003
46,0-METER-SEENOTKREUZER MIT TOCHTERBOOT

SK 29
HERMANN MARWEDE

Aufgrund der räumlichen Kapazitäten wird die HERMANN MARWEDE für die praktische Ausbildung von Rettungsleuten genutzt, die an Bord bei Bedarf die Stammbesatzung ergänzen.

Für die bei der Fr. Lürssen Werft gebauten Seenotkreuzer ARKONA und BREMEN hatte Fr. Fassmer die passenden Tochterboote geliefert – jetzt sind die Zuständigkeiten beider Unternehmen vertauscht, als die DGzRS im November 2000 den Auftrag für den Bau ihres einzigen 46,0-Meter-Seenotkreuzers mit einem soliden 9,4-Meter-Seenotrettungsboot als Tochterboot vergibt. Bei der Hamburgischen Schiffbau-Versuchsanstalt im April und Mai 2001 durchgeführte Schleppversuche mit einem Modell im Maßstab 1:10 bestätigen die vorgegebene Konzeption. Anders als bei den bisherigen DGzRS-Fahrzeugen wird in die Zeichnungsprüfung und Bauüberwachung erstmals die Klassifikationsgesellschaft Germanischer Lloyd (GL) mit einbezogen, die in der Kategorie „Rescue Vessel" bezüglich der Lastannahme mit einem zusätzlichen Sicherheitsfaktor von 1,67 rechnet – für die Konstruktion von Rumpf, Deck und Aufbauten dieses Seenotkreuzers legt die DGzRS einen Sicherheitsfaktor von 2,5 fest, der somit die GL-Anforderungen sogar deutlich übersteigt. Darüber hinaus verfügt der Neubau über zwei getrennte Maschinenräume für die Seitenmotoren respektive für den Mittelmotor, um selbst bei Überflutung eines Maschinenraums den zweiten völlig funktionsfähig zu erhalten. Mit der Vollendung dieses Prestigeprojekts, dem ersten bei Fr. Fassmer gefertigten Seenotkreuzer, erlangt die Werft eine gesteigerte internationale Reputation und darüber hinaus von jetzt an – beginnend mit der HERMANN MARWEDE – eine im bisherigen 21. Jahrhundert beispiellose und begründete Monopolstellung für den Bau von DGzRS-Seenotkreuzern (Stand: 2024).

Hinsichtlich der Formgebung wird bei diesem Seenotkreuzer-Unikat die bereits bei den Vorgängern erprobte Delta-Form des Rumpfes mit der breitesten Stelle am Heck beibehalten.

Baujahr 2003 Fr. Fassmer Werft, Berne Bau-Nr. 00/1/1910
Länge: 46,00 m Breite: 10,66 m Tiefgang: 2,80 m Verdrängung: 404 t
Mot.: 1 x MTU 16V 4000 M90 / 2 x MTU 12V 4000 M90 Lg.: 1 x 3700 PS / 2 x 2775 PS = 9250 PS
Geschwindigkeit: 25 kn Rumpfmaterial: Aluminium Rufzeichen: DBAR

Name: Hermann Marwede (1878–1959), Kaufmann und Brauereidirektor in Bremen
Taufe: 27. Juni 2003 in Berne Taufpatin: Vera Kaiser

Stationierung:
9. September 2003 – Deutsche Bucht / Helgoland

Im Rahmen der zweimonatigen Erprobung auf Nord- und Ostsee wird der Schiffsneubau nach seiner Taufe auf einer Kennenlern-Tour einem interessierten Publikum vorgestellt, so unter anderem in Wilhelmshaven, bei einer Jubiläumsveranstaltung für das historische Ruderrettungsboot FÜRST BISMARCK auf Norderney, der Travemünder Woche und der Hanse Sail Rostock. Repräsentative Aufgaben übernimmt die HERMANN MARWEDE außerdem mehrmals beim Hamburger Hafengeburtstag, bei einer Fahrt nach London zur Sitzung des Maritime Safety Committee im Mai 2005 sowie bei Teilnahmen am World Maritime Rescue Congress – in Göteborg im Juni 2007 und in Rotterdam im Juni 2023.

TB 32 **VERENA**

Tochter- und Seenotrettungsboot, Ausbildungsfahrzeug und zeitweise Springer für die Stationsvertretung: In keiner anderen Einheit sind mehr unterschiedliche Nutzungsarten vereint.

Baujahr 2003	Lürssen Bardenfleth		Bau-Nr. 6514
Länge: 9,41 m	Breite: 3,61 m	Tiefgang: 0,96 m	Verdrängung: 7 t
Motorisierung: Cummins 6BTA 5.9 M			Leistung: 320 PS
Geschwindigkeit: 18 kn	Rumpfmaterial: Aluminium		Rufzeichen: DJ5387

Name 1: Verena Grobien, Tochter von Hermann Marwede
Name 2: Walter Rose, Gründer der 2001 in Hagen errichteten Walter und Ilse Rose Stiftung
Taufe: 27. Juni 2003 in Berne — Taufpatin: Charlotte-Sophie Grobien

Stationierung und Namensänderung:

9. Sept. 2003 – 4. Sept. 2012	siehe SK HERMANN MARWEDE (Nachf.: TB VERENA)
Dezember 2012	Umbenennung in WALTER ROSE
16. Dez. 2012 – 3. März 2019	Schilksee (Nachfolge: SRB GERHARD ELSNER)
3. März 2019 – 25. Januar 2024	Trainingsflotte Neustadt

Unterscheidungsmerkmal gegenüber allen anderen Booten dieser Bauweise ist der weiter achtern positionierte Mast. Am 28. Januar 2024 gelangt das Boot zur DGzRS-Zentrale, am 4. Mai 2024 übernimmt es der DLRG Bezirk Altona in Hamburg, dort am 1. Juni 2024 Indienststellung unter dem Namen GREIF 1 (Rufzeichen: DG8936, MMSI: 211397800).

TB 36 **VERENA**

Den Namen VERENA trägt das Tochterboot – Aluminium-Rumpfschale und Kunststoff-Aufbauten – seit der Inbetriebnahme, die nachträgliche Taufe ist lediglich ein symbolischer Akt.

Baujahr 2012	Marine Specialised Technology, Liverpool		Bau-Nr. 2012–150
Länge: 8,90 m	Breite: 3,60 m	Tiefgang: 0,65 m	Verdrängung: 4,5 t
Motorisierung: 2 x Steyr MO 286 / HamiltonJet			Leistung: 2 x 280 PS
Geschwindigkeit: 32 kn	Rumpfmaterial: Aluminium		Rufzeichen: DF4149

Name: Verena Grobien, Tochter von Hermann Marwede
Taufe: 5. August 2013 auf Helgoland — Taufpatin: Barbara Grobien

Stationierung:

Dezember 2012 –	siehe SK HERMANN MARWEDE

Während der von Juni 2010 bis Dezember 2011 durchgeführten Praxistests mit dem zuerst fertiggestellten Modell TB 35 – darunter eine auf Helgoland stattfindende Probephase – fällt die Entscheidung, das erste Tochterboot der HERMANN MARWEDE durch dieses leichtere, schnellere MST-Fabrikat vom Typ SAR-890A zu ersetzen. Vor der Auslieferung wird TB 36 im Juni 2012 beim Maritime Rescue Institute in Stonehaven / Schottland erprobt. Unterdessen wird das bisher an Bord des Seenotkreuzers mitgeführte, ebenfalls aus Großbritannien gelieferte, 4,70 Meter lange, bis zu 35 Knoten schnelle Festrumpfschlauchboot, Typ Avon-Searider SR 4.7 M mit 60-PS-Mercury-Außenborder, entbehrlich.

Wie zuvor auf Helgoland wird für die inzwischen nach Sassnitz verlegte WILHELM KAISEN im Hinblick auf deren bevorstehende Außerdienststellung angemessener Ersatz benötigt.

Während der Entwicklungsphase dieses Neubauprojekts werden Propulsions- und Seegangsversuche bei der Schiffbau-Versuchsanstalt Potsdam durchgeführt, wobei für die Simulation extremer Seegangsbedingungen ein Modell im Maßstab 1:22 eingesetzt wird. Schleppversuche zeigen, dass der erste Entwurf zu viel Antriebsleistung benötigt und der zweite sich nicht eintrimmen lässt – erst das dritte Modell bringt zufriedenstellende Ergebnisse hervor. Nach mehr als einjähriger Planungsphase wird der Auftrag für den Seenotkreuzer im Sommer 2009 an die Fr. Fassmer Werft vergeben. Die Konstruktion wird vom Germanischen Lloyd nach dem höchstmöglichen Standard für „Rescue Vessel" geprüft. Ebenso wie die HERMANN MARWEDE verfügt dieser Seenotkreuzer über einen Hauptfahrstand und auf demselben Deck über zwei Nocken als offene, seitliche Manövrierfahrstände. Beim Tochterboot TB 35 entscheidet sich die DGzRS nach Praxistests mit einem ähnlichen Fahrzeug des niederländischen Seenotrettungsdienstes für ein in Zusammenarbeit mit MST in England entwickeltes Festrumpfschlauchboot mit Jet-Antrieb und geschlossenem Decksaufbau, das die Anforderungen hinsichtlich Geschwindigkeit, Manövrierfähigkeit und Sicherheit im Vergleich zu konventionellen Tochterbooten umfassend erfüllt. Nach einem ersten Kenterversuch mit TB 35 ist aufgrund nachträglicher technischer Umbauten ein zweiter notwendig, beide verlaufen erfolgreich. In Kombination entstehen somit der mit einer Verdrängung von 236 Tonnen größte Seenotkreuzer und das mit 500 PS leistungsstärkste Tochterboot im Bereich der deutschen Ostseeküste.[37]

Im Unterschied zu den Vorgänger-Klassen ist der auf dem Peildeck montierte und über eine Funkfernbedienung von der Brücke aus steuerbare Feuerlöschmonitor nach voraus gerichtet.

Baujahr 2012	Fr. Fassmer Werft, Berne		Bau-Nr. 4080
Länge: 36,45 m	Breite: 8,20 m	Tiefgang: 2,70 m	Verdrängung: 236 t
Mot.: 1 x MTU 16V 4000 M71 / 2 x MTU 8V 4000 M70		Lg.: 1 x 3352 PS / 2 x 1578 PS = 6508 PS	
Geschwindigkeit: 25 kn	Rumpfmaterial: Aluminium		Rufzeichen: DBAK

Name: Harro Koebke (1927 [?] – 2003), Unternehmer und DGzRS-Förderer aus Überlingen
Taufe: 26. Mai 2012 in Sassnitz Taufpatin: Britta Sellering

Stationierung:
30. April 2012 – Sassnitz

Zum Ende der Erprobung wird SK 32 am 27. April 2012 in Bremerhaven erstmals Medienvertretern vorgestellt. Bei der Schiffstaufe sind mit der WILHELM KAISEN, VORMANN JANTZEN, EUGEN und HARRO KOEBKE vier Seenotkreuzer-Typen, die 34 Jahre Schiffbaugeschichte repräsentieren, mit ihren jeweiligen Tochterbooten in Sassnitz anwesend. Weil bei der Werft Restarbeiten zu erledigen sind, kehrt die HARRO KOEBKE bereits am 15. Juni 2012 für einen Open-Ship-Termin nach Bremerhaven zurück. Weitere Aufenthalte an der Nordsee folgen bei längeren Stationsvertretungen auf Helgoland sowie wiederum in Bremerhaven aus Anlass des 150-jährigen DGzRS-Jubiläums im Jahr 2015.

Die Kostenersparnis gegenüber vollständig aus Aluminium gebauten Tochterbooten fördert die Entscheidung, für die HERMANN MARWEDE ein zweites Exemplar dieses Typs zu erwerben.

Baujahr 2010 | Marine Specialised Technology, Liverpool | Bau-Nr. 2010–145
Länge: 8,90 m | Breite: 3,60 m | Tiefgang: 0,65 m | Verdrängung: 4,5 t
Motorisierung: 2 x Steyr MO 256H45 / HamiltonJet HJ274 [38] | Leistung: 2 x 256 PS
Geschwindigkeit: 32 kn | Rumpfmaterial: Aluminium | Rufzeichen: DB4460

Name: Notarius Publicus, Titel eines Präsidiumsmitglieds der Bremer Eiswette
Taufe: 26. Mai 2012 in Sassnitz | Taufpatin: Anne Mühlwald

Stationierung:
30. April 2012 – | siehe SK HARRO KOEBKE

Um ausreichend Zeit zum Testen und zur Eingewöhnung einplanen zu können, werden die Entwicklung und der Bau des Tochterbootes dem Seenotkreuzer vorangestellt: Schon im Juni 2010 machen sich die zukünftigen Besatzungen im Rahmen eines Lehrgangs am Maritime Rescue Institute in Stonehaven / Schottland bei Fahr- und Schleppmanövern mit dem Boot vertraut. Noch bevor TB 35 seinen Namen mit inhaltlichem Bezug zur Bremer Eiswette erhält, nimmt das Boot am 6. Januar 2012 an der Traditionsveranstaltung teil. Beim 183. Stiftungsfest der Eiswette am 21. Januar 2012 werden mehr als 400.000 Euro gesammelt, um die Finanzierung des Tochterbootes nachträglich abzusichern.

Als Praxisbeweis der selbstaufrichtenden Eigenschaften wird mit dieser Schiffsklasse am 27. Juni 2008 erstmals ein DGzRS-Seenotkreuzer – SK 30 – einem Kentertest unterzogen.

Im Jahr 2005 plant eine Arbeitsgruppe die Rahmendaten für die Nachfolge-Generation der Anfang der 1980er-Jahre in Dienst gestellten 23,3-Meter-Seenotkreuzer. Weil die Fahrzeuge mit der Zeit immer leistungsfähiger, größer und schwerer geworden sind, steht seit der Ausmusterung der 18,9-Meter-Klasse für einige Einsatzgebiete kein Seenotkreuzer mit geringem Tiefgang mehr zur Verfügung, so die Ausgangsüberlegung. Deshalb entsteht auf Basis der als seetüchtig bewährten Rumpfform der OTTO SCHÜLKE-Klasse ein Einschraubenschiff mit Proportionen, die nach den gegenwärtigen Standards eine Nutzung als Wohnschiff ausschließen. Nach der Ausschreibung an vier Werften erhält Fr. Fassmer 2006 den Zuschlag für den Bau der ersten beiden Seenotkreuzer. Erstmals wird ein im Ausland gefertigtes – aufgrund limitierter Einsatzmöglichkeiten nicht als Tochter-, sondern als Arbeitsboot definiertes – Festrumpfschlauchboot mitgeführt. Gemessen daran, was die DGzRS auf dem Gebiet derartiger Spezialschiffe zu konzipieren imstande ist, gelingt ihr mit dieser Konstruktion kein guter Wurf: Unzufriedenheit bereitet den Mannschaften die Unterbringung in Gebäuden an Land sowie die Reduzierung der Besatzungsstärke von vier auf drei Personen mit der daraus resultierenden Solo-Bemannung des Arbeitsbootes – zeitweilig wird sogar über dessen Entfernung zugunsten einer Arbeitsplattform diskutiert. Nur unzureichend zuverlässig arbeitet das Datenbussystem und auch nach Beseitigung ihrer Kinderkrankheiten bleiben die Schiffe reparaturanfällig und verursachen überdurchschnittlich häufige oder langandauernde Werftzeiten.

Originalzustand im Januar 2009 – erst bei einem vom 4. Dezember 2019 bis 27. Februar 2020 dauernden Werftaufenthalt wird der Decksaufbau großflächiger leuchtrot foliert.

Baujahr 2008 Fr. Fassmer Werft, Berne Bau-Nr. 06/1/2090
Länge: 19,90 m Breite: 5,05 m Tiefgang: 1,30 m Verdrängung: 39,3 t
Motorisierung: Caterpillar C32 V12 [39] Leistung: 1675 PS
Geschwindigkeit: 22 kn Rumpfmaterial: Aluminium Rufzeichen: DBAB

Name: Bremer Eiswette, jährliche Traditionsveranstaltung mit DGzRS-Spendensammlung
Taufe: 6. Januar 2009 in Bremen Taufpatin: Britta Braun

Stationierung:
22. November 2008 – Nordstrand

Getauft wird die EISWETTE während der gleichnamigen Veranstaltung, und zwar in Fahrt mitten auf der Weser. Am 11. Januar 2009 kehrt das nun nicht mehr namenlose Schiff nach Nordstrand zurück, im dortigen Revier führt alsbald der Kontakt mit dem Wattboden zur Zerstörung des ursprünglich montierten Kohlefaserpropellers. Eine an der Achterkante des Decksaufbaus angebrachte Plakette mit der Gravur „Tamsen Maritim | Refit SK EISWETTE | 2023“ weist – mit dieser Datumsangabe ein wenig unvollständig – auf eine vom 30. November 2022 bis 5. April 2024 dauernde Stationsabwesenheit hin: 493 Tage Werftaufenthalt stellen den bislang unangefochtenen, flotteninternen Reparatur-Rekord dar.

Im Rahmen der umfangreichen Refit-Maßnahme der EISWETTE wird 2023 der bisherige Jet-Antrieb des Arbeitsbootes durch einen 115 PS leistenden Yamaha Außenbordmotor ersetzt.

Baujahr 2010 Marine Specialised Technology, Liverpool Bau-Nr. 2007–040
Länge: 4,80 m Breite: 2,00 m Tiefgang: 0,40 m Verdrängung: 1,2 t
Motorisierung: Steyr MO 164 / Almarin Jet 150 Leistung: 164 PS [40]
Geschwindigkeit: 30 kn [41] Rumpfmaterial: Aluminium Rufzeichen: DA6853

Name: Novize (deutsch: Neuling), hier: neues Mitglied der Bremer Eiswett-Gesellschaft
Taufe: 6. Januar 2009 in Bremen Taufpatin: Dr. Julie Smidt

Stationierung:
22. November 2008 – siehe SK EISWETTE

Im DGzRS-Sprachgebrauch erhält das Fahrzeug während der 2007/2008 auf mehreren Stationen durchgeführten Erprobung die Bezeichnung RESCUE 2, freilich ohne dass dieser Name jemals am Boot sichtbar ist. Erst nachträglich wird zur Vereinheitlichung der bestehenden Systematik die Kennung TB 34 vereinbart.[42] Nach der zur Bootstaufe durchgeführten Ehrenrunde auf der Weser gelingt das Aufholmanöver über das Klappheck des Seenotkreuzers nur mit Improvisation, als Ursache hierfür wird die Kälteempfindlichkeit der Mechanik angenommen. Dementsprechend nimmt die Besatzung auf Nordstrand das Arbeitsboot in den Monaten November bis März in der Regel vollständig aus dem Betrieb.

SK 31
EUGEN

Schiffe dieses Typs verdrängen im Vergleich mit den 23,1-Meter-Seenotkreuzern gerade die Hälfte – bei einem Unterschied von 25 Zentimetern Tiefgang und 3,20 Metern in der Länge.

Baujahr 2008	Fr. Fassmer Werft, Berne		Bau-Nr. 2091
Länge: 19,90 m	Breite: 5,05 m	Tiefgang: 1,30 m	Verdrängung: 39,3 t
Motorisierung: Caterpillar C32 V12			Leistung: 1675 PS
Geschwindigkeit: 22 kn	Rumpfmaterial: Aluminium		Rufzeichen: DBAV

Name: Vorname des Großvaters von Hubertus Altgelt, DGzRS-Förderer aus Rottach-Egern
Taufe: 25. April 2009 in Freest   Taufpatin: Antonia Helms

Stationierung:
6. Februar 2009 – 29. Nov. 2017 Greifswalder Oie (Nachfolge: SK BERTHOLD BEITZ)
9. Januar 2018 – Norderney

Ursprünglich ist vorgesehen, nicht SK 31, sondern SK 30 im Oktober 2008 auf der Greifswalder Oie zu stationieren, doch zu erledigende Restarbeiten erfordern einen Tausch im Stationierungskonzept. Eis im Ostseerevier zerstört im Winter 2010 den Kohlefaserpropeller, im selben Jahr muss der Caterpillar aufgrund eines Hohlraums im Motorblock komplett ersetzt werden. Im Zuge einer 381 Tage währenden Werftzeit erhält EUGEN den zuvor auf der THEODOR STORM genutzten Motor, auf diesen im Oktober 2023 beendeten Werftaufenthalt folgen ab November 2023 innerhalb von zwölf Monaten sechs weitere.

TB 33
HUBERTUS

Den Namen HUBERTUS erhält das Boot zu Lebzeiten des Spenders – ein sehr selten praktizierter Akt – und in der Werftzeit 2023 einen in hellerem Grau gestalteten Schlauchkörper.

Baujahr 2005	Marine Specialised Technology, Liverpool		Bau-Nr. 2005–019
Länge: 4,80 m	Breite: 2,00 m	Tiefgang: 0,40 m	Verdrängung: 1,2 t
Motorisierung: Steyr MO 164 / Almarin Jet 150			Leistung: 164 PS
Geschwindigkeit: 30 kn	Rumpfmaterial: Aluminium		Rufzeichen: DG3893

Name: Hubertus Altgelt († 2011), DGzRS-Förderer aus Rottach-Egern
Taufe: 25. April 2009 in Freest   Taufpatin: Madeleine Helms

Stationierung:
6. Februar 2009 – siehe SK EUGEN

Mit diesem anfangs als Arbeitstochterboot und bis zur Taufe intern als RESCUE 1 bezeichneten Fahrzeug erprobt die DGzRS ab Anfang 2006 erstmals ein für den Einsatz auf einem Seenotkreuzer bestimmtes Festrumpfschlauchboot mit Jet-Antrieb.[42] Für das von MST produzierte Modell vom Typ 480A-SR wird auf dem Seenotkreuzer VORMANN JANTZEN ein selbstgefertigter Prototyp des Kupplungsmechanismus der Aufholanlage installiert und bei Anfahrversuchen an die geöffnete Heckklappe des fahrenden Schiffs getestet. Beim Werftintervall 2022/2023 erhält das Boot einen 115 PS Yamaha Außenbordmotor anstatt des Jets und eine neue, kompakte Steuereinheit anstelle der breiteren Konsole.

SK 33
THEODOR STORM

Aus einem von Februar bis April 2019 dauernden Werftaufenthalt kehrt der Seenotkreuzer mit leuchtroter Folierung am Aufbau und gänzlich deaktiviertem Außenfahrstand zurück.

Baujahr 2010	Fr. Fassmer Werft, Berne		Bau-Nr. 4090
Länge: 19,90 m	Breite: 5,05 m	Tiefgang: 1,30 m	Verdrängung: 39,3 t
Motorisierung: Caterpillar C32 V12			Leistung: 1675 PS
Geschwindigkeit: 22 kn	Rumpfmaterial: Aluminium		Rufzeichen: DBAI

Name: Hans Theodor Woldsen Storm (1817–1888), aus Husum stammender Schriftsteller
Taufe: 13. August 2011 in Büsum　　Taufpatin: Sandra Carstensen

Stationierung:
15. Januar 2011 – 　　Büsum

Im Dezember 2009 nutzt die DGzRS die vertraglich mit der Werft festgelegte Option für den Bau eines dritten Seenotkreuzers der 19,9-Meter-Klasse. Als Verbesserung gegenüber den ersten beiden Exemplaren der Serie werden die Aufholanlage für das Arbeitsboot modifiziert und ein kleinerer, leiser arbeitender Hilfsmotor eingebaut. Anfängliche Probleme mit der Selbststeueranlage können durch einen Austausch der Kompassanlage rechtzeitig vor der Indienststellung behoben werden, Störungen in der Elektronik und in der Antriebsanlage werden ebenfalls beseitigt. Bei der Taufe der THEODOR STORM ist das 66 Jahre ältere Museums-Motorrettungsboot RICKMER BOCK kurzzeitig anwesend.

TB 37
NIS PUK

Im Volksmärchen gilt der Nis Puk als hilfreicher Hausgeist – diese Rolle übernimmt gewissermaßen das gleichnamige Arbeitsboot als Assistenz für den Seenotkreuzer.

Baujahr 2010	Marine Specialised Technology, Liverpool		Bau-Nr. 2010–147
Länge: 4,80 m	Breite: 2,00 m	Tiefgang: 0,40 m	Verdrängung: 1,2 t
Motorisierung: Steyr MO 164 / Almarin Jet 150			Leistung: 164 PS
Geschwindigkeit: 30 kn	Rumpfmaterial: Aluminium		Rufzeichen: DH6700

Name: Nis Puk, im deutsch-dänischen Grenzland bekannte Sagengestalt
Taufe: 13. August 2011 in Büsum　　Taufpatin: Vanessa Burrmann

Stationierung:
15. Januar 2011 – 　　siehe SK THEODOR STORM

Im Oktober 2010 wird TB 37 in England fertiggestellt, dort getestet, durch die DGzRS-Inspektion abgenommen und zeitgerecht zur Anpassung an die Aufholanlage des Mutterschiffs nach Deutschland geliefert. Als 2018 der Büsumer Hafen wegen einer Grundüberholung des Sperrwerks geschlossen ist und die THEODOR STORM vorübergehend einen von Land aus unzugänglichen Behelfs-Liegeplatz im Vorhafen belegt, dient NIS PUK als Transportmittel zwischen Stationsgebäude und Seenotkreuzer. Aufgrund umfangreicher Reparaturen ist das Arbeitsboot mitunter monatelang nicht einsatzklar, 2017 und 2020 etwa fehlt es zeitweise als Einsatzmittel an Bord und im Stationsbetrieb.

SK 34
PIDDER LÜNG

Seit der im Juli 2018 beendeten Werftzeit sind die leuchtroten Deckshaus-Flächen – im üblichen Farbschema der Flotte – erstmals in seewasser- und UV-beständiger Folie ausgeführt.

Baujahr 2013 Fr. Fassmer Werft, Berne Bau-Nr. 11/1/5555
Länge: 19,90 m Breite: 5,05 m Tiefgang: 1,30 m Verdrängung: 39,3 t
Motorisierung: Caterpillar C32 V12 Leistung: 1675 PS
Geschwindigkeit: 22 kn Rumpfmaterial: Aluminium Rufzeichen: DBAP [43]

Name: Pidder Lüng, Sagengestalt, Seeräuberhauptmann und Fischer aus Hörnum / Sylt
Taufe: 14. Dezember 2013 in List Taufpatin: Fernanda de Sousa Dibaba

Stationierung:
31. Oktober 2013 – List

Nach DGzRS-Angaben belaufen sich die Baukosten für SK 34 auf rund 5 Millionen Euro und der Dieselverbrauch bei Einsatzfahrt auf 320 Liter pro Stunde. Am 16. September 2013 wird der Neubau erstmals zu Wasser gelassen und am 28. Oktober 2013 findet bei der DGzRS-Zentrale die Werftabnahme mit Flaggenwechsel statt. An beiden Seiten der Heckklappe werden an der Unterkante des Heckspiegels nachträglich zwei sogenannte Interzeptoren montiert – diese eher unauffälligen Elemente leiten die Wasserströmung am Schiffskörper um, daraus wiederum resultieren eine verbesserte Lage des Hecks, günstigere Fahreigenschaften und eine geringfügige Steigerung der Geschwindigkeit.

TB 38
MICHEL

Bei MST gehört das Arbeitsboot später unter der modifizierten Typbezeichnung SAR-480A weiterhin zum Produktportfolio und stellt somit keine Spezialanfertigung für die DGzRS dar.

Baujahr 2012 Marine Specialised Technology, Liverpool Bau-Nr. 2012–167
Länge: 4,80 m Breite: 2,00 m Tiefgang: 0,40 m Verdrängung: 1,2 t
Motorisierung: Steyr MO 164 / Almarin Jet 150 Leistung: 164 PS
Geschwindigkeit: 30 kn Rumpfmaterial: Aluminium Rufzeichen: DC2899

Name: Hauptkirche St. Michaelis, volkstümlich Michel, bekanntester Kirchenbau Hamburgs
Taufe: 14. Dezember 2013 in List Taufpatin: Bärbel Dethlefs

Stationierung:
31. Oktober 2013 – siehe SK PIDDER LÜNG

Nach einem Werftaufenthalt bei der DGzRS-Zentrale wird die vorübergehend auf einem Trailer gelagerte MICHEL, deren Anschaffungskosten mit 140.000 Euro angegeben sind, über die Straße nach Cuxhaven transportiert, dort am 26. Februar 2019 mit dem Bordkran des Seenotkreuzers HERMANN MARWEDE von der Pier durch die Luft ins Wasser befördert und über die geöffnete Heckklappe der längsseits liegenden PIDDER LÜNG aufgeholt. Dazu wäre anzumerken, dass diese kurzzeitige „Luftakrobatik“ nicht als Gegenbeweis zu dem auf Seite 9 angeführten Zitat über die Anforderungen der DGzRS an ihre Fahrzeuge – „Nur fliegen wollen die mit dem Ding noch nicht …“ – zu verstehen ist.

Auf dem Peenestrom im August 2023, im Hintergrund das Kraftwerk Peenemünde – Freest ist der Versorgungshafen für den auf der Greifswalder Oie stationierten Seenotkreuzer.

Baujahr 2017	Fr. Fassmer Werft, Berne		Bau-Nr. 16/1/7020
Länge: 19,90 m	Breite: 5,05 m	Tiefgang: 1,30 m	Verdrängung: 39,3 t
Motorisierung: Caterpillar C32 V12			Leistung: 1675 PS
Geschwindigkeit: 22 kn	Rumpfmaterial: Aluminium		Rufzeichen: DBAE [44]

Name: Berthold Beitz (1913–2013), Kuratoriums-Vorsitzender der Alfried Krupp Stiftung
Taufe: 15. Dezember 2017 in Greifswald Taufpatin: Bettina Poullain

Stationierung:
12. Dezember 2017 – Greifswalder Oie

Vom 9. November bis 7. Dezember 2017 durchläuft SK 38 seine Erprobung, woran sich die am 10. Dezember 2017 beginnende Überführung zur Station anschließt. Nach der 1985 in Wilhelmshaven vollzogenen Ablösung der EISWETTE durch die MINDEN wird zum zweiten Mal – erstmals auf einer Ostseestation – ein Seenotkreuzer durch einen nahezu identischen Neubau derselben Klasse ersetzt. Die Wahl des Stationierungsortes ist durch einen Wunsch der an der Finanzierung beteiligten Alfried Krupp von Bohlen und Halbach-Stiftung beeinflusst: Berthold Beitz war in Zemmin nahe Greifswald geboren worden und die von ihm geleitete Stiftung hatte 2000 das Alfried Krupp Wissenschaftskolleg Greifswald gegründet.

Namensgeberin Else Beitz hatte 10.776 Tage vor der Bootstaufe ihrerseits die ALFRIED KRUPP getauft – erstmals wird jetzt eine Rettungseinheit nach einer früheren Taufpatin benannt.

Baujahr 2017	Arctic Airboats, Parainen		
Länge: 4,85 m [45]	Breite: 2,04 m	Tiefgang: 0,40 m	Verdrängung: 0,7 t
Motorisierung: Yamaha F70 AET Außenbordmotor			Leistung: 70 PS
Geschwindigkeit: 28 kn	Rumpfmaterial: HMWPE [46]		Rufzeichen: DG8359

Name: Else Beitz (1920–2014), Erziehungswissenschaftlerin, Ehefrau von Berthold Beitz
Taufe: 15. Dezember 2017 in Greifswald Taufpatin: Kyra Mantey

Stationierung:
12. Dezember 2017 – siehe SK BERTHOLD BEITZ

Im Unterschied zu den ersten vier Arbeitsbooten dieser Klasse wird TB 42 nicht aus England, sondern als serienmäßig hergestelltes Modell mit der Bezeichnung P17 (später: Arctic 17 SAR) von dem finnischen Bootsbaubetrieb Arctic Airboats geliefert.[47] Anstelle des bisher verbauten Jet-Antriebs ist dieses Exemplar mit einem Außenbordmotor ausgestattet, dessen Propeller mit einem eigens entwickelten Motorlift auf Kielniveau angehoben werden kann, und der Bootsrumpf besteht – anders als bei den aus seewasserbeständigem Aluminium gefertigten Vorgängern – vollständig aus hochmolekularem Polyethylen, einem chemisch beständigen und widerstandsfähigen Polymer.

SK 39
FRITZ KNACK

SK 39 absolviert am 26. September 2018 und am 2. Oktober 2018 seine Erprobungstörns auf Weser und Nordsee, währenddessen besetzt NIS RANDERS die neue Station Olpenitz.

Baujahr 2018	Fr. Fassmer Werft, Berne		Bau-Nr. 16/1/7021
Länge: 19,90 m	Breite: 5,05 m	Tiefgang: 1,30 m	Verdrängung: 39,3 t
Motorisierung: Caterpillar C32 V12			Leistung: 1618 PS
Geschwindigkeit: 22 kn	Rumpfmaterial: Aluminium		Rufzeichen: DBAO [48]

Name: Fritz Knack († 1996), Feinkosthändler und DGzRS-Förderer
Taufe: 17. November 2017 in Maasholm Taufpatin: Simona Wicher

Stationierung:
31. Oktober 2018 – 2025 Olpenitz [49]

Im Oktober 2017 werden in den Schweißnähten der nahezu fertiggestellten Rumpfschale des Neubaus Lufteinschlüsse festgestellt – man vermutet, dass bei den Schweißarbeiten ein falsches Gasgemisch verwendet worden war. Daraufhin wird der in unzureichender Qualität gefertigte Rumpf vernichtet und muss neu gebaut werden, die für Mai 2018 angekündigte Schiffstaufe wird verschoben. Im Zuge der Indienststellung dieses Schiffs soll in Olpenitz ein neuer Seenotretter-Stützpunkt errichtet werden, nachdem die DGzRS-Stationskarte 20 Jahre lang unverändert geblieben war.[49] Aufgrund einer Rückrufaktion des Herstellers muss im Oktober 2019 der Motor der FRITZ KNACK ausgetauscht werden.

TB 43
INGEBORG

Namensgeberin Ingeborg hatte mit ihrem Ehemann die Fritz Knack Feinkost GmbH in Hagenburg am Steinhuder Meer betrieben und mit 75 Jahren die DGzRS als Alleinerbin bestimmt.

Baujahr 2018	Arctic Airboats, Parainen		
Länge: 4,85 m [45]	Breite: 2,04 m	Tiefgang: 0,40 m	Verdrängung: 0,7 t
Motorisierung: Yamaha F70 AET Außenbordmotor			Leistung: 70 PS
Geschwindigkeit: 28 kn	Rumpfmaterial: HMWPE [46]		Rufzeichen: DH3581

Name: Ingeborg Knack (1930–2015), Ehefrau von Fritz Knack und DGzRS-Förderin
Taufe: 17. November 2017 in Maasholm Taufpatin: Alina Brammer

Stationierung:
31. Oktober 2018 – siehe SK FRITZ KNACK

Über Ingeborg Knack ist bekannt, dass sie aus Cuxhaven stammt, über das nach ihr benannte Arbeitsboot ist indessen wenig Wissenswertes zu berichten: Im Juni 2018 wird es zur DGzRS-Zentrale geliefert und nach der Inbetriebnahme erfährt es bei der Besatzung eine vergleichsweise geringe Akzeptanz, denn im Unterschied zu dem zuvor in Olpenitz verwendeten Aluminium-Tochterboot ONKEL WILLI funktioniert hier der Aufholmechanismus nicht automatisch über einen Schlitten, sondern per Winde, wobei das Seilende von einem in die Heckwanne hinabsteigenden Besatzungsmitglied am Bootskörper einzuhaken ist – ein technischer Rückschritt gegenüber der bisher angewendeten Methode.

2015 – 2021
27,9-METER-SEENOTKREUZER MIT TOCHTERBOOT

Seenotkreuzer in Formation vor dem North Sea Terminal Bremerhaven: Mit der größten Flottenschau in der DGzRS-Geschichte endet am 3. Juni 2015 die Jubiläumsveranstaltung.

Mit einer vom 29. Mai bis zum 4. Juni 2015 stattfindenden „Woche der Seenotretter" erinnert die DGzRS an ihre Gründung vor 150 Jahren. Bestandteile des Jubiläumsprogramms sind ein Festakt im Bremer Rathaus in Anwesenheit des Bundespräsidenten und DGzRS-Schirmherrn Joachim Gauck, die Taufen des Seenotrettungsbootes HENRICH WUPPESAHL und des Seenotkreuzers ERNST MEIER-HEDDE, ein Festkonzert der Deutschen Kammerphilharmonie Bremen und eine auf der Weser verlaufende Flottenparade historischer und moderner Rettungseinheiten aus Deutschland und dem europäischen Ausland. Im Bereich des Neuen Hafens in Bremerhaven präsentiert sich eine Ansammlung von DGzRS-Fahrzeugen aus Stationsorten von A wie Amrum bis Z wie Zinnowitz, die vom 70 Jahre alten Motorrettungsboot RICKMER BOCK bis zum Seenotkreuzer-Neubau und vom 4,8-Meter-Arbeitsboot mit Jet-Antrieb bis zum dreimotorigen 46,0-Meter-Seenotkreuzer HERMANN MARWEDE insgesamt – Tochterboote eingerechnet – 23 Einheiten umfasst. Darüber hinaus ist die DGzRS Gastgeberin des zeitgleich am selben Ort stattfindenden XXII. World Maritime Rescue Congress, einer internationalen Tagung der Seenotrettungsdienste. Eines der zentralen Themen ist die Flüchtlingsbewegung über das Mittelmeer, die bald darauf die DGzRS erreicht: Unter wachsendem politischen und gesellschaftlichen Druck beteiligt sie sich ab Ende 2015 personell und materiell an der durch die International Maritime Rescue Federation (IMRF) koordinierte Aktion „Members Assisting Members" / „Retter helfen Rettern" zur Unterstützung griechischer Rettungskräfte im Ägäischen Meer.

Nachteil beim Längsseitsgehen: Die einem horizontal gespiegelten Y ähnliche Mastform der 27,5-Meter-Klasse wird hier durch eine Struktur mit geringerem seitlichen Spielraum ersetzt.

Im Jubiläumsjahr 2015 erreichen die ersten 27,5-Meter-Seenotkreuzer ein Dienstalter von 30 Jahren. Als Ersatz für diese an einigen strategisch bedeutsamen Stationen wie Borkum, Cuxhaven oder Laboe eingesetzte Schiffsklasse entwickelt die DGzRS einen leistungsfähigen Nachfolgetyp mit vergleichbaren Dimensionen. In der ersten Januarwoche 2013 finden bei der Hamburgischen Schiffbau-Versuchsanstalt Schleppversuche statt, bei denen unterschiedliche Geschwindigkeiten und Wellenhöhen jetzt auch mit schräg- und querlaufendem Seegang simuliert werden können. Nahezu unverändert wird der so getestete Rumpfentwurf in die Konstruktion übernommen, im September 2013 vergibt die DGzRS den Auftrag für die ersten drei Einheiten an die Fr. Fassmer Werft. Aufgrund der rundum mit Fenstern versehenen Brücke, in Kombination mit einem – wenn auch in der Praxis sehr selten genutzten – Heckfahrstand für Achterausfahrt und Manövriervorgänge, sind diese Seenotkreuzer die ersten ohne einen offenen Fahrstand. Bei extremem Wetter und starker Krängung des Seenotkreuzers bleibt dessen Antrieb funktionsfähig, denn die zwei 16-Zylinder-Motoren der MTU-Baureihe 2000 sind mit dem Blue Vision New Generation Automationssystem ausgestattet: Ein Sensor erkennt starke Krängungswinkel, woraufhin die Motordrehzahl automatisch reduziert wird, ohne dass niedriger Schmieröldruck einen Motorstopp verursachen könnte. Seine Praxistauglichkeit stellt das System unter Beweis, als einer der Seenotkreuzer auf der Nordsee in eine Schräglage von mehr als 70 Grad gerät und innerhalb von 6 Sekunden wieder eine aufrechte Position erreicht.

SK 35
ERNST MEIER-HEDDE

Als symbolischen Hinweis auf das Gründungsjahr der Gesellschaft erhält das bei der Feier zum 150-jährigen DGzRS-Bestehen getaufte Typschiff dieser Klasse die Neubaunummer 1865.

Baujahr 2015	Fr. Fassmer Werft, Berne		Bau-Nr. 13/1/1865
Länge: 27,90 m	Breite: 6,20 m	Tiefgang: 1,95 m	Verdrängung: 120 t
Motorisierung: 2 x MTU 16V 2000 M72		Leistung: 2 x 1958 PS = 3916 PS	
Geschwindigkeit: 24 kn	Rumpfmaterial: Aluminium		Rufzeichen: DBAQ [50]

Name: Ernst Meier-Hedde (1913–1994), Reeder, DGzRS-Vorsitzer von 1980 bis 1990
Taufe: 30. Mai 2015 in Bremerhaven Taufpatin: Karin Fahrenschon

Stationierung:
20. Juni 2015 – Amrum

Am 14. April 2015 wird der Seenotkreuzer bei der Fr. Fassmer Werft zu Wasser gelassen, nach der Endausrüstung findet am 7. Mai 2015 die erste Erprobungsfahrt und am 25. Juni 2015 die offizielle Indienststellung statt. Im Revier rund um Amrum und Föhr führen die Seenotretter überdurchschnittlich viele Transporte von Kranken und Verletzten durch – für diese regionale Besonderheit im Einsatzspektrum erweist sich der in dieser Schiffsklasse vorhandene Mehrzweckraum mit Bordhospital hinsichtlich der Erstversorgung, Arbeitsabläufe und Hygiene als vorteilhaft gegenüber älteren Seenotkreuzer-Modellen, bei denen im Bedarfsfall die Messe zum Behandlungsraum umfunktioniert wird.

TB 39
LOTTE

Ein besonderes Merkmal ist der großflächige Fender am Bug, mit dem das Tochterboot dem Seenotkreuzer etwa beim Einschleppen und Manövrieren von Havaristen assistieren kann.

Baujahr 2015	Fr. Fassmer Werft, Berne		Bau-Nr. 13/1/1866
Länge: 8,20 m	Breite: 2,90 m	Tiefgang: 0,80 m	Verdrängung: 4,3 t
Motorisierung: Steyr SE236E40			Leistung: 231 PS
Geschwindigkeit: 19 kn	Rumpfmaterial: Aluminium		Rufzeichen: DG8548

Name: Vorname der Ehefrau von Ernst Meier-Hedde
Taufe: 30. Mai 2015 in Bremerhaven Taufpatin: Nicole Keller

Stationierung:
20. Juni 2015 – siehe SK ERNST MEIER-HEDDE

Mit TB 39 endet eine Indienststellungs-Serie von Tochter- und Arbeitsbooten mit Jet-Antrieb, denn erstmals seit TB 32, Baujahr 2003, wird nun wieder ein vollständig aus Aluminium gebautes, solides Tochterboot – kein Festrumpfschlauchboot – in Betrieb genommen. Es ist eine Weiterentwicklung der 8,2-Meter-Modelle von 1992. Neben dem vollständig geschlossenen, inneren Steuerstand verfügt dieser neuere Typ über einen halb geschlossenen Außenfahrstand. Dessen Dach ist hydraulisch – bei der Vorgänger-Generation per Hand – nach achtern klappbar, um die darauf montierten Antennen beim Schleppeinsatz des Seenotkreuzers vor Beschädigungen durch die Schlepptrosse zu bewahren.

SK 36
BERLIN

Bei der Indienststellung der BERLIN auf der Station Laboe ist das gleichnamige, zuvor ausgemusterte Vorgängerschiff anwesend, von dem der Neubau das Rufzeichen übernimmt.

Baujahr 2016	Fr. Fassmer Werft, Berne		Bau-Nr. 13/1/1875
Länge: 27,90 m	Breite: 6,20 m	Tiefgang: 1,95 m	Verdrängung: 120 t
Motorisierung: 2 x MTU 16V 2000 M72		Leistung: 2 x 1958 PS = 3916 PS	
Geschwindigkeit: 24 kn	Rumpfmaterial: Aluminium		Rufzeichen: DBAH

Name: Berlin, zum Zeitpunkt der Schiffstaufe Hauptstadt der Bundesrepublik Deutschland
Taufe: 17. Dezember 2016 in Bremen   Taufpatin: Meret Becker

Stationierung:
15. Januar 2017 –   Laboe

Als SK 36 am 24. Oktober 2016 zu Wasser gelassen und auf die Endausrüstung vorbereitet wird, sind zum gleichen Zeitpunkt bei der Fr. Fassmer Werft zwei neue Seenotkreuzer mit Tochterbooten auf Kiel gelegt respektive in der Bauphase sowie drei Seenotrettungsboote im Bau. Am 22. November 2016 absolviert SK 36 mit TB 40 die erste Testfahrt im Bereich der Außenweser, weitere See-Erprobungen folgen am 29. und 30. November. Bisher ist Laboe die Station mit der höchsten Anzahl an motorisierten Rettungsbooten, die im Laufe ihrer Dienstzeit nie verlegt worden sind: KRC 305 / HEINRICH WIESE, Seenotrettungsboote SWANTJE und BOTTSAND sowie Seenotkreuzer BERLIN, Baujahr 1985.

TB 40
STEPPKE

Mit ihrer gleichnamigen Vorgängerin hat STEPPKE das Rufzeichen gemeinsam – hinsichtlich Länge, Leistung und Verdrängung unterscheiden sich beide Tochterboote voneinander.

Baujahr 2016	Fr. Fassmer Werft, Berne		Bau-Nr. 13/1/1876
Länge: 8,20 m	Breite: 2,90 m	Tiefgang: 0,80 m	Verdrängung: 4,3 t
Motorisierung: Steyr SE236E40			Leistung: 231 PS
Geschwindigkeit: 19 kn	Rumpfmaterial: Aluminium		Rufzeichen: DD9678

Name: Steppke, berlinerische / umgangssprachliche Form von Knirps, kleiner Junge
Taufe: 17. Dezember 2016 in Bremen   Taufpatin: Tessa Mielitz

Stationierung:
15. Januar 2017 –   siehe SK BERLIN

Mit einer Informations- und Spendenkampagne unter dem Titel „Meine BERLIN" dokumentiert die DGzRS den Baufortschritt des neuen Seenotkreuzers und des Tochterbootes sowie den parallel dazu verlaufenden Abschied der 1985 in Dienst gestellten Vorgänger-Einheiten. Obwohl der Name des Tochterbootes mit dem seines Vorgängers identisch ist, bleibt er – im Unterschied zur BERLIN – bis zum Zeitpunkt der Taufe unveröffentlicht. Während die erste STEPPKE – passend zur Wortbedeutung – von einem 11-jährigen Jungen aus einem Berliner Waisenhaus getauft worden war, vollzieht nun eine 8-Jährige aus dem Raum Hamburg als Taufpatin die 2017er-Neuauflage der Namensgebung.

SK 37
ANNELIESE KRAMER

Während der Erprobung von SK 37 befindet sich das Typschiff der 27,9-Meter-Klasse bereits zur üblicherweise nach zwei Jahren durchgeführten Garantie-Abnahme bei der Bauwerft.

Baujahr 2017	Fr. Fassmer Werft, Berne		Bau-Nr. 13/1/1885
Länge: 27,90 m	Breite: 6,20 m	Tiefgang: 1,95 m	Verdrängung: 120 t
Motorisierung: 2 x MTU 16V 2000 M72		Leistung: 2 x 1958 PS = 3916 PS	
Geschwindigkeit: 24 kn	Rumpfmaterial: Aluminium		Rufzeichen: DBAM

Name: Anneliese Kramer, DGzRS-Förderin
Taufe: 10. Juni 2017 in Cuxhaven — Taufpatin: Birge Schade

Stationierung:
9. Juni 2017 – Cuxhaven

Am 18. und 23. Mai 2017 unternimmt SK 37 erste Testfahrten auf der Nordsee, bei der zweiten Erprobung kommt es erstmals zur Begegnung mit der bisher in Cuxhaven stationierten HERMANN HELMS. Cuxhaven ist die am häufigsten mit werftneuen motorisierten Fahrzeugen bestückte Station: die nachträglich mit einem Benzinmotor ausgestattete CARL LAEISZ, die Motorrettungsboote FERDINAND LAEISZ, RICHD. C. KROGMANN, HINDENBURG / KRB 201 und HINDENBURG / KRA 101 sowie die Seenotkreuzer RUHR-STAHL, ARWED EMMINGHAUS, HERMANN HELMS und ANNELIESE KRAMER mit ihren jeweiligen Tochterbooten summieren sich zu insgesamt 13 hier erststationierten Rettungseinheiten.

TB 41
MATHIAS

Bei Einsätzen für Wassersportler operieren die Tochterboote weitgehend eigenständig, wie hier nach einer Sicherungsfahrt für eine mit einem Containerschiff kollidierte Segelyacht.

Baujahr 2017	Fr. Fassmer Werft, Berne		Bau-Nr. 13/1/1886
Länge: 8,20 m	Breite: 2,90 m	Tiefgang: 0,80 m	Verdrängung: 4,3 t
Motorisierung: Steyr SE236E40			Leistung: 231 PS
Geschwindigkeit: 19 kn	Rumpfmaterial: Aluminium		Rufzeichen: DD9679

Name: Vorname des Vaters von Anneliese Kramer
Taufe: 10. Juni 2017 in Cuxhaven — Taufpatin: Amelie Schleevoigt

Stationierung:
9. Juni 2017 – siehe SK ANNELIESE KRAMER

Im März 2017 wird TB 41 erstmals zu Wasser gelassen und anschließend zur Anpassung in die Heckwanne des Seenotkreuzers wieder in die Werfthalle zurück befördert, SK 37 hat am 21. April 2017 erstmals Kontakt mit dem Wasser der Weser. Erwähnenswert zum Tochterboot ist dessen Taufpatin, die Tochter eines freiwilligen Besatzungsmitglieds der Station Cuxhaven, später Grömitz: Die zum Zeitpunkt der Bootstaufe 12-Jährige wird später selbst Seenotretterin. Nach seemännischen Praxiserfahrungen auf einem Segelschulschiff schließt sie sich als Freiwillige der Station Grömitz an und absolviert dort einen Teil ihrer Ausbildung auf dem baugleichen Schwesterboot der von ihr getauften MATHIAS.

SK 40
HAMBURG

Die Hansa-Redaktion vergibt an die HAMBURG die Auszeichnung als „Schiff des Jahres 2020", Vorjahres-Gewinner ist das ebenfalls bei Fassmer gebaute deutsche Forschungsschiff ATAIR.

Baujahr 2020 Fr. Fassmer Werft, Berne Bau-Nr. 18/1/7080
Länge: 27,90 m Breite: 6,20 m Tiefgang: 1,95 m Verdrängung: 120 t
Motorisierung: 2 x MTU 16V 2000 M72 Leistung: 2 x 1958 PS = 3916 PS
Geschwindigkeit: 24 kn Rumpfmaterial: Aluminium Rufzeichen: DBAU

Name: Hansestadt und Sitz des 1861 gegr. Hamburger Vereins zur Rettung Schiffbrüchiger
Taufe: 28. Juli 2020 in Bremen Taufpatin: Anke Harnack

Stationierung:
22. April 2020 – Borkum

Am 19. Februar 2020 wird SK 40 zu Wasser gelassen und im Anschluss an die Endausrüstung findet am 18. März 2020 die erste See-Erprobung im Bereich der Außenweser statt. Ursprünglich soll die Schiffstaufe am 19. April 2020 in Hamburg stattfinden, doch die aufgrund der Coronavirus-Pandemie geltenden Beschränkungen erfordern eine nichtöffentliche Veranstaltung, die unangekündigt und 100 Tage nach dem geplanten Tauftermin auf dem Gelände der DGzRS-Zentrale stattfindet. Erstmals mit dem Namen HAMBURG erreicht der Seenotkreuzer am 31. Juli 2020 die Station Borkum. Vom 24. April bis zum 3. Juni 2022 erste längere Werftzeit mit Garantie-Aufhebung bei Fr. Fassmer.

TB 44
ST. PAULI

Im Gedenken an den auf St. Pauli aufgewachsenen Schauspieler und DGzRS-Botschafter Jan Fedder (1955–2019) wird dessen Porträtfoto im Fahrstand des Tochterbootes montiert.

Baujahr 2020 Fr. Fassmer Werft, Berne Bau-Nr. 18/1/7081
Länge: 8,20 m Breite: 2,90 m Tiefgang: 0,80 m Verdrängung: 4,3 t
Motorisierung: Steyr SE236E40 Leistung: 231 PS
Geschwindigkeit: 19 kn Rumpfmaterial: Aluminium Rufzeichen: DBAN

Name: St. Pauli, Stadtteil im Bezirk Hamburg-Mitte der Freien und Hansestadt Hamburg
Taufe: 28. Juli 2020 in Bremen Taufpatin: Charlotte Haack

Stationierung:
22. April 2020 – siehe SK HAMBURG

Am 14. Dezember 2019 erhält TB 44 seinen Motor, am 11. März 2020 erfolgt gleich nach dem Zuwasserlassen die erste Probefahrt und zwei Tage später fährt das Tochterboot erstmals in die Heckwanne des Seenotkreuzers ein. Über einen Online-Wettbewerb soll der Bootsname ermittelt werden: Alle 104 amtlichen Hamburger Stadtteile stehen zur Wahl, in der Endauswertung liegt St. Pauli vorn. Aus Anlass des vom 16. bis 18. September 2022 stattfindenden 833. Hafengeburtstags besucht die HAMBURG erstmals die gleichnamige Hansestadt, dabei ist auch die ST. PAULI vor den Landungsbrücken des namensgebenden Stadtteils unterwegs und demonstriert auf der Elbe ihre Fahreigenschaften.

SK 41
FELIX SAND

Zusammen mit der HERMANN MARWEDE repräsentiert die FELIX SAND die DGzRS vom 18. bis 20. Juni 2023 beim World Maritime Rescue Congress (WMRC) in Rotterdam / Niederlande.

Baujahr 2020 Fr. Fassmer Werft, Berne Bau-Nr. 18/1/7090
Länge: 27,90 m Breite: 6,20 m Tiefgang: 1,95 m Verdrängung: 120 t
Motorisierung: 2 x MTU 16V 2000 M72 Leistung: 2 x 1958 PS = 3916 PS
Geschwindigkeit: 24 kn Rumpfmaterial: Aluminium Rufzeichen: DBAA2

Name: Dr. Felix Sand (1937–2018), Diplom-Kaufmann und DGzRS-Förderer
Taufe: 28. August 2021 in Grömitz Taufpatin: Andrea Vogt

Stationierung:
31. Januar 2021 – Grömitz

Nach den ersten Probefahrten am 1. und 8. Dezember 2020 ist der Beginn der Überführung nach Grömitz für den 19. Dezember 2020 avisiert, doch Metallspäne im Antrieb durchkreuzen diesen Zeitplan, woraufhin die Überfahrt erst am 29. Januar 2021 beginnt. Ungetauft vertritt SK 41 in den Monaten März bis Mai 2021 die baugleiche BERLIN in Laboe. 209 Tage – Seenotkreuzer-Rekord: 210 bei THEODOR STORM – vergehen von der Indienststellung bis zur Taufe, die als einzige in dieser Schiffsklasse nicht zwischen Bremen und Cuxhaven, sondern an der Ostseeküste stattfindet. Vom 20. April bis zum 5. Juni 2022 übernimmt FELIX SAND auf Borkum eine Vertretung für das Schwesterschiff HAMBURG.

TB 45
SAPHIR

Wie schon bei den vier vorhergehenden Taufen in dieser Schiffsklasse findet keine Ehrenfahrt mit dem Tochterboot statt – dies geschieht erst mit der letzten in Dienst zu stellenden Einheit.

Baujahr 2020 Fr. Fassmer Werft, Berne Bau-Nr. 18/1/7091
Länge: 8,20 m Breite: 2,90 m Tiefgang: 0,80 m Verdrängung: 4,3 t
Motorisierung: Steyr SE236E40 Leistung: 231 PS
Geschwindigkeit: 19 kn Rumpfmaterial: Aluminium Rufzeichen: DBAB2

Name: Saphir (Mineral), hier: Name der Segelyacht von Dr. Felix Sand
Taufe: 28. August 2021 in Grömitz Taufpatin: Nele Erdmann

Stationierung:
31. Januar 2021 – siehe SK FELIX SAND

Während SK 41 sich noch in der Endausrüstung bei der Werft befindet, fährt TB 45 am 19. November 2020 erstmals in dessen Heckwanne ein. Hohe Aufmerksamkeit durch das anwesende Fachpublikum erhalten derartige Tochterbootmanöver bei der Teilnahme der FELIX SAND mit SAPHIR am World Maritime Rescue Congress 2023 in Rotterdam: Unter den beteiligten Spezialfahrzeugen aus fünf europäischen Ländern führen nur die beiden deutschen Seenotkreuzer diese besonderen Beiboote mit dem geringen Tiefgang mit – 70 Jahre nach der Einführung des Tochterbootes geht von dieser Art, ein Rettungsmittel zu Wasser zu bringen, nach wie vor eine Faszination aus.

SK 42
NIS RANDERS

Wie 1990 beim namensgleichen Seenotkreuzer ist die Ehefrau eines Bundespräsidenten als Taufpatin vorgesehen, jedoch kurzfristig verhindert – eine Ersatzperson wird ausgelost.

Baujahr 2021	Fr. Fassmer Werft, Berne		Bau-Nr. 19/1/7100
Länge: 27,90 m	Breite: 6,20 m	Tiefgang: 1,95 m	Verdrängung: 120 t
Motorisierung: 2 x MTU 16V 2000 M72		Leistung: 2 x 1958 PS = 3916 PS	
Geschwindigkeit: 24 kn	Rumpfmaterial: Aluminium		Rufzeichen: DBAE2

Name: Titel einer Ballade von Otto Ernst (1862–1926) über eine Rettung aus Seenot
Taufe: 11. September 2021 in Berne Taufpatin: Ute Wienand

Stationierung:

24. August 2021 – 21. Sept. 2023	Darßer Ort (keine Nachfolge, Station aufgelöst)
21. Sept. 2023 – 16. Okt. 2024	Barhöft
16. Oktober 2024 –	Prerow [51]

SK 42 wird am 30. Juni 2021 erstmals ins Wasser abgesenkt, nach der Endausrüstung finden im Zeitraum vom 5. bis 12. August 2021 drei Erprobungsfahrten statt. 14 Tage nach der Erstankunft am Darßer Ort verlässt der Seenotkreuzer die Station und kehrt aus Anlass der Schiffstaufe zur Werft zurück. Im Mai 2024 reist er nach Poole / England und Amsterdam / Niederlande und nimmt dort an Feierlichkeiten zum 200-jährigen Bestehen der britisch-irischen respektive niederländischen Seenotrettungsorganisationen teil.

TB 46
UWE

„Sagt Mutter, 's ist Uwe!" – mit dieser Zeile endet die Ballade von Nis Randers, der mit seinen Gefährten im Rettungsboot hinaus rudert und wohlbehalten an Land zurückkehrt.

Baujahr 2021	Fr. Fassmer Werft, Berne		Bau-Nr. 19/1/7101
Länge: 8,20 m	Breite: 2,90 m	Tiefgang: 0,80 m	Verdrängung: 4,3 t
Motorisierung: Steyr SE236E40			Leistung: 231 PS
Geschwindigkeit: 19 kn	Rumpfmaterial: Aluminium		Rufzeichen: DBAD2

Name: Uwe, Name des Geretteten in der Ballade „Nis Randers" von Otto Ernst
Taufe: 11. September 2021 in Berne Taufpatin: Rosa Käb

Stationierung:
24. August 2021 – siehe SK NIS RANDERS

Auf der Weser unternimmt TB 46 am 22. Juli 2021 die erste kurze Fahrt zum SK 42. Später erweitert sich der Aktionsradius des Tochterbootes erheblich: Als einzige in Mecklenburg-Vorpommern stationierte Einheit dieser Klasse und bedingt durch die Teilnahme am RNLI Lifeboat Festival 2024 in der englischen Küstenstadt Poole ist UWE im Sektor zwischen 013 Grad östlicher Länge im Revier der Westrügener Bodden und 002 Grad westlicher Länge am Ärmelkanal zu orten. Der kürzeste Tochterboot-Name in der bisherigen DGzRS-Geschichte geht auf eine Figur in dem um 1901 veröffentlichten, zwölfstrophigen Gedicht „Nis Randers" zurück: Der Titelheld rettet seinen seit drei Jahren verschollenen Bruder Uwe.

WEGPUNKT
75 JAHRE NACH DEM VERSUCHSKREUZER

Seewasserbeständiges Leichtmetall wird in der nächsten Seenotkreuzer-Generation weiterhin als Baumaterial verwendet – aus diesem Profil entsteht ein Segment einer Wallschiene.

Bei aller jahrzehntelanger Erfahrung: Der Bau von Spezialschiffen für die Suche und Rettung bleibt anspruchsvoll und herausfordernd. Nach mehrjähriger Praxisanwendung der 27,9-Meter-Klasse entwickelt die DGzRS Neubauten zur Ablösung der mehr als 30 Jahre alten 28,2-Meter- sowie der unwesentlich jüngeren 23,1-Meter-Einheiten. Als geeignetes Nachfolgeprojekt wird zunächst eine modifizierte 28-Meter-Klasse erwogen, eine Liste mit Änderungsvorschlägen enthält unter anderem größere Ruderblätter, ein zweites Bugstrahlruder, eine Schleppwinde anstatt des bisher gebräuchlichen Schlepphakens, eine horizontal klappbare Reling im Winschbereich des Helikopters sowie den Verzicht auf den Feuerlöschmonitor. Hinsichtlich einer Optimierung des Tochterbootes diskutiert man über ein Bugstrahlruder, die Verlängerung des Steuerstanddachs nach achtern und einen Sitz für das zweite Besatzungsmitglied nahe beim Fahrstand. Als Vorstufe zur möglichen Serienfertigung soll 2025 – etwa zeitgleich mit der Fertigstellung dieses Buches – der Auftrag für zwei 24,6 Meter lange, nicht als Wohnschiff konzipierte Seenotkreuzer vergeben werden. Für den Erkenntnisgewinn in der Praxis soll jeweils ein Exemplar an der Nord- und Ostsee stationiert werden. Beim Bau eines Seenotkreuzers gilt es gewissermaßen, die schiffbauliche Quadratur des Kreises herzustellen, denn er soll leicht und selbst bei hohem Seegang schnell, andererseits robust und trotz seines geringen Konstruktionstiefgangs mit viel Spezialequipment ausgestattet sein. Oder mit den Worten eines DGzRS-Inspektors: „Wir versuchen einen Traktor mit Formel-1-Geschwindigkeit hinzubekommen."

WEGPUNKT
RETTUNGSBOOTE FÜR GRIECHENLAND

Freiwillige des Hellenic Rescue Team bilden die aus drei bis vier Personen bestehenden Besatzungen der anfangs unter DGzRS-Flagge fahrenden Boote CHIARA (links) und ZETA.

Migrationsrouten von Afrika über das Mittelmeer in die Europäische Union beschäftigen 2015 in verstärktem Maß die deutsche Außen- und Innenpolitik. In jenem Jahr erreichen insbesondere im Ägäischen Meer die Bewegungen von Flüchtlingsbooten mit mehr als 853.000 Menschen einen Höchstwert. Mitglieder der in diesem Revier tätigen Seenotrettungsorganisation Hellenic Rescue Team (HRT) führen in den Jahren 2014 und 2015 vor den griechischen Inseln Lesbos, Samos und Kos mehr als 1100 Rettungsaktionen für Flüchtlinge durch, retten dabei 2500 Personen und helfen mehr als 7000 weiteren, sicher an Land zu gelangen. Zur Unterstützung sind zuerst norwegische und schwedische Seenotretter mit Ausrüstung und Personal im östlichen Mittelmeer präsent. Als materielle Hilfeleistung für HRT gibt die DGzRS zum Jahreswechsel 2015/2016 zwei als Rigid Buoyant Boat (RBB, Vollkunststoffboot) konstruierte, 8,90 Meter lange Rettungsboote vom Typ Arctic P-28 SAR Twin Outboard bei der finnischen Werft Arctic Airboats in Auftrag. Als erste Einheit wird die CHIARA (Rufzeichen: DB2288, MMSI: 211726790) auf dem Landweg per Tieflader nach Griechenland transportiert, am 29. Juni 2016 trifft sie auf der Dodekanes-Insel Kos ein. Dort übernimmt HRT im November 2016 die ZETA (Rufzeichen: DF9228, MMSI: 211742980) als zweites Einsatzboot. In Anwesenheit beider DGzRS-Geschäftsführer stellt die HRT-Mannschaft auf Kos beide Rettungsboote am 12. November 2017 offiziell in Dienst. Auf Beschluss der HRT-Zentralverwaltung wird die CHIARA im März 2019 auf die Kykladen-Insel Paros verlegt, ihr Basishafen ist fortan Naoussa.

SRB 76
HELLMUT MANTHEY

Sowohl der – atypisch schwarz gefärbte – Rumpf selbst als auch die starren Bootskörper erzeugen Auftrieb. Seenotrettungsboot HELENE mit Taufschmuck, daneben JÜRGEN HORST.

Im Herbst 2021 wird der dunkelrote, wenig lichtbeständige D-Fender gegen ein oranges Modell getauscht, 2022 die hier noch signalrote Fläche auf dem Cockpitdach leuchtrot foliert.

In Kooperation mit der finnischen Bootswerft Arctic Airboats entwickelt die DGzRS ein schnelles Rigid Buoyant Boat (RBB) mit der Typbezeichnung Arctic 28CAB, dessen Aussehen und Eigenschaften in nahezu gleichzeitiger Entstehungsgeschichte mit den 2017 und 2018 in Dienst gestellten Arbeitsbooten ELSE und INGEBORG einzuordnen sind. Im vorteilhaften Unterschied zum Rigid-Hulled Inflatable Boat (RHIB, Festrumpfschlauchboot) wird das RBB nicht aus flexiblen, durch Luftdruck von innen in Form gehaltenen, sondern aus steiferen, gegen mechanische Beschädigung widerstandsfähigeren Materialien hergestellt. Ein D-förmig konstruierter Querschnitt des seitlich und vorn umlaufenden Schwimmkörpers – mit dem Bauch des D nach außen zeigend – führt zusätzlich zu mehr Bodenfläche im Inneren des Bootes. Im Fall einer Kenterung gewährleistet ein selbstauslösender CO_2-Airbag auf dem Geräteträger am Heck die selbstaufrichtenden Eigenschaften des Fahrzeugs, das allerdings den Praxiserfahrungen zufolge selbst durch Hart-Ruderlegen bei Maximalgeschwindigkeit nicht umzuschlagen droht. Verglichen mit dem konventionellen, aus Aluminium gefertigten Seenotrettungsboot ist das Vollkunststoffboot deutlich schneller, bei annähernd gleicher prognostizierter Langlebigkeit kostengünstiger in der Anschaffung und Wartung sowie bequemer über die Straße zu transportieren. Nach dem Unikat RESCUE UECKER / DORA von 2003 lässt die DGzRS nun erstmals eigenständig operierende und mit Außenbordmotoren angetriebene Seenotrettungsboote in Serie fertigen, die ausnahmslos an der Ostseeküste erststationiert werden.

Baujahr 2017 Arctic Airboats, Parainen
Länge: 8,90 m Breite: 3,10 m Tiefgang: 0,88 m Verdrängung: 3,2 t
Mot.: Yamaha FL200G / F200G Außenbordmotoren Leistung: 2 x 200 PS = 400 PS
Geschwindigkeit: 38 kn Rumpfmaterial: HMWPE [46] Rufzeichen: DK3849

Name: Hellmut Manthey († 1979), Unternehmer in Berlin und DGzRS-Förderer
Taufe: 8. Juli 2018 in Maasholm Taufpatin: Lea Führing

Stationierung:
19. März 2018 – Maasholm

Anders als die in Griechenland eingesetzte, mit zwei Suzuki Viertakt-Außenbordmotoren und einer Leistung von 2 x 175 PS ausgestattete ZETA erhält SRB 76 zwei jeweils 200 PS leistende Yamaha-Fabrikate, davon einer mit linksrotierender Schraube – erkennbar an der Typbezeichnung FL (F = Fourstroke / Viertaktmotor, L = Left-hand rotation / Linksrotation, G = Baureihe). Am 15. Dezember 2017 findet beim Anleger der finnischen Lillmälö Werft ein erfolgreicher Kentertest mit dem Neubau statt, die erste Probefahrt folgt am 1. Februar 2018, die weitere Erprobung und Endausrüstung werden bei der DGzRS-Zentrale in Bremen vom 8. Februar bis 9. März 2018 durchgeführt.

SRB 79
MANFRED HESSDÖRFER

Zwei Tage nach ihrer Taufe steht die MANFRED HESSDÖRFER bei der Marina Wiek wieder an Land: planmäßige Inspektion beider Motoren nach den ersten 20 Betriebsstunden.

Baujahr 2019 Arctic Airboats, Parainen
Länge: 8,90 m Breite: 3,10 m Tiefgang: 0,88 m Verdrängung: 3,2 t
Mot.: Yamaha FL200G / F200G Außenbordmotoren Leistung: 2 x 200 PS = 400 PS
Geschwindigkeit: 38 kn Rumpfmaterial: HMWPE [46] Rufzeichen: DBBL

Name: Manfred Hessdörfer (1943–2018), DGzRS-Förderer aus Nürnberg / Fürth
Taufe: 8. September 2019 in Breege Taufpatin: Silvia Reinhold

Stationierung:
28. August 2019 – Breege

Wenige Tage nach der Praxiserprobung in Finnland erreicht das Boot die DGzRS-Zentrale, erhält dort ab dem 1. Juli 2019 die Endausrüstung und unternimmt am 23. und 26. August 2019 Testfahrten auf der Weser. Per Straßentransport gelangt es am 28. August 2019 zur Marina Wiek auf Rügen, wird dort per Kran ins Wasser abgesenkt und macht am gleichen Tag erstmals am Liegeplatz in Breege fest. 22 Jahre nach ihrer Gründung erhält die Station am Großen Jasmunder Bodden erstmals einen Neubau, die drei zuvor hier eingesetzten Seenotrettungsboote waren mit einem Durchschnittsalter von 20 Jahren dorthin verlegt und mit einem Altersmittelwert von 28 Jahren ebendort außer Dienst gestellt worden.

SRB 81
EVA AHRENS-THIES

Das Rumpfmaterial verspricht längere Wartungsintervalle und geringere Reparaturkosten – Arctic Airboats wirbt in dieser Hinsicht mit dem Argument „unzerstörbar, aber recycelbar".

Baujahr 2020 Arctic Airboats, Parainen
Länge: 8,90 m Breite: 3,10 m Tiefgang: 0,88 m Verdrängung: 3,2 t
Mot.: Yamaha FL200G / F200G Außenbordmotoren Leistung: 2 x 200 PS = 400 PS
Geschwindigkeit: 38 kn Rumpfmaterial: HMWPE [46] Rufzeichen: DBAL

Name: Eva Ahrens-Thies (†), Juristin, Richterin und DGzRS-Förderin
Taufe: 29. August 2020 in Ueckermünde Taufpatin: Eny Dreblow

Stationierung:
5. Juli 2020 – Ueckermünde

Ende Mai 2020 wird SRB 81 in finnischen Gewässern erfolgreich getestet, trifft am 2. Juni 2020 bei der DGzRS-Zentrale ein und erhält eines der in der Flotte am längsten verwendeten Rufzeichen (DBAL: ab 1950 HINDENBURG / KRA 101, 1980 übertragen an EISWETTE / KRS 12). Nach der Endausrüstung folgen am 2. Juli 2020 eine Erprobungsfahrt auf der Weser sowie am 4. und 5. Juli 2020 die Überführung von Bremen nach Ueckermünde mit Zwischenstopp in Schilksee. Die Bootstaufe findet auf den Tag genau zwei Jahre nach dem am gleichen Ort begangenen Diebstahl des Seenotrettungsbootes DORA statt. Ueckermünde ist nach zweijähriger Unterbrechung somit wieder als Doppelstation besetzt.

SRB 82
HERWIL GÖTSCH

Zur rettungsdienstlichen Ausrüstung der Boote gehören Schleifkorb- und Schaufeltrage, Bergenetz und Notfallkoffer, ihre zulässige Aufnahmekapazität liegt bei 15 bis 18 Personen.

Baujahr 2020 Arctic Airboats, Parainen
Länge: 8,90 m Breite: 3,10 m Tiefgang: 0,88 m Verdrängung: 3,2 t
Mot.: Yamaha FL200G / F200G Außenbordmotoren Leistung: 2 x 200 PS = 400 PS
Geschwindigkeit: 38 kn Rumpfmaterial: HMWPE [46] Rufzeichen: DBAC2

Name: Hermann-Wilhelm Götsch (1935–2019), Bauingenieur in Hamburg, DGzRS-Förderer
Taufe: 10. Juli 2021 in Schleswig Taufpatin: Sabine Schult

Stationierung:
28. März 2021 – Schleswig

Bereits im Juli 2020 erhält die Besatzung der Station Schleswig durch ihre von der Nachbarstation Maasholm mit der HELLMUT MANTHEY angereisten Kollegen eine Schulung auf den 8,9-Meter-Bootstyp. Von Finnland aus wird SRB 82 am 26. November 2020 bei der Fr. Fassmer Werft angeliefert, erhält dort die Folierung des Decksaufbaus nach dem typischen DGzRS-Farbschema und ab dem 3. Dezember 2020 die technische Endausrüstung bei der Seenotretter-Zentrale, worauf vom 24. bis 28. März 2021 Erprobungs- und Überführungsfahrt folgen. Zur Erstankunft in Schleswig begleitet das bisher dort stationierte, 28 Jahre alte Seenotrettungsboot WALTER MERZ seinen doppelt so schnellen Nachfolger.

SRB 83
PUG

Von den ersten fünf Einheiten der 8,9-Meter-Klasse sind bis hierhin jeweils zwei am Ostsee-Meeresarm Schlei respektive an Boddengewässern sowie eins am Stettiner Haff stationiert.

Baujahr 2021 Arctic Airboats, Parainen
Länge: 8,90 m Breite: 3,10 m Tiefgang: 0,88 m Verdrängung: 3,2 t
Mot.: Yamaha FL200G / F200G Außenbordmotoren Leistung: 2 x 200 PS = 400 PS
Geschwindigkeit: 38 kn Rumpfmaterial: HMWPE [46] Rufzeichen: DBAF2

Name: Jörn Gerald Pugmeister (1940–2022), Motorsportjournalist und DGzRS-Förderer
Taufe: 2. Oktober 2021 in Bremen Taufpatin: Katharina Pugmeister

Stationierung:
5. Oktober 2021 – Prerow / Wieck

Per Lkw-Transport gelangt SRB 83 am 8. September 2021 zur Fr. Fassmer Werft, wird dort zu Wasser gelassen und am selben Tag weseraufwärts zur DGzRS-Zentrale überführt. Nach der Endausrüstung und Inbetriebnahme verlaufen kurze Erprobungsfahrten am 22. und 23. September 2021 erwartungsgemäß zufriedenstellend. In Anwesenheit des namensgebenden Spenders wird die Bootstaufe vollzogen, 98 Tage danach stirbt Jörn Pugmeister 81-jährig. Am Tag nach der Taufe beginnt in Bremen die Überführung zur Boddenstation Prerow / Wieck. Dort kommt in Ergänzung zum Boot seit Juni 2021 ein allradgetriebener Mercedes-Benz Transporter Vito Mixto als SAR-Fahrzeug zum Einsatz.

SRB 86
JÜRGEN HORST

Mit JÜRGEN HORST ist erstmals ein Exemplar dieser Klasse an einem zur Ostsee hin offenen Küstenbereich stationiert – die Verwendung auf Nordseestationen wird weiterhin abgelehnt.

Baujahr 2023 Arctic Airboats, Parainen
Länge: 8,90 m Breite: 3,10 m Tiefgang: 0,88 m Verdrängung: 3,2 t
Mot.: Yamaha FL200G / F200G Außenbordmotoren Leistung: 2 x 200 PS = 400 PS
Geschwindigkeit: 38 kn Rumpfmaterial: HMWPE [46] Rufzeichen: DBAK2

Name: Vornamen zweier Brüder, DGzRS-Förderer aus Dortmund
Taufe: 6. April 2024 in Laboe Taufpatin: Nicole Wassersleben

Stationierung:
29. September 2023 – Schilksee

SRB 86 wird nach der in Finnland vollzogenen Erprobung und Abnahme am 5. September 2023 bei der DGzRS-Zentrale angeliefert, dort endausgerüstet, am 28. September 2023 nach Helgoland und von dort tags darauf nach Schilksee überführt. Begleitet wird die Erstankunft auf der Kieler Förde durch den Seenotkreuzer BERLIN und das Seenotrettungsboot GERHARD ELSNER. An der Bootstaufe nimmt auch das Schwesterboot aus Schleswig teil. Mit zwölf Rettungseinheiten aus fünf Klassen – darin das vom Seenotkreuzer HERMANN MARWEDE übernommene Festrumpfschlauchboot eingerechnet – ist Schilksee der DGzRS-Standort mit den häufigsten Bootswechseln seit der Stationsgründung.

SRB 88
HELENE

Bei der Taufe in Burgtiefe, einem ehemaligen, bis 1986 betriebenen DGzRS-Stützpunkt, erhält SRB 88 den Namen des ersten Rettungsbootes der 1898 eingerichteten Station Puttgarden.

Baujahr 2023 Arctic Airboats, Parainen
Länge: 8,90 m Breite: 3,10 m Tiefgang: 0,88 m Verdrängung: 3,2 t
Mot.: Yamaha FL200G / F200G Außenbordmotoren Leistung: 2 x 200 PS = 400 PS
Geschwindigkeit: 38 kn Rumpfmaterial: HMWPE [46] Rufzeichen: DBAL2

Name: Helene Döring, aus Breslau stammende Stifterin eines Ruderrettungsbootes [52]
Taufe: 7. April 2024 in Burgtiefe Taufpatin: Susanne Stichler

Stationierung:
8. Februar 2024 – Burgstaaken

Anlieferung bei der DGzRS-Zentrale am 20. Dezember 2023, Wasserkontakt in der Weser am 29. Januar 2024, Aufslippen auf das Betriebsgelände am 7. Februar 2024 und Straßentransport von dort nach Burgstaaken am Folgetag. Zur Bootstaufe versammeln sich drei Arctic Airboats, drei Fassmer- und zwei Lürssen-Bauten sowie je ein Seenotrettungsboot von Schweers und von Tamsen Maritim zu einer außergewöhnlichen Flottenschau. In Kombination mit der an der Promenade aufgestellten, bei der Evers-Werft gebauten EDUARD NEBELTHAU und dem Museums-Seenotkreuzer ARWED EMMINGHAUS am Nordufer des Burger Binnensees entsteht ein Spektrum aus 58 Jahren Schiffbau-Historie.

Neben dem Trainingszentrum in Neustadt und dem Simulatorzentrum für taktische Schulungen ist die Trainingsflotte elementarer Bestandteil der DGzRS-Ausbildungsinstitution.

In ihrer SAR-Schule, Außenstelle Neustadt, nutzt die DGzRS in den Anfangsjahren als Ausbildungsschiffe ein ausgedientes Marinefahrzeug, eine Segelyacht und ab 2000 die aus der Rettungsflotte entnommenen Einheiten EDUARD NEBELTHAU und PAUL DENKER, die wiederum 2005 in dieser Funktion durch SIEGFRIED BOYSEN ersetzt wird. Nachteil dieses Konzepts: Die Lehrgangsteilnehmer erhalten eine Schulung auf bis zu 47 Jahre altem technischem Gerät, das sie auf ihren Stationen nicht verwenden – demzufolge sind ihre Trainingserkenntnisse nur bedingt auf den Seenotretter-Alltag übertragbar. Mit der Umstrukturierung des Ausbildungsbetriebs und der Zusammenführung aller Trainingsmaßnahmen in der ab 2019 so bezeichneten Seenotretter-Akademie erfährt der Lehrgangsbetrieb einen erheblichen Innovationsschub.[53] Teil dieser Institution ist die Trainingsflotte, deren Personal verantwortlich für Fortbildungsfahrten mit den Trainingsfahrzeugen, dezentrales Stationstraining und die SAR-Ersthelferausbildung ist. Eine Stationsbereisung mit Ausbildungsbetrieb ist 2018 mit dem Inselversorgungsschiff TINA geplant, doch infolge der Auflösung des Chartervertrags wird die in Schilksee stationierte WALTER ROSE für die vom 21. April bis zum 26. Juni 2018 dauernde Mission in der Ost- und Nordsee eingesetzt – aus dieser Maßnahme ergibt sich der Bedarf nach einem eigenen Trainingsschiff. Die hier dargestellte Übersicht enthält ausschließlich die als Ausbildungsfahrzeuge in Auftrag gegebenen Einheiten. Änderungen des Nutzungszwecks einzelner Boote vom Rettungs- zum Trainingsfahrzeug sind ihren jeweiligen Datensätzen zu entnehmen.

SRB 72
MERVI

Ab November 2022 ist MERVI mit rot-weiß-schwarzer Lackierung – entsprechend den Farben der DGzRS-Flagge – unterwegs, zuvor war sie im üblichen Farbschema der Flotte gefahren.

Baujahr 2018	Tamsen Maritim, Rostock		Bau-Nr. TM1604
Länge: 10,10 m	Breite: 3,61 m	Tiefgang: 0,96 m	Verdrängung: 8 t
Motorisierung: Cummins 6BTA 5.9 M			Leistung: 380 PS
Geschwindigkeit: 18 kn	Rumpfmaterial: Aluminium		Rufzeichen: DD4371

Name: weiblicher Vorname finnischer Herkunft
Taufe: 27. Oktober 2018 in Neustadt Taufpatin: Mandy Schmidt

Stationierung:
12. Oktober 2018 – Trainingsflotte Neustadt

Im Anschluss an die am 4. und 10. Oktober 2018 durchgeführten Erprobungsfahrten wird SRB 72 von Rostock nach Neustadt überführt. Gegenüber den ansonsten nahezu baugleichen Einheiten der 10,1-Meter-Klasse ist MERVI hinsichtlich einiger Ausstattungsmerkmale modifiziert: Unter Deck befindet sich ein zusätzlicher Arbeitsplatz für Ausbilder, Navigations- und Kommunikationseinrichtungen sind unabhängig von zwei Plätzen aus zu bedienen und ein zweites Radarsystem ermöglicht die gleichzeitige Schulung an zwei Sichtgeräten. Das Mehrgewicht der zusätzlichen Ausrüstungsgegenstände macht sich im Fahrverhalten bemerkbar: MERVI liegt etwas tiefer im Wasser als ihre Schwesterboote.

TS 209
CARLO SCHNEIDER

Der Namensschriftzug ist zunächst schwarz, dann weiß. Das anfangs am Heck mitgeführte Polyethylen-Beiboot, Typ PIONER 13, mitsamt dazugehöriger Halterung wird 2024 entfernt.

Baujahr 2021	Schiffswerft Barthel, Derben / Elbe		Bau-Nr. 209
Länge: 22,20 m	Breite: 6,16 m	Tiefgang: 1,47 m	Verdrängung: 90 t
Motorisierung: 2 x Cummins QSB6.7		Leistung: 2 x 305 PS = 610 PS	
Geschwindigkeit: 11 kn	Rumpfmaterial: Stahl		Rufzeichen: DBAG2

Name: Carl-Erich August Schneider (1924–2017), DGzRS-Förderer aus der Schweiz
Taufe: 16. September 2021 in Neustadt Taufpatin: Barbara Wussow

Stationierung:
4. August 2021 – Trainingsflotte Neustadt

Nach erfolgreichem Abschluss der Erprobungsfahrten wird am 29. Juni 2021 der Flaggenwechsel zwischen der Bauwerft und der DGzRS vollzogen. 414 der darauffolgenden 1100 Tage verbringt das Schiff bei verschiedenen Werften. Zwei 6-Zylinder Reihenmotoren – deren Typenbezeichnung QSB6.7 steht für Quantum System B, Hubraum 6,7 Liter – dienen als Antrieb und zugleich zur an Bord durchgeführten technischen Aus- und Fortbildung, zumal sie annähernd baugleich zu den Motoren einiger Seenotrettungsboote sind. Zur nautischen Ausstattung gehören zwei Traineekonsolen mit Multifunktionsdisplay und ergänzend dazu ein Schulungsraum für die Vermittlung theoretischer Lerninhalte.

TF 2
CHRISTOPH LANGNER

Bei Arctic Airboats entsteht dieses Trainingsboot für die fahrzeugtypische, revierspezifische Schulung mit der 8,9-Meter-Klasse als modifizierte Version mit seitlich offenem Deckshaus.

Baujahr 2022	Arctic Airboats, Parainen		
Länge: 8,90 m	Breite: 3,10 m	Tiefgang: 0,88 m	Verdrängung: 3,2 t
Mot.: Yamaha FL200G / F200G Außenbordmotoren		Leistung: 2 x 200 PS = 400 PS	
Geschwindigkeit: 38 kn	Rumpfmaterial: HMWPE [46]		Rufzeichen: DBAH2

Name: Dr. Christoph Langner (†), DGzRS-Förderer aus Nordrhein-Westfalen
Taufe: 23. September 2022 in Neustadt Taufpatin: auf eigenen Wunsch anonym

Stationierung:
13. August 2022 – Trainingsflotte Neustadt

Am 24. Juni 2022 gelangt das Boot zur DGzRS-Zentrale, von dort am 25. Juli 2022 erste Testfahrt unter der Bezeichnung TF 2. TF als Kürzel für Trainingsfahrzeug wird als interne Klassifizierung erstmals verwendet – eigentümlicherweise beginnt die Zählweise hier mit der Ziffer 2, obgleich kein zuvor gelistetes Fahrzeug mit der Kennung TF 1 existiert. Von Bremen aus wird das Boot am 12. und 13. August 2022 via Rendsburg nach Neustadt überführt. Für die Besatzungen der in den Folgejahren in Dienst zu stellenden Einheiten dieser Klasse findet vorab kein Fahrtraining mit der CHRISTOPH LANGNER statt, vielmehr dient sie bei verschiedenartigen Lehrgängen als regulär genutztes Ausbildungsboot.

SRB 85
KNUT OLAF KOLBE

Mit etwa 1 Million Euro werden die Gesamtkosten für das Gespann aus Traktor, dreiachsigem Trailer – eine Sonderanfertigung – und Seenotrettungsboot angegeben.

Als Nachfolgemodell für die drei noch verbliebenen Einheiten der 1993 in Dienst gestellten 7,4-Meter-Seenotrettungsboote lässt die DGzRS in Finnland einen Bootstyp mit Aluminiumrumpf, Jet-Antrieb und Aufbauten aus glasfaserverstärktem Kunststoff entwickeln. R2 Marine, ein seit 2012 tätiges, in Helsinki ansässiges und auf die Entwicklung maßgeschneiderter Prototypen spezialisiertes Schiffsarchitektur- und Designstudio, fertigt die Zeichnungen an, wobei die präzise vorgegebenen Dimensionen durch die Innenmaße der teilweise historischen Stationsgebäude limitiert sind, in denen die Boote untergebracht werden sollen. Den schiffbaulichen Anteil übernimmt Arctic Airboats in Kooperation mit WD Steelworks aus dem südfinnischen Ort Valko, einem nach ihren Gründern Wille Tornqvist und Daniel Tikander benannten Zulieferer für Metallkonstruktionen in der Maschinen- und Motorenherstellung sowie in der Boots- und Rüstungsindustrie. Im Vergleich zur vorherigen Generation ist das 8,4-Meter-Boot schneller, geräumiger und ergonomischer, so etwa im Bereich des Fahrstandes oder entlang der ausreichend breiten Gangbords. Unverändert bleibt die noch vom DDR-Seenotrettungsdienst übernommene Methode, das Boot über Straße und Strand zu Wasser zu bringen und nach dem Einsatz per Seilwinde auf den Trailer hinaufzuziehen. Für diesen Zweck dient ein John Deere 6R 230 Traktor mit Automatikgetriebe, gefederter Vorderachse und 6,8 Litern Hubraum sowie in seenotretterroter Sonderlackierung als Zugmaschine, gelagert ist das Boot auf einem von der Firma Eggers Fahrzeugbau in Stuhr bei Bremen entwickelten Spezialtrailer.

Auf eine Lackierung des Unterwasserschiffs wird wegen der vergleichsweise kurzen Dauer der Einsätze und der zu erwartenden zahlreichen Anlandungen am Strand verzichtet.

Baujahr 2023	Arctic Airboats, Parainen / WD Steelworks, Valko		
Länge: 8,40 m	Breite: 2,80 m	Tiefgang: 0,60 m	Verdrängung: 4,5 t
Motorisierung: Cummins QSB6.7 / HamiltonJet HJX27			Leistung: 425 PS
Geschwindigkeit: 33 kn	Rumpfmaterial: Aluminium		Rufzeichen: DBAJ2

Name: Knut Olaf Kolbe (†), DGzRS-Förderer
Taufe: 1. Dezember 2023 in Wustrow   Taufpatin: Brigitte Rockahr

Stationierung:
22. November 2023 –   Wustrow

Nach im Juni 2023 absolviertem Kentertest und weiterer Praxiserprobung gelangt SRB 85 im darauffolgenden Monat zur DGzRS-Zentrale und wird ab dem 31. Juli 2023 an den Transportanhänger angepasst. Über Land wird das Gespann im November 2023 zur Vormannstagung nach Damp, zur Werft Tamsen Maritim nach Rostock und weiter zum Bestimmungsort Wustrow transportiert. Kinderkrankheiten in der Elektrik verhindern eine Ehrenfahrt nach der Taufe, so lassen etwa funktionseingeschränkte Scheibenlüfter die Fenster des Fahrstandes bei Kälte beschlagen. Dem ersten Dienstjahr in Wustrow folgt ein mehrmonatiger Aufenthalt in Bremen, um Anpassungen am Trailer vorzunehmen.

SRB 87
KLAUS-GEORG BUTENSCHÖN

Aus dieser Perspektive sind der Wasserstrahlantrieb des propellerlosen Bootes sowie – achtern in der Mitte der Arbeitsplattform – der herausnehmbare Schlepphaken zu erkennen.

Baujahr 2024 [54]	Arctic Airboats, Parainen / WD Steelworks, Valko		
Länge: 8,40 m	Breite: 2,80 m	Tiefgang: 0,60 m	Verdrängung: 4,5 t
Motorisierung: Cummins QSB6.7 / HamiltonJet HJX27			Leistung: 425 PS
Geschwindigkeit: 33 kn	Rumpfmaterial: Aluminium		Rufzeichen: DBAM2

Name: Klaus-Georg Butenschön (1941–2022), DGzRS-Förderer aus Ostercappeln
Taufe: 8. März 2025 in Zinnowitz Taufpatin: Blanca Weihe

Stationierung:
14. November 2024 – Zinnowitz

Mit dem ersten Zuwasserlassen vor dem DGzRS-Betriebsgelände und einer Testfahrt auf der Weser beginnt für SRB 87 am 29. Juli 2024 eine umfangreichere Erprobungsreihe: Vom 10. bis 14. August 2024 dauert eine Übungsmission zwischen Bremen, Norderney und Norddeich, die unter anderem dazu dient, die Norderneyer Besatzung mithilfe des jetgetriebenen Gleiters an die Fahreigenschaften eines möglichen zukünftigen Tochterbootes zu gewöhnen, und bei der die zwei Rettungseinheiten der am weitesten westlich und östlich gelegenen Inseln – Borkum und Usedom – kurzzeitig aufeinandertreffen. In Zinnowitz wird der John Deere Traktor, Baujahr 2009, als Zugfahrzeug beibehalten.

SRB 89
E. RUHFUS

Sicherungsfahrt aus Anlass der Zeesbootregatta im Juni 2025 – vom Stationsgebäude bis zur Einsetzstelle am Zingster Strom sind zunächst vier Kilometer über die Straße zurückzulegen.

Baujahr 2024	Arctic Airboats, Parainen / WD Steelworks, Valko		
Länge: 8,40 m	Breite: 2,80 m	Tiefgang: 0,60 m	Verdrängung: 4,5 t
Motorisierung: Cummins QSB6.7 / HamiltonJet HJX27			Leistung: 425 PS
Geschwindigkeit: 33 kn	Rumpfmaterial: Aluminium		Rufzeichen: DBAN2

Name: Edith Ruhfus (1921–2020) und Ernst Ruhfus (†), DGzRS-Förderer aus Dortmund
Taufe: 29. März 2025 in Zingst Taufpatin: Regina Tornow

Stationierung:
13. Dezember 2024 – Zingst

Ursprünglich ist SRB 87 für Zingst und SRB 89 für Zinnowitz vorgesehen, dann aber wird zuerst die Station auf Usedom mit einem Neubau versorgt. Am 18. Oktober 2024 wird SRB 89 bei der DGzRS-Zentrale in Betrieb genommen, die vorab zu prüfende Bordelektronik umfasst UKW-Seefunk- und SARCOM-Betriebsfunkanlage, Echolot, Tetra-BOS-Sprechfunk, Intercom-Anlage, Echolot, Seekartenplotter und einen elektronischen Kompass. Am 21. Oktober 2024 findet eine Probefahrt auf der Weser statt. Zur Anpassung an den Spezialtrailer wird das Boot am 25. November 2024 von Bremen zum Fachbetrieb Eggers Fahrzeugbau nach Stuhr und von dort über die Straße zum Hafen Barth transportiert.

MRB = Motorrettungsboot/e SK = Seenotkreuzer SRB = Seenotrettungsboot/e

Jb. = Angaben im DGzRS Jahresbericht / im DGzRS Jahrbuch (auch Mehrzahl)
M. a. u. A. = Mitteilungen aus unserer Arbeit (Informationsblatt der DGzRS)
V. d. K. u. a. S. = Von den Küsten und aus See (Organ der DGzRS)

Vorwort — Positionsbestimmung

[01] Unter dem Titel „Die Motorrettungsboote der DGzRS, 1911 - 1945" veröffentlichte Wilhelm Esmann eine zehnteilige Serie in der Fachzeitschrift Schiffahrt international (10/1990 bis 4/1992). Im selben Magazin lief die insgesamt sechsteilige Fortsetzung der Reihe, in fünf Nummern betitelt mit „Die Seenotrettungskreuzer der DGzRS", wobei hier auch die Seenotrettungsboote berücksichtigt sind, sowie eine Ausgabe über „Die Seenotrettungsboote der ex-DDR", an der neben Wilhelm Esmann auch Wolfgang Kramer aus Rostock mitwirkte (4/1993 bis 12/1994). Eine Aktualisierung der Reihe über die Seenotrettungskreuzer veröffentlichte Schiffahrt international in drei Ausgaben (4/2000 bis 10/2000), wobei auch hier unter der unpräzisen Überschrift wiederum mehrheitlich Seenotrettungsboote vorgestellt wurden. In Buchform wurde dieses Datenmaterial erstmals 1996 als 33-seitiger Anhang in „Das Buch der DGzRS ... wir kommen" veröffentlicht.

Werkstatt — Maschine klar. Voll voraus!

[01] Mit besonderem Verweis auf: Sven Claußen: Die Seenotretter - 150 Jahre DGzRS, 2015.

[02] Siehe etwa den Beitrag über die Ausbildungsboote von Sven Claußen in: Oceanum Spezial - Seenotretter 2023.

[03] Wer sich in diesen Aspekt der DGzRS-Typenkunde hineinlesen möchte, findet Wissenswertes in dem 2010 in der Reihe „Rausfahren, wenn andere reinkommen" erschienenen Titel „Deutsche Seenotkreuzer in aller Welt - Lizenzbauten, Seenotrettungsboote, Zollkreuzer und Unikate" sowie in verschiedenen Beiträgen in Fachbüchern oder -zeitschriften.

[04] Ebenso häufig in offiziellen Veröffentlichungen anzutreffen und somit gleichberechtigt zu verwenden ist die Schreibweise mit Leerschritt vor dem Klassifizierungsbuchstaben: KR A, KR B, KR C, KR D. Vereinzelt ist auf Fotos die Schreibweise mit Abkürzungspunkten - K.R.D. - am Bootsrumpf dokumentiert. Im August 1939 erhielten die zu diesem Zeitpunkt existierenden 39 motorisierten Boote - aufsteigend nach Baujahren, allerdings nicht in der exakten Abfolge der jeweiligen Werft-Ablieferungen - die Kennungen KRD 401 bis KRD 439. Die von 1940 bis 1948 fertiggestellten Fahrzeuge erhielten ihre jeweilige Kennung einhergehend mit der Auftragsvergabe bzw. mit ihrer tatsächlichen Indienststellung. Die von Wilhelm Esmann und anderen Autoren verbreitete Anschauung, die Registrierung nach KRA bis KRD sei erst „ab 1942" eingeführt worden, lässt sich anhand des auf Borkum stationierten MRB HINDENBURG leicht widerlegen, das nur von 1937 bis 1940 im Dienst und - somit schon vor 1942, ganz sicher aber nicht erst nach dem Totalverlust - als KRD 432 klassifiziert war. Als 1939 die KRD-Kennung eingeführt wurde, waren zu diesem Zeitpunkt sechs motorisierte Rettungsboote bereits außer Dienst gestellt worden. Um auch diese Einheiten in das Schema der Registrierung einfügen zu können, vergab Wilhelm Esmann hierfür die von ihm willkürlich gewählten Bezeichnungen KR I bis KR VI. Weil eine offizielle Dienstverwendung dieser Fantasie-Kennung jedoch nicht nachweisbar ist, bleiben die betreffenden Boote in der hier vorliegenden Liste ohne jegliche Kennung.

[05] In seiner Rezension zu Wilhelm Esmanns Werk merkt DGzRS-Archivar Dr. Christian Ostersehlte berechtigterweise an: „Bei den Bootsnamen, die mehrfach hintereinander vergeben wurden, sind dahinter römische Ordnungszahlen gesetzt worden. Wegen der besseren Eindeutigkeit werden in der einschlägigen Literatur derartige Nummern in Klammern gesetzt, um zu verdeutlichen, dass sie kein Bestandteil des Schiffsnamens sind."

[06] Im Gegensatz zu dieser Festlegung verlängert beispielsweise Wilhelm Esmann seine Liste der Seenotrettungsboote um die beiden ursprünglich als Tochterboote genutzten und bereits zuvor im Seenotkreuzer-Kapitel vorgestellten Einheiten KRT 12 und KRT 13, wodurch bei oberflächlicher Betrachtungsweise der falsche Eindruck einer zu hohen Anzahl tatsächlich gebauter Seenotrettungsboote entstehen kann.

[07] Einschränkend ist hier anzumerken, dass auch diese Datenblätter einer kritischen Prüfung zu unterziehen sind. So war 2017 vorübergehend ein offizielles Datenblatt zu den Seenotkreuzern der 19,9-Meter-Klasse im Umlauf, das anstelle der korrekten Namensangabe für das Arbeitsboot NIS PUK die fehlerhafte Schreibweise NIES PUCK enthielt. Das von der DGzRS zur Verfügung gestellte Datenblatt zur 23,1-Meter-Klasse nannte für den SK THEO FISCHER die veraltete Stationsangabe Darßer Ort mehr als drei Jahre über den Zeitpunkt hinaus, an dem das Schiff von dort abgezogen und zum Reserve-Seenotkreuzer ohne feste Station umgewidmet worden war, beziehungsweise als am ehemaligen Nothafen Darßer Ort die Renaturierung bereits abgeschlossen war und somit dort keine DGzRS-Station mehr unterhalten wurde.

[08] Dr. Christian Ostersehlte schreibt in der bei [05] genannten Rezension: „Natürlich kann es nur um die wichtigsten Eckpunkte gehen. Seenoteinsätze, so faszinierend und spannend sie auch sind, wären hier fehl am Platz gewesen, weil sie den Rahmen völlig gesprengt hätten oder auch eine Auswahl (nach welchen Kriterien auch immer) schlechterdings nicht möglich war." Diese Ausgrenzung wird aus den angeführten Gründen im vorliegenden Werk beibehalten.

Rohöl statt Ruder Entwicklung und Einsatz der Motorrettungsboote

[01] Die Eigenschaften dieses Bootes sind folgendermaßen spezifiziert: Die Bootshaut besteht aus einer doppelten Beplankung aus Mahagoniholz, und zwar sind die 11 mm starken Innenplanken diagonal und die 13 mm starken Außenplanken in der Längsrichtung des Bootes laufend gebaut. Kiel, Spanten und Längsverbände sind aus Eichenholz, die Schotten des Doppelbodens und Aufbauten aus Teakholz gefertigt. Durch 15 Querschotten ist der Doppelboden in 16 wasserdichte Abteilungen eingeteilt, die durch Mannlöcher zugänglich sind. Bei Beschädigung der Außenhaut soll damit erreicht werden, dass der Wassereintritt sich nur auf den betreffenden Raum beschränkt. Im Deck des Doppelbodens ist eine Selbstentleerungsvorrichtung angebracht, die aus kupfernen Rohren von 12,5 cm Durchmesser besteht. Es befinden sich vier solche Selbstentleerungsrohre an jeder Seite des Bootes. Um ein gutes Arbeiten des Bootes zu erzielen, ist ein Spitzheck gewählt worden. Der Vorwärts- und Rückwärtsgang der Schraube wird durch ein Langenbach-Getriebe bewerkstelligt, das sich bei der Kaiserlichen Marine am besten bewährt hatte. Die dreiflügelige bronzene Schraube von 48 cm Durchmesser befindet sich in einem Tunnel und liegt in diesem möglichst weit nach vorne, um beim Stampfen des Bootes in hohem Seegang sowie vor treibenden Wrackstücken bewahrt zu bleiben.

[02] In Primärquellen – Einsatzberichten und technischen Beschreibungen – aus den Jahren 1911 und folgenden ist ausnahmslos die Schreibweise des Bootsnamens OBERINSPEKTOR PFEIFER nachgewiesen, einzig am Bootsrumpf ist der Namenszug hingegen mit der Letter C anstatt mit K buchstabiert, erkennbar auf Fotodokumenten aus dieser Zeit: OBERINSPECTOR PFEIFER. Bemerkenswert ist, dass der gleiche Fehler sich beim Tochterboot MARCUS wiederholt, das in den Jb. 1977 bis 1983 sowie in der Broschüre „Zwischen Poel und Ueckermünde" MARKUS buchstabiert wird. In der Übersicht der verstorbenen Mitarbeiter, Jb. 1965, war bereits der Nachname des Namensgebers zweifach falsch geschrieben: Dethleffsen statt Detlefsen.

[03] Diese im Jahr 1912 von DGzRS-Oberinspektor C. Neuhaus verfassten Ausführungen über die Konstruktion des zweiten von Anfang an motorisierten Bootes DR. ALFRED VON DER LEYEN veranschaulichen die zu lösende Problemstellung: „Bei dem Laböer Boot [OBERINSPECTOR PFEIFER] wurde [der Motor] in dem hinteren Teil des Bootes untergebracht, um die Segeleinrichtung gegenüber den anderen offenen Booten unserer Gesellschaft (...) möglichst unverändert zu belassen. Hiernach waren aber beide Masten und die daran befindlichen Segel gleich groß zu gestalten, was wiederum zur Folge hatte, daß die Masten möglichst von den Enden entfernt mehr nach der Mitte des Bootes aufzustellen waren. Für den Motor blieb somit kein anderer Platz als derjenige hinter den Masten, wenn nicht auf das Stechschwert, das beim Segeln absolut erforderlich ist, verzichtet werden sollte. Durch diese Aufstellung wurde aber der Tunnel, in dem die Schraube arbeitet, reichlich kurz und zweitens belastete der Motor das Boot hinten in einer Weise, daß durch Gegengewichte im vorderen Boot das Motorgewicht ausbalanziert werden mußte. Um nun tunlichst mit Gewichten im Boot zu sparen und damit auch einen geringen Tiefgang zu erzielen, wurde der Motor im Saßnitzer Boot [DR. ALFRED VON DER LEYEN] nahezu in der Mitte des Bootes aufgestellt und dafür der vordere Mast mit einem größeren Segel soweit nach vorne und der hintere Mast mit einem nur kleinen Segel in gleichem Maße mehr nach hinten gerückt, so daß außer dem Stechschwert auch der Motor zwischen den Masten untergebracht werden konnte. Die Segelfläche blieb somit dieselbe, nur war eine ungleichmäßige Verteilung derselben auf die beiden Masten vorgenommen (...). Ein weiterer Vorteil (...) durch die Aufstellung des Motors in der Mitte (...), daß das Boot in der Brandung und in hohem Seegange sehr viel besser manövrieren wird, wenn die Belastungen in seinen Enden nicht zu groß sind, (...) damit es (...) sich mit Leichtigkeit hebt, um so (...) die See unter sich durchrollen zu lassen. Das vordere Ende des Bootes ist ohnehin schon genügend beschwert durch Anker, Taue etc., um dem Boot eine auskömmliche Steuerfähigkeit zu geben. Die Aufstellung des Motors (...) ermöglicht es aber noch, dem Tunnel eine solche Länge zu geben, daß er die Schraubenkraft zur vollen Wirkung kommen läßt. Zudem kann die Schraube mehr nach vorn platziert werden, so daß sie beim Stampfen des Bootes nicht so leicht blindschlägt."

[04] John Schumacher übte diese Tätigkeit keineswegs im parteipolitischen Vakuum aus. Seine Rolle war ihm zumindest durchaus opportun, bisweilen taktierte er als listiger Strippenzieher. Er bewahrte die Eigenständigkeit des Rettungsdienstes, sicherte seinen bisher weitgehend aus Freiwilligen bestehenden Mannschaften eine Festanstellung bei gleichzeitiger „uk"-Stellung (unabkömmlich), unterdessen machte er sich und die Organisation in Berlin unentbehrlich und erkannte die einmalige Chance, mit Unterstützung des zuständigen Reichsministeriums eine Flottenmodernisierung finanzieren zu lassen, ohne dafür auf eigene Mittel zurückgreifen zu müssen. Auf nahezu schlitzohrige Weise schlug er im August 1943 eine Rundum-Modernisierung der Ostsee-Flotte mit festangestellten Mannschaften vor, wobei er die Einrichtung eines mit der Nordsee vergleichbaren – und aufgrund einer gegenwärtig in diesem Gebiet nicht gegebenen Bedrohung durch Fliegerangriffe politisch und militärstrategisch unbegründeten – Sondereinsatzes an der Ostseeküste von der Fertigstellung der 13,0-Meter-Motorrettungsboote im Rahmen des laufenden sogenannten Küstenbauprogramms abhängig machte: „Die durch diesen besonderen Einsatz entstehenden Kosten müssten in gleicher Weise wie bei den übrigen im Sondereinsatz stehenden Booten [an der Nordseeküste] von der Wehrmacht bzw. vom Staat getragen werden."

Der damalige Direktor der niederländischen Seenotrettungsgesellschaft KNZHRM Hendrik Thomas de Booy merkt dazu in den 1972 – nach seiner Pensionierung – verfassten „Erinnerungen an die KNZHRM" an: Als [Kapitän Benno] Mentz noch Inspektor der DGzRS war, war die Zusammenarbeit mit unseren östlichen Nachbarn gut. Mentz wurde nach dem Krieg von dem „Nazi" Schumacher verdrängt, einem Streber, der geschickt manövrierte, als nach dem Krieg die Amerikaner und Engländer über ein großes Gebiet der DGzRS herrschten. Aber Mentz hatte schon vorher seinen Einfluss im nationalsozialistisch orientierten DGzRS-Vorstand verloren, weil er sich weigerte, in die NSDAP einzutreten. Das erklärt, warum Schumacher 1940 in die [von Deutschland besetzten] Niederlande kam und nicht Mentz, zu dem es immer Kontakte gegeben hatte.

Beschäftigt man sich mit der Personalie John Schumacher über das Kriegsende hinaus, bestätigen sich wiederkehrende Verhaltensweisen aus Opportunismus, (teils blindem) Aktionismus und Zielstrebigkeit – freilich stets zum Wohle seiner DGzRS.

[05] Über die Kriegssituation hinaus, noch bis in die zweite Hälfte der 1950er-Jahre, wurde diese Maßnahme der auf vorgeschobener Seeposition liegenden Boote beibehalten. So ist beispielsweise für 1950 dokumentiert, dass das MRB WESER in der Regel nur samstags und sonntags seinen Liegeplatz in Bremerhaven zum Wachwechsel nutzte und dass die Boote der Stationen Bremerhaven, Cuxhaven, Friedrichskoog, Hörnum und Wangerooge noch im Jahr 1956 durchweg auf Seepositionen lagen.

[06] Die bis in die Gegenwart hinein verbreitete, stark vereinfachte Darstellung, die Rettungsflotte sei „für Freund und Feind gleichermaßen" im Einsatz gewesen, wird im Rückblick auf das Kriegsjahr 1943 sowie in M. a. u. A., Nr. 25 / August 1944, zumindest hinsichtlich der Wortwahl relativiert: „Der erweiterte und verbesserte Sondereinsatz unserer Küstenrettungsboote trug den neuen Erfordernissen des Luft- und Seekrieges Rechnung. Mußte doch vor allem sichergestellt werden, daß in Seenot geratenen Angehörigen der deutschen Luftwaffe schnelle und zuverlässige Hilfe zuteil wurde."

[07] Für den Einsatz und die verwaltungsmäßige Betreuung der DGzRS-Küstenrettungsboote in der Deutschen Bucht wurde am 25. November 1941 in Berlin folgende Regelung festgelegt: (1) Für die Dauer des Sondereinsatzes erfolgt die personelle und materielle Betreuung durch das Oberkommando der Kriegsmarine, die Federführung liegt bei der Abteilung Skl. H. (Seekriegsleitung, Amtsgruppe Nautik). (2) Der Einsatz der DGzRS-Küstenrettungsboote erfolgt durch die Seenotzentrale (Luftwaffe) Nord [am 1. Juni 1942 umbenannt in Seenotbereichskommando (Luftwaffe) V, Wilhelmshaven]; der Befehlshaber der Sicherung Nordsee ist weisungsberechtigt.

[08] Dazu aus einem Schreiben vom 21. Dezember 1944 von der DGzRS-Hauptverwaltung an das Kriegsschadensamt für die Seeschiffahrt, Zweigstelle Bremen: Wir haben Grund zu der Annahme, dass die nachstehenden von der Kriegsmarine beschlagnahmten Rettungsboote verlorengegangen sind:
HEINRICH STALLING (Neubauwert 1939: 40.500 RM)
FERDINAND LAEISZ (Neubauwert 1939: 40.500 RM)
IRENE (Neubauwert 1939: 40.500 RM)
RICHARD C. KROGMANN (Neubauwert 1939: 115.500 RM)
HEINRICH TIARKS (Neubauwert 1939: 33.400 RM)
VEGESACK (Neubauwert 1939: 21.000 RM)
JOHANNES MESS (Neubauwert 1939: 24.400 RM)
KRB 207 (Fl.R.105) 5. Luftwaffenboot (Neubauwert 1939: 54.700 RM)

[09] Ergänzend zur staatlichen Förderung verzeichnete das Spendenaufkommen für die DGzRS 1941 einen noch nie dagewesenen Höchststand. In einer auf August 1943 datierten Mitteilung werden die Zuständigkeiten erläutert: Die erforderlichen Geldmittel wurden vom Reichskommissar für die Seeschiffahrt zur Verfügung gestellt, während die Bereitstellung des Baumaterials und die Einstufung dieser Bauten in die höchstmögliche Dringlichkeitsstufe durch das Oberkommando der Kriegsmarine und der Luftwaffe erfolgt ist. Die Bereitstellung der Nachrichtengeräte erfolgt ebenfalls durch die Wehrmacht. Die Bereitstellung der erforderlichen Arbeitskräfte für die beschleunigte Durchführung des Gesamtbauprogramms bereitet Schwierigkeiten.

[10] Ohne Hinweis auf ihren Ursprung wird 1941 die folgende, in fünf Kategorien A bis E unterteilte Klassifizierung vorgenommen, die allerdings nach einmaliger Veröffentlichung keine weitere Anwendung findet. Im Wortlaut:
Aufgrund der Erfahrungen der letzten Jahre haben sich fünf Motorrettungsboottypen als besonders geeignet erwiesen, und zwar:
1. In der Klasse der Großmotorrettungsboote die Typen A 17 D und B 15 E, die in den von den Gezeiten unabhängigen Plätzen stationiert sind.
2. Die mittleren Motorrettungsboote C 13 E und D 11 E, die in Schuppen auf Ablaufwagen untergebracht und für ihre Größe ebenfalls mit sehr starken Antriebsmotoren von 80 bis 150 PS ausgerüstet sind.
3. Das schwere Strandmotorrettungsboot Typ E 10, das mittels Raupenwagen transportiert wird. Dieses aus dem 3-to-Strandmotorrettungsboot entwickelte Fahrzeug wird durch starke Raupenmaschinen von 100 PS an die jeweilige Einsatzstelle gebracht.

Die fünf Typen in der ausführlichen Decodierung:

A 17 D: 17-Meter-Baureihe,	D = Doppelschrauben-Motorrettungsboot.
B 15 E: 15-Meter-Baureihe,	E = Einschrauben-Motorrettungsboot.
C 13 E: 13-Meter-Baureihe,	E = Einschrauben-Motorrettungsboot.
D 11 E: 11-Meter-Baureihe,	E = Einschrauben-Motorrettungsboot.

E 10 [vermutlich soll es heißen E 10 E]: 10-Meter-Baureihe, Einschrauben-Motorrettungsboot.

Die Typen A, B, C und E sind zum Zeitpunkt der Veröffentlichung dieses Konzepts noch nicht gebaut. Typ B entspricht zumindest konzeptionell – wenn auch nicht hinsichtlich der Längenangabe – der späteren 13,9-Meter-Baureihe (Kennung KRB 208 bis KRB 211). Typ C entspricht hinsichtlich der Bootslänge der späteren 13,0-Meter-Baureihe (Kennung KRB 201 bis KRB 207). In der Beschreibung zu Typ D sind Eigenschaften der drei Boote mit der Kennung KRD 433, KRD 437 und KRD 439 zu erkennen. Typ E entspricht hinsichtlich der Bootslänge der späteren

10,0-/10,5-Meter-Baureihe (Kennung KRC 301 bis KRC 309), wobei diese Boote wiederum nicht per Raupenwagen transportiert wurden.

[11] Auf Basis dieser Auflistung sind bestellt:

am 29. August 1939	2 x Klasse A (Bau-Nr. 12867 = NORDERNEY / 12868 = nicht gebaut)
	1 x Klasse C bei der Fr. Lürssen Werft
am 31. August 1940	2 x Klasse D bei der Schiffswerft August Pahl
am 14. Oktober 1940	1 x Klasse A bei der Schiffswerft August Pahl
am 11. März 1941	1 x Klasse D bei der Bootswerft H. Havighorst
am 1. August 1941	1 x Klasse D bei der Bootswerft H. Havighorst
am 28. August 1941	2 x Klasse A bei der Schiffswerft August Pahl
	5 x Klasse B bei der Schiffswerft August Pahl
am 9. Januar 1942	6 x Klasse A bei der Schiffswerft August Pahl
	6 x Klasse B bei der Schiffswerft August Pahl
am 14. April 1942	5 x Klasse A (Bau-Nr. 12869 / 12870 / 12873 / 12906 / 12907 = nicht gebaut) bei der Fr. Lürssen Werft
	13 x Klasse C bei der Fr. Lürssen Werft

Das Gesamtobjekt für die bei der Fr. Lürssen Werft in Auftrag gegebenen 7 Groß-Küstenrettungsboote der Klasse A beträgt etwa 1.050.000 RM, für die 14 Küstenrettungsboote der Klasse C etwa 560.000 RM.

Die im Bauprogramm enthaltenen 4 Küstenrettungsboote verschiedener Muster (Klasse D) im Detail:

2 x Schiffswerft August Pahl — Bau-Nr. 237 / 238 (nicht gebaut)
Länge: 11,00 m — Breite: 3,20 m — Tiefgang: 0,90 m
Motorisierung: MWM RHS 422 Y — Leistung: 70–80 PS
Geschwindigkeit: 8,5 kn — Rumpfmaterial: Stahl

1 x Bootswerft H. Havighorst — Bau-Nr. 2922 (nicht gebaut)
Länge: 16,50 m — Breite: 4,50 m — Tiefgang: 1,15 m
Motorisierung: MWM RHS 422 A — Leistung: 150–200 PS
Geschwindigkeit: 9 kn — Rumpfmaterial: Holz

1 x Bootswerft H. Havighorst — Bau-Nr. 2925 (nicht gebaut)
Länge: 11,65 m — Breite: 3,20 m — Tiefgang: 1,35 m
Motorisierung: MWM SS 415 S — Leistung: 50–75 PS
Geschwindigkeit: 8,5 kn — Rumpfmaterial: Stahl
Geplante Stationierung: Helgoland

1943 ordnete der Reichsminister für Bewaffnung und Munition Albert Speer eine Nachprüfung durch die Unterkommission Handelsschiffbau in Hamburg an, mit dem Ergebnis: Die mit vordringlichen Kriegsarbeiten beschäftigten Werften Fr. Lürssen und H. Havighorst sollen aus dem Bauprogramm ausscheiden und die Bauten der 6 x Klasse A von Lürssen und 1 x Klasse D von Havighorst (Bau-Nr. 2925) bei der Firma August Pahl zusammengefasst werden. In einer auf August 1943 datierten Version ist die ursprünglich nach den vier Klassen A bis D aufgestellte Bauprogramm-Liste daraufhin in folgender Weise modifiziert worden:

16 Groß-Küstenrettungsboote	60 to
14 schwere Küstenrettungsboote	30 to
15 leichte Küstenrettungsboote	6 to

[12] Unter allen motorisierten DGzRS-Einheiten sind hinsichtlich der längsten Dienstzeit vier Rettungsboote aus der hier dargestellten Kategorie unter den ersten acht platziert. Hervorzuheben ist dabei die OBERARZT MEYER – GLÜCKSTADT, denn unter allen DGzRS-Booten mit Motorantrieb belegt sie mit 42 Jahren nicht nur Rang 1 für die längste durchgängige Verwendung im Rettungsdienst, sondern sie ist gleichzeitig dasjenige motorisierte Boot mit dem frühesten Baujahr. Mehr DGzRS-Dienstjahre haben die Seenotrettungsboote SIEGFRIED BOYSEN und EDUARD NEBELTHAU, Baujahr 1972, in beiden Fällen allerdings als Summe ihrer zweifachen Verwendung im Rettungs- und Ausbildungsdienst. Der direkte Vergleich ist indes unscharf, zumal die OBERARZT MEYER – GLÜCKSTADT erst 30 Jahre nach ihrer Indienststellung motorisiert wurde.

[13] Abweichend von diesen aus DGzRS-Veröffentlichungen entnommenen Daten gibt das Auftragsbuch der Werft an: Länge: 8,50 m, Tiefgang: 1,00 m.

[14] Eine treffende Erklärung für das im aktiven Sprachgebrauch niemals verwendete Wort „kanneli(e)rt" ist in der Fachliteratur kaum zu finden, ebenso ist die Übersetzung des französischen Ursprungs nur bedingt hilfreich: canneler = auskehlen, riefen. In V. d. K. u. a. S., 1. Heft 1888, ist hingegen ein anschauliches und schlichtes Synonym nachgewiesen: „gewelltes Stahlblech".

[15] Für die Station Friedrichskoog ist ein von einem namentlich nicht genannten Rettungsboot durchgeführter Einsatz am 19. April 1926 dokumentiert. Aufgrund des Hinweises auf ein Beiboot war daran offenbar ein größeres Segel- oder Motorrettungsboot beteiligt. Das MRB HAMBURG war zum genannten Zeitpunkt noch nicht hier stationiert, demnach war Friedrichskoog – wohl übergangsweise – zunächst mit einer anderen Einheit besetzt.

In der von der DGzRS kuratierten und 2006 in der Trischenbake gezeigten Ausstellung „Seenotrettung in Friedrichskoog" enthielt eine der dort gezeigten Schautafeln folgenden fehlerhaften Hinweis: Werner „Polli" Rohwedder erinnert sich: Mit der CARL VON LINGEN konnte bereits im Jahr 1909 ein Mann von der MARIA HACKFELD gerettet werden. - Diese Zeitzeugenaussage steht in mehrfachem Widerspruch zur Dokumentation im DGzRS Bericht für das Jahr 1909/1910, in dem die Beteiligung des Rettungsbootes EUGENIE von der Station Friedrichskoog erwähnt ist, ebenso des Rettungsbootes von der Station Büsum, mit dem tatsächlich ein Mann gerettet wurde. Zum Zeitpunkt des am 13. November 1909 durchgeführten Einsatzes war das hier beschriebene Boot weder in Friedrichskoog stationiert noch trug es schon den Namen CARL VON LINGEN. Die korrekte Schreibweise des havarierten, für die Reederei J. C. Pflüger fahrenden Schiffs ist MARIE HACKFELD, 1893 so benannt nach Marie Hackfeld-Pflüger, Frau des Kaufmanns und Reeders Hinrich Hackfeld.

[16] In V. d. K. u. a. S., 4. Heft 1904, ist als Bootsname POSTDIREKTOR PICKER angegeben, anschließend wird durchgängig die Bezeichnung PICKER verwendet.

[17] In der Luftwaffen-Dienstvorschrift 92/2: Tiefgang: 0,8 m.

[18] Remotorisierung 1931: ein auf Lager vorhandener Daimler Benzinmotor, 4 Zylinder, Leistung: 28 PS, Brennstoffverbrauch: 10 kg pro Stunde, Geschwindigkeit: 6,5 kn.

Remotorisierung 1934: Deutz Dieselmotor, 4 Zylinder, Leistung: 50 PS, Geschwindigkeit: 6,7 kn.

[19] Die Angabe zur Nachfolge betrifft die Station List, die Station Munkmarsch blieb ab Frühjahr 1933 unbesetzt.

[20] Aufgrund der häufigen Wiederholung feststehender militärischer Fachbegriffe werden ab hier folgende Abkürzungen verwendet:

Kdo. SuB = Sondereinsatz Kommando Schiffe und Boote der Luftwaffe
Sbk. = Sonderbereichskommando
Ber. Nordsee / Ber. Ostsee = im Küstenbereich Nordsee / im Küstenbereich Ostsee
SbL. = Seenotbezirksstelle (Luftwaffe)
Smb. = Seenotmeldebezirk(e)

[21] Der erste Bootsmotor LS 10254 von 1913 (4 Zylinder, Hubraum 4,9 Liter, 30 PS bei 850/min) war zeitweilig im Daimler-Benz Museum in Stuttgart-Untertürkheim ausgestellt.

Remotorisierung 1932 mit dem auf Lager vorhandenen, zuvor im MRB HERMANN FRESE / KRD 405 verwendeten Daimler Benzinmotor, 4 Zylinder, Leistung: 35 PS, Geschwindigkeit: 7 kn. Umbau: neues Deck und Schutzhaube über dem Steuerstand.

Remotorisierung 1933: Deutz Dieselmotor, 4 Zylinder, Leistung: 50 PS, Geschwindigkeit: 7,6 kn.

[22] Bei Niedrigwasser fiel der Hafen Munkmarsch / Sylt völlig trocken, so dass das Boot nicht einsatzbereit war. Die DGzRS bezeichnete die dortige Stationierung als Notmaßnahme, weil im nördlich gelegenen Hafen List zuerst aufgrund starker Versandung kein geeigneter Liegeplatz und nach dem Ersten Weltkrieg keine Mannschaft verfügbar war.

Nov. 1913 - 1916	List
1915 / 1916 [?]	stärkere Beschädigung, Reparatur des Bootskörpers und des Motors in der Schiffswerft Husum
1916 - 24. Aug. 1919	Munkmarsch
24. Aug. 1919 - 1920	List (keine Nachfolge, Station unbesetzt)
vor 28. Juni 1920	zurück von List nach Munkmarsch
1920	vorübergehend außer Dienst gestellt, Instandsetzung in Husum: Kupferhaut am Schiffsrumpf entfernt, aus Kostengründen nicht erneuert, sondern nur Teeranstrich
1920 - 1929	Munkmarsch (keine Nachfolge, Station unbesetzt)
November 1921	Beschädigung in schwerem Sturm, Wiederinstandsetzung von Boot und Motor in Wyk auf Föhr, zurück auf Station im April 1922 (Vertretung in Munkmarsch durch MRB PICKER)

[23] Die Seenotdienstordnung für Luftfahrzeuge vermerkt für den Zeitraum um 1935/1936: Motorboot CARL LAEISZ z. Zt. Ersatzboot in Travemünde (wird ausgewechselt gegen jetziges Rettungsboot auf Helgoland, sobald der Neubau für dort fertig ist).

1936 bis 1938 auf der Station Wremertief nur in den Wintermonaten, Reserve während der Sommermonate (1938 Borkum und Helgoland). In Wremertief durch MRB GEHEIMRAT SARTORI abgelöst.

[24] Nach Neuharlingersiel wurde das Boot gebracht, um das in Ausbesserung befindliche MRB ULRICH STEFFENS vorläufig zu ersetzen. Die Internetquelle luftwaffe-zur-see ergänzt ohne Nennung von Einzelheiten: 9. November 1943 stationiert in Sankt Peter-Ording. Angaben zu einer Stationierung auf Juist von 1944 bis Mai [?] 1945 dürfen dahingehend gedeutet werden, dass das Boot dort mutmaßlich reparaturbedürftig auflag. Infolge der 1942 durchgeführten Namensänderung fuhren zwei Boote zur gleichen Zeit mit dem Namen HEINRICH TIARKS: KRD 402 in der Nordsee und KRD 429 im Auftrag der Kriegsmarinedienststelle in der Ägäis. Im November 1944 wurde ein drittes Boot (KRD 445) mit dem Namen HEINRICH TIARKS in Dienst gestellt, demnach dürfte es unwahrscheinlich sein, dass das hier beschriebene Boot (KRD 402) über dieses Datum hinaus noch im aktiven Rettungsdienst eingesetzt war.

[25] Im DGzRS Bericht „Aus unserer Arbeit 1945–46" sowie in Hansa Nr. 4 / Mai 1948 wird erwähnt, ein altes, wieder instandgesetztes Boot sei durch ein Schadenfeuer auf der Fr. Lürssen

Werft zerstört worden. Dabei könnte es sich spekulativ entweder um die HEINRICH TIARKS / KRD 402, META HARTMANN / KRD 403 oder LOTSENKOMMANDEUR LAARMANN / KRD 419 gehandelt haben.

Anderen Angaben zufolge soll die ehemalige HEINRICH TIARKS / KRD 402 im Jahr 1996 als Motorsegler BUTT von Horumersiel nach Nürnberg überführt und dort auf dem Freigelände des Motoryachtclubs aufgestellt worden sein. Einige Abmessungen und andere Merkmale lassen allerdings erheblich daran zweifeln, dass es sich bei diesem Objekt tatsächlich um das frühere DGzRS-Boot handelt.

[26] Auftragsliste der Werft und Seenotdienstordnung der Luftwaffe: Länge: 8,55 m.

[27] Die bei Eduard Ahlrichs und in anderen Quellen veröffentlichte Darstellung, das Boot sei nicht nach Wilhelm Hartmanns unverheirateter Schwester, sondern nach seiner verstorbenen Ehefrau benannt, ist unzutreffend, zumal er unverheiratet blieb und keine Nachkommen hatte.

[28] Remotorisierung 1927: Colo-Motor der Süddeutschen Bremsen AG München (Colo = compressorlos, entwickelt ca. 1925/1926), 3 Zylinder, Leistung: 24 PS, Geschwindigkeit: 7 kn. Die Position des Motors wurde vom Heck zur Bootsmitte verlagert, der Tiefgang verringerte sich dadurch geringfügig auf 0,60 m. Für günstigere Auftriebseigenschaften wurden außerdem der Eisenkiel und der eiserne Schraubentunnel durch Holzkomponenten ersetzt.

[29] Remotorisierung 1926: Deutz Dieselmotor, 2 Zylinder, Dauerleistung: 40 PS, kurzzeitige Höchstleistung: 50 PS, Geschwindigkeit: 7,5 kn. 1929 wurde der Motor aus dem Bereich der hinteren Kajüte in die Mitte des Bootes gesetzt und das Boot erhielt ein Steuerhaus als Schutz gegen überkommendes Wasser.

[30] Bei der gleichen Werft erfolgte die Ausrüstungsergänzung mit einem unter der Bau-Nr. 1895 gebauten Beiboot von 4,50 m Länge, Ablieferung laut Auftragsbuch am 16. Juni 1928. Das alte Beiboot war nicht mehr verwendungsfähig gewesen.

[31] Remotorisierung 1931: MWM Dieselmotor, 4 Zylinder, Leistung: 50 PS bei 750/min, Geschwindigkeit: 7,8 kn.

[32] Im DGzRS Bericht über das Rechnungsjahr 1932 ist eine offenbar vertretungsweise durchgeführte Stationierung in Dorumertief erwähnt. Anfang 1940 sank das Boot im Hafen von Amrum aufgrund von Eispressung, es wurde gehoben und repariert. Das Rufzeichen DUAM ist im Juni 1942 gesichert dokumentiert. Eine Stationierung in Hörnum mit der Namensbezeichnung GEH.RAT SARTORI ist im Mai 1943 nachgewiesen, demnach blieb das Boot mindestens bis zu jenem Monat auf der Station.

Das MRB GEH. RAT GERLACH / KRB 205 soll im Dezember 1944 in GEH.RAT SARTORI umbenannt worden sein. Aus dieser Angabe lässt sich schlussfolgern, dass GEH.RAT SARTORI / KRD 405 damit einhergehend in BRAKE umbenannt worden ist, und nicht erst 1946, wie in einigen Quellen angegeben – andernfalls wären zwei Boote mit demselben Namen gleichzeitig registriert gewesen.

Für MRB BRAKE ist eine von Cuxhaven aus durchgeführte Einsatzfahrt am 7. Juni 1948 dokumentiert. Dennoch ist der in der Fachliteratur angegebene Zeitraum einer Stationierung in Cuxhaven von 1946 bis Oktober 1948 nicht als tatsächliche dauerhafte Einsatzbereitschaft zu verstehen, vielmehr als eine Fortsetzung der Funktion als Reserve- oder Bereisungsboot der dort ansässigen DGzRS-Inspektion. Darauf deutet auch die 1944 [?] vollzogene Umbenennung in BRAKE hin, zumal 1943 am gleichnamigen Ort die DGzRS-Werftdienststelle eingerichtet worden war. Hätte es sich um eine rettungsdienstliche Stationierung gehandelt, so wären – die vermeintlichen Stationierungsdaten übereinandergelegt – in den Jahren 1946 bis 1948 vier Motorrettungsboote gleichzeitig in Cuxhaven einsatzbereit gewesen, und zwar: HINDENBURG / KRA 101, GEH.RAT H. GERLACH / KRB 208, BRAKE / KRD 405 und DANIEL DENKER / KRD 430. Siehe hierzu auch die Anmerkung [80] zu DANIEL DENKER / KRD 430.

[33] In V. d. K. u. a. S., 2. / 4. Heft 1913, sind für die Namen zweier neu in Dienst gestellter Boote folgende Schreibweisen dokumentiert: zweimal GEHEIMER RAT HEINRICH GERLACH (gedecktes MRB) sowie einmal GEHEIMER RAT MAX FREY (offenes MRB). Davon abweichend wird im vorliegenden Datensatz der am Bootsrumpf verwendete, hier fotografisch dokumentierte Schriftzug GEHEIMRAT HEINRICH GERLACH übernommen.

Auch bei den nach demselben Namensgeber benannten Fahrzeugen GEH.RAT GERLACH / KRB 205 und GEH.RAT H. GERLACH / KRB 208 entspricht die Schreibweise in ihren jeweiligen Datensätzen der fotografisch dokumentierten Buchstabierung am Bootsrumpf.

Nach Einschätzung von Dr. Marleen von Bargen, Wissenschaftliche Kuratorin am Deutschen Schifffahrtsmuseum Bremerhaven, hat sich die Schreibweise der Schiffsnamen im Laufe der Zeit verselbständigt (Mitteilung per E-Mail am 5. April 2024). Verkürzte Varianten wie etwa GEH. RAT HEINR. GERLACH oder GEHEIMRAT MAX FREY sind zwar weit verbreitet, entsprechen jedoch offenbar nicht der 1913 gebräuchlichen Namensgebung dieser beiden Boote.

[34] Remotorisierung 1930: MWM Dieselmotor, 4 Zylinder, Leistung: 50 PS, Geschwindigkeit: 7 kn. Positionierung des Motors in der Mitte des Bootes, das zusätzlich einen Fahrstandaufbau mit Schutzhaube am Steuerstand erhielt.

[35] Nach der Erststationierung hatte das Boot seinen Liegeplatz im Sommerhalbjahr an der Atmathmündung im Memeldelta, wegen regelmäßig auftretender Vereisung im Gebiet des Ku-

rischen Haffs lag es im Winter im Hafen von Memel. In Pillau war es zunächst vertretungsweise stationiert. Im Verlauf der anschließenden Stationierungs-Periode in Dorumertief war es am 1. Juni 1940 dem Kdo. SuB Dorumertief unterstellt, dort ist im Jahr 1942 das Rufzeichen DUAK nachgewiesen. Als Stationsvertretung ist wiederum folgende Angabe in der Internetquelle luftwaffe-zur-see zu verstehen: „Dezember 1942 in Fahrt als THEODOR GRUNER, stationiert in Büsum als Reserveboot." Diese lediglich stationsbezogene Namensänderung geschah mit Bezug auf das bis 1938 ebendort vorhandene Rettungsboot gleichen Namens. Folgender Auszug aus einem von der DGzRS veröffentlichten Dokument belegt, dass die Umbenennung im Anschluss an die 1943 vollzogene „vorläufige Verlegung zu Havighorst nach Blumenthal" alsbald wieder rückgängig gemacht wurde: „Am 30. Juni 1943 wird das Hilfsküstenrettungsboot GEH.RAT H. GERLACH in Blumenthal an die Luftwaffe für die Durchführung von Sonderaufgaben [Schulungs- und Flugbetriebsboot der Luftwaffen-Seefahrtschule II in Lobbe auf Rügen] übergeben." Einlaufend Dorumertief ist das Boot auf einem Bilddokument zu sehen, das auf den 1. August 1944 datiert ist – demnach kehrte es noch vor der im Mai 1945 vollzogenen formellen Rückgabe an die DGzRS dorthin zurück. Während dieser zweiten Stationierungszeit in Dorumertief wurde das Boot vermutlich im Dezember [?] 1944 erneut in THEODOR GRUNER [?] umbenannt – andernfalls wären dort bis Mai 1946 zwei Fahrzeuge mit demselben Namen gleichzeitig registriert gewesen: GEHEIMRAT HEINRICH GERLACH / KRD 409 und GEH.RAT H. GERLACH / KRB 208. Siehe hierzu auch Anmerkung [33].

[36] Über die Herkunft des Namens FRAUENLOB sind mehrfach fehlerhafte Angaben in Umlauf gebracht worden. Der spätere Ehrenpräsident des Rheinhessischen DGzRS-Bezirksvereins, Herr Dr. A. Lippold in Mainz, trat zuerst am 4. Januar 1866 von Oppenheim aus mit der Gesellschaft in Verbindung. Seinen Bemühungen war die Stiftung von vier Rettungsbooten zu danken, deren Namen jeweils einen geschichtlichen Bezug zu Mainz respektive zum Großherzogtum Hessen aufwiesen: WALPODEN AUS MAINZ, GROSSHERZOGIN ALICE VON HESSEN, GUTENBERG und FRAUENLOB (erstmals 1868 als Name für ein in Neuharlingersiel stationiertes Boot vergeben).

Heinrich von Meißen, genannt Frauenlob (mittelhochdeutsch: frouwenlop), war ein Theologe, Minnesänger und einflussreicher Dichter deutscher Volkssprache, dessen programmatischer Künstlername wohl von seinem Marienleich herrührt, der als sein größtes Werk gilt. Der Marienleich ist ein mittelalterliches Gedicht über die darin gepriesene Himmelskönigin und Jungfrau Maria. Neben dem Minnesang und der Sangspruchdichtung gehört der Leich zu den drei Haupttypen der Lieddichtung des Mittelalters in der mittelhochdeutschen Lyrik. Erzbischof Peter von Aspelt holte Heinrich von Meißen nach Mainz, wo er ab etwa 1312 sesshaft war und am 29. November 1318 starb.

[37] In V. d. K. u. a. S., 4. Heft 1913, ist als Bootsname GEHEIMRAT FRANZ SCHRÖTER angegeben, anschließend wird durchgängig die Bezeichnung GEHEIMRAT SCHRÖTER verwendet.

[38] Remotorisierung 1926 mit dem zuvor im MRB THEODOR GRUNER verwendeten Daimler Benzinmotor, 4 Zylinder, Leistung: 35 PS, Geschwindigkeit: 8 kn, Tiefgang: 0,70 m.

Remotorisierung 1934: MWM Dieselmotor B. R. 318V, 4 Zylinder, Leistung: 50 PS, Geschwindigkeit: 8,8 kn, Tiefgang: 0,70 m.

[39] Die Angaben zur Motorisierung und zur Leistung sind dem von DGzRS-Oberinspektor C. Neuhaus verfassten Bericht „Das Saßnitzer Motorrettungsboot" sowie dem DGzRS Rückblick auf das Jahr 1932 entnommen. Abweichend davon im Baunummernbuch der Werft: Lloyd Benzinmotor, 32 PS. Lloyd ist hier die Kurzform für den Hersteller Norddeutsche Automobil- und Motoren-A.-G., Hastedt bei Bremen.

[40] Im DGzRS Rückblick auf das Jahr 1932 ist irrtümlich das Baujahr 1912 angegeben.

[41] Remotorisierung 1934: kompressionsloser MWM Dieselmotor, 4 Zylinder, Leistung: 50 PS, Geschwindigkeit: 8,8 kn. Neben der damit einhergehenden Vergrößerung des Motorraums und der Motorfundamente erfolgte der Umbau des bislang offenen Bootes zum halbgedeckten Boot mit Stahlhaube über dem Motor und Segeltuchspritzkappe am Fahrstand.

[42] Remotorisierung 1934: kompressionsloser MWM Dieselmotor B. R. 8V, Leistung: 50 PS, Geschwindigkeit: 8,8 kn. Der konstruierte Tiefgang ist mit 0,62 m, davon abweichend im DGzRS Rückblick auf das Jahr 1932 mit 0,70 m angegeben.

[43] Remotorisierung 1939 bei Abeking & Rasmussen: MWM Dieselmotor, 4 Zylinder, Leistung: 50 PS.

[44] Dr. Fehrmann selbst stellte 1912 den Antrag, in Neufahrwasser ein Motorrettungsboot zu stationieren, dies wurde zunächst „unter Vorbehalt" bewilligt, dann ein tatsächliches Bedürfnis festgestellt und ein solches Boot in Bau gegeben. Im Baunummernbuch der Werft ist dieses Boot – entsprechend der ursprünglich vorgesehenen Stationierung – unter dem Namen PILLAU verzeichnet, zusätzlich ist vermerkt: „späterer Name DR. FEHRMANN". In Pillau wurde stattdessen das MRB GEHEIMRAT SCHRÖTER stationiert. Die Entscheidung zur Bauzusage sowie die Namenswahl dürften zusätzlich auf den Umstand zurückzuführen sein, dass die 47. Jahresversammlung des DGzRS-Ausschusses am 29. Mai 1913 erstmals nach 1896 wieder in Danzig abgehalten wurde. Offenbar als Zeichen der Anerkennung für das Wirken des dort ansässigen Mitglieds Dr. Paul Fehrmann wurde das Boot rechtzeitig vor der Versammlung in Neufahrwasser am südlichen Ende der Danziger Bucht stationiert.

[45] Im DGzRS Rückblick auf das Jahr 1932 ist der Tiefgang mit 0,70 m angegeben, in dem nahezu zeitgleich veröffentlichten DGzRS Bericht über das Rechnungsjahr 1932 mit 0,75 m.

[46] Remotorisierung 1936 bei Abeking & Rasmussen: kompressionsloser MWM Dieselmotor B. R. 8V, 4 Zylinder, Leistung: 50 PS, Geschwindigkeit: 9 kn. Umbau zum halbgedeckten Motorrettungsboot, der vergrößerte Motorraum wurde mit einer großen Schutzhaube aus Stahlblech überdacht und für den Bootsführer eine Schutzkappe aus Segeltuch mit Scheibendurchsicht hinter der Motorenhaube angebracht.

[47] Dieses Boot wird in einer Ausgabe des Magazins Hansa vom Januar 1928 sowie im DGzRS Bericht über das Rechnungsjahr 1932 an jeweils zwei Textstellen mit einer zusätzlichen Initiale am Namensanfang als C. FERDINAND LAEISZ bezeichnet - demnach wäre es nicht nach dem für seine „Flying-P-Liner" bekannten Hamburger Reeder Ferdinand Laeisz (1801-1887) benannt, sondern nach dessen Enkel Carl Ferdinand (1853-1900). Die Namensgebung des Bootes ist jedoch zweifelsfrei auf Ferdinand Laeisz zurückzuführen, der als Initiator maßgeblich an der am 8. August 1861 vollzogenen Gründung des Hamburger Vereins zur Rettung Schiffbrüchiger beteiligt war. Im DGzRS Rückblick auf das 1935 ist der Bootsname zweimal in der gleichermaßen fehlerhaften Schreibweise FERDINAND C. LAEISZ erwähnt - möglicherweise eine Verwechslung mit der zeitgleich in Cuxhaven stationierten und mit der Mittelinitiale C. versehenen RICHD. C. KROGMANN.

[48] Zum Ende der Stationierung auf Borkum wird im DGzRS Bericht über das Rechnungsjahr 1922/1923 angemerkt: „Keiner der (...) Neubauten konnte bisher übernommen werden - insbesondere bedürfen wir dringlichst eines die Einfahrt in die Ems deckenden Motorbootes für die Station Borkum", die infolge der Verlegung des MRB FERDINAND LAEISZ zurück nach Cuxhaven noch bis 1927 ohne motorisiertes Rettungsboot blieb.

[49] Nach dem am 13. April 1942 von Cuxhaven abgehenden Bahntransport sind zur weiteren Verwendung folgende Einzeldaten überliefert:

FERDINAND LAEISZ:

16. Juni 1942	eintreffend Feodossija / Krim, Seenotzentrale (Luftwaffe) Schwarzes Meer, Seenotbereichskommando XII.
26. September 1942	durch Fliegerbomben-Treffer leckgeschlagen.
1. November 1942	unklar gemeldet in Kertsch / Krim.
15. Dezember 1942	wieder kampfbereit nach Reparatur.
16. April 1943	klar gemeldet in Kertsch / Krim.
23. Oktober 1943	abgegeben an das Seenotbereichskommando XI (Athen - Phaleron), weil das Boot für den Einsatz im Schwarzen Meer zu langsam ist.
21. Januar 1944	nach Angabe der Internetquelle luftwaffe-zur-see infolge der Versenkung der S/S BALKAN als Totalverlust in der Liste der Charterfahrzeuge des Kdo. SuB gestrichen, dann jedoch im Januar 1944 gehoben und anschließend bei einem Werftaufenthalt in Skaramagas / Griechenland instandgesetzt und bewaffnet.
Juli 1944	von Phaleron / Attika nach Iraklion / Kreta verlegt.

HEINRICH TIARKS:

12. Mai 1942	eintreffend Eupatoria / Krim, Seenotzentrale (Luftwaffe) Schwarzes Meer, Seenotbereichskommando XII.
10. August 1942	von Eupatoria nach Sewastopol verlegt.
1. November 1942	unklar gemeldet in Sewastopol / Krim.
16. April 1943	klar gemeldet in Sewastopol / Krim.
23. Oktober 1943	abgegeben an das Seenotbereichskommando XI (Athen - Phaleron), weil das Boot für den Einsatz im Schwarzen Meer zu langsam ist.
21. Januar 1944	nach Angabe der Internetquelle luftwaffe-zur-see infolge der Versenkung der S/S BALKAN als Totalverlust in der Liste der Charterfahrzeuge des Kdo. SuB gestrichen, dann jedoch im Januar 1944 gehoben.

[50] Remotorisierung 1934: kompressionsloser MWM Dieselmotor, 4 Zylinder, Leistung: 50 PS, Geschwindigkeit: 8,7 kn.

[51] Die Benennung des Bootes geschah auf Wunsch der Königlichen Hoheiten Prinz Heinrich von Preußen - Ehrenpräsident der DGzRS - und seiner Gemahlin - der Namensgeberin für das Boot - Irène Luise Maria Anna von Hessen und bei Rhein.

[52] Remotorisierung 1934: MWM Dieselmotor, 4 Zylinder, Leistung: 50 PS, Geschwindigkeit: 8,8 kn. Umbau zum halbgedeckten Motorrettungsboot.

[53] Remotorisierung 1933: kompressionsloser Deutz Dieselmotor, Dauerleistung: 35 PS bei 835/min, Geschwindigkeit: 8 kn, Tiefgang: 0,70 m.

Remotorisierung 1934: MWM Dieselmotor, 4 Zylinder, Leistung: 50 PS, Geschwindigkeit: 8,8 kn, Tiefgang: 0,70 m. Im Jb. 1953 ist die Leistung mit 60 PS angegeben.

[54] Die dreijährige Unterbrechung in der Stationierungsübersicht ist auf einen Motorschaden zurückzuführen. Am 16. Oktober 1945 schleppte das MRB SCHLEI die ULLA nach Cuxhaven, wo sie anschließend auflag und wiederinstandgesetzt wurde.

[55] Durch Sturm, Hochwasserschäden an der Werft und verspätete Materiallieferung wurde die für den 15. Oktober 1926 vorgesehene Ablieferung der drei Boote erst am 2. Dezember 1926 vollzogen. Am gleichen Tag begann die Überführung nach Pillau, die durch schweres Wetter behindert wurde. Bei der BREMEN sprang beim schweren Arbeiten des Bootes eine Niete,

wodurch eine Abteilung des Doppelbodens vollief. Über diese Fahrtetappe berichtet Hansa im Juni 1927: „Nachdem die Boote mehrere Tage gegen Schneesturm und Eis angekämpft hatten, wurde die Fahrt der BREMEN und HAMBURG in Pillau aufgegeben und die Boote ins Winterlager genommen." Entgegen dieser Darstellung war Pillau tatsächlich ohnehin als Zwischenziel eingeplant, weil die Boote erst hier „wegen der schwierigen Zollverhältnisse" (Memeler Dampfboot, Ausgabe vom 11. Dezember 1926) ihre letzte Ausrüstung erhalten sollten. Die Zeitung berichtet weiter: Wegen Undichtwerden eines Tanks und erheblichem Verlust an Betriebsstoff kehrte die HINDENBURG bereits am 4. Dezember 1926 nach Memel zurück, unternahm am 9. Dezember 1926 einen neuen Anlauf nach Pillau, der am nächsten Tag wiederum in Memel endete, „weil die Motore auf hoher See nicht mehr funktioniert haben. (...) Die Motore sind von der Maschinenfabrik Augsburg-Nürnberg geliefert, die einen außerordentlich guten Ruf hat, und sie gehören zu den besten, die überhaupt geliefert werden können. Die Überführung der Boote geschah durch Mannschaften, die von der Gesellschaft gestellt waren und die mit der Handhabung der Motore nicht ganz vertraut waren. (...) Die HINDENBURG soll nunmehr von der Werft selbst überführt werden."

In Pillau blieben die Boote, bis ihre Besatzungen sie am 7. Juni 1927 dort abholten, zwischenzeitlich war die HAMBURG am 26. April 1927 an einem Rettungseinsatz beteiligt. BREMEN und HINDENBURG liefen am 20. Juni 1927 zunächst Bremen an und setzten von dort die Überführung zu ihren Stationen fort. Ohne diesen Umweg fuhr die HAMBURG zur Station Friedrichskoog, die sie im Sommer verlassen musste, um in Cuxhaven zu docken: Unter dem Boden war an jeder Seite des Kiels eine Platte aufgerissen, das Motorenfundament hatte sich gesenkt und lag teilweise auf den Bodenplatten. Ein stärkeres Fundament wurde eingebaut, um die Motorvibrationen besser absorbieren zu können. Kaum zurück auf Station, musste die HAMBURG nach Finkenwärder zur Pahl Werft geschleppt werden, dieses Mal wegen festgefressener Kolbenbolzen infolge einer verstopften Ölleitung. Bei der HINDENBURG wurde im Oktober 1927 in Emden die Maschinenanlage überholt, der Fahrstand mit einem Steuerhaus aus Eiche versehen und das Bugschild erhöht.

[56] Bei der Mützelfeldtwerft in Cuxhaven wurde das Boot 1936 mit einer starken Schutzkappe aus Stahlblech sowie breiten hölzernen Scheuerleisten als Ersatz für die zerstörten Tauwulste ausgestattet. Anhand dieser Angaben, in Kombination mit der Aufschrift „Friedrichskoog" auf dem Rettungsring, lässt sich das Foto vergleichsweise präzise auf den Zeitraum 1930 bis 1936 datieren.

[57] Die Funktionsweise der Vernebelung war einfach und – in Abhängigkeit von Wind und Wetterlage – effizient: Mithilfe von Druckluft wurde Chlorsulfonsäure versprüht, diese reagierte mit der Feuchtigkeit in der Umgebung und wurde in hygroskopische Schwefel- und Salzsäure gespalten. Mit dem so produzierten dichten, weißen Nebel sollten gezielte Bombenabwürfe erschwert werden. Hierfür waren neben Landnebelstellen auch Nebelboote im Einsatz.

[58] In der Luftwaffen-Dienstvorschrift 92/2: Breite: 3,40 m, Tiefgang: 0,70 m.

[59] Remotorisierung 1935: MWM Dieselmotor, 3 Zylinder, Leistung: 60 PS, Geschwindigkeit: 9 kn.

[60] Eine erneute Umbenennung des Bootes im Zuge der Umstationierung von Wangerooge nach Timmendorf / Poel ist nicht dokumentiert, demnach müssten ab August 1942 zwei Fahrzeuge gleichzeitig mit demselben Namen registriert gewesen sein: LÜBECK / KRD 415 und LÜBECK / KRB 203.

[61] Anstelle der Verlegung zur Luftwaffen-Seefahrtschule II Lobbe auf Rügen ist in der Publikation Strandgut – Materialien zur Schifffahrtsgeschichte als Verwendungszweck für diesen Zeitabschnitt angegeben: Luftwaffenstation an der dänischen Westküste.

Brüsterort befand sich 50 Kilometer nordwestlich von Königsberg an der äußersten nordwestlichen Festlandspitze von Samland in Ostpreußen. Ein Schießplatz aus Reichswehr-Zeiten wurde nach 1933 zu einem großen Flak-Schießplatz ausgebaut, der den Flugzeugen für das Flak-Schießen sowie anderen Einsatz- und Ausbildungsverbänden als Standort diente. Für die Flugzeuge, welche die Luftzielsäcke für das Flak-Schießen schleppten, entstand ein Einsatzhafen der Luftwaffe. Nach Herstellung seiner Einsatzbereitschaft wurde das Motorrettungsboot hierhin verlegt und zum seeseitigen Absperrdienst verwendet. Am 14. April 1945 wurde der Ort durch die Rote Armee erobert, die im Anschluss den Einsatzhafen zu einem Militärflughafen ausbaute.

[62] Für MRB BREMEN / KRD 418 ist im Seenot-Dienstplan 1934 die Geschwindigkeit mit 9,8 kn angegeben, offenbar ergab sich dieser Wert aus der von beiden Motoren erzeugten Dauerleistung von 2 x 72 PS bei 600/min. Für MRB KONSUL KLEYENSTÜBER / KRD 424 ist in der Luftwaffen-Dienstvorschrift 92/2 die Breite mit 3,5 m und der Tiefgang mit 1,5 m angegeben. Für beide Boote im Jb. 1950: Geschwindigkeit: 8,5 kn, Tiefgang: 1,40 m.

[63] Nach dem Kriegseinsatz an der französischen Kanalküste geschah die offizielle Rückgabe an die DGzRS am 24. April 1944. Für den 11. Juli 1944 ist eine Erwähnung als Reserveboot in Bremen dokumentiert, offenbar endete dieser Status mit der Umbenennung. Möglicherweise wurde einhergehend mit der Namens- auch die Rufzeichenänderung vorgenommen – Nachweise existieren für DUAB im Jahr 1934 und für DUAA im Dezember 1947. Die in der Fachliteratur gelistete Stationierung auf Borkum ab dem 24. April 1944 bis etwa Oktober 1944 erscheint demnach wenig plausibel oder wäre allenfalls als Vertretungsdienst zu deuten, zumal im fraglichen Zeitraum die Station Borkum mit MRB BREMEN / KRD 424 regulär besetzt war. Gleichermaßen lässt sich eine angebliche Stationierung auf Juist von Oktober 1944 bis Oktober 1945 unter anderem dadurch widerlegen, dass die hier beschriebene AUGUST NEBELTHAU am 25. April 1945 im Bereich des Seenotkommandos Luftflotte Reich am Fehmarnsund „klar" gemeldet war.

[64] HS ist die Kennung der Hafenschutzflottille Holland Süd / Kanalküste mit zahlreichen Stützpunkten in Frankreich. FO ist die Kennung der Hafenschutzflottille Frankreich / Ostende. FBo = Frankreich / Boulogne.

[65] Das Rufzeichen DUAC wurde für Verkehr auf der 800-Meter-Welle genutzt. Ergänzende Information in der Seenotdienstordnung für Luftfahrzeuge: Rufzeichen DABK für 600-Meter-Welle. DUAB im Dezember 1947 dokumentiert.

[66] Die in der vorhandenen Literatur für April 1944 angegebene Umbenennung in BREMEN erscheint zweifelhaft, denn demnach wären von April bis August 1944 zwei Fahrzeuge gleichzeitig mit demselben Namen registriert gewesen: BREMEN / KRD 418 und BREMEN / KRD 424. Folgender Hinweis dazu ist bei Zühlke / Schneeberg / Steemann in Untergang vor Borkum Band 2 zu finden: KONSUL KLEYENSTÜBER wird [von Borkum aus] später in Norderney stationiert [mutmaßlich 1944 im Anschluss an die dortige Stationierung des MRB KONSUL JOHN] und damit in NORDERNEY umbenannt, nach der Stationierung des neuen Bootes NORDERNEY [im Januar] 1945 dann in BREMEN umbenannt. [Die hier angegebene Umbenennung in NORDERNEY darf ebenfalls zumindest als nicht gesichert betrachtet werden.]

[67] Im DGzRS Bericht über das Rechnungsjahr 1929-30 und am Bootsrumpf ist der Name in der hier übernommenen Schreibweise angegeben: mit abgekürztem Adelsprädikat V., nicht VON.

[68] Dauerleistung: 16 PS, kurzzeitige Höchstleistung: 20 PS bei 750/min. Im Jb. 1950 (für LOTSENKOMMANDEUR V. KROHN) respektive in der Seenotdienstordnung der Luftwaffe (für HEINRICH STALLING) ist die Leistung mit 22 PS angegeben.

[69] Remotorisierung 1935 [?]: MWM Dieselmotor, 3 Zylinder, Leistung: 60 PS.

[70] In dem Dokument Sondereinsatz der Küstenrettungsboote, Juni 1942, ist das Rufzeichen DUAA für die derzeit unbesetzte Rettungsstation Juist vergeben. Offenbar war eine Verlegung des MRB AUGUST NEBELTHAU zur Station Juist vorgesehen, nachdem dort im April 1942 das MRB HORUMERSIEL abgezogen und zum Schwarzen Meer transportiert worden war. Die Tatsache, dass später stattdessen das MRB HAMBURG in AUGUST NEBELTHAU umbenannt und anschließend auf Juist stationiert wurde, stützt möglicherweise diese Annahme.

[71] Im angegebenen Stationierungszeitraum ist MRB AUGUST NEBELTHAU in einem zwischen August und Dezember 1940 erstellten Dokument (Verteilung der auf Bereitschaftsstellung liegenden Küsten-Motorrettungsboote in der Deutschen Bucht) der Rettungsstation Büsum zugeordnet. In der DGzRS-Publikation Kriegsjahr 1942 ist an zwei Stellen angegeben: AUGUST NEBELTHAU, Station Cuxhaven. Ab 1936 sowie im Jb. 1939 und darauffolgenden Veröffentlichungen erscheint der Stationsname als Adolf-Hitler-Koog. Der heutige Dieksanderkoog erstreckt sich über einen rund neun Kilometer langen Streifen vor Friedrichskoog. Nach der Besiedelung und Urbarmachung wurde der Bereich am 29. August 1935 als Adolf-Hitler-Koog eingeweiht und am 1. November 1935 die Gemeinde Adolf-Hitler-Koog gebildet, in diese wurde die seit 1854 bestehende, größere Gemeinde Friedrichskoog am 1. April 1939 eingegliedert. Nach dem Zweiten Weltkrieg wurden Koog und Gemeinde am 25. August 1945 in Dieksanderkoog umbenannt. Als verblasste Randnotiz der Geschichte darf vermerkt werden, dass das im Adolf-Hitler-Koog stationierte MRB AUGUST NEBELTHAU einen Namen jüdischer Herkunft trug.

[72] Dauerleistung: 20 PS bei 700/min, kurzzeitige Höchstleistung: 25 PS.

[73] Anhand dieses Bootes lässt sich exemplarisch und zugleich anschaulich der oftmals nachlässige Umgang mit dem vorhandenen Datenmaterial darstellen: Den vorliegenden Quellen ist zweifelsfrei zu entnehmen, dass das Boot im Zeitraum März bis Mai 1934 als kurzzeitige Vertretung vorübergehend in Pillau stationiert war, die Auflösung der Motorrettungsboot-Station Rügenwaldermünde im Sommer 1934 vollzogen wurde und dort das bisher am gleichen Ort stationierte Ruderrettungsboot verblieb. Diese Informationsgrundlage missachtend, wird in der Sekundärliteratur die Verlegung von Rügenwaldermünde nach Swinemünde üblicherweise um zwei Jahre vor-datiert. Dokumentiert ist ferner die formelle Rückgabe von der Kriegsmarine-Dienststelle an die DGzRS, rückwirkend zum 15. Januar 1945, verhandelt in Brake am 16. März 1945: „Offenbar ist das Boot in Dänemark verblieben, erhielt hier am 12. Dezember 1947 ein neues Rufzeichen zugeteilt. Vermerk vom 12. Dezember 1947: Boot seit 1944 in Dänemark, Rückkehr unbestimmt." Gegensätzliche Darstellungen – so etwa in der Ausstellung im historischen DGzRS-Rettungsschuppen auf Norderney – verkünden, das Boot „lief vermutlich auf eine treibende Seemine und ging mit seiner dreiköpfigen Besatzung unter" – eine auf Halbwissen und Mundpropaganda basierende Verwechslung mit dem MRB AUGUST NEBELTHAU.

[74] Am Bootsrumpf ist der Name in der hier übernommenen Schreibweise mit der ungebräuchlichen Abkürzung RICHD. statt RICHARD angegeben.

[75] Jb. 1950: Länge: 9,2 m, Leistung: 60 PS. Uneinheitlich ist in den folgenden Jb. auch der Bootsname dargestellt, so etwa in den Jahrgängen 1953 bis 1955 als KRD 428, ansonsten üblicherweise als MAASHOLM. Fotodokumente mit dem Schriftzug MAASHOLM am Bootsrumpf – allenfalls als Ergänzung zur vorhandenen Beschriftung KRD 428 – sind vergleichsweise selten aufzufinden.

[76] Am 29. Mai 1935 – somit am 70. Jahrestag der DGzRS-Gründung – wurde das Boot von der Bauwerft übergeben und ab Juni 1935 bis 1936 zunächst vertretungsweise für das wegen größerer Umbauten zurückgezogene MRB ADALBERT KORFF in List stationiert. In einem Zeitungs-

bericht zum 70-jährigen Bestehen der DGzRS heißt es: „Für die nächsten Jahre ist die Stationierung von etwa 20 dieser neuen Strand-Motorrettungsboote vorgesehen." Ebenso kündigte das Magazin Hansa im Juni 1936 eine Baureihe nach den Spezifikationen der MAASHOLM an: ein 5 t schweres Boot, 10,20 m lang, angetrieben von einem 50 PS 3 Zylinder Viertakt kompressorlosen Dieselmotor, Geschwindigkeit 9,5 kn, „vorwiegend an der Ostsee zu verwenden". Bei Übungen in List stellte sich jedoch heraus, dass das Boot für den Transport über Land mittels eines Bootswagens mit Raupenrädern nach holländischem Muster zu schwer war – der ursprünglich geplante Serienbau wurde daraufhin verworfen.

[77] Dauerleistung: 56 PS, kurzzeitige Höchstleistung: 60 PS bei 950/min.

[78] Im August 1935 wurde der Bau des Bootes beschlossen und nach den Anregungen und Vorschlägen des Horumersieler Vormanns Heinrich Tiarks gefertigt. Dessen Bruder Fritz war geschäftlicher Leiter der Rettungsstation und dem Reichskanzler Adolf Hitler kameradschaftlich verbunden, der bereits in der frühen Planungsphase um Zustimmung gebeten wurde, dieses Boot nach ihm benennen zu dürfen, was er jedoch ablehnte. Offiziell in Dienst gestellt wurde das Boot in Horumersiel am 15. September 1936. Im Bericht über das Rechnungsjahr 1936 werden am 12. und am 18. Oktober durchgeführte Rettungsfahrten fehlerhaft dem MRB HEINRICH TIARKS zugeordnet – zu diesem Zeitpunkt fuhr das Boot noch mit dem ursprünglichen Namen HORUMERSIEL. Der ehemalige Vormann Heinrich Tiarks verstarb am 18. Oktober 1936, mithin am selben Tag jener zweiten Rettungsfahrt. Schon bei seiner Beisetzung am 23. Oktober 1936 stand die Entscheidung fest, das Boot nach ihm umzubenennen. Die Oldenburgische Staatszeitung berichtet in ihrer Ausgabe vom 3. Februar 1937: „Wie gestern ausführlich gemeldet, fand in Horumersiel die feierliche Übergabe (...) des Motorrettungsbootes HEINRICH TIARKS (...) statt." Aus Anlass der Einweihung des neuen Bootsschuppens wurden die „endgültige Indienststellung" und eine zusätzliche Taufe am 11. Mai 1937 vollzogen.

[79] Jb. 1950: Länge: 15,0 m, Breite: 4,20 m, Tiefgang: 1,15 m.

[80] Zum Stationierungsverlauf lassen sich mehrere Ereignisse rekonstruieren: Im März 1936 fand die Übernahmefahrt statt, vom 4. bis 6. Juli 1936 die Anreise zur Konferenz nach Göteborg – zu diesem Zeitpunkt war das Boot der Hansa-Berichterstattung zufolge „kürzlich für die Rettungsstation Helgoland neu in Dienst" gestellt worden. Im Herbst desselben Jahres wurde die DANIEL DENKER an ihrem Liegeplatz im Helgoländer Augustahafen durch einen im Sturm losgerissenen Frachter an der Backbordseite erheblich beschädigt, zunächst provisorisch repariert und später zur Schadensbehebung in die Bauwerft überführt. Im Juni 1940 dem Kdo. SuB unterstellt, am 1. Juli 1940 tatsächliche und im Mai 1945 formelle Rückgabe an die DGzRS. Die in der Fachliteratur angegebene Stationierung in Cuxhaven von 1945 bis 1949 ist nicht als tatsächliche Einsatzbereitschaft zu betrachten. Vielmehr verlegte die DGzRS-Inspektion im Oktober 1945 die technische Seenotdienstleitung nach Cuxhaven (Amerika-Hafen, Frontier-House, Zimmer 12) und nutzte die DANIEL DENKER von diesem Standort aus für Inspektions- und Sonderfahrten. 1949 kehrte die Inspektion zurück nach Bremen. Eine Stationierung oder Stationsvertretung ist als Einzelereignis am 12. Dezember 1947 in Friedrichskoog dokumentiert, der Aufenthalt vom 6. Oktober 1949 bis Juli 1950 in Fedderwardersiel ist augenscheinlich als Vertretung für das dort stationierte MRB WILHELMINE WIESE zu bewerten.

[81] Zu den Dimensionen und Leistungsparametern der Boote dieser Klasse liefern die ausgewerteten Quellen voneinander abweichende, teils widersprüchliche Angaben.

ULRICH STEFFENS / KRD 426: Im DGzRS Rückblick auf das Jahr 1932 ist auf Seite 7 der Tiefgang mit 0,75 m, in derselben Publikation auf Seite 8 mit 0,85 m und im Jb. 1950 mit 0,70 m angegeben. In der Luftwaffen-Dienstvorschrift 92/2 ist die Breite mit 3,2 m angegeben – die häufiger zu findende Angabe 2,90 m gibt offenbar das Maß für die Breite auf Spanten an. In der Seenotdienstordnung der Luftwaffe ist die Leistung mit 45 PS angegeben. Einen neuen Motor mit einer Leistung von 60 PS erhielt das Boot erst 1944.

ADALBERT KORFF / KRD 427: Die Breitenangabe 2,90 m gibt offenbar das Maß für die Breite auf Spanten an. Jb. 1953: Leistung: 45 PS, Geschwindigkeit: 8 kn.

MATTHÄUS MÖLLER / KRD 433: Im Jb. 1938 und 1950: Länge: 11,0 m. Jb. 1950: Tiefgang: 0,80 m. Die Leistung ist in der Mai-Ausgabe 1938 der Hansa mit 75 PS, in der Januar-Ausgabe 1939 der Hansa mit 80 PS angegeben. Anzumerken ist außerdem, dass in den DGzRS-Publikationen unterschiedlich fehlerhafte Schreibweisen des Bootsnamens verwendet werden: im Jb. 1937 je einmal MATHÄUS und MATHEUS, im Jb. 1938 einmal MATHÄUS und zweimal MATHEUS, im Jb. 1940 erstmals korrekt MATTHÄUS, im Jb. 1954 MATHEUS.

POMMERN / KRD 437: In einer Werftzeichnung ist die Breite auf Spanten mit 3,30 m, die Breite über alles mit 3,10 m und der Tiefgang mit 0,95 m angegeben. Ungewöhnlich und vermutlich auf eine Verwechslung zurückzuführen ist die Tatsache, dass für die Breite über alles ein geringerer Wert angegeben ist als für die Breite auf Spanten.

[82] Im Jb. 1950 ist das Boot der Station Friedrichskoog – dort wurde das Rufzeichen DBAU zugeteilt – zugeordnet mit dem Vermerk „soll in Kürze in Pellworm stationiert werden". Anstelle der angekündigten Verlegung der PELLWORM auf die gleichnamige Insel wurde dort das baugleiche Boot MATTHÄUS MÖLLER stationiert. Für 1951 sind zwei von Cuxhaven aus gefahrene Einsätze der PELLWORM dokumentiert.

[83] Vom 2. April bis 1. Juli 1950 war die GREETSIEL an die Deutsche Erdöl AG für die Absicherung der Suche nach Offshore-Erdölvorkommen in der Wesermündung verchartert. Am 12.

Oktober 1950 kenterte das Boot während einer Fahrt von Amrum nach Cuxhaven bei stürmischem Wetter mit schweren Grundseen, wobei zwei Rettungsmänner ums Leben kamen.

[84] Ursprünglich war die Erststationierung dieses Bootes in Heiligenhafen geplant, im Gegenzug sollte das MRB GEHEIMRAT SARTORI von dort nach Burgstaaken verlegt werden. 1938 lag MATTHÄUS MÖLLER in Burgstaaken anfangs im Wasser und sollte später in Burgtiefe im Stationsgebäude mit Ablaufbahn untergebracht werden. 1940 ist ein von Heiligenhafen aus gefahrener Einsatz dokumentiert.

[85] Für LOTSENKOMMANDEUR LEPPERT ist im Jb. 1937 als Baujahr 1938, die Breite mit 2,30 m und als Rumpfmaterial Stahl, in den Jb. 1950 und der 1960er-Jahre die Breite mit 2,40 m, der Tiefgang mit 0,50 m und die Leistung mit 40 PS angegeben. Für JOHN KÖSTER und GEHEIMRAT LADISCH im Jb. 1950: Tiefgang: 0,50 m, Leistung: 40 PS.

[86] Nach Auswertung der vorliegenden Quellen wurde das Boot bereits am 7. März 1943 dem Kdo. SuB Westerland unterstellt und am 1. Mai 1943 in Munkmarsch auf Sylt stationiert, mit Bereitschaftsposition P1 vor dem Hafen Munkmarsch. Dort ist eine Stationierung am 25. April 1945 dokumentiert, die Auflösung der Station geschah demzufolge nach diesem Datum.

[87] Schon bei der Gesellschaftsversammlung 1930 wurde beschlossen, ein „8,75 m langes offenes Motorrettungsboot aus kanneliertem Stahlblech mit 20 PS kompressorlosem Dieselmotor sowie einen neuen Bootswagen und einen Raupenschlepper für Wangerooge zu beschaffen". Für das Boot waren 20.000 RM, für den Raupenschlepper 10.000 RM und für den Bootswagen 5000 RM veranschlagt. Erst am 24. Mai 1938 wurde der Bauauftrag erteilt. Unmittelbar nach der Stationierung auf Wangerooge erfolgte eine dreitägige Erprobung, bei der vor den eigentlichen Übungsfahrten das Zuwasserbringen des Bootes auf seinem schweren eisernen Transportwagen geübt wurde. Obwohl das Fahrzeug bei den Schleppversuchen – sowohl mit einem Vorspann von zehn bis zwölf Pferden als auch mit einem sechsachsigen Raupenschlepper – oft im weichen Sand der Dünen steckenblieb, wurde es am 29. Januar 1939 der DGzRS-Mannschaft übergeben und in Dienst gestellt. Schon im März 1939 erhielt die Station eine neue Hanomag Zugmaschine mit 50 PS, die sich für die Bewältigung des Transports sowohl durch die Dünen als auch im Watt nur bedingt eignete. Weil die Station Wangerooge mit den MRB JOHN KÖSTER / KRD 435 und LÜBECK / KRD 415 vorübergehend doppelt besetzt war, ist in der Stationierungsübersicht keine Nachfolge angegeben.

[88] Ursprünglich war eine Stationierung des Bootes in Cranz an der Samlandküste geplant – darauf deutet auch die Wahl des Bootsnamens hin, mit dem ein regionaler Bezug hergestellt werden sollte: Die Station Cranz fiel in den Zuständigkeitsbereich des DGzRS-Bezirksvereins Königsberg mit seinem Vorsitzenden, der als Hafenbauinspektor und Baurat in Danzig-Neufahrwasser zugleich Namensgeber des Bootes war. Der Umstand, dass anstelle des in Aussicht gestellten Erwerbs von drei Raupenschleppern für die Stationen Ording, Prerow und Cranz tatsächlich nur zwei Stück gekauft und an den beiden erstgenannten Orten eingesetzt wurden, belegt zusätzlich die nicht vollzogene Stationierung eines motorisierten Strandrettungsbootes in Cranz.

Am 20. Juni 1938 wurde der Bauauftrag erteilt – im Jb. 1938 ist als Baujahr 1938 angekündigt, im Jb. 1939 wird der Zustand des Bootes als „nahezu fertig, aber noch nicht in Dienst gestellt" beschrieben. Am 14. April 1939 fand die erste Übergabe von der Werft an die DGzRS statt, anschließend die Erprobung in der Nordsee. Das Fehlen einzelner Motorteile verzögerte die endgültige Fertigstellung, nach einem Umbau für 3000 RM übergab die Werft das Boot am 8. April 1940 erneut. In der Mai-Ausgabe 1940 des Magazins Hansa ist das Baujahr 1940 angegeben.

Nach Angaben im DGzRS Bericht für das Kriegsjahr 1940 wurde ein „6 to Strandmotorrettungsboot für Westerland in Auftrag gegeben", das offenbar nie gebaut wurde, was wiederum die Erststationierung der GEHEIMRAT LADISCH in Westerland erklärt. Dort war das Boot auf seiner Bereitschaftsposition am Weststrand der Insel Sylt stationiert, von 1944 bis 1948 zeitgleich mit der CARL BEHNK. Aufgrund dieser Doppelbesetzung ist in der Stationierungsübersicht keine Nachfolge angegeben.

[89] Zwischen den Registernummern KRD 440 und KRD 445 ist die Zählweise unterbrochen, weil die Bauaufträge für folgende Einheiten nicht ausgeführt wurden:

KRD 441	H. Havighorst Werft		Bau-Nr. 2922
Länge: 16,50 m	Leistung: 200 PS		
Auftrag am 11. März 1941			
KRD 442	H. Havighorst Werft		Bau-Nr. 2925
Länge: 11,65 m	Leistung: 75 PS		
Auftrag am 1. August 1941			
KRD 443	Schiffswerft August Pahl		Bau-Nr. 237
Länge: 11,00 m	Leistung: 80 PS	Geschwindigkeit: 8,5 kn	
Auftrag am 31. August 1940			Auftraggeber: Luftwaffe
KRD 444	Schiffswerft August Pahl		Bau-Nr. 238
Länge: 11,00 m	Leistung: 80 PS	Geschwindigkeit: 8,5 kn	
Auftrag am 31. August 1940			Auftraggeber: Luftwaffe

[90] Für SCHLEI ist in den Jb. 1957 und 1958 die Geschwindigkeit mit 10 kn angegeben. Für JUIST ist in den Jb. 1950, 1957 und 1958 als Baujahr 1945 und der Tiefgang mit 1,25 m angegeben.

[91] Die Erststationierung im Dezember 1944, die Zuordnung zum Kommando Versorgung Luftwaffe (See) in List ab dem 26. Februar 1945 und die im Mai 1945 vollzogene formelle Rückgabe an die DGzRS erlauben die Schlussfolgerung, dass das gleichnamige MRB ADALBERT KORFF / KRD 427 zwischen dessen Rückgabe an die DGzRS im Dezember 1944 und der Umbenennung in GREETSIEL ohne Funktion auflag – andernfalls wären zwei Boote mit dem Namen ADALBERT KORFF gleichzeitig registriert gewesen.

[92] Seenotrettungsboot taufte sich selbst, so titelte die Nordsee-Zeitung in ihrer Ausgabe vom 17. Oktober 1950: „Das Seenotrettungsboot ADALBERT KORFF ist auf Beschluss der Seenotdienstleitung auf den Namen HANS HARTMANN umgetauft worden. Die neue Taufe hatte das Seenotrettungsboot bereits vor einigen Tagen selbst vollzogen. Starke Wellenbrecher hatten auf See die Blechverkleidung mit dem bisherigen Namen des Bootes zerschlagen, so dass der darunter liegende Name HANS HARTMANN zum Vorschein kam." Benannt wurde das Boot nach dem ehemaligen, seit 1931 auf der DGzRS-Station Friedrichskoog tätigen Vormann – seine Tochter war bei der offiziellen Zeremonie die Taufpatin des Bootes.

[93] Üblicherweise wird für diese beiden Groß-Motorrettungsboote das Baujahr 1944 angegeben, so etwa in den Jb. 1950 und 1953. Nach Auswertung der vorhandenen Quellen lässt sich davon abweichend ein uneinheitliches Bild herleiten:

KRA 101 soll demnach bereits im September 1942 bei der Luftzeug-Gruppe See Kiel verwendet worden sein. Bei dieser Angabe wiederum ist zu berücksichtigen, dass im September 1942 das ebenfalls bei der Pahl Werft gebaute, gleichnamige MRB HINDENBURG / KRB 201 in Dienst gestellt wurde – in dem ansonsten gut strukturierten Nachschlagewerk von Gröner / Jung führt die mehrfache Vergabe des Namens zu einer offensichtlichen Verwechslung beider Boote. Nach einem persönlichen Gespräch mit DGzRS-Inspektor John Schumacher schrieb der Berichterstatter der Sylter Rundschau in der Ausgabe vom 14. Juli 1967 – allerdings nicht als wörtliches Zitat Schumachers gekennzeichnet – über die HINDENBURG / KRA 101, sie „ist seit 1942 im Dienst". Unklar bleibt also, ob die ursprünglich für eine Stationierung auf Langeoog bestimmte HINDENBURG / KRA 101 tatsächlich 1944 – somit vier Jahre nach der Auftragsvergabe – erstmalig in Dienst gestellt oder nur vom Kdo. SuB Deutsche Bucht / Cuxhaven formell an die DGzRS zurückgegeben wurde und erst dann ihren Namen erhielt.

Mit einiger Sicherheit lässt sich immerhin rekonstruieren, warum für die HINDENBURG / KRA 101 und für die WESER / KRB 209 ein- und dasselbe Indienststellungsdatum in Umlauf gebracht wurde: In der Festschrift zum 75-jährigen Bestehen der August Pahl Werft ist eine Werftzeichnung der HINDENBURG zusammen mit dem in diesem Buch auf Seite 33 links gezeigten Foto und der gemeinsamen Bildzeile „Seenot-Motorrettungsboot, abgeliefert am 22. Dezember 1944" abgebildet – auf dem Bild dargestellt ist allerdings nicht das bis dahin größte DGzRS-Motorrettungsboot HINDENBURG, sondern die WESER. In gleicher Weise unscharf ist die Informationslage zur NORDERNEY, die am 19. Oktober 1940 beim Kdo. SuB Deutsche Bucht gemeldet, ebenfalls im Dezember 1944 formell an die DGzRS zurückgegeben und im Folgemonat auf Norderney stationiert worden sein soll.

Im Rahmen des 1941 von der DGzRS-Inspektion entwickelten Kriegsbauprogramms für künftige Rettungseinheiten wurden unter Berücksichtigung des Kriegseinsatzes 14 weitere Boote dieses Typs in Auftrag gegeben. Bedingt durch Rohstoffmangel sowie Überbeanspruchung der vorhandenen Werftkapazitäten wurden die Bauaufträge für folgende Einheiten nicht ausgeführt:

KRA 102	Schiffswerft August Pahl	Bau-Nr. 258	Auftrag am 28. August 1941
KRA 103	Schiffswerft August Pahl	Bau-Nr. 259	Auftrag am 28. August 1941
KRA 104	Schiffswerft August Pahl	Bau-Nr. 266	Auftrag am 9. Januar 1942
KRA 105	Schiffswerft August Pahl	Bau-Nr. 267	Auftrag am 9. Januar 1942
KRA 106	Schiffswerft August Pahl	Bau-Nr. 268	Auftrag am 9. Januar 1942
KRA 107	Schiffswerft August Pahl	Bau-Nr. 269	Auftrag am 9. Januar 1942
KRA 108	Schiffswerft August Pahl	Bau-Nr. 270	Auftrag am 9. Januar 1942
KRA 109	Schiffswerft August Pahl	Bau-Nr. 271	Auftrag am 9. Januar 1942

Länge: 17,50 m   Breite: 5,00 m   Tiefgang: 1,40 m   Verdrängung: 60 t

KRA 152 / LIBAU	Fr. Lürssen Werft	Bau-Nr. 12868	Auftrag am 29. August 1939
KRA 153 / MEMEL	Fr. Lürssen Werft	Bau-Nr. 12869	Auftrag am 14. April 1942
KRA 154 / NEUFAHRWASSER	Fr. Lürssen Werft	Bau-Nr. 12870	Auftrag am 14. April 1942
KRA 155	Fr. Lürssen Werft	Bau-Nr. 12873	Auftrag am 14. April 1942
KRA 156	Fr. Lürssen Werft	Bau-Nr. 12906	Auftrag am 14. April 1942
KRA 157	Fr. Lürssen Werft	Bau-Nr. 12907	Auftrag am 14. April 1942

Länge: 17,30 m   Breite: 5,00 m   Tiefgang: 1,40 m   Verdrängung: 55 t

Die vorgesehene Namensgebung der Einheiten KRA 152 bis KRA 154 weist zugleich auf deren geplante Stationierungsorte hin. Ende 1943 wanderte der Lürssen-Auftrag zur H. Havighorst Werft in Blumenthal, aber auch dort unterblieb die Bauausführung.

[94] Dauerleistung: 2 x 150 PS, kurzzeitige Höchstleistung: 2 x 200 PS. Zu den Dimensionen der beiden Boote liefern die ausgewerteten Quellen teils abweichende Angaben:

HINDENBURG / KRA 101: In den Jb. 1950 und 1953 ist der Tiefgang mit 1,40 m, in einer Werbeanzeige der Pahl Werft ist die Verdrängung mit 52 t angegeben.
NORDERNEY / KRA 151: Ursprünglich war eine Länge von 17,50 m geplant. In der Heftreihe SOS Schicksale deutscher Schiffe ist die Länge mit 17,4 m und der Tiefgang mit 1,7 m, im Jb. 1950

die Leistung mit 300 PS, in den Jb. der 1960er-Jahre die Breite mit 5,0 m und in einer Verkaufsanzeige von 2017 die Breite mit 5,20 m angegeben.

[95] Büsum und Friedrichskoog bildeten ab 1958 zusammen die Station Dithmarschen. Die auf Seeposition liegende HINDENBURG nutzte im angegebenen Zeitraum beide Häfen als Versorgungspunkte. Im Jb. 1974 ist letztmalig die Stationsbezeichnung Dithmarschen angegeben, schon im Jb. 1973 ist MRB RICKMER BOCK der Station Büsum zugeteilt.

[96] Der Wert ist dem Jb. 1950 entnommen; in anderen Quellen ist für Boote dieser Klasse der Tiefgang mit 1,80 m, für MRB LÜBECK war auf einer Tafel im Inselmuseum Wangerooge die Länge mit 13,40 m angegeben. Im Jb. 1950 ist für HINDENBURG / KRB 201 die Geschwindigkeit mit 8 kn angegeben, nach einer Darstellung im DGzRS Bericht Kriegsjahr 1942 wurde mit demselben Boot eine durchschnittliche Geschwindigkeit von 8,7 kn bei Windstärke 10 gemessen.

[97] Im DGzRS Bericht Kriegsjahr 1940 ist angekündigt, ein 15,60 m langes Einschrauben-Motorrettungsboot für Dorumertief sei neu in Auftrag gegeben – ein Fahrzeug dieser Länge wurde allerdings nie gebaut. Organisatorisch und personell der Station Dorumertief zugeordnet, lag die GEH.RAT GERLACH überwiegend auf der Seeposition beim Leuchtturm Hohe Weg.

Das Datum der Umstationierung nach Hörnum lässt sich nicht exakt rekonstruieren – am 3. Januar 1944 war dieses dritte von fünf für die Luftwaffe gebauten Boote dem Kdo. SuB, Sbk. V / Hörnum unterstellt, im Mai 1945 wurde es formell an die DGzRS übertragen. Anzunehmen ist, dass die Umbenennung in GEH.RAT SARTORI bereits einhergehend mit der Verlegung nach Hörnum stattfand.

[98] In Ausgabe 7/1997 der Boots-Börse wurde der Stahlkutter LACS IV, Liegeplatz Hamburg, zum Preis von 60.000 DM und mit folgenden Spezifikationen angeboten: Länge: 13,12 m, Breite: 3,82 m, Tiefgang: 1,60 m, Motorisierung: Schiffsdiesel Mercedes, Leistung: 155 PS. Mit dieser Verkaufsanzeige verliert sich die Spur des ehemaligen Rettungsbootes.

[99] Für diese Bootsklasse ist in nahezu allen DGzRS-Publikationen die Länge mit 14,0 m und die Breite mit 4,55 m angegeben. Davon abweichend ermittelte SchiffsModell-Autor Peter Gerhard Anfang der 1980er-Jahre nach eigener Präzisionsmessung für die RICKMER BOCK folgende Werte: Länge: 13,90 m, Breite: 4,92 m, Tiefgang: 1,42 m. Der Rumpf der RICKMER BOCK wurde als Knickspanter konstruiert, wohingegen die anderen drei Boote als Rundspanter typisiert sind – ob die Maße des einen Bootes mit den anderen drei Einheiten dieses Typs übereinstimmen, erscheint demnach ebenso fraglich wie die 1972 in einem Merian-Heft veröffentlichte, wohl aufgrund einer Aussage des Langeooger Vormanns zustande gekommene Längenangabe 14,5 m für MRB LANGEOOG. Gerhards Längenmessung wurde in die von der DGzRS herausgegebenen Modellbau-Unterlagen und auf dieser Basis in die Datensätze des vorliegenden Werkes übernommen.

Die Bauaufträge für folgende Einheiten dieser Bootsklasse wurden nicht ausgeführt:

KRB 212	Schiffswerft August Pahl	Bau-Nr. 257	Auftrag am 28. August 1941
KRB 213	Schiffswerft August Pahl	Bau-Nr. 260	Auftrag am 9. Januar 1942
KRB 214	Schiffswerft August Pahl	Bau-Nr. 261	Auftrag am 9. Januar 1942
KRB 215	Schiffswerft August Pahl	Bau-Nr. 262	Auftrag am 9. Januar 1942
KRB 216	Schiffswerft August Pahl	Bau-Nr. 263	Auftrag am 9. Januar 1942
KRB 217	Schiffswerft August Pahl	Bau-Nr. 264	Auftrag am 9. Januar 1942
KRB 218	Schiffswerft August Pahl	Bau-Nr. 265	Auftrag am 9. Januar 1942

[100] Zum Indienststellungs-Zeitpunkt der HINDENBURG / KRB 208 existieren zwei unterschiedliche, indessen aufeinander aufbauende Versionen:

Nach Gröner / Jung (adaptiert von Schmelzkopf und anderen) wurde das Boot am 18. November 1943 dem Kdo. SuB, Sbk. V / Dorumertief zugeordnet und am 1. Oktober 1944 an die DGzRS zurückgegeben.

Nach Esmann (adaptiert von Borgert und anderen) wurde es im Oktober 1944 in Dienst gestellt. Zweifel an dieser Version lässt der Umstand aufkommen, dass die HINDENBURG / KRB 208 somit nur zwei Monate nach ihrer Indienststellung – im Zuge der Inbetriebnahme der HINDENBURG / KRA 101 – umbenannt worden wäre. Vorausgesetzt, dass bereits im Oktober die für Dezember avisierte Fertigstellung oder Rücknahme – siehe Anmerkung [93] – der HINDENBURG / KRA 101 feststand, hätte man sinnvollerweise für HINDENBURG / KRB 208 von Anfang an einen anderen Namen ausgewählt. Auf der Werftplakette sowie im Jb. 1950, das allerdings eine Reihe fragwürdiger Daten enthält, ist das Baujahr 1944 angegeben.

Unberücksichtigt in der hier dargestellten Stationierungsübersicht sind drei kurze Vertretungszeiträume auf Borkum im April 1945, auf Norderney im August / September 1945 sowie in List im September / Oktober 1955.

[101] Zum Indienststellungs-Zeitpunkt der WESER / KRB 209 existieren zwei unterschiedliche Versionen, demnach wurde sie entweder am 22. Dezember 1944 von der Werft ausgeliefert – siehe Anmerkung [93] – oder bereits im Oktober 1944 in Bremerhaven stationiert und am 22. Dezember 1944 dem Kdo. SuB / Sondereinsatz Deutsche Bucht zugeordnet. In beiden Fällen ist davon auszugehen, dass seit der Indienststellung der WESER / KRB 209 die gleichnamige WESER / KRD 440 bis zu ihrer Umbenennung in SCHLEI ohne Funktion blieb – andernfalls wären zwei Fahrzeuge mit demselben Namen gleichzeitig registriert gewesen.

In den Wintermonaten 1964/1965 war MRB WESER zusammen mit dem SK GEORG BREUSING vorübergehend auf Borkum stationiert, weil die DGzRS-Inspektion dort bei den Erdölbohrungen erhöhte Wachsamkeit forderte, um in Gefahrensituationen im Bereich der Bohrinseln „erforderlichenfalls sofort eingreifen zu können" (Hansa 3/1965).

[102] Die Bauaufträge für folgende Einheiten dieser Bootsklasse wurden nicht ausgeführt:

KRC 307	Fr. Lürssen Werft	Bau-Nr. 12929	Baujahr 1945 (geplant)
übergeben an Abeking & Rasmussen		Bau-Nr. 3972	durch Feuer vernichtet
KRC 308	Fr. Lürssen Werft	Bau-Nr. 12930	Baujahr 1945 (geplant)
übergeben an Abeking & Rasmussen		Bau-Nr. 3973	durch Feuer vernichtet
KRC 310	Fr. Lürssen Werft	Bau-Nr. 12932	Auftrag am 14. April 1942
KRC 311	Fr. Lürssen Werft	Bau-Nr. 12933	Auftrag am 14. April 1942
KRC 312	Fr. Lürssen Werft	Bau-Nr. 12934	Auftrag am 14. April 1942
KRC 313	Fr. Lürssen Werft	Bau-Nr. 12935	Auftrag am 14. April 1942
KRC 314	Fr. Lürssen Werft	Bau-Nr. 12936	Auftrag am 14. April 1942

Länge: 10,50 m Breite: 2,90 m Tiefgang: 0,67 m

[103] Zu den Spezifikationen der Boote liefern die ausgewerteten Quellen teils voneinander abweichende Angaben:

CARL BEHNK / KRC 301: Jb. 1950: Breite: 2,90 m, Tiefgang: 0,60 m.

KRC 302: Im Jb. 1950 ist der Tiefgang mit 0,60 m, in der Internetquelle historisches-marine-archiv.de mit 0,65 m angegeben. Nach dem Umbau zur Motoryacht ist in einer Verkaufsanzeige von 2013 die Länge mit 9,50 m und in einer undatierten Anzeige die Länge mit 9,90 m, die Breite mit 2,95 m angegeben.

HORUMERSIEL / KRC 304: Im Jb. 1953 ist die Leistung mit 60 PS angegeben. In einem am 27. Juni 1978 erstellten Wertgutachten über das inzwischen zur Motoryacht ALBATROS umgebaute Fahrzeug ist die Breite mit 3,15 m und der Tiefgang mit 0,80 m angegeben.

HEINRICH WIESE / KRC 305: Im Jb. 1950 ist der Tiefgang mit 0,60 m angegeben.

WILHELMINE WIESE / KRC 306: In Werft-Unterlagen ist die Länge über alles (gemessen bis zur Kante des Ruderblatts) mit 10,8 m angegeben. In den Jb. 1950 und 1971 ist die Breite mit 2,80 m und die Leistung mit 60 PS angegeben.

ULRICH STEFFENS / KRC 309: In den Jb. 1950 und 1977 ist als Baujahr 1945, im Jb. 1960 ist als Baujahr 1944, in den Jb. 1950 und 1971 ist die Breite mit 2,80 m und die Leistung mit 60 PS angegeben.

[104] Für eine am 29. September 1895 vollbrachte Rettung wurde H. H. Bunje die Kleine Goldene Medaille aus der Laeisz Stiftung der DGzRS verliehen: Als Kapitän der Bremer Bark KIANDRA hatte er die Rettungsaktion für neun Personen vom kanadischen Dreimastschoner SENTINEL geleitet. Weitere Reisen sind bis ins 20. Jahrhundert nachgewiesen, demnach ist die Angabe bei Esmann, der Namensgeber des Bootes sei 1895 verstorben, unzutreffend.

[105] Den Bauauftrag für KRC 303 erteilte die DGzRS am 14. April 1942 an die Fr. Lürssen Werft. 1944 war das Boot dem Kdo. SuB, Sbk. V / Westeraccumersiel zugeordnet. Dabei handelte es sich möglicherweise nur um eine formelle Zuordnung und keine tatsächlich vollzogene Stationierung, denn der Anzeiger für Harlingerland berichtet in der Ausgabe vom 8. November 1949: „Westeraccumersiel. Sonnabend lief von Lemwerder [= von der dort eingerichteten DGzRS-Werftdienststelle] kommend das Motorrettungsboot KRC 303 in den Hafen ein. (...) Mit einer besonderen Einweihungsfeier erfolgt die endgültige Indienststellung." In demselben Zeitungsbericht ist die Motorleistung mit 75 PS angegeben. Die gleiche Zeitung setzte in der Ausgabe vom 15. August 1950 die Berichterstattung fort: „Die Taufe des neuen [sic!] Motorrettungsbootes wird im September erfolgen. Das Schiff wird dann den Namen WESTERACCUMERSIEL erhalten." Ergänzend dazu wird im Harlinger Heimatkalender 2008 rückblickend berichtet: „Aus Kosten- und Zeitgründen soll keine offizielle Taufe stattgefunden haben."

Ein gleichartiges Stationierungs-Vakuum zwischen 1944 und 1949 besteht für MRB HORUMERSIEL / KRC 304. Auch dieser Bauauftrag vom 14. April 1942 soll von Fr. Lürssen an Abeking & Rasmussen übertragen worden sein. Möglicherweise entspricht die 1944 vollzogene Zuteilung zum Kdo. SuB, Sbk. V nicht dem Zeitpunkt der tatsächlichen Ablieferung. Denn auch KRC 309 soll laut Gröner / Jung – dort allerdings inkorrekt als KRC 307 gelistet – schon 1945 beim Kdo. SuB, Sbk. V / Neuharlingersiel in Fahrt und im Mai 1945 an die DGzRS zurückgegeben worden sein. Hierbei handelte es sich offenbar um eine Bereitstellung und Rückgabe, die mit einem noch nicht vorhandenen Boot „nur auf dem Papier" vollzogen wurde.

Dass die Boote bis 1949 unter britischer „Beschlagnahme" standen, wie es für HEINRICH WIESE / KRC 305 in der zum Anlass 125 Jahre Rettungsstation Laboe herausgegebenen Festschrift angegeben ist, entspricht in dieser Formulierung nur unzureichend den Tatsachen und erklärt somit nicht das Fehlen von Stationierungsdaten in diesem Zeitraum. Siehe hierzu auch die Anmerkung [02] im folgenden Kapitel.

[106] Remotorisierung 1960: MWM AKD 412 SV, Leistung: 52 PS.

[107] Remotorisierung 1961: MWM KD 412 V, Leistung: 53 PS.

250 PS und mehr Seefeste Selbstaufrichter – Made in Germany

[01] Im Januar 1948 führten vier Motorrettungsboote eine Flugsicherung für die Royal Air Force durch, im Oktober 1948 beteiligten sich vier Motorrettungsboote an einer vergeblichen Rettungsfahrt für ein abgestürztes Mehrzweckflugzeug vom Typ Mosquito. Eine interessante Randnotiz in diesem Zusammenhang stellen die Bemühungen von John Schumacher um zwei schnelle Flugsicherungsboote der ehemaligen Luftwaffe dar, die wegen Eigenbedarfs der U.S. Air Force jedoch vergeblich blieben.

[02] Nach Kriegsende war der Betrieb der Reparaturwerkstätte vorübergehend stillgelegt; im Bootslager der Werft Strenge & Sohn befanden sich im Juli 1945 drei DGzRS-Rettungsboote, über die ohne Genehmigung der britischen Militärregierung nicht frei verfügt werden konnte. In diesem Zusammenhang muss die Paranthese der folgenden, aus dem Jb. 1951 herausgegriffenen und auf die Nachkriegszeit 1945 rückblickenden Aussage als Apotheose kritisch betrachtet werden: „Das Rettungswerk, intakt und auf vollen Touren laufend, verursachte erhebliche Kosten."

[03] Der DGzRS Rückblick auf das Jahr 1947 enthält im Kapitel „Internationale Zusammenarbeit" – demnach in den falschen Zusammenhang eingeordnet – die Information: „An Neubauten wurde im Jahre 1947 lediglich ein 6-To.-Strandmotorrettungsboot vergeben." In der chronologischen Abfolge kann hiermit nur MRB ULRICH STEFFENS gemeint sein. Auf einer Schautafel direkt neben dem im Rettungsschuppen-Museum in Neuharlingersiel aufgestellten Boot ist davon abweichend die Jahreszahl 1945 als Datum der Fertigstellung angegeben.

[04] Bei Ausbruch des Zweiten Weltkriegs wurde auf Anordnung der militärischen Dienststellen die Einsatzbereitschaft der Rettungsstationen vor allem im Bereich der Nordseeküste gesteigert. Um eine verbesserte Einsatzbereitschaft der Rettungsboote auf ihren dauerhaft besetzten Bereitschaftspositionen gewährleisten zu können, war es notwendig, einen Teil der bisher freiwillig tätigen Rettungsmänner vorübergehend fest anzustellen. Die daraus resultierenden Mehrkosten wurden der Gesellschaft nach den Richtlinien der deutschen Kriegsmarine durch die deutschen militärischen Dienststellen erstattet, nach Kriegsende dann auf Anordnung der Besatzungsmächte von den deutschen zuständigen Stellen. Die Militärregierung beauftragte die DGzRS, auch nach der Währungsreform gegen Erstattung der Unkosten die erhöhte Einsatzbereitschaft ihrer Stationen aufrechtzuerhalten, die dafür benötigten Mittel sollte die Verwaltung für Verkehr bereitstellen. Das zuständige Seeschifffahrtsamt lehnte jedoch erst am 15. Juli 1948, also nach der Währungsreform, die Bereitstellung der erforderlichen Gelder ab, woraufhin die DGzRS sich zur Entlassung ihrer Angestellten gezwungen sah. Unmittelbar wurde die vor Kriegsbeginn praktizierte Freiwilligkeit der Rettungsmänner wieder etabliert, nur auf den Groß-Motorrettungsbooten blieben für die Wartung und Instandhaltung des Materials durchschnittlich zwei Mann fest angestellt.

[05] Schriftliche Mitteilung der Finanzbehörde der Hansestadt Bremen an die Hansestadt Hamburg, Behörde für Wirtschaft und Verkehr, Allgemeine Abteilung, vom 17. März 1949; Antwortschreiben auf eine Anfrage vom 10. März 1949. In den Folgejahren stieg der aus Bremen gewährte jährliche Zuschuss von 8000 DM auf 12.000 DM.

[06] Die genannte Gesamtsumme in DM entspricht ca. 314.000 Euro, bezogen auf das Kaufkraftäquivalent im Entstehungsjahr des vorliegenden Werkes.

[07] Jb. 1953: Geschwindigkeit: ca. 15 kn. In anderen Quellen: Leistung: 2 x 29 PS.

[08] Im Magazin Hansa 17-18/1955 ist der Tiefgang mit 1,35 m angegeben.

[09] Bis einschließlich 1959 erschien dieses erste gesamt aus Aluminium gebaute Boot in keiner Einsatz-Chronik, offenbar blieb es bis zur erstmals in den M. a. u. A. Nr. 40 / Juni 1960 erwähnten Stationierung in Bremerhaven ohne jegliche Funktion. Ab 1960 wurden uneinheitlich die Schreibweisen KR T 1, KR T.1 und KRT. 1 sowie die Typbezeichnungen Reserve-Tochterboot respektive Tochterboot – noch im Jb. des Außerdienststellungs-Jahres 1977 – verwendet. Auf der am Boot befestigten Hinweistafel im Schiffs- und Marine-Museum Senden war das Baujahr 1955, im Jb. 1960 das Baujahr 1959 und im Jb. 1963 das Baujahr 1956 jeweils fehlerhaft angegeben. Im Sommer 1969 wurde das Boot nach Maasholm verlegt – dort war es 1971/1972 offenbar zeitgleich mit dem SRB TRIENTJE stationiert, denn in Grömitz ist die KURT GRUNDMANN erstmals im Jb. 1973 gelistet.

[10] In dem aus Anlass der vom 23. bis 25. Juni 1959 in Bremen stattfindenden VIII. International Lifeboat Conference verfassten und in Hansa 25-26/1959 veröffentlichten Aufsatz „Der neue Seenot-Rettungskreuzer" schreibt Kapt. John Schumacher über diese Schiffsklasse: „Der neue Rettungsbootstyp, den wir als Rettungskreuzer bezeichnen, weil er zur schnelleren Einsatzbereitschaft auf Seeposition kreuzen soll (...)." Das für den Rettungsdienst wenig praktikable Konzept des permanent kreuzenden Einsatzfahrzeugs wurde allerdings nur in Ausnahmefällen praktiziert und somit darf angemerkt werden, dass bis in die Gegenwart hinein für keinen Seenotrettungskreuzer diese inzwischen etablierte Bezeichnung gerechtfertigt wäre.

[11] Hier ist die Dauerleistung, in zahlreichen Veröffentlichungen hingegen die kurzzeitige Höchstleistung angegeben, deren Zahlenwerte eine geringere Aussagekraft besitzen: 1 x 1350 PS / 2 x 180 PS = 1710 PS. Im Jb. 1971 und anderen Quellen wird der Höchstleistungs-Wert für den Mittelmotor mit dem Dauerleistungs-Wert für die Seitenmotoren in dieser Schreibweise kombiniert: 1 x 1350 / 2 x 150 = 1650 PS. Alle vier Seenotkreuzer dieser Klasse erhielten 1971 bis 1972 neue Seitenmotoren OM 355, Dauerleistung: 2 x 200 PS. Gesamt-Höchstleistung nach der Remotorisierung: 1 x 1350 PS / 2 x 240 PS = 1830 PS, Geschwindigkeit: 18 kn. Für SK HAMBURG ist in einer Auktionsanzeige von 2017 Hauptmotor Maybach Mercedes angegeben.

[12] In M. a. u. A. Nr. 33 / April 1958 ist für den Seenotkreuzer die Verdrängung mit 52 t, für das Tochterboot die Leistung mit 34 PS angegeben.

[13] Erika Kuper ist die ältere der beiden Töchter des damaligen Vormanns der DGzRS-Station Langeoog Hillrich Kuper. Die Angabe bei Esmann, sie habe „auch das Tochterboot auf den Namen TÜNNES" getauft, ist unzutreffend: Einer persönlichen Mitteilung der Taufpatin zufolge wurden Seenotkreuzer und Tochterboot als zusammenhängende Einheit getauft, ohne besondere Erwähnung des Tochterboot-Namens. Die Werft-Ablieferung erfolgte am 23. April 1958, acht Tage nach der Taufe.

[14] Hier ist die Dauerleistung, in zahlreichen Veröffentlichungen hingegen die kurzzeitige Höchstleistung angegeben: 1 x 1350 PS / 2 x 200 PS = 1750 PS. Im Jb. 1960 und in M. a. u. A. Nr. 39 / März 1960 ist die Gesamtleistung mit 1400 PS angegeben.

[15] Aus einem auf den 29. Januar 1965 datierten Schreiben von John Schumacher an DGzRS-Vorsitzer Hermann Helms geht hervor, dass die Stationierung zweier Seenotkreuzer-Neubauten – OTTO SCHÜLKE und H.-J. KRATSCHKE – auf Fehmarn und in List beabsichtigt war. „Der Kreuzer HAMBURG wäre dann für Norderney vorgesehen und die älteren, größeren Rettungsboote wie HINDENBURG und NORDERNEY könnten dann anderen Zwischenstationen zugeteilt werden oder auch (...) als Standby-Boote für Bohrtürme vorgesehen werden."

Die angedeutete Umstationierung des SK HAMBURG nach Norderney wurde nicht realisiert.

[16] In verschiedenen Quellen wird die falsche Schreibweise SEA WOLF verwendet, korrekt wird der als Anspielung auf den Vornamen des damaligen Eigners Wolfgang Olszewski zu verstehende Schiffsname jedoch SEA-WOLFE buchstabiert. Vermutlich ist auch die Vergabe des verwendeten Rufzeichens DPWO auf die Initialen des Eigners zurückzuführen.

[17] Eintrag im Baunummernbuch der Werft und Angabe auf der Werftplakette.

[18] In den Jb. 1964 bis 1966 sowie 1968 und 1969 ist die Breite mit 5,9 m angegeben (das Jb. 1967 enthält hierzu keine Angabe). Erst mit dem Jb. 1970 wird der Wert auf 5,6 m korrigiert. Im Jb. 1986 ist der Tiefgang mit 1,80 m, die Verdrängung mit 85 t – im folgenden Jb. 1987 dann wieder mit 90 t – und die Geschwindigkeit mit 19 kn – immerhin 5 kn weniger als ein Jahr zuvor im Jb. 1985 – angegeben. Für ARWED EMMINGHAUS war 1997 auf der Internetseite von Slysavarnafélag Íslands die Länge mit 24,24 m und die Verdrängung mit 77 t, in einer Auktions-Beschreibung 2013 die Verdrängung mit 76 t max. angegeben.

[19] Hier ist die Dauerleistung, in zahlreichen Veröffentlichungen hingegen die kurzzeitige Höchstleistung angegeben: 1 x 1350 PS / 2 x 525 PS = 2400 PS. Im Jb. 1963 ist für GEORG BREUSING angekündigt: 1 x 1200 PS / 2 x 400 PS = 2000 PS. Im SAR Einsatzplan 1992 ist für ARWED EMMINGHAUS angegeben: 1 x 1100 PS / 2 x 325 PS = 1750 PS. Im Buch der Vorleute ist für diese Schiffsklasse die Leistung mit 1290 PS angegeben.

[20] 17. Juni 1963 ist der Beginn eines mehrtägigen Aufenthaltes auf Borkum nach der Rückkehr aus Großbritannien, am 23. Juni 1963 traf die GEORG BREUSING zur Erledigung von Restarbeiten in Vegesack ein.

[21] In M. a. u. A. Nr. 46 / Juni 1963 ist die Leistung mit 85 PS, in den Jb. 1965 und 1971 sowie in der Kurzmitteilung Nr. 1 / 1967 mit 100 PS angegeben. Vermutlich ist diese Abweichung durch unterschiedliche Angaben für Dauer- und kurzzeitige Höchstleistung zu erklären.

[22] In den Jb. ist bis 1984 weiterhin die lange Form des Namens ENGELKE UP DE MUER angegeben. Entgegen der in Seenotretter-Kreisen verbreiteten Auffassung ist Engelke up de Muer nicht eine einzelne Figur im Emder Stadtwappen, sondern die Bezeichnung für das Gesamtmotiv des Wappens selbst. Blaue Wellen im unteren Bereich des Emblems versinnbildlichen Emdens Nähe zur Ems, die darüber platzierte rote Mauer steht für Sicherheit und Schutz und bei der goldenen, einer Engelsdarstellung ähnlichen Figur auf schwarzem Grund handelt es sich tatsächlich um einen sogenannten Jungfrauenadler, der demjenigen auf dem Wappen der ehemaligen ostfriesischen Adelsfamilie Cirksena nachgebildet ist.

[23] Im Jb. 1986 und folgenden ist der Tiefgang mit 0,75 m und die Geschwindigkeit mit 10 kn, in der 1988 herausgegebenen DGzRS-Broschüre ist die Verdrängung mit 3,5 t angegeben.

[24] Im Jb. 1985 ist der Tiefgang mit 1,25 m, die Verdrängung mit 25 t und die Geschwindigkeit mit 18 kn angegeben. Im Jb. 1986 ist der Tiefgang mit 1,35 m, die Verdrängung mit 25 t und die Geschwindigkeit mit 15 kn angegeben. Demnach wäre die Verdrängung bei 0,1 m zusätzlichem Tiefgang – physikalisch unmöglich – konstant geblieben. Im Jb. 1987 wird der Wert korrigiert, die Verdrängung ist mit 28 t angegeben. Im SAR-Einsatzplan, herausgegeben von der DGzRS im Januar 1992, ist die Leistung mit 496 PS und die Geschwindigkeit mit 15 kn angegeben. Im Jb. 1997 ist der Tiefgang mit 1,50 m und die Verdrängung mit 28 t angegeben – also erneut eine Steigerung des Tiefgangs um 0,15 m bei angeblich konstant bleibender Verdrängung.

[25] Der Aluminiumrumpf war ursprünglich mit einer glasfaserverstärkten Epoxid-Beschichtung versiegelt, damit sollten die Wartungsintervalle verlängert und somit Kosten gespart werden. Während einer Probefahrt löste sich, verursacht durch die Vibration des Motors, die Kunststoffbeschichtung komplett ab und versank in der Nordsee.

[26] Am 17. Februar 2000 wurde die PAUL DENKER nach Neustadt überführt, die Vorbereitung zum Ausbildungsschiff dort am 6. und 7. März 2000 durchgeführt.

[27] Jb. 1967: Tiefgang: 0,50 m, Leistung: 43 PS, Geschwindigkeit: 17 kn. In Köhlers Flottenkalender 1969 ist angegeben: Auf deutschen Werften 1967 vom Stapel gelaufene Schiffe / Friedr. Schweers, Bardenfleth a. d. Weser: Motor: Daimler, Leistung: 13 PS, Geschwindigkeit: 17 kn.

Zusatz-Information: Für das ab 1977 als Tochterboot-Ersatz eingesetzte Schlauchboot ist zuerst die Geschwindigkeit mit 18 kn, im Jb. 1997 und folgenden mit 16 kn angegeben.

[28] H.-J. KRATSCHKE und HANS LÜKEN durchliefen später eine zweite Remotorisierung und erhielten Fabrikate vom Typ MWM TBD 234 V 12 mit einer Leistung von 830 PS bei 2200/min.

[29] Hier ist die Dauerleistung bei einer Drehzahl von 1850/min, in zahlreichen Veröffentlichungen hingegen die kurzzeitige Höchstleistung angegeben: 830 PS bei 2000/min. Jb. 1985: Tiefgang: 1,25 m, Verdrängung: 30 t, Geschwindigkeit: 18 kn. Jb. 1986: Tiefgang: 1,40 m, Verdrängung: 30 t, Geschwindigkeit: 16 kn. Demnach wäre die Verdrängung bei 0,15 m zusätzlichem Tiefgang konstant geblieben. Im Jb. 1987 wird der Wert korrigiert, die Verdrängung ist mit 35 t angegeben. Jb. 1997: Tiefgang: 1,65 m (bei unveränderten Angaben für Verdrängung, Leistung und Geschwindigkeit). OTTO SCHÜLKE erhielt 1977 eine neue, 815 PS leistende Antriebsmaschine vom Typ MTU 8V 331 TC, in Kombination mit einem Umbau des Hecks konnte dadurch die Geschwindigkeit bei Marschfahrt von 16 kn auf 18 kn gesteigert werden.

[30] Im Jb. 1986 und folgenden ist die Geschwindigkeit mit 8 kn angegeben.

[31] Am 1. April 1991 ereignete sich auf der Rückfahrt von einem Krankentransport zwischen Bensersiel und Langeoog ein Kabelbrand im Maschinenraum, daraufhin fuhr die HANS LÜKEN mit dem Hilfsmotor zur Fr. Schweers Werft. Im Sommer 2000 kehrte sie als Reserve-Rettungskreuzer vertretungsweise letztmalig nach Langeoog zurück.

[32] SIGURVIN war der Name des Fischerbootes von Ágúst Gíslason, der 1897 in Dýrafjörður in den Westfjorden geboren wurde und 1985 in Siglufjörður starb, wo er fast 60 Jahre lang lebte und wo der hier beschriebene Seenotkreuzer stationiert wurde. In seiner Jugend segelte Gíslason über die Meere der Welt und begegnete fernen Völkern und deren unterschiedlichen Lebensweisen. Sein Glaube an Gott, den seine Großmutter ihm in seiner Kindheit vermittelt hatte, wuchs auf seinen Reisen. Nach seiner Rückkehr lebte er in einer einfachen, alten Hütte und widmete sein Leben der christlichen Mission, den Benachteiligten zu helfen. Sein Einkommen aus der Fischerei spendete er an Kinderhilfswerke in aller Welt. Sonntags predigte er auf dem kleinen Dorfplatz im Zentrum von Siglufjörður. Er hatte selten viele Zuhörer, außer wenn er gegen den „großen Feind", den Kommunismus, wetterte. Während dieser Reden wich er vorübergehend vom Evangelium ab und fluchte heftig. Aufgrund seines Glaubens wurde er Gústi Guðsmaður (Gústi, der Mann Gottes) genannt, auf diese Bezeichnung wiederum ist die in Island vollzogene Umbenennung des Tochterbootes zurückzuführen. Über Gíslason gibt es eine Vielzahl von Geschichten: wie er alles für seine Mission opferte und auf seinen Herrn vertraute, um bei jedem Wetter sicher auf See zu sein ... oder wie er sich einmal mit seinem Boot im Nebel verirrte, aber an einem winzigen, unbewölkten und von der Sonne beschienenen Fleck auf dem Meer gefunden wurde, als er gerade seinen Fang einholte.

[33] In der Sylter Rundschau vom 29. November 1969 wird berichtet, das Tochterboot befinde sich „wegen der vorerst notwendigen Erprobung (...) noch nicht an Bord" des Seenotkreuzers. Als tatsächliche Ursache für diesen Umstand darf die technische Nachrüstung angenommen werden, die auch für die drei Schwesterboote dokumentiert ist.

[34] Im Jb. 1972 ist als Stationierungsort Schilksee angegeben. Aufgrund der Doppelbesetzung mit SRB SWANTJE ist in der Stationierungsübersicht für Laboe keine Nachfolge angegeben.

[35] Die Evers-Werft sollte acht Boote vertraglich bis zum 15. November 1971 ausliefern. Wegen verzögerter Anlieferung des Schiffbaumaterials wurde die Fertigstellung des letzten Bootes (KRST 18) bis zum 10. Dezember 1971 vereinbart. „Da ab 1. Januar 1972 mit einer Mehrwertsteuer-Freiheit für die Neubauten zu rechnen ist", wie es in einem Dokument zu den Fertigstellungsterminen heißt, darf geschlussfolgert werden, dass die Ablieferung der für September und Oktober 1971 avisierten Einheiten KRST 14 und KRST 15 möglicherweise bewusst hinausgezögert wurde.

[36] Sowohl der 2015 publizierte „Museumsführer" des Internationalen Maritimen Museums als auch die beim Museumsboot angebrachte Hinweistafel enthalten irrtümlich die Stationierungsdaten des SRB UMMA / KRST 21, das wiederum mit dem Namen MÖVENORT seit 1999 im Deutschen Schifffahrtsmuseum Bremerhaven ausgestellt und dort korrekt – wenn auch nicht lückenlos – deklariert ist. Ein im Oktober 2016 von d. Verf. an den Kurator des IMMH gerichteter Korrekturhinweis zur tatsächlichen Herkunft und Stationierung des in Hamburg gezeigten Exponats blieb von jener Seite unbeantwortet.

[37] In der vermutlich bereits im Vorjahr produzierten Werftplakette ist die Baujahr-Angabe 1971 eingeprägt.

[38] Für die Boote der 6,9-Meter-Klasse fanden keine durch die DGzRS-Zentrale offiziell anberaumten Taufveranstaltungen statt. Nur wenige stationsinterne Bootstaufen sind überliefert, etwa die durch den Vormann der Station Heiligenhafen durchgeführte Taufzeremonie für SRB BRUNTJE. Spekulativ ist davon auszugehen, dass weitere Boote dieses Typs getauft wurden, ohne dass die exakten Daten oder die daran beteiligten Personen dokumentiert worden sind.

[39] Der Name CITRO ist hergeleitet aus Citizens Rescue Organisation (deutsch etwa: Bürgerliche Rettungsorganisation).

[40] Werftabnahme / Inbetriebnahme: 21. Juli 1972. Für das einzige von der Evers-Werft gelieferte und für eine Nordseestation bestimmte Boot ist das genaue Datum der Erststationierung in Hörnum nicht überliefert.

[41] Übergabe an den Seenotrettungsdienst DDR am 23. August 1990 in Warnemünde. Den Namen SÜDPERD behielt das Boot über die Außerdienststellung hinaus, seit dem 29. Oktober 1999 ist es auf dem Gelände des Flächendenkmals Kap Arkona zu besichtigen: Arkona 6, 18556 Putgarten / Rügen.

[42] Die in Jb. verwendete Stationsbezeichnung Lippe / Weissenhaus wurde hier und bei den folgenden Stationierungsdaten nicht übernommen, denn der Hafen Lippe gehört zum Kreis Plön, wohingegen die Ortschaften Weissenhaus und Weissenhäuser Strand auf dem Gebiet der Gemeinde Wangels liegen, wo jedoch faktisch keine Seenotrettungsstation mehr betrieben wurde.

[43] Die Ostfriesen-Zeitung berichtet in ihrer Ausgabe vom 16./17. Juni 1972, dass SRB GESINA „im letzten Jahr [1971] einmal probeweise auf der Insel [Wangerooge] stationiert", von dort nach Horumersiel abgezogen wurde und „nun" [= im Juni?] wieder auf Wangerooge stationiert wurde. Der erste von Horumersiel aus gefahrene Einsatz des Bootes ist am 17. September 1971 dokumentiert.

[44] Aus Platzgründen sind folgende Daten in der Stationierungsübersicht unberücksichtigt: 28. Oktober 1971 - Juli 1972 mit Getriebeschaden zurück zur Fr. Schweers Werft, Juni 1993 - April 1994 Reserve, August 1996 - April 1997 Reserve / Bremen.

[45] In nahezu allen DGzRS-Veröffentlichungen sowie in der Sekundärliteratur wird für diese Bootsklasse die Länge (über alles) mit 12,20 m angegeben. Im Übergabeprotokoll der Evers-Werft, im Jb. 1973, in der DGzRS-Kurzmitteilung Nr. 11 / Herbst 1972 sowie in Hansa 11/1973 ist abweichend der Wert 12,37 m angegeben, der durch Messungen am Objekt bestätigt werden konnte. Demgemäß wird im vorliegenden Werk erstmals die Bezeichnung 12,4-Meter-Klasse verwendet. Ergänzend ist darauf hinzuweisen, dass kein Zusammenhang zwischen dieser Bootslänge und der im Jahr 1986 vorgenommenen Veränderung der Heckform besteht. Die angegebene Breite ist die Breite auf Spanten: 3,00 m. Jb. 1985: Tiefgang: 0,90 m, Verdrängung: 10 t, Geschwindigkeit: 17 kn. Jb. 1986 und folgende: Tiefgang: 1,00 m, Geschwindigkeit: 15 kn. In anderen Veröffentlichungen ist die Leistung mit 184 PS und die Geschwindigkeit mit 16 kn angegeben.

[46] Schon Anfang der 1960er-Jahre setzte sich DGzRS-Inspektor John Schumacher in Zusammenarbeit mit der Bundesmarine mit der Vision einer Helikopter-Landeplattform auf einem Einsatzschiff auseinander. Bei der IX. International Lifeboat Conference 1963 in Edinburgh / Schottland ließ er sich diesbezüglich über 64-Meter-Schiffe der United States Coast Guard informieren.

[47] Für JOHN T. ESSBERGER ist im Jb. 1976 auf Seite 13 die Länge mit 44,20 m und auf Seite 32 mit 44,50 m angegeben. Jb. 1985: Tiefgang: 2,58 m, Verdrängung: 170 t, Geschwindigkeit: 30 kn. Jb. 1986: Tiefgang: 2,75 m, Verdrängung: 170 t, Geschwindigkeit: 26 kn - demnach wäre die Verdrängung bei 0,17 m zusätzlichem Tiefgang konstant geblieben. Im Jb. 1987 wird der Wert korrigiert, die Verdrängung ist mit 185 t angegeben. Im Jb. 1997 und folgenden ist der Tiefgang mit 3,20 m angegeben, wiederum ohne gleichzeitige Zunahme der Verdrängung. Nach dem Umbau 2000 ist in einzelnen Quellen der Tiefgang mit 2,80 m und die Verdrängung mit 215 t angegeben. Im Buch der Vorleute ist die Länge mit 44,30 m, die Breite mit 7,75 m, der Tiefgang mit 2,65 m, die Verdrängung mit 180 t und die Geschwindigkeit mit 30 kn angegeben.

[48] Hier ist die Dauerleistung bei Drehzahlen von 1790/min (Mittelmotor) / 2200/min (Seitenmotoren), in zahlreichen Veröffentlichungen hingegen die kurzzeitige Höchstleistung angegeben: 1 x 4500 PS bei 1900/min (Mittelmotor) / 2 x 1350 PS bei 2340/min (Seitenmotoren) = 7200 PS Gesamtleistung. Zur Motorisierung der JOHN T. ESSBERGER ist im Generalplan der Fr. Schweers Werft angegeben: 1 x MTU 20V 538TB91 / 2 x MTU 12V 331B81. Für JOHN T. ESSBERGER ist die Höchstgeschwindigkeit bei Indienststellung im Jb. 1976 und auf einem zu kommerziellen Zwecken veröffentlichten Datenblatt der Fr. Schweers Werft mit 32 kn, in Köhlers Flottenkalender 1977 und in Drei-Flaggen-Post 2/1975 mit 34 kn angegeben. Nach der Berichterstattung im Weser-Kurier vom 28. April 1975 anlässlich der Schiffstaufe sollten „31 Knoten (...) sogar noch bei Windstärke 10" zu erwarten sein. Hierbei dürfte es sich allenfalls um bei Modellversuchen im Schlepptank rechnerisch ermittelte Werte handeln. Weil nach einem Werftaufenthalt im März 1994 in JOHN T. ESSBERGER vorübergehend der Mittelmotor fehlte, lag deren Höchstgeschwindigkeit zeitweilig bei 20 kn.

[49] Hier ist die Dauerleistung, in zahlreichen Veröffentlichungen hingegen die kurzzeitige Höchstleistung angegeben: 192 PS. Hier dargestellt sind die Angaben aus Dokumenten der Bauwerft. Abweichend davon ist in der DGzRS Kurzmitteilung Nr. 17 / Herbst 1975 die Länge mit 8,65 m, die Breite mit 2,85 m und der Tiefgang mit 0,72 m angegeben. Für ELSA im Jb. 1976 jeweils zwei unterschiedliche Angaben für die Länge (8,65 m und 8,80 m), für den Tiefgang (0,72 m und 0,90 m) und für die Leistung (150 PS und 180 PS), die Breite ist mit 2,70 m angegeben. Für alle Boote dieser Klasse ist im Jb. 1985 die Leistung mit 150 PS und die Geschwindigkeit mit 14 kn angegeben. Für ELSA und HELENE ist im Jb. 1996 und folgenden die Leistung mit 190 PS und die Geschwindigkeit mit 13 kn, im Jb. 2003 und folgenden die Leistung mit 240 PS und die Geschwindigkeit mit 13 kn und auf einem von der DGzRS zwischen 2000 und 2003 veröffentlichten Datenblatt die Geschwindigkeit mit 11 kn angegeben. Für HELENE ist nach der Außerdienststellung 2012 dokumentiert: Verdrängung: 5,8 t, Geschwindigkeit: 13 kn.

[50] Helgoland und Bremerhaven waren die hauptsächlich genutzten Basisstationen dieses zeitweilig größten Nordsee-Rettungskreuzers. Über den Beginn der Erprobung oder Zeitpunkt der Indienststellung enthält ein Rundschreiben der DGzRS-Geschäftsstelle Schleswig-Holstein,

datiert auf März 1978, folgende Angabe: Unsere Rettungsflotte erhielt im April 1977 durch den zweiten großen Seenotkreuzer HERMANN RITTER Zuwachs.

[51] Eine Delegation aus der Volksrepublik China besichtigte das Schiff im September 1988 auf Helgoland. Im DGzRS Jahrbuch 1989 ist der in der Volksrepublik China vergebene Schiffsname unscharf mit SÜDSEE KONTROLLSCHIFF 01 übersetzt und in dieser Form seither im Umlauf. Zwar sind die Schriftzeichen 南 und 海 (Pinyin: Nánhăi Xún) in ihren jeweiligen Einzelbedeutungen mit Süd und See / Meer zutreffend übersetzt, doch ergeben sie in kombinierter Schreibweise sowie im inhaltlichen Zusammenhang den Begriff Südchinesisches Meer, wohingegen Südsee als gebräuchliche Bezeichnung für den Südpazifik und die Inselwelt Ozeaniens zu verwenden ist.

[52] Abmessungen und Daten sind dem von DGzRS-Inspektor Kapt. Uwe Klein verfassten, in Hansa 20/1977 veröffentlichten Beitrag „Die neuen Strandrettungsboote der DGzRS" entnommen. Abweichend dazu ist in einer DGzRS-Pressemitteilung von 1977 die Bootslänge mit 8,65 m und in den Jb. die Breite mit 2,70 m angegeben. Angaben zur Leistung und Geschwindigkeit beziehen sich auf den Zeitpunkt der Indienststellung - in späteren Veröffentlichungen ist die Leistung mit 150 PS, im Jb. 1986 und folgenden ist die Geschwindigkeit mit 13 kn, im Jb. 1997 und folgenden ist der Tiefgang mit 1,00 m angegeben.

[53] Zehn Jahre später trat das 192 m lange Frachtschiff PURPLE BEACH, Baujahr 1998, erneut in Erscheinung: Am 25. Mai 2015 - vier Tage vor dem 150. Jahrestag der DGzRS-Gründung - geriet das unter der Flagge der Marshallinseln fahrende Schiff etwa 30 Kilometer westlich von Helgoland in Not, nachdem über einem der mit mehreren Tausend Tonnen Düngemitteln gefüllten Laderäume eine Rauch- und Gaswolke aufstieg. Die Besatzung setzte daraufhin die bordeigene Kohlendioxid-Löschanlage ein und riegelte den betroffenen Laderaum ab. Am Einsatz beteiligt war der SK HERMANN MARWEDE, dessen Teilnahme an der Jubiläumsveranstaltung in Bremerhaven jedoch letztlich nicht gefährdet.

[54] Im Jb. 1997 und folgenden ist kollektiv für alle noch aktiven Einheiten der 6,9- und 7,0-Meter-Klasse die Verdrängung einheitlich mit 2,3 t angegeben.

[55] Im Jb. 1981 ist die Verdrängung mit 57 t, im Jb. 1985 mit 61 t und in einigen Veröffentlichungen mit 63 t angegeben. In Veröffentlichungen ab ca. 1985 ist der Tiefgang mit 1,70 m und im Jb. 1997 und folgenden kollektiv für alle Einheiten der 23,3-Meter-Klasse mit 2,00 m angegeben, allerdings ohne gleichzeitige Zunahme der Verdrängung. Für FRITZ BEHRENS ist in Köhlers Flottenkalender 1983 der Tiefgang mit 1,7 m und die Leistung mit 2 x 1067 PS angegeben. Für MINDEN ist in der Verkaufsanzeige 2013 die Geschwindigkeit mit 18 kn angegeben. Für VORMANN JANTZEN ist auf einem ca. 2007 veröffentlichten Datenblatt der Tiefgang mit 1,80 m angegeben.

[56] Das Datum der Werft-Ablieferung ist der 25. Juli 1980, möglicherweise identisch mit dem Tag der Erststationierung in Wilhelmshaven. Ursprünglich war SK MINDEN als Ersatz für SK RUHR-STAHL auf der Station Amrum vorgesehen. In Wilhelmshaven wurde der Austausch zweier Schiffe aus ein- und derselben Klasse vollzogen, weil die MINDEN über eine stärkere Feuerlöschanlage verfügte als die ältere EISWETTE - deshalb wurde die MINDEN am Ölumschlagort Wilhelmshaven stationiert und die EISWETTE nach Amrum beordert.

[57] Bei der am 10. September 2000 in Bremen stattfindenden Veranstaltung zum 135-jährigen DGzRS-Bestehen war auf einer Hinweistafel am dort ausgestellten Boot der Tiefgang mit 0,70 m angegeben.

[58] In den Jb. 1990 und 1991 ist unkorrekt das Rufzeichen DA8105 angegeben.

[59] Im Jb. 1996 ist kollektiv für alle Boote dieser Klasse die Leistung mit 180 PS - zuvor angepasst an die älteren Modelle dieser Klasse: 165 PS - angegeben. In einigen Veröffentlichungen ist der Tiefgang mit 0,70 m angegeben.

[60] Die Nennung zweier Markenbezeichnungen ist darauf zurückzuführen, dass der Motorenhersteller BMW angesichts des Abschwungs auf dem Automobilmarkt und des ausbleibenden Erfolgs auf dem Sportboot-Sektor 1987 beschloss, seine Marinesparte zu schließen. Ein Produktionswerk und Vermögenswerte wurden an Mercury Marine in Wisconsin / USA verkauft. Mercury setzte die Produktion der BMW 5- und 6-Zylinder-Dieselmotoren unter dem Markennamen MerCruiser fort. Ab ca. 1985 wurde für die MerCruiser-Diesel eine spezielle Taschenkühlung entwickelt, die es ermöglicht, das Tochterboot zu starten, wenn es sich noch auf dem Seenotkreuzer befindet. Normalerweise ist das bei wassergekühlten Bootsmotoren unmöglich.

[61] Auf einer Hinweistafel im Museum war die Leistung mit 69 PS angegeben.

[62] In den Jb. 1986 bis 1989 ist die Länge differenziert angegeben: 7,00 m für MELLUM und ANNA, 6,90 m für MARGARETE und ERIKA. In den Jb. 1990 bis 2012 ist kollektiv für alle jeweils aktiven Einheiten dieser Klasse die Länge einheitlich mit 7,00 m angegeben. Im Jb. 2013 und folgenden ist kollektiv die Länge einheitlich mit 6,90 m angegeben.

[63] In der Verkaufsanzeige des Schiffsmakler-Unternehmens Shipsforsale Sweden AB ist 2015 die Motorisierung mit 2 x MTU 8V 396 TC81 angegeben. Anhand der divergierenden Werte von 1301 respektive 3690 Betriebsstunden ist davon auszugehen, dass einer der beiden Motoren ausgetauscht wurde.

[64] Einer aus Anlass der Stationierung in Opatija herausgegebenen Pressemitteilung zufolge wurde das Schiff durch das Liburnia Riviera Hotel als „eine der Hauptinvestitionen in die Infra-

struktur" beschafft und am 29. Juni 2020 der Feuerwehr und dem Rettungsdienst der örtlichen Gemeinde zur Verfügung gestellt, um zur Sicherheit in der Kvarner-Bucht beizutragen. Tatsächlich war das Schiff dort nicht im Einsatz – spekulativ darf angenommen werden, dass es in Deutschland firmierenden Anteilseignern der Hotelgruppe vorrangig als Abschreibungsobjekt diente.

[65] Remotorisierung: Steyr MO 256K43, Leistung: 250 PS, Geschwindigkeit: 20 kn. Im Jb. 1996 und folgenden ist kollektiv für alle Einheiten dieser Klasse die Geschwindigkeit einheitlich mit 17 kn angegeben.

[66] Unter dem Titel „Abschied von der VORMANN JANTZEN" veröffentlichte die DGzRS am 3. Oktober 2021 einen Beitrag aus Anlass der Überführung des außer Dienst gestellten Seenotkreuzers von Warnemünde nach Wilhelmshaven. Ursprünglich als Neubau für die Station Grömitz bestimmt, wurde die VORMANN JANTZEN vier Wochen nach dem Tag der Deutschen Einheit in Warnemünde stationiert und nach dem einstmals dort beheimateten und in der Seenotrettung erfolgreich tätigen Lotsenkommandeur Stephan Jantzen benannt, somit galt sie fortan als das Symbolschiff der Wiedervereinigung Deutschlands schlechthin. Sinnbildlich und gleichsam medienwirksam wurde der Beginn der Überführungsfahrt nach Wilhelmshaven auf das geschichtsträchtige Datum gelegt, in der Mitteilung heißt es dazu: „Der Seenotrettungskreuzer VORMANN JANTZEN (...) läuft heute, am 3. Oktober 2021, ein letztes Mal aus Warnemünde aus." Als das Schiff rund 15 Monate später nach Rostock zurückkehrte, wurde dieses Ereignis medial nicht aufbereitet. 2023 ließ die DGzRS mehreren Museumsvereinen das Schiff für einen symbolischen Preis von 1 Euro – allerdings ohne Erfolg – zum Kauf anbieten. Auch die Armada Nacional del Uruguay lehnte das Angebot ab, den Seenotkreuzer als Ersatzteilspender für die Einheiten ihrer Flotte zu verwenden.

[67] Remotorisierungen: Steyr M16, Leistung: 236 PS; Steyr MO 256K43, Leistung: 250 PS. Für BUTSCHER ist auf einem ca. 2007 veröffentlichten Datenblatt die Leistung fehlerhaft mit 165 PS angegeben.

[68] Die Erststationierung auf Langeoog lässt sich unscharf auf den Zeitraum zwischen dem 6. und 17. April 1991 datieren. Als Springer ohne fest zugewiesene Station wurde die HANNES GLOGNER zunächst hauptsächlich für Vertretungsdienste an der Nordseeküste, später auch an der Ostsee sowie in den Sommermonaten zusätzlich für Werbeveranstaltungen genutzt. In den Jb. 2010 bis 2019 wird eine Unterteilung der Reserve-Seenotkreuzer in die Bereiche Nord- und Ostsee vorgenommen (Nordsee: 2010 bis 2018 HANNES GLOGNER, 2019 NIS RANDERS). Im Jb. 2020 und folgenden ist diese faktisch nicht einwandfrei zutreffende Differenzierung aufgehoben.

[69] Bei einem Einsatz am 21. August 1990 drückte eine überdurchschnittlich hohe Welle den SK VORMANN STEFFENS, Station Wilhelmshaven, auf die Seite, Wasser drang ins Schiffsinnere ein und Teile der Aufbauten wurden beschädigt. Ein Rettungsmann wurde in dieser Situation über Bord gewaschen und konnte lebend aus der Nordsee gerettet werden. In der Orkannacht vom 1. auf den 2. Januar 1995 kamen zwei Besatzungsmitglieder des SK ALFRIED KRUPP, Station Borkum, im Einsatz ums Leben. Durch eine Kenterung und den Vorgang des Wiederaufrichtens wurden am Schiff schwere Materialschäden verursacht, die anschließend beseitigt werden konnten.

[70] In den Jb. 1993 bis 2015 wird keine Differenzierung zwischen 27,5- und 28,2-Meter-Seenotkreuzern vorgenommen: ARKONA und BREMEN sowie deren Tochterbooten sind die technischen Daten der 27,5-Meter-Klasse zugewiesen. Im Schaukasten am Liegeplatz des SK ARKONA in Sassnitz waren die Daten der 27,5-Meter-Klasse gelistet, dort zusätzlich fehlerhafte Angaben: Indienststellung 1993, Leistung 3491 PS. Im Jb. 2021 und folgenden werden ARKONA und BREMEN als 27,5-Meter-Seenotrettungskreuzer gelistet und beide Datensätze (27,5-Meter- und 28,2-Meter-Klasse) sind weiterhin aufgeführt, obwohl keine 27,5-Meter-Einheit in der Flotte vorhanden ist.

[71] In den Jb. 1986 bis 1996 ist kollektiv für alle Einheiten dieser Klasse der Tiefgang mit 1,65 m, die Verdrängung mit 100 t und die Geschwindigkeit mit 24 kn angegeben. Im Jb. 1997 und folgenden ist kollektiv für alle Einheiten dieser Klasse der Tiefgang mit 2,10 m, die Verdrängung mit 103 t und die Geschwindigkeit mit 23 kn angegeben.

[72] Hier ist die Dauerleistung, in zahlreichen Veröffentlichungen hingegen die kurzzeitige Höchstleistung angegeben: 1 x 1794 PS / 2 x 858 PS = 3510 PS. In der DGzRS-Pressemitteilung zur Schiffstaufe der BERLIN ist die Gesamtleistung mit 3100 PS angegeben.

[73] Hinweis für Shipspotter: Bei MarineTraffic, einem geeigneten Service-Dienstleister zur Schiffsverfolgung via AIS-Signal, ist für die BERLIN ein zweiter Datensatz hinterlegt, der die MMSI-Nummer 211123456 enthält. Bisweilen wird die darin enthaltene Zahlenkombination 123456 zu Testzwecken verwendet, dies führt oftmals zu Fehlinterpretationen der – teilweise sprunghaft wechselnden – Positionsangabe. Darüber hinaus ist in Datensätzen beider Seenotkreuzer mit dem Namen BERLIN (Baujahr 1985 / Baujahr 2016) mitunter das Rufzeichen DBAH eingepflegt, auch diese Angabe ist für das hier vorgestellte Fahrzeug unzutreffend. Eine weitgehend zuverlässige Informationsquelle (Stand: 2025) für die Verfolgung der BERLIN ist die Internet-Ressource www.marinetraffic.com/en/ais/details/ships/shipid:9578657

[74] In Hansa 12/1985 ist der Tiefgang mit 0,60 m und die Geschwindigkeit mit 15 kn, in Hansa 17/1985 ist der Tiefgang mit 0,82 m und die Geschwindigkeit mit 20 kn angegeben. In der 1988 herausgegebenen DGzRS-Broschüre ist kollektiv für die vier Einheiten dieser Klasse die Verdrängung mit 3,5 t angegeben. Im Jb. 1996 und folgenden ist die Leistung mit 180 PS und die Geschwindigkeit mit 17 kn angegeben, diese Werte wurden von den Einheiten CASPAR und VEGESACK kollektiv auf alle Einheiten dieser Klassen übertragen.

[75] Remotorisierung: MerCruiser D 219 Turbo AC, Leistung: 180 PS.

[76] Abmessungen und Daten sind dem von DGzRS-Inspektor Kapt. Uwe Klein verfassten, in Schiff & Hafen / Kommandobrücke, Heft 10/1988, veröffentlichten Beitrag „Neubau Seenotkreuzer ALFRIED KRUPP" entnommen. Abweichend davon in Hansa 1-2/1989: Breite: 2,90 m.

[77] Remotorisierung 2004: Steyr MO 236K43, Leistung: 230 PS.

[78] Aufgrund der von der DGzRS geforderten kurzen Bauzeit – 16. April 1987 Vertragsunterzeichnung, 29. Juni 1987 Kiellegung für den Seenotkreuzer, 31. Mai 1988 erste und einzige Probefahrt des Seenotkreuzers, 10. Juni 1988 Abnahme – vereinbarten die drei führenden Aluminium verarbeitenden Werften an der Unterweser eine enge Zusammenarbeit: Hinterschiff und Mittelschiffsbereich des Seenotkreuzers wurden bei Abeking & Rasmussen gebaut, Vorschiff und Deckshaus sowie die Einrichtung, Ausrüstung und Fertigstellung übernahm die Fr. Lürssen Werft und Fr. Fassmer lieferte das Tochterboot nach Plänen der Fr. Lürssen Werft. Trotz anfänglicher Skepsis aufseiten der DGzRS verlief das Gemeinschaftsprojekt erfolgreich und termingerecht.

[79] Remotorisierung 2008: zwei neue Seitenmotoren vom Typ Caterpillar C18, Leistung jeweils 885 PS. Die ausgebauten Motoren und Getriebe wurden als Ersatzteile eingelagert, einer der Motoren vom Typ MWM TBD 234 V12 wurde bei der Fr. Lürssen Werft auf dem SK HERMANN HELMS eingebaut, nachdem im August 2009 in einer Ölprobe des Steuerbord-Motors ein zu hoher Eisenanteil gemessen worden war.

[80] Remotorisierung 2013: zwei neue Seitenmotoren vom Typ Caterpillar C18, Leistung jeweils 885 PS. Die ausgebauten, über ein gekühltes Abgassystem verfügenden Motoren wurden bei der Fr. Fassmer Werft umgehend im SK ALFRIED KRUPP eingebaut, weil dessen Motoren nicht mehr die erforderliche Leistung gebracht und dauerhaft erhöhte Abgastemperaturen erzeugt hatten.

[81] Remotorisierung Juni 2010: Steyr MO 256K43, Leistung: 250 PS.

Jet oder Schraube Spezialschiffe für SAR-Aufgaben

[01] Die Angabe zum Tiefgang ist dem von DGzRS-Inspektor Kapt. Uwe Klein verfassten und in Hansa 9-10/1988 veröffentlichten Bericht „ASMUS BREMER, erster Neubau des neuen 8-m-SRB-Typs" entnommen, davon abweichend in der zur Bootstaufe herausgegebenen Pressemitteilung: 0,85 m.

[02] Remotorisierung 1990 [?]: MerCruiser / BMW Marine D 254 AC, Leistung: 220 PS. In den frühen 1990er-Jahren wurde ein 4,2-Liter-Dieselmotor mit der Bezeichnung D 254 Turbo AC angeboten, wobei die Bezeichnung 254 die Angabe für den Hubraum des Motors in Kubikzoll darstellt und AC für Air Cooled (deutsch: luftgekühlt) steht.

[03] Remotorisierung Oktober 1993: MerCruiser / BMW Marine D 254 AC, Leistung: 220 PS.

[04] Remotorisierung 2011: Steyr MO 256K43, Leistung: 250 [?] PS.

[05] Die dargestellten Werte sind dem jeweiligen zur Taufe und Indienststellung herausgegebenen Datenblatt entnommen. Nach der Remotorisierung herausgegebene Druckversionen der Datenblätter enthalten für die Verdrängung die Angabe 5,5 t und eine Version von 2007 enthält die Werte Verdrängung: 5,8 t, Geschwindigkeit: 17,0 kn. Die in wiederum späteren Versionen veröffentlichten Zahlen (Breite: 3,10 m, Tiefgang: 0,95 m, Verdrängung: 5,5 t) dürfen als ungenaue Rundungswerte betrachtet werden. Für GÜNTHER SCHÖPS, GERHARD TEN DOORNKAAT und KARL VAN WELL sind im Jb. 1993 technische Daten der Prototypserie angegeben: Länge: 8,28 m, Breite: 3,10 m, Tiefgang: 0,80 m, Leistung: 180 PS, Verdrängung: 4,5 t, Geschwindigkeit: 17 kn. Im Jb. 1994 und folgenden werden die Daten differenziert dargestellt.

[06] Aufgrund von Reparaturarbeiten am Liegeplatz in Puttgarden diente der Hafen Burgstaaken auf Fehmarn vorübergehend als Ausweichstation für das SRB ROMY FRANK. Mit der Stationierung des SRB GERHARD TEN DOORNKAAT in Puttgarden wurden die beiden Standorte ab dem 10. Mai 2023 bei der Rettungsleitstelle See einheitlich als Station Fehmarn zusammengefasst. Der Seenotrettungsboot-Neubau HELENE verblieb nach seiner Indienststellung in Burgstaaken und ROMY FRANK wurde zum ursprünglichen Stationsort Puttgarden zurück verlegt. In der chronologischen Abfolge wurde SRB GERHARD TEN DOORNKAAT demnach durch SRB HELENE abgelöst, bezogen auf die Ortsangabe Puttgarden wäre an dieser Stelle die Angabe SRB ROMY FRANK gleichermaßen zutreffend.

[07] Der Grund für die verlängerte Fahrtroute um das Kap der Guten Hoffnung waren monatelang vorkommende, gewaltsame Angriffe der jemenitischen Huthi-Miliz auf internationale Handelsschiffe im Roten Meer und im Golf von Aden.

Im Jahr 2018 waren die außer Dienst gestellten SRB CREMPE und JENS FÜERSCHIPP via Tianjin Xingang in die Mongolei geliefert worden. Eines dieser Boote hatte in einem der folgenden Winter einen Frostschaden erlitten: Über in die Selbstlenzvorrichtung eingedrungenes und gefrorenes Wasser war das Cockpit irreparabel deformiert worden. Das SRB GERHARD TEN DOORNKAAT wurde hierfür als Ersatz zur Verfügung gestellt.

[08] Auf der im Bootsinneren angebrachten Werftplakette ist die falsche Baunummer 1958 angegeben.

[09] In einigen DGzRS-Publikationen ist der 27. Februar 1990 als Datum der im Hafen von Norddeich durch den Schlepphaken der OTTO SCHÜLKE verursachten, todbringenden Kopfverletzung des Rettungsmanns Cassen Knigge angegeben. Der Seeamtsbericht nennt den 26. Februar 1990 als Tag der Leichenschau und ca. 15 Uhr als Zeitpunkt des Unglücks.

[10] Im Jb. 2021 ist die Angabe zu finden, die WALTER MERZ werde [ohne Zeitangabe] an den freiwilligen estnischen Seenotrettungsdienst in der Hafenstadt Pärnu abgegeben. Diese Darstellung ist nicht zutreffend. Erst 2024 gelangte mit der ehemaligen PUTBUS ein Seenotrettungsboot dieser Klasse nach Pärnu, allerdings nicht direkt aus der DGzRS-Flotte, sondern aus dem Bestand des DLRG Bezirks Altona.

[11] Im Jb. 2024 war OTTO BEHR sowohl in der Liste der Rettungsstationen als auch in der Flottenübersicht – als einzige und letzte Einheit der 8,5-Meter-Klasse – gelistet. Von der letzten Überführung ins Winterlager bei der Schiffswerft Horn in Wolgast kehrte das Boot jedoch nicht mehr nach Zinnowitz zurück und war deshalb 2024 faktisch nicht mehr Bestandteil der DGzRS-Flotte.

[12] In den Jb. 2005 bis 2012 ist das Rufzeichen DA3779 angegeben. Diese falsche Angabe wurde nach einem Hinweis d. Verf. mit der Veröffentlichung des Jb. 2013 korrigiert.

[13] Im Jb. 1991 ist die Breite mit 5,20 m und der Tiefgang mit 2,00 m, in der Schiffsdatenbank bei www.ddr-binnenschifffahrt.de ist die Breite mit 5,35 m angegeben. Für den Tiefgang nennen andere Quellen Werte von 1,25 m bis 1,97 m, realitätsnah sind Werte um 1,60 m.

[14] Die Angabe zur Motorisierung bezieht sich auf den Zeitpunkt der Übernahme durch die DGzRS im Jahr 1990. Bei Indienststellung 1953: Buckau-Wolf Dieselmotor vom Typ S 4 DV 224. Ab 1954 firmierte das Unternehmen Buckau-Wolf als VEB Schwermaschinenbau „Karl Liebknecht", darauf wiederum ist die hier genannte, wenig geläufige Typenbezeichnung SKL zurückzuführen.

[15] Im Jb. 1991 ist die Breite mit 5,20 m und der Tiefgang mit 1,65 m, in der Schiffsdatenbank bei www.ddr-binnenschifffahrt.de ist die Breite mit 5,00 m bis 5,02 m und der Tiefgang mit 1,80 m bis 1,82 m angegeben.

[16] Die Angabe zur Motorisierung bezieht sich auf den Zeitpunkt der Indienststellung 1964.

[17] Die angegebenen Werte sind den Jb. 1991 und 1993 entnommen, andere Quellen nennen Werte von 20,92 m bis 21,00 m für die Länge, 5,20 m bis 5,68 m für die Breite und 1,40 m bis 2,06 m für den Tiefgang.

[18] In einem Kleinunternehmen mit drei Beschäftigten fertigte der selbständige Kfz-Meister und Motorrennsportler Hartmut Thaßler in Leipzig-Wiederitzsch vor der Wiedervereinigung Deutschlands insbesondere Teile aus glasfaserverstärktem Polyester, darunter auch Bootskörper für die Seenotrettung. Als Konstrukteur der Boote ist Herr Vogt, Leipzig, dokumentiert.

[19] Im Jb. 1991 und in anderen Quellen ist die Länge mit 5,00 m angegeben. Dieser Wert wurde vermutlich aus der Typbezeichnung RB-5000 (Konstruktionsbezeichnung SRB-5000) hergeleitet, der sich wiederum auf die Länge in der Konstruktionswasserlinie bezieht. In unterschiedlichen Quellen ist die Länge über alles mit 5,70 m bis 6,30 m, die Breite mit 2,30 m angegeben.

[20] An der Backbordseite der Boote war die Bezeichnung RESCUE, gefolgt von der jeweiligen Ziffer, angebracht, beispielsweise RESCUE 1, an der Steuerbordseite in umgekehrter Reihung: 1 RESCUE. Somit ist die Beschriftung nicht als tatsächlicher Bootsname zu verstehen, sondern vielmehr als Funktionsbezeichnung. RESCUE 5 trug den auf einer Holztafel am Boot angebrachten, inoffiziellen Beinamen DE BEIDEN OLLINGS, benannt nach dem 1907 in Zingst stationierten Rettungsboot DIE BEIDEN OLLINGS.

[21] Offenbar waren alle fünf Boote nach ihrer Erprobung bis 1990 beim Seenotrettungsdienst DDR zunächst eingelagert. Nach ihrer Außerdienststellung bei der DGzRS wurden sie 1992 und 1993 an den Seenotrettungsdienst in Litauen abgegeben.

[22] In dem von der Fr. Fassmer Werft herausgegebenen Datenblatt ist die Länge mit 7,40 m und die Breite auf Spanten mit 2,65 m angegeben, aus dem Generalplan der Werft ergibt sich eine Länge von 7,47 m. Messungen am Objekt bestätigen bzw. überschreiten diese Werte.

[23] Die Angabe zur Motorisierung bezieht sich auf den Zeitpunkt der Indienststellung. Im Zuge von Umrüstungen wurden ab 2008 – zuerst bei BUTT nach Überhitzung und bei HECHT nach Wassereinbruch – Motoren der Marke Steyr aus Österreich mit einer Leistung von 256 PS und Strahlantriebe vom Typ HJ274 des neuseeländischen Herstellers Hamilton miteinander kombiniert. BARSCH, ZANDER und HECHT erhielten 2009 in der DGzRS-Werfthalle Steyr MO 306H43WJ Motoren (Baureihe Steyr M16 TCAM) mit 284 PS bei 3800/min bis 292 PS bei 4300/min, in Kombination mit HJ274 Jets. Um den Kontakt mit Seewasser und dadurch Korrosionsbildung zu verringern, wurden gleichzeitig die Bootstrailer dahingehend umgebaut, dass die Zugmaschine nicht mehr so weit seewärts gefahren werden musste, um das Boot sicher zu wassern.

[24] Im Jb. 2024 war die Rettungseinheit in der Rubrik Rettungsflotte / Rettungsstationen dennoch weiterhin aufgelistet und der Station Zingst zugeordnet.

[25] In dem von der Werft erstellten Datenblatt „Hauptabmessungen" ist der Tiefgang mit max. 1,50 m, in den im Oktober 1996 respektive im Oktober 1997 von der DGzRS und von der Fr. Schweers Werft herausgegebenen Datenblättern mit 1,55 m, in späteren Versionen sowie im Jb. 1997 und folgenden mit 1,60 m angegeben.

[26] Im Buch der Vorleute ist für diese Schiffsklasse die Leistung mit 1980 PS angegeben.

[27] In den Jb. 1997 bis 2015 ist der Tiefgang mit 0,60 m, in nahezu allen DGzRS-Veröffentlichungen die Länge mit 7,00 m angegeben. Erstmals im Jb. 2016 ist die mehr als zehn Jahre zuvor durchgeführte Remotorisierung aller vier Tochterboote berücksichtigt.

[28] In den Jb. 2021 bis 2023 fehlt in den Rubriken Rettungsflotte / Rettungsstationen die Angabe zur Verwendung als Reserve-Einheit.

[29] Die bei de.wikipedia.org/wiki/Hans_Ingwersen [abgerufen am 30. April 2025] und ähnlichen Quellen zu findende Angabe, das Seenotrettungsboot sei nach dem Politiker Hans Ingwersen (1914–1992) benannt, ist unzutreffend.

[30] Sowohl auf der am Boot angebrachten Werftplakette als auch auf dem von der DGzRS zur Bootstaufe veröffentlichten Datenblatt ist Fr. Schweers als Bauwerft genannt.

[31] Die bemerkenswerte 17-monatige Unterbrechung in den Stationierungsdaten ist darauf zurückzuführen, dass sich das Boot von November 2016 bis Februar 2017 zu einem Werftaufenthalt bei der DGzRS-Zentrale befand und anschließend bis April 2018 ohne Funktion in Laboe respektive Schilksee auflag. Unstimmigkeiten mit dem Hafenbetreiber in Lippe verzögerten die dort geplante und letztlich durchgeführte Stationierung. Durch die Verlegung von Kühlungsborn nach Juist und weiter nach Lippe ist die WOLTERA – neben den als Springer eingesetzten Booten – die einzige Einheit ihrer Klasse, die von einer Ostsee- zu einer Nordseestation und wieder zurück zur Ostsee wechselte. Umfangreiche, durch Bohrmuscheln und Unterspülungen verursachte Schäden an Dalben, Molen und der Uferbefestigung führten zur endgültigen Schließung des Hafens Lippe zum 31. März 2025 und somit zur Auflösung der DGzRS-Station.

[32] Abweichend zu den hier angegebenen, dem Datenblatt der Fr. Fassmer Werft entnommenen Werten sind in den DGzRS-Datenblättern folgende Spezifikationen zu finden: Tiefgang: 0,96 m / Verdrängung: 7,5 t. Darüber hinaus ist in den DGzRS-Pressemitteilungen zu den Bootstaufen von KURT HOFFMANN bis einschließlich KONRAD-OTTO die Breite mit 3,16 m (anstatt 3,61 m) angegeben, hierbei handelt es sich offensichtlich um einen wiederholt nicht korrigierten Zahlendreher.

[33] Henrich Wuppesahl hatte den Bau des 1977 nach seinem Vater benannten SRB CARL A. WUPPESAHL finanziell gefördert.

[34] Auf der am Boot angebrachten Werftplakette ist das Baujahr 2019 eingraviert. Unter Berücksichtigung der Tatsache, dass das fertige Boot am 14. Januar 2019 von Rostock nach Düsseldorf transportiert wurde, muss 2018 als tatsächliches Baujahr angenommen werden.

[35] Im Jb. 2004 ist in der Rubrik Rettungsdienst angegeben, dass das Einsatzboot RESCUE UECKER „bereits im März des Jahres in Dienst gestellt wurde", wohingegen hier das in der Fachliteratur verbreitete Datum der Stationierung aufgegriffen wird. In den Jb. 2004 bis 2007 blieb dieses Fahrzeug im Verzeichnis Einheiten unserer Rettungsflotte gänzlich unberücksichtigt. Technische Angaben und die Darstellung in der Flottenübersicht sind erst – nach Umbenennung in DORA – im Jb. 2008 und folgenden zu finden. Im Übrigen wurde die durch Wilhelm Esmann in Umlauf gebrachte interne Kennung RIB 1 – Rigid Inflatable Boat als international gebräuchliche, jetzt im DGzRS-Vokabular etablierte Bezeichnung für Festrumpfschlauchboot – für dieses Fahrzeug offiziell nicht vergeben und muss somit als Fantasieprodukt betrachtet werden.

[36] Auf einem nach der Remotorisierung veröffentlichten DGzRS-Datenblatt ist die Maximalgeschwindigkeit mit 40 kn angegeben, in einer späteren Version wurde dieser Wert wiederum zu 37 kn korrigiert.

[37] Im Datenblatt der Fr. Fassmer Werft sowie in einem Beitrag des Fachmagazins Schiff & Hafen, Nr. 7/2012, ist die Verdrängung mit dem hier übernommenen Wert 236 t, in unterschiedlichen Versionen der DGzRS-Datenblätter sowie in den Jb. hingegen stets mit 220 t angegeben.

[38] In einer im SAR-Jahresbericht 2009 gezeigten Konstruktions-Skizze ist als Jet-Antrieb noch das kleinere und leistungsschwächere Modell HJ241 angegeben.

[39] Durch einen 2013 festgestellten Riss im Motorenblock gelangte Kühlwasser in den Kurbelwannenraum und führte zu einer Ölverdünnung, der Motor wurde daraufhin bei der Fr. Fassmer Werft gegen ein neueres Modell Caterpillar C32 ACERT getauscht.

[40] Die Typbezeichnung des Motors Steyr MO 164 enthält die Angabe zur Leistung: 164 PS. Demnach beinhaltet der in den DGzRS-Publikationen für diesen Bootstyp genannte Wert von 163 PS einen geringfügigen Fehler in der Maßeinheiten-Umrechnung von kW zu PS.

[41] Der in einigen frühen DGzRS-Publikationen genannte Wert von 37 kn wurde später einheitlich zu 30 kn korrigiert.

[42] Die in der erweiterten Neuauflage des Buches von Wilhelm Esmann genannten Kennungen RIB 3 für NOVIZE und RIB 2 für HUBERTUS wurden vom Autor willkürlich gewählt.

[43] Zum Zeitpunkt der Indienststellung galt das Rufzeichen DF7714, das später übernommene Rufzeichen DBAP war bereits beantragt.

[44] Während der Erprobung galt das Rufzeichen DG7004.

[45] Die Längenangabe bezieht sich auf den Bootskörper. Nach Herstellerangaben beträgt die Gesamtlänge des Fahrzeugs inklusive Motor 17 Fuß = 5,18 m.

[46] HMWPE = High Molecular Weight Polyethylene (deutsch: hochmolekulares Polyethylen).

[47] Im Oktober 2016 fanden Erprobungsfahrten auf der Weser mit einem 4,88 m langen Festrumpfschlauchboot vom Typ Panther 16 Rescue des finnischen Herstellers Petor, ausgestattet mit einer Steuerkonsole von Arctic Airboats und einem Evinrude Außenbordmotor, statt.

[48] Während der Erprobung galt das Rufzeichen DG4448.

[49] Zur Neueinrichtung der Rettungsstation Olpenitz am 9. September 2018 mit gleichzeitiger Aufgabe der bisherigen Seenotkreuzer-Stationierung in Maasholm heißt es im Jb. 2017, Kapitel Rettungsdienst: „Der Seenotrettungskreuzer (...) verliert im viel befahrenen Revierteil zwischen Maasholm und Schleimünde bisher wertvolle Zeit, da er nur mit stark reduzierter Geschwindigkeit auslaufen kann. Der Liegeplatz in Olpenitz ist deshalb für Einsätze auf der Ostsee rettungsdienstlich von Vorteil." Die in einer am 16. Oktober 2023 veröffentlichten Meldung genannte Begründung zur bevorstehenden Schließung derselben Station scheint dieser Argumentation nur bedingt standhalten zu können: „Der Seenotrettungskreuzer FRITZ KNACK, bisher Station Olpenitz, wird langfristig einen Liegeplatz (...) in Maasholm erhalten. (...) Mit Umwandlung des ehemaligen Marinehafens Olpenitz in einen großen Yachthafen hatte sich vor einigen Jahren dort erheblich mehr Schiffsverkehr abgezeichnet, und es war mit deutlich mehr Seenotfällen in diesem Bereich der Ostsee zu rechnen. Die DGzRS hatte deshalb 2018 ihren mit Festangestellten besetzten Seenotrettungskreuzer von Maasholm nach Olpenitz verlegt (...). Das in Olpenitz erwartete erhöhte Einsatzaufkommen hat sich so nicht bestätigt. (...) Jahr für Jahr verzeichnen die Seenotretter an der Schleimündung mehr als 100 Einsätze. Das Revier gehört damit zu den einsatzreichsten der DGzRS."

Zum Zeitpunkt der Drucklegung des vorliegenden Buches war die bis dahin nicht realisierte Reaktivierung des Seenotkreuzer-Stützpunktes in Maasholm für August 2025 angekündigt.

[50] Während der Erprobung galt das Rufzeichen DG8545.

[51] Die erstmals im Jb. 2023 verwendete, kombinierte Stationsbezeichnung Darßer Ort / Prerow wurde hier nicht aufgegriffen, denn im zur Gemeinde Born a. Darß gehörenden, dauerhaft geschlossenen Nothafen Darßer Ort wird faktisch keine Rettungsstation mehr betrieben. Am 16. Oktober 2024 wurde die Seebrücke mit dem Inselhafen Prerow offiziell eingeweiht, wegen dort zu erledigender Restarbeiten kehrte SK NIS RANDERS bereits zwei Tage nach der Eröffnung zum Versorgungs- und Ausweichhafen Barhöft zurück. Seit dem 15. November 2024 nutzt der Seenotkreuzer regulär den Liegeplatz im Inselhafen Prerow.

[52] Auszug aus der zur Bootstaufe von der DGzRS veröffentlichten Mitteilung: „[Der Neubau] trägt den Namen des ersten Ruderrettungsbootes der im November 1897 errichteten DGzRS-Station. Der Name geht zurück auf Helene Döring aus Breslau, „die unserer Gesellschaft einen Stiftungsbeitrag von Mk. 4000.- überwiesen hat", wie es im DGzRS-Jahrbuch 1897/98 heißt." Beide Datumsangaben sind unzutreffend: Der als Zitat gekennzeichnete Text ist nicht dem Jb. 1897/98 entnommen, sondern V. d. K. u. a. S., 1. Heft 1899, das von der „im November vorigen Jahres errichteten Station" berichtet, demnach November 1898 (nicht 1897).

[53] Der Duden nennt als Hauptbedeutungen des Wortes Akademie: wissenschaftliche Gesellschaft; Vereinigung von Gelehrten, Künstlern oder Dichtern; Fach[hoch]schule. Unter Berücksichtigung der Tatsache, dass als Akademiker eine Person mit Universitäts- oder Hochschulausbildung bezeichnet wird, erscheint der Gebrauch des Begriffs Akademie im Zusammenhang mit der fachlichen Seenotretter-Ausbildung weniger gerechtfertigt.

[54] Im Jb. 2023 wird angekündigt: „Geplant ist, das erste Seenotrettungsboot dieses neuen Typs [KNUT OLAF KOLBE] zunächst auf allen drei Stationen ausgiebig zu erproben, bevor die nächste Einheit (SRB 87) in Auftrag gegeben wird." Hierzu ist berichtigend anzumerken: Eine ausgiebige Erprobung fand vor der Auftragsvergabe nicht statt – weder auf allen drei Stationen noch auf einer einzelnen Station: Zwischen der Stationierung des SRB 85 und der Veröffentlichung von Fotos, die SRB 87 und SRB 89 in fortgeschrittenem Bauzustand zeigen, vergingen weniger als vier Monate, in denen auf der Station Wustrow kein einziger Einsatz ohne vorzeitigen Abbruch gefahren wurde.

Das erste Motorrettungsboot wurde nicht 1911 gebaut und die Bezeichnung „Hansekreuz" ist unpräzise – unbequeme Wahrheiten sind wertvoller als die Verbreitung alternativer Fakten.

Handbücher, Monographien und Sammelbände

- Abendroth, Arno / Jung, Dieter / Wenzel, Berndt: Die Schiffe und Boote der deutschen Seeflieger 1912–1976. Motorbuch Verlag, 1977
- Ahlrichs, Eduard: Horumersiel – vom Sielort zum Nordseeheilbad. Isensee Verlag, Oldenburg, 1992
- Anders, Bernd / Lubkowitz, Andreas / Wende, Hermann: See Not Rettung – 125 Jahre DGzRS. Verlagshaus Die Barque, Hamburg, 1990
- Anders, Bernd / Lubkowitz, Andreas / Neumann, Peter / Wende, Hermann: Das Buch der DGzRS ... wir kommen. Edition Die Barque im DSV-Verlag, Hamburg, 1997
- Arnold, Max: Schiffsunglücke vor Helgoland – 16. bis 20. Jahrhundert. Koehlers Verlagsgesellschaft, Hamburg, 2008
- Baltes, Peter: Gestrandet ... gesunken ... – das Ende der LUISE LEONHARDT. Wrackmuseum Cuxhaven (Hrsg.), 1983
- Basty, Rita / Quedens, Georg: Amrum 1985 – Jahres-Chronik einer Insel. N. Jessen Verlag, Nebel / Amrum, 1986
- Borgert, Andreas: Das Motorrettungsboot RICHD. C. KROGMANN – Schiff, Technik, Geschichte. Ibbenbüren, 2022
- Borgert, Andreas: Motorrettungsboot RICKMER BOCK – Die Geschichte eines legendären Rettungsbootes. Ibbenbüren, 2017
- Borgert, Andreas: Retter vom Siel – Geschichte, Entwicklung und Einsätze der Seenot-Rettungsstation Neuharlingersiel. Ibbenbüren, [2]2011
- Bölk, Walter / Landschof, Erich: Schiffe in Not – Strandungen und Seeunfälle um Fehmarn 1857–1987. Verlag Heinrich Möller Söhne, Rendsburg, 1988
- Bölk, Walter: Strandungen und Seeunfälle an der hinterpommerschen Küste von Kolberg bis östlich Leba. Verlag Peter Jancke, Hamburg, 1997
- Bölk, Walter: Strandungen und Seeunfälle an der pommerschen Küste von Dievenow bis Kolberg. Verlag Peter Jancke, Hamburg, 1989
- Carstens, Hein: SOS vor Wurstens Küste. Wirtschaftsverlag NW, Bremerhaven, 2009
- Claußen, Sven: Die Seenotretter – 150 Jahre DGzRS. Sutton Verlag, Erfurt, 2015
- Claußen, Sven: Seenotkreuzer BERNHARD GRUBEN. Verlag Peter Kurze, Bremen, 2009
- Claußen, Sven / DGzRS (Hrsg.): Seenotkreuzer THEODOR HEUSS. Bremen, 2007
- Claußen, Sven / Kaack, Ulf: Deutsche Seenotkreuzer in aller Welt. Verlag Peter Kurze, Bremen, 2010
- Claußen, Sven / Kaack, Ulf: Die Seenotkreuzer der DGzRS I-III. Verlag Peter Kurze, Bremen, 2007 / 2008
- DGzRS (Hrsg.): Das Buch der Vorleute – Seemannschaft. Verlag H. M Hauschild, Bremen, 2000
- DGzRS (Hrsg.): Vom Seenotkreuzer zum Straßenkreuzer. Bremen, 1988
- DGzRS (Hrsg.) / Schumacher, John: Der Seenotkreuzer – Entwicklung und Bauprogramm von 1957 bis 1976. Bremen, 1986
- Domitzlaff, Svante: Abeking & Rasmussen – Evolution im Yachtbau. Delius Klasing Verlag, Bielefeld, 1996
- Domitzlaff, Svante: John T. Essberger – eine deutsche Geschichte der Tankschiffahrt. Koehlers Verlagsgesellschaft, Hamburg, 1999
- Domitzlaff, Svante: Reederei John T. Essberger – 100 Jahre Tradition und Exzellenz 1924 – 2024. Koehler im Maximilian Verlag, Hamburg, 2024
- Esmann, Wilhelm: Die Rettungsboote der DGzRS von 1865–2004. Verlag H. M Hauschild, Bremen, 2004
- Esmann, Wilhelm: Die Rettungsboote der DGzRS von 1865–2009. Verlag H. M Hauschild, Bremen, 2009
- Fellinger, Thorsten: DGzRS – Entstehung der Seenotrettungskreuzer. Diplomarbeit an der Fachhochschule Bremen, Fachbereich Nautik, 1981
- Fey, Wiebke / Fey, Wolfgang / Stöver, Hans-Jürgen: Strandungen vor Sylt. Husum Druck- und Verlagsgesellschaft, Husum, 1979
- Foss, Bjørn: From Sail to Water-jet. Norsk Maritimt Forlag, Oslo, 2005
- Frank, Wolfgang: 50 Jahre Paul Lindenau Schiffswerft und Maschinenfabrik. K. O. Storck + Co. Verlag, Kiel, 1969
- Freyse, Hans / Karr, Hans: Abeking & Rasmussen – Die Kunst des Schiffbaus. Koehlers Verlagsgesellschaft, Hamburg, 2010
- Gerdau, Kurt: HAMBURG am Bug. Koehler's Verlags GmbH, Herford, 1993
- Gröner, Erich / Jung, Dieter: Die Schiffe der deutschen Kriegsmarine und Luftwaffe 1939–1945 und ihr Verbleib. Bernard und Graefe, Bonn, [9]2001
- Janssen, Heinz / Thiel, Reinhold: 150 Jahre Fassmer-Werft 1850 – 2000. Verlag H. M. Hauschild, Bremen, 2000
- Jürgens, Hans-Jürgen: Zeugnisse aus unheilvoller Zeit. Ein Kriegstagebuch über die Ereignisse 1939–1945 im Bereich Wangerooge–Spiekeroog–Langeoog sowie die Lage im Reich und an den Fronten. Verlag C. L. Metcker & Söhne, Jever, [3]1981
- Kaack, Ulf: Die Seenotkreuzer-Klasse EISWETTE. Verlag Peter Kurze, Bremen, 2009
- Kaack, Ulf / Lubkowitz, Andreas / Reemts, Antke: HERMANN MARWEDE – Der größte Seenotkreuzer der DGzRS. Verlag Peter Kurze, Bremen, 2004
- Kühn, Volkmar: Der Seenotdienst der deutschen Luftwaffe 1939–1945. Motorbuch Verlag, Stuttgart, 1978
- Lachs, Johannes / Zollmann, Theodor: Gegen Sturm und Brandung. VEB Hinstorff Verlag, Rostock, 1989
- Miserok, Manuel: Oceanum – Das maritime Magazin Spezial: Seenotretter. Oceanum Verlag, Wiefelstede, 2018
- Miserok, Manuel (Hrsg.): Oceanum – Das maritime Magazin Kompakt: Seenotretter 2019 / 2020 / 2021. Oceanum Verlag, Wiefelstede, 2019 / 2020 / 2021

- Miserok, Manuel (Hrsg.): Oceanum Spezial: Seenotretter 2022 / 2023 / 2024. Oceanum Verlag, Bremen, 2022 / 2023 / 2024
- Ostersehlte, Christian: Die Deutsche Gesellschaft zur Rettung Schiffbrüchiger. Ernst Kabel Verlag, Hamburg, 1990
- Ostersehlte, Christian: [Rezension zu] Esmann, Wilhelm: Die Rettungsboote der DGzRS von 1865 – 2004, in: Bremisches Jahrbuch. In Verbindung mit der Historischen Gesellschaft Bremen, herausgegeben vom Staatsarchiv Bremen. Band 84, 2005. Selbstverlag des Staatsarchivs Bremen
- Prager, Hans-Georg / DGzRS (Hrsg.): Zwischen Poel und Ueckermünde – Seenotrettung in Mecklenburg-Vorpommern. Bremen, o. J.
- Püschel, Erich: Die Seenotverbände der deutschen Luftwaffe und ihr Sanitätsdienst 1939 – 1945. Düsseldorf, 1978
- Quedens, Georg: Amrum 2008 – Jahres-Chronik einer Insel. Verlag Jens Quedens, Amrum, 2009
- Quedens, Georg: SOS – Das Seenotrettungswesen der Insel Amrum. Verlag Jens Quedens, Amrum, 2019
- Rabbel, Jürgen: Sturmfahrten Strandungen Rettungen – Lotsenkommandeur Stephan Jantzen und das Warnemünder Rettungswesen. Edition Altstadt Verlag, Rostock, 2006
- Rickmers, Henry Peter / Gruhlke, Peter: Helgoland – Stützpunkt der Seenotrettung in der Deutschen Bucht. Niederelbe Verlag, Otterndorf, 1984
- Schmidtke, Martin: Rettungsaktion Ostsee 1944/1945 – Eine Großtat der Menschlichkeit. Bernard & Graefe Verlag, Bonn, 2006
- Schwanitz, Dietrich: Der Fortschritt der Wissenschaften, in: Bildung. Alles, was man wissen muss. Wilhelm Goldmann Verlag, München, 2002
- Stapel, Henk K. / Koninklijke Nederlandse Redding Maatschappij KNRM (Hrsg.): Menslievend en zelfstanding – Het reddingwezen voor de fusie tot KNRM (1750–1991), 2018
- Stock, Helmut (Red.) / Kulturforum Land Wursten: Alte Dorumer Ansichten – Ein historischer Spaziergang. Druckerei Ditzen GmbH + Co., Bremerhaven, [2]2004
- Trötter, Christian: Museumsführer Internationales Museum Hamburg. Koehlers Verlagsgesellschaft, Hamburg, 2015
- Verein Museumskreuzer Otto Schülke Norderney e. V. (Hrsg.) / Herrmann, Björn / Miserok, Manuel: Seenotrettungskreuzer OTTO SCHÜLKE – ein Museumsschiff für Norderney. Bremen, 2020
- Winter, Kurt: Büsum – Hafen und Fischerei im 20. Jahrhundert. Teil 1 (1900–1929) / Teil 4 (1980–1999). Selbstverlag, 2004 / 2008
- Wirz, Hans: Seenot Opfer Siege. Carl Schünemann Verlag, Bremen, 1965
- Zühlke, Helmer / Schneeberg, Jan / Steemann, Tjard H.: Untergang vor Borkum Band 1 / Band 2. Oceanum Verlag, Wiefelstede, 2011 / 2012

Journale und Periodika

- Arbeitskreis historischer Schiffbau e. V. (Hrsg.): Das Logbuch – Zeitschrift für Schiffbaugeschichte und Schiffsmodellbau. Köln, 2002 – 2022
- Boots-Börse, SVG Service Verlag, Lübeck, 1995 – 1997
- de Käpt'n – Nordseebad Neuharlingersiel und seine Umgebung / Informationen und Hinweise für den Badegast. Neuharlingersiel, 1979 – 1988
- Der Helgoländer – Die Monatszeitung für die Insel Helgoland. Otterndorf, 1984 – 2006
- Die Yacht – Illustrierte Wochenschrift für Segeln, Motorbootswesen, Yachtreisen und Schiffbau / Yacht. Berlin / Bielefeld, 1911 – 1988
- DGzRS: Bericht der Verwaltung des Bezirksvereins für die Mecklenburgische Küste zu Rostock über das Rechnungsjahr. Rostock, 1908 – 1917
- DGzRS: Deutsche Gesellschaft zur Rettung Schiffbrüchiger. Bremen, 1988
- DGzRS: Intern (Hausmitteilungen) / Längsseits. Bremen, 1978 – 2007 / 2007 – 2025
- DGzRS: Mittheilungen über das Deutsche Rettungswesen 1866 bis 1886 / Rückblick auf das verflossene Jahr 1871 bis 1915 / Bericht über das Rechnungsjahr 1886 bis 1936 / Rückblick auf das Jahr 1932 bis 1936 / Jahresbericht 1937 bis 1939, 1948 / Kriegsjahr 1940 bis 1942 / Rückblick 1947 / Jahrbuch 1950 bis 2025. Bremen, 1866 – 2025
- DGzRS Geschäftsbereich Rettungsdienst / Inspektion (Hrsg.): SAR-Jahresbericht, Bremen, 2000 – 2016
- Drei-Flaggen-Post [Hausmitteilungen der Reederei John T. Essberger]. Hamburg, 1975
- Hansa – Zeitschrift für Seewesen / Schiffahrt – Schiffbau – Hafen. Hamburg,1896 – 2003
- Koehlers Flottenkalender – Das deutsche Jahrbuch der Seefahrt seit 1901. Koehlers Verlagsgesellschaft, Herford, 1938 – 1999
- Memeler Dampfboot, Memel, 1921 – 1937
- ModellWerft – Fachmagazin für Schiffsmodellbauer. VTH, Baden-Baden, 1978 – 2024
- Nordwest-Zeitung, Oldenburg, 1989
- Schiff & Hafen – Zeitschrift für Schiffahrt, Maritime Technik und Wirtschaft. DVV Media Group, Hamburg, 1976 – 2009
- Schiffahrt international. Koehlers Verlagsgesellschaft, Herford, 1981 – 2000
- SchiffsModell. Neckar-Verlag, Villingen-Schwenningen, 1979 – 2024
- Schmelzkopf, Reinhart (Hrsg.): Strandgut – Materialien zur Schifffahrtsgeschichte. Private Publikation, Cuxhaven, 1989 – 1994
- Sylter Rundschau, Sylt, 1959 – 1990
- Verband Deutscher Reeder (Hrsg.): Kehrwieder – Magazin für die deutsche Seeschiffahrt. Seefahrt-Verlag, Hamburg, 1958 – 1994
- Von den Küsten und aus See – Organ der DGzRS, Bremen, 1872 – 1915
- Werft – Reederei – Hafen. Verlag von Julius Springer, Berlin, 1929 – 1937
- Weser-Kurier, Bremen, 1953
- Zeitschrift des Vereines Deutscher Ingenieure, Band 74 / Nr. 15 v. 12. April 1930

Einzelnachweise

- Berber-Credner, Hans: Menschen in Seenot, in: Ostfriesland 1968 – Kalender für Jedermann. Verlag Heinrich Soltau, Norden, 1967.
- Bock, Bruno (Hrsg.): Mit solchen Motoren fing die DGzRS an!, in: Die Seekiste 7 / 1965, Schmidt & Klaunig, Kiel
- Borgschulze, Siegfried: Die Rettungsstation Westeraccumersiel von 1907 bis 1960, in: Harlinger Heimatkalender 2008, Brune/Metcker Druck- u. Verlagsges., Wittmund, 2007
- Buttscher, Jörg: Bau des 3. Seenotrettungskreuzers der Klasse „Berlin", in: Die Bugwelle 18 / 89, Fr. Lürssen Werft (Hrsg.), Bremen-Vegesack
- Carstens, Hein: Wi mussen gau rut un jem holen – Vormann Wilhelm Huck in über 60 Einsätzen dabei, in: Nordsee Kalender 1991 – Heimat zwischen Weser und Elbe, Ditzen Druck- und Verlags GmbH, Bremerhaven
- Gerhard, Peter: Ein Senior unter den Oldtimern – Motorrettungsboot RICKMER BOCK, in: SchiffsModell 5/1983, Neckar-Verlag, Villingen-Schwenningen
- Greger, O.: Entwurfs- und Konstruktionsgrundsätze für Seenotrettungskreuzer, in: Jahrbuch der Schiffbautechnischen Gesellschaft, 62. Band 1968, Springer-Verlag, Berlin / Heidelberg / New York
- NN: GESINA sichert Strand und Watt, in: Ostfriesen-Zeitung, 16./17. Juni 1972
- NN: Letzte Fahrt des ehemaligen Rettungsbootes GESINA, in: Wangerooger Inselbote, Nr. 4 April/Mai 1996
- NN: Neuer Seenotkreuzer für freiwillige Retter, in: Dithmarscher Landeszeitung, 25.7.1996
- NN: Seenot-Rettungsboot GEH.-RAT SARTORI eingetroffen, in: Wilhelmshavener Zeitung, Wilhelmshaven, 2.4.1958
- NN: Schiffsunfälle im Bereich der Strandvogtei Leba, in: Bund der Lebaer, Bürgerbrief Nr. 82 Juni/Juli 2011
- Pyszka, A.: Die Rettungsboote an den deutschen Küsten, in: VDI-Zeitschrift Bd. 81, Nr. 26. Berlin, 26.6.1937
- Rösing, Johannes: Rettung Schiffbrüchiger, in: Der praktische Schulmann VIII 1932. Verlag der praktische Schulmann, Stuttgart
- Schumacher, John: Erfordernisse und Praxis des Seenot-Rettungsdienstes, in: Jahrbuch der Schiffbautechnischen Gesellschaft, 62. Band 1968, Springer-Verlag, Berlin / Heidelberg / New York
- Seppelt, Erwin: Rettung aus Seenot – Die DDR erfüllt eine humanistische Pflicht, in: Jahrbuch der Schiffahrt, 1979. Ministerium für Verkehrswesen, Hauptverwaltung der Schiffahrt (Hrsg.), transpress Verlag für Verkehrswesen, Berlin
- Soeke Bakker, Hermann: Skipp up Strand – Die Geschichte der Norderneyer Rettungsstation, Folge 39, in: Norderneyer Badezeitung, 16.6.1979
- Zollmann, Theodor: SOS ... Rettung aus Seenot, in: Jugend + Technik, Heft 10, Oktober 1983. Zentralrat der Freien Deutschen Jugend (Hrsg.), Verlag Junge Welt, Berlin

Internetquellen

- bundesbank.de/resource/blob/615162/94b87ff6d25eceb84c9cfb801162b334/mL/kaufkraftaequivalente-historischer-betraege-in-deutschen-waehrungen-data.pdf [abgerufen am 1.7.2024]
- bunker-kiel.com/marine-nebelabteilung-ii [abgerufen am 27.12.2024]
- copenhagensuborbitals.com/the-final-journey-of-vostok [abgerufen am 30.1.2018]
- copsub.com/fleet-3/ms-vostok [abgerufen am 25.10.2013]
- ddr-binnenschifffahrt.de [abgerufen am 20.10.2024]
- defensa.com/uruguay/hunde-lancha-rescate-armada-uruguaya-puerto-montevideo [abgerufen am 10.11.2022]
- de.linkedin.com/in/carsten-standfuß-432b56116 [abgerufen am 17.11.2024]
- de.wikipedia.org/wiki/Frauenlob [abgerufen am 30.9.2024]
- de.wikipedia.org/wiki/Nausikaa_(Mythologie) [abgerufen am 3.11.2024]
- de.wikipedia.org/wiki/Wilhelm_Hartmann_(Unternehmer,_1844) [abgerufen am 28.1.2025]
- ds-bremen.com/wir-sind-ds/meilensteine [abgerufen am 17.11.2024]
- duden.de/rechtschreibung/Butscher [abgerufen am 10.9.2024]
- eckernfoerder-zeitung.de [abgerufen am 29.6.2004]
- en.wikipedia.org/wiki/BMW_Marine [abgerufen am 5.10.2024]
- floatmagazin.de/orte/das-ende-eines-yachthafens-yachthafen-lippe-hohwacht/ [abgerufen am 11.12.2024]
- forum-seenot.de [abgerufen am 3.10.2003]
- geheimtipp-leipzig.de/leipziger-rennfahrerlegende [abgerufen am 20.10.2024]
- historisches-marinearchiv.de/projekte/luftwaffen_schiffe/beschreibung.php [abgerufen am 20.5.2024]
- hoechsterthc.de/club/geschichte/gruendung-des-hoechster-hockey-clubs-1913/ [abgerufen am 31.10.2024]
- lexikon-der-wehrmacht.de/Kasernen/Wehrkreis01/KasernenBruesterort-R.htm [abgerufen am 5.2.2025]
- luftwaffe-zur-see.de/Seenot/BooteSN.htm [abgerufen am 30.10.2018]
- lurssen.com/de/about/history/ [abgerufen am 30.6.2024]
- marina-noastra.ro/2017/08/15/istoria-salvamar/ [abgerufen am 18.8.2017]
- Nagel, Bert: Frauenlob, in: Neue Deutsche Biographie 5, 1961 [online] deutsche-biographie.de/pnd118535102.html#ndbcontent [abgerufen am 14.12.2024]
- nordkurier.de [abgerufen am 30.5.2020]
- rnliarchive.blob.core.windows.net/media/1412/0405.pdf#page=2 [abgerufen am 14.7.2024]
- ofb.genealogy.net/famreport.php?ofb=blumenthal_ev&ID=I8209&lang=de [abgerufen am 28.1.2025]

- parnu.postimees.ee/8101740/eesti-laanerannikul-seilavad-nuud-merepaastelaevad-tode-ja-oigus [abgerufen am 25.9.2024]
- shipsforsale.se/en/ships-en/shipid/797/rescue-vessels_3_vormann-leiss [abgerufen am 7.3.2015]
- seenotretter.de/magazin/nachlass-ingeborg-knack [abgerufen am 27.11.2024]
- seenotretter-wustrow.de/einsätze/ [abgerufen am 16.12.2024]
- sild.is/en/videos/gusti---man-of-god/ [abgerufen am 15.8.2024]
- svfi.is/delidir/undir/bata.html [abgerufen am 16.8.1997]
- weser-kurier.de/bremen/fassmer-kauft-schweers-werft-doc7e4jy76ws482jxl1dbm [abgerufen am 14.8.2012]
- wlb-stuttgart.de/seekrieg/km/hsfl.htm [abgerufen am 7.2.2025]

Aufsätze und sonstige Archivalia

- August Pahl Hamburg, Schiffswerft und Maschinenbau: An die DGzRS Hauptverwaltung, betr. Neubauten 227 u. 229, 2 Rumänenboote. Schriftstück vom 19.10.1944
- Claußen, Sven: Motorrettungsboote der DGzRS 1911 bis 1948. Unveröff. Manuskript, Oldenburg, 2024
- Der Reichsminister der Luftfahrt und Oberbefehlshaber der Luftwaffe / Der Generalinspekteur der Luftwaffe / Der Chef des Ausbildungswesens: L. Dv. [Luftwaffen-Dienstvorschrift] 92/2 Der Seenotdienst der Luftwaffe. Berlin, 1939
- Deutsches Schiffahrtsmuseum, Presse-Info-Service Nr. 24/99 vom 22.11.1999: Rettungsboot landet im neuen Apsis-Raum
- Deutsches Schiffahrtsmuseum, Presse-Info-Service Nr. 15/02 vom 1.10.2002: Seenotrettungskreuzer schwebt in das Deutsche Schiffahrtsmuseum ein
- DGzRS / herausgegeben im Auftrage des Reichsverkehrsministeriums und im Einverständnis mit Reichspostministerium, Reichsfinanzministerium, Oberkommando der Kriegsmarine, Reichsluftfahrtministerium: Anweisung für den Seenotmeldedienst an der Nordseeküste, ausgegeben: 1940
- DGzRS / herausgegeben im Auftrage des Reichsverkehrsministeriums und im Einverständnis mit Reichspostministerium, Reichsfinanzministerium, Oberkommando der Kriegsmarine, Reichsluftfahrtministerium: Seenot-Dienstplan, ausgegeben: 1940
- DGzRS (Hrsg.): 100 Jahre DGzRS-Station Laboe. 1994
- DGzRS (Hrsg.): 30 Jahre-Seenotrettungsstation Kiel-Schilksee. 2002
- DGzRS (Hrsg.): H. J. KRATSCHKE – der Museums-Seenotkreuzer der DGzRS. Bremen, o. J.
- DGzRS (Hrsg.): Station Langballigau – 30 Jahre Sicherheit ... rund um die Uhr. 2005
- DGzRS: Aus unserer Arbeit 1945-46. Bremen, 1947
- DGzRS: Die Finanzlage der DGzRS und die weitere Durchführbarkeit ihrer Aufgabe. Bremen, 1921
- DGzRS: Kurzmitteilung. Bremen, 1967 – 2000
- DGzRS: Mitteilungen aus unserer Arbeit. Bremen, 1939 – 1967
- DGzRS: Report of the VIII. international Life-Boat Conference, held in Bremen, 1959
- DGzRS: Vorläufige Fertigstellungtermine der kleinen Strandrettungsboote. Aktennotiz, Bremen, 13.7.1971
- DGzRS / Seenotleitung (MRCC) Bremen: Such- und Rettungsdienst auf See Bundesrepublik Deutschland – SAR-Einsatzplan. Bremen, 1992
- Einsatzberichte der DGzRS-Station Langeoog, 1926 – 1949
- Evers-Werft Niendorf / Ostsee: Generalplan Type: Small beach and daughterboat, selfrighting and selfbailing, o. J.
- Fr. Fassmer GmbH & Co. Schiffs- und Bootswerft: Ausrüstung außen 7,0 m Boddenboot, Zeichnung Nr. 9207.0-200/01.1, 13.1.1993
- Fr. Fassmer GmbH & Co. Schiffs- und Bootswerft: Generalplan 8,0 m Tochterboot, Zeichnung Nr. 150 – 255, 22.4.1988
- Fr. Fassmer GmbH & Co. Schiffs- und Bootswerft: Generalplan 8,30 m Seenotrettungsboot, Zeichnung Nr. 90-8,30-013, 1991
- Fr. Schweers Schiffs- und Bootswerft: Generalplan 40,5 m Seenot-Rettungskreuzer mit Tochterboot
- Heimatlese, 5. Jahr, Nov. 36 / Heft 2
- Litschen, Stephan (Hrsg.): 100 Jahre Seenotretter in Grömitz. 2012
- Mielke, Otto / Gröner, Erich (Hrsg.): SOS Schicksale deutscher Schiffe Nr. 111 – Seenot-Rettungsboote BORKUM und NORDERNEY. Arthur Moewig Verlag, München, 1957
- NN: Refit Motorsegler BUTT. Unveröff. Manuskript, Nürnberg, 2013
- Pahlwerft 1897 – 1975
- Plaß, Ulrich: Rettungsstation Neuharlingersiel – 25 Jahre Museum im Rettungsschuppen. Schäfer, Werther, 1998
- Pressedienst der DGzRS. Bremen, 1939 – 2010
- Schmidt, Aiko: Georg Breusing und die Gründung des Vereins zur Rettung Schiffbrüchiger an den ostfriesischen Küsten. Unveröff. Manuskript zum Vortrag im Landesmuseum Emden, 23. August 2011
- Schumacher, John: The new rescue cruiser JOHN T. ESSBERGER. Bremen, o. J.
- Seenotdienstführer I (Mitte) in Verbindung mit dem Befehlshaber der Sicherung der Nordsee und der DGzRS (Hrsg.): Sondereinsatz der Küstenrettungsboote der DGzRS im Kriege für den Flugsicherungsdienst der Luftwaffe wie für Rettungsaufgaben der Kriegsmarine in der Deutschen Bucht, Juni 1942
- Seenotdienstordnung der Luftwaffe (Luftkreiskommando VI): Abschnitt VIII. Verzeichnis der Küstenstellen und Feuerschiffe, die für Seenothilfe in Frage kommen, April 1937
- Werttaxe des Sachverständigen Kurt Mazzoni, Bremen, Besichtigung der in Lemwerder liegenden Motoryacht ALBATROS, zwecks Feststellung des Zeitwertes für Versicherungszwecke im Auftrag der Assekuranz-Union. Bremen, 27. Juni 1978

SCHIFFSNAMEN ALPHABETISCH

Hier ist die Vorstellungskraft der geschätzten Leserschaft gefordert: Bitte ersetzen Sie im Fischereikennzeichen des in Dangast beheimateten Krabbenkutters die Ziffer 1 durch ein K und im Namen des DGzRS-Trainingsbootes MERVI den vorletzten Buchstaben durch ein C.

Wir danken den zahlreichen Hafenmeistern, Bootseigentümern, Werft- und Ordnungsdienstmitarbeitern, deren Namen wir aufgrund flüchtiger Begegnungen nicht kennen, mit denen wir im unkomplizierten Umgang dennoch gleich „per Du" waren – sie haben uns auf entgegenkommende Weise den Zugang zu Stegen, Hafenanlagen, Yachten, Werftarealen und gesperrten Flächen gestattet, um uns eine bessere Perspektive zum Fotografieren zu ermöglichen. Darüber hinaus gilt unser besonderer Dank: Sven Arnold; Kapt. Karl Friedrich Brückner für präzise Hinweise zur Technik und Historie der Seenotkreuzer GEORG BREUSING und ALFRIED KRUPP; Dr. Sven Claußen für Bereitstellung von Datenmaterial und Recherchen; Harald Focke; Tilmann Fuchs für Expertenwissen über Exporte deutscher Seenotrettungseinheiten ab 2015; Michael Hackenschmid für Einblick ins Archiv der DGzRS-Station Zinnowitz; Karl-Bernd Kollmann und Michael Kruft für Bildmaterial und Einzelhinweise; Kapt. Ole Mammen für Auskunft zum Tochterboot ADELE; Ralf Michel für Recherche im Archiv des Weser-Kurier; Hans-Jürgen und Hildegard Miserok; Kapt. Jörg Rabe für Auskunft zu den Seenotkreuzern WILHELM KAISEN und HERMANN MARWEDE; Hans-Siegfried Rathjen (†) für Auskunft zu seinen Aufgaben als Bauaufsicht während der Erprobung der 44,2-Meter-Seenotkreuzer; Wieland Rosenboom vom Verein Historische Seenotrettung Horumersiel; Detlev Sass für Einblick ins Archiv der DGzRS-Station Schilksee; Schiffbauingenieur Carsten Standfuß für Informationen zum Seenotkreuzer WILHELM KAISEN / Tochterboot HELENE; Dirk Wiggers für Bereitstellung von Statistiken und Ranglisten; Wolfgang Wohlers für Recherche zur DGzRS-Station Maasholm.

AUTOR
MANUEL MISEROK

Fototermin in der Werfthalle und Recherche ganz nah am Objekt – im Hintergrund entstehen der Decksaufbau und der Rumpf eines DGzRS-Seenotkreuzers der 19,9-Meter-Klasse.

Manuel Miserok, Jahrgang 1973, kommt aus der ehemaligen Hanse- und Bergbaustadt Dorsten in Westfalen und ist beruflich als Produktmanager in der maritimen Reisebranche tätig. Als Autor beschäftigt er sich überwiegend mit den Themenbereichen Seefahrt, Technik und Historie. Mit deutschen Seenotrettungsfahrzeugen setzt er sich seit 1985 auseinander und verfolgt deren Entwicklung somit über einen Zeitraum, der immerhin ein Viertel der DGzRS-Geschichte seit der Gründung der Gesellschaft respektive ein Drittel des Zeitabschnitts seit dem Beginn der Motorisierung ihrer Rettungsflotte überspannt. Er besitzt eine der größten Privatsammlungen auf dem Gebiet der DGzRS, die heute unter anderem mehrere Regalmeter Fachliteratur, zahlreiche Text- und Bilddokumente, Sammlerstücke und drei ausgemusterte Original-Seenotrettungsboote aus den 1950er- und 1970er-Jahren umfasst. Nahezu 100 der in diesem Buch vorgestellten Fahrzeuge kennt er durch Mitfahrten, etwa ein Viertel davon hat er selbst gesteuert. Seine Begeisterung für das Thema Seenotrettung führte ihn zu Foto- und Recherchetätigkeiten auf vier Kontinenten. In der fachlichen Auseinandersetzung mit dem Forschungsgegenstand möchte er den Lesern dieses Werkes einen präzisen Umgang mit dem vorhandenen Datenmaterial sowie Sensibilität bei dessen Auswertung nahelegen: Eine häufig genutzte Internet-Enzyklopädie ist als zuverlässige Informationsquelle zum Thema DGzRS nur bedingt geeignet und kaum eines der außer Dienst gestellten Boote erfüllt allein durch die Aufstellung auf einem Sockel das Kriterium, als Denkmal bezeichnet werden zu dürfen.

CO-AUTOR
ULF KAACK

Aus seiner Zeit als Mitarbeiter in der PR-Abteilung der DGzRS schöpft der Journalist und Autor Ulf Kaack eine erhebliche Expertise für das Thema Seenotrettung.

Ulf Kaack, 1964 in Neumünster geboren, lebt und arbeitet im niedersächsischen Dorf Möhlenhof vor den Toren Bremens. Nach seinem Marketing-Studium war er für verschiedene Unternehmen als Experte für Presse- und Öffentlichkeitsarbeit tätig, darunter mehrere Jahre im PR-Bereich der DGzRS. In seiner Freizeit ist er häufig auf Traditionsschiffen unter Dampf, Diesel und Segeln unterwegs, gehört außerdem der Lions-Organisation sowie dem renommierten Föhrde Club zu Kiel an. Ulf Kaack ist Verfasser von über 60 Büchern. Seine bevorzugten Themen entstammen der Luft- und Seefahrt, der historischen Landtechnik sowie der Automobilgeschichte. In der Buchreihe „Rausfahren wenn andere reinkommen" befasst er sich in mehreren Bänden detailliert mit den Seenotkreuzern und Seenotrettungsbooten der DGzRS. Ebenso greift er die Perspektive der Seenotrettung aus der Luft in mehreren Titeln über die SAR-Flieger der Deutschen Marine auf, darunter zwei Monographien über den Sea King- und den Sea Lynx-Hubschrauber. Aus seiner Feder stammen verschiedene maritime Titel über die Geschichte der deutschen Seestreitkräfte. Er hat die Historie der GORCH FOCK und ihrer Schwesterschiffe untersucht, sich außerdem in mehreren Büchern der Stadtgeschichte von Bremen, Wilhelmshaven, Cuxhaven und Bremerhaven gewidmet. 2012 wird Ulf Kaack für sein Werk „Borgward – Das Kompendium" auf der Frankfurter Buchmesse mit dem ADAC-Autobuch-Preis ausgezeichnet. Er ist als Text- und Bildautor für Fachzeitschriften, Magazine und Zeitungen tätig, ebenso auf den Fachgebieten der Agrarwirtschaft, -politik und -wissenschaft.

Das vorliegende Werk beinhaltet eine lückenlose Auflistung aller im Auftrag der Deutschen Gesellschaft zur Rettung Schiffbrüchiger (DGzRS) gebauten Schiffe und Boote, betrachtet über den Zeitraum seit Beginn der Motorisierung der Rettungsflotte 1910 bis in die Gegenwart des Jahres 2025. Parallel zur übersichtlich gestalteten Chronologie der in Dienst gestellten Fahrzeuge werden deren technische Daten erfasst sowie ihre schiffbauliche Weiterentwicklung im zeitgeschichtlichen Zusammenhang erläutert. Fachkundig recherchierte Einführungstexte dienen als vorbereitender Einstieg in drei Hauptkapitel, die jeweils sinnvoll voneinander abgegrenzte Zeitabschnitte der DGzRS-Technikgeschichte abbilden: (I) vom Bau der ersten Motorrettungsboote bis zum Ende des Zweiten Weltkriegs, (II) die nachfolgende, epochale Erfindung des Seenotrettungskreuzers sowie (III) das Bauprogramm seit der Phase der Wiedervereinigung Deutschlands. Umfangreiches Ausgangsmaterial verdichten die Autoren zu kompakten Faktenpaketen über den zeitlichen und räumlichen Werdegang der einzelnen Fahrzeuge, wobei im Besonderen die Vielfalt an unterschiedlichen Nutzungszwecken nach deren Außerdienststellung beeindruckt. Einschubkapitel entlang der Zeitachse beleuchten Wegpunkte der DGzRS-Historie und erleichtern auf diese Weise die exakte Einordnung des Schiffbauprogramms auch in eine gesellschaftspolitische Dimension: Fehleinschätzungen, Misserfolgen und Verlusten stehen anerkennenswerte Errungenschaften und Triumphe gegenüber. Weil in der bisher vorliegenden Fachliteratur ein hohes Maß an Ungenauigkeit und Halbwissen kursiert, widmen die Verfasser der Quellenanalyse respektive der daraus resultierenden Korrektur zuvor veröffentlichter Sachverhalte angemessen viel Raum. So erschaffen sie mit ihrer umfänglichen Darstellung des Wissensbestandes ein neues Standardwerk zu dieser Thematik.

This work contains a complete list of all ships and boats built on behalf of the German Maritime Search and Rescue Service (Deutsche Gesellschaft zur Rettung Schiffbrüchiger, abbr. DGzRS), covering the period from the beginning of the motorization of the rescue fleet in 1910 to the present day in 2025. In parallel to the clearly laid out chronology of the vessels put into service, their technical data is recorded and their further development in terms of shipbuilding is explained in the context of contemporary history. Expertly researched texts serve as a preliminary introduction to three main chapters, each of which depicts meaningfully different periods in the history of DGzRS technology: (I) the era of the first motor lifeboats up to the end of the Second World War, (II) the subsequent, epoch-making invention of the rescue cruiser with its daughter boat and (III) the new building program since the phase of German reunification. The authors condense the extensive source material on the profiles of each individual vessel – in terms of their spatiotemporal dimension – into compact fact packages, whereby the variety of different uses after their decommissioning is particularly impressive. Indexes of boat names and identifiers fast-track targeted access to the respective data set. Insert chapters along the timeline highlight waypoints in the history of the DGzRS and thus facilitate the exact classification of the shipbuilding program in a socio-political dimension: misjudgments, failures and losses are offset by commendable achievements and triumphs. Because there is a high degree of inaccuracy and half-knowledge in the existing specialist literature, the authors devote an appropriate amount of space to source analysis and the resulting correction of errors in previously published facts, thus creating a new standard work on this subject with their comprehensive presentation of the body of knowledge.

Dokumentieren Sie Ihre Besuche an Bord mit Schiffsstempeln.

Zum Abschluss: Testen Sie Ihr Expertenwissen, bestimmen Sie das hier dargestellte Motorrettungsboot! Tipp: Der ursprüngliche Name des Bootes wurde in der Rettungsflotte nach 35 Jahren ein zweites Mal, der zweite Name innerhalb von 8 Jahren dreimal vergeben.

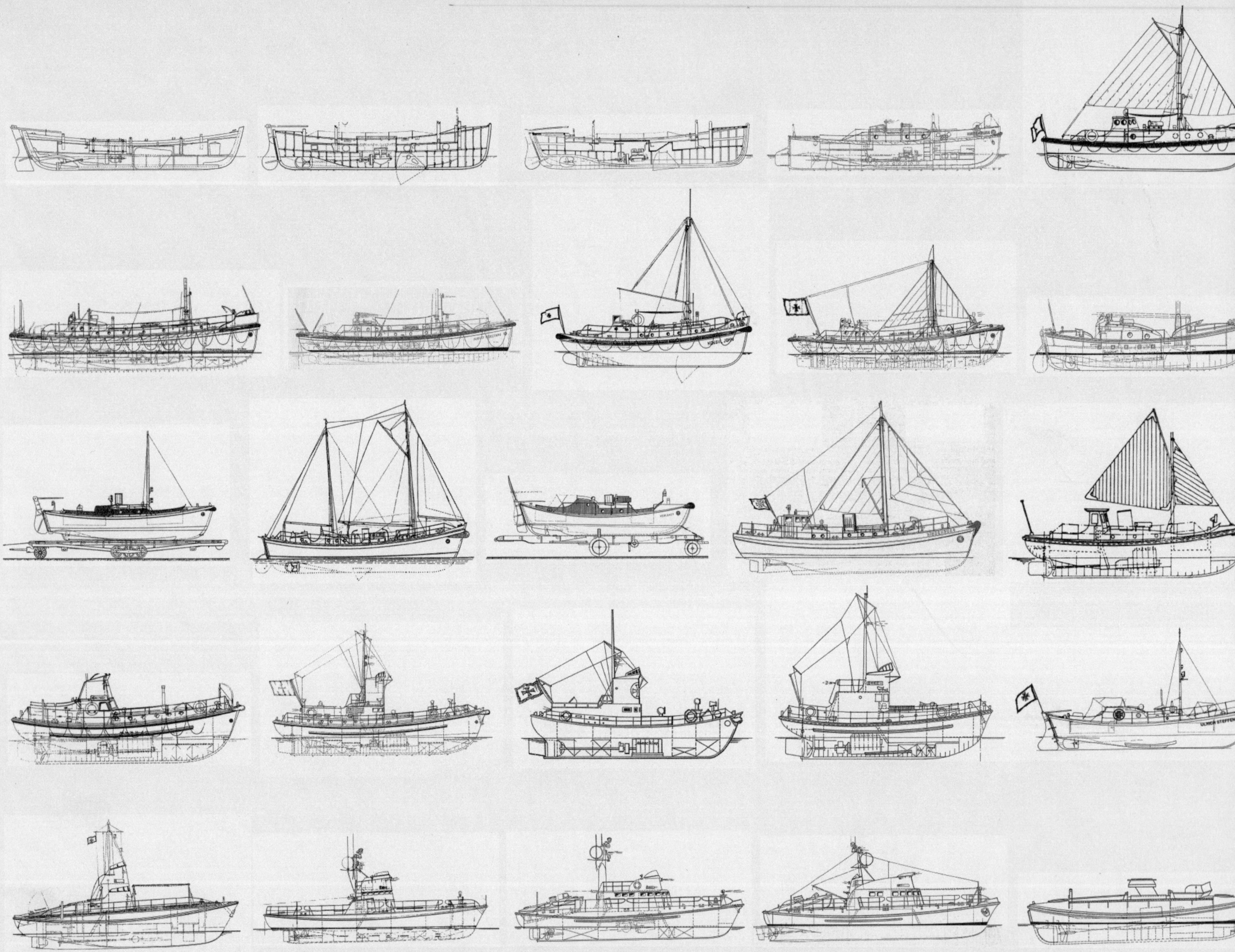
ULRICH STEFFENS

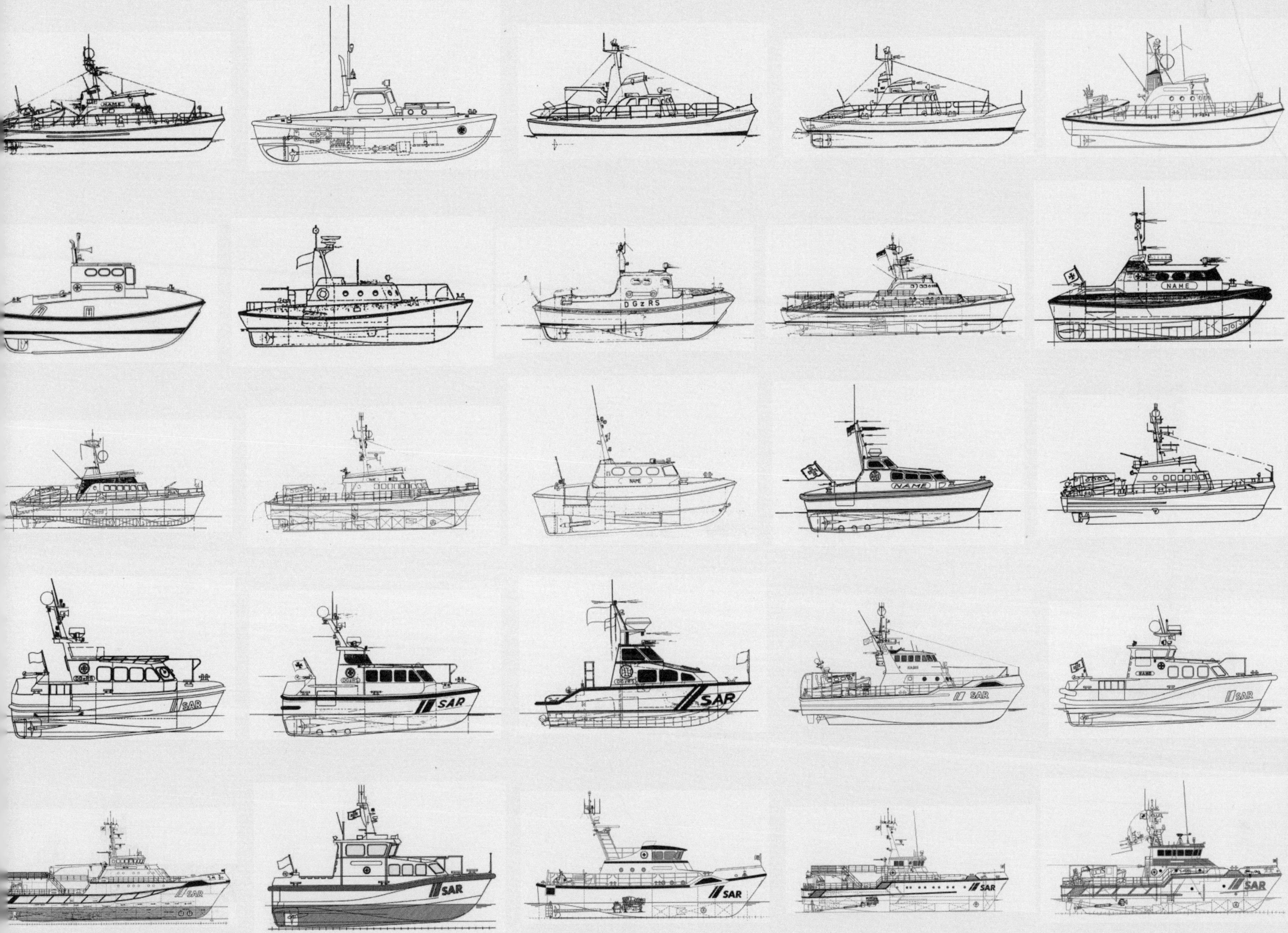
NAME
D G z R S
NAME
NAME
NAME
SAR
SAR
SAR
SAR
SAR
SAR
SAR
SAR
SAR
SAR